◇ 航空航天科技丛书

飞行动力学与飞行控制

Aircraft Flight Dynamics and Control

〔美〕韦恩·德拉姆 著
Wayne Durham
周思羽 王小飞 吴文海 刘锦涛 译
曲志刚 高丽 王子健 高艳丽 孙中华 姜玉红 审校

WILEY
西安交通大学出版社
XI'AN JIAOTONG UNIVERSITY PRESS
国家一级出版社
全国百佳图书出版单位

Aircraft Flight Dynamics and Control
Wayne Durham
ISBN：978－1－118－64681－6

陕西省版权局著作权合同登记号：25－2016－0290

图书在版编目(CIP)数据

飞行动力学与飞行控制 /（美）韦恩·德拉姆（Wayne Durham）著；周思羽等译. — 西安：西安交通大学出版社，2022.6
（航空航天科技丛书）
书名原文：Aircraft Flight Dynamics and Control
ISBN 978－7－5693－1969－9

Ⅰ. ①飞… Ⅱ. ①韦… ②周… Ⅲ. ①飞行力学②飞行控制 Ⅳ. ①V212②V24

中国版本图书馆 CIP 数据核字(2021)第 093193 号

书　　名	飞行动力学与飞行控制 FEIXING DONGLIXUE YU FEIXING KONGZHI
著　　者	〔美〕韦恩·德拉姆
译　　者	周思羽　王小飞　吴文海　刘锦涛
责任编辑	李　颖
责任校对	鲍　媛
出版发行	西安交通大学出版社 （西安市兴庆南路1号　邮政编码 710048）
网　　址	http://www.xjtupress.com
电　　话	(029)82668357　82667874(市场营销中心) (029)82668315(总编办)
传　　真	(029)82668280
印　　刷	西安日报社印务中心
开　　本	720mm×1000mm　1/16　**印张**　18.5　**字数**　361 千字
版次印次	2022 年 6 月第 1 版　2022 年 6 月第 1 次印刷
书　　号	ISBN 978－7－5693－1969－9
定　　价	119.00 元

如发现印装质量问题，请与本社市场营销中心联系。
订购热线：(029)82665248　(029)82667874
投稿热线：(029)82665397
读者信箱：banquan1809@126.com

译 者 序

本书将理论分析、工程应用、装备实践三者紧密结合，深入阐述了飞行动力学与飞行控制的核心问题，包括坐标系及其变换、飞机的力与力矩、飞机运动学与动力学、飞行品质等内容，并以此为基础进一步分析了控制分配、动态逆等先进控制理论在实际新型飞行控制系统中的运用；最后面向工程应用，结合 MATLAB 软件，分析了自动飞行控制、控制增稳等飞行控制系统设计的关键问题。

本书作者韦恩·德拉姆教授，曾任大气飞行力学技术委员会飞行力学年会主席，是 *Journal of Guidance, Control, and Dynamics* 等美国航空航天学会多个知名期刊的审稿人。他曾在美国海军服役多年，积累了丰富的飞行经验，战后作为飞行教官指导美军飞行员培训工作，并参与美国海军航空兵长期规划工作。作者博士毕业后留校任教于弗吉尼亚理工大学，是难得的既懂作战飞行，又熟悉装备使用，且有深厚理论功底和教学经验的学者。本书内容源自作者讲授多年的"飞行动力学与飞行控制"课程，是其多年飞行经验和教学心血的结晶。

译者从事飞行控制领域教学与科研一线工作，在多年的教学科研实践中，深感国内航空院校同类课程的教材普遍"重理论分析、轻装备实践"，尤其缺乏**兼具飞行员和工程技术人员视角的飞行动力学与飞行控制领域教材**。在偶然的机会下，译者读到本书，如获至宝，深感有必要将其翻译并引进到国内，以弥补国内教材这方面的不足。本书可作为飞行器导航、制导与控制相关专业高年级本科生、研究生教材，也可以作为现行教材的补充资料，还可供飞行器自动控制等相关专业的科技人员学习参考。本书拟作为国家级一流本科课程"飞行综合控制系统"的配套教材，译者坚信本书的出版一定会受到国内同行的欢迎。

但是，译者水平有限，错误与不当之处在所难免，欢迎广大读者通过电子信箱(ezhousiyu@aliyun. com)告知你们的宝贵意见。

本书翻译过程中得到了海军航空大学青岛校区各级领导的关怀，译者的同事也对本书的翻译给予了热情的帮助。海军航空大学汪节博士、吴赛成博士对本书提出了宝贵的修改意见。在此致以诚挚的感谢！

感谢我的妻子王旭艳女士，没有她的默默支持和奉献也不会有本书的出版。

周思羽

2022 年春于青岛

前　言

“航空航天系列丛书”阐述了航空航天飞行器系统结构、设计理论和工程实践等方面的诸多问题。本书系统全面地分析了飞行动力学和控制问题，与系列丛书中的其他著作互为补充，尤其与麦克林(McClean)、斯沃顿(Swatton)和戴斯顿(Diston)联合撰写的著作关系最为密切。

飞行动力学和控制在飞机设计、飞行控制中非常重要，该领域的多数知识都是通过在飞机发展过程中反复试错、反复试验总结而来的。作为一门工程科学，为了满足飞机稳定性和控制日益增长的需求，飞行动力学和控制贯穿了数代飞机的发展历程。为确保飞机高效、舒适和安全的飞行，飞行动力学和控制在现代飞机的设计中依然发挥着重要的作用。一方面，随着静不稳定、高机动性战斗机的出现，以及对高效自动控制的需求，军用和民用飞机普遍采用了全权限电传飞行控制系统，这就要求综合飞行控制系统的设计师必须理解飞行动力学。越来越多的无人机飞行控制系统设计需求，更是强化了这一趋势。另一方面，飞行综合控制系统中的现代机载传感器和计算机提供了感知飞机运动的途径，同时由于在控制系统中引入了飞机模型，使飞机的性能得到进一步提升，对这些问题感兴趣的工程师会发现阅读本书十分必要。

本书内容综合了作者的实际飞行经验和对现有成果的改进，希望读者能够了解和运用现代建模实践的基本概念——这是一种改进和提升学习效果的好方法。本书许多内容已经在教学实践中运用多年。

本书适用于研究飞行控制系统、飞机性能、有人/无人机自动飞行控制、飞行仿真等方面问题的读者。

彼得·贝洛巴巴(Peter Belobaba)
乔纳森·库珀(Jonathan Cooper)
艾伦·西布里奇(Allan Seabridge)

前言

目　录

第1章 引 言

1.1 背景

P. 1[①]

作者在弗吉尼亚理工学院和州立大学(俗称弗吉尼亚理工大学,位于美国弗吉尼亚州)讲授了多年的飞行动力学课程,在此基础上编写了本书。该课程早期使用的是一本高水平的研究生教材《大气飞行动力学》(*Dynamics of Atmospheric Flight*)(Etkin,1972),尽管该教材后来出了新版,但作者更喜欢初版教材,因为它更便于读者找到所需的内容。

在入职弗吉尼亚理工大学之前,作者曾拥有一段丰富的海军战斗机飞行员和试飞员职业生涯。退役之后,作为一名老兵,作者在弗吉尼亚理工大学开启了新的学习征程,在获得了博士学位之后留校任教。

作者在课程讲授过程中融入了自己的亲身经历。同时,为了从不同角度来解释概念或事物,作者对埃特金(Etkin)的论述作了较多修改。

作者在教授课程时,融入了丰富的实践内容,包括诺思罗普(Northrop)公司飞行控制系统设计师的设计手稿、两所试飞学校的课程材料、飞行体验和数千小时的先进飞行经验,并借鉴了弗雷德·卢策(Fred Lutze)对飞行动力学问题精确且清晰的分析思路等。

直到有一天,作者发现自己的课程笔记与 Etkin 的教材已经有了很大的出入,继续使用这本教材来进行课程教学已经不太合适了,于是决定出版本书。

作者在弗吉尼亚理工大学的授课对象是航空航天工程专业的一年级研究生,这些学生在本科阶段都完成了工程数学课程的学习。需要说明的是,求多变量微积分和常微分方程的时域解,以及使用拉普拉斯变换,是学习本课程的基础。

弗吉尼亚理工大学本科阶段的铺垫性工作还包括一个著名的飞行器性能课程,课程教材为《飞行概论》(*Introduction to Flight*)(Anderson,1989)。此外,还有一门由比尔·梅森(Bill Mason)讲授的飞行器设计课程,该课程多次获奖。毫无疑问,这些课

---

①边码为英文原书页码,供索引使用。——编者注

程让学生对飞机飞行原理有了更好的理解，但这些课程对于本书的学习并不是必需的。

P. 2 我们的本科生同样学习过飞行稳定性和控制的课程（通常使用 Etkin 的另一本教材，《飞行稳定性和控制》（*flight stability and control*）（Etkin et al. ，1995）），这一课程对于本书的学习同样不是必需的。然而对于一些机械工程专业的学生，虽然在他们的课程顶层设计中并没有涉及飞行的相关内容，但他们在上课时通常会带着小的飞机模型。

在课程讲授的早期，并没有涉及自动飞行控制的相关内容。虽然本书的核心内容是飞机飞行动力学，但是为了便于后续学习，增加了一些必要的与控制有关的讨论。当然，本书不可能涵盖所有关于自动飞行控制的内容，例如，没有包含 Stevens 和 Lewis（1992）的教材中关于反馈控制的相关内容，本书仅仅是给出了反馈控制的基本概念，并且在论述过程中引用了一些在飞行控制设计中不常见的实例。

最后一章的内容源于作者的学生在飞行动力学和控制领域的工程应用中取得的诸多成就，作者为此倍感荣幸。

当前，飞行控制系统设计主要采用动态逆、控制分配等方法，解决了非线性控制律设计等领域的问题，因此本书对这些领域的研究进行了简要介绍。本书提供了充足的素材，使读者的阅读感受可以比肩现代飞行控制系统工程师，甚至能学到连他们也不了解的知识。

最后需要说明的是，对于以前的学生来说，几乎所有关于 MATLAB® 的内容都是陌生的。作者研究飞行动力学和控制的方法一直都是首先学习基础知识，然后采用现代工具和软件来实现它们。虽然要求所有读者都在工作中经常使用 Fadeeva 算法并不现实，但是理解这一算法却可以在解决问题、进而利用 MATLAB® 命令来编写算法程序的时候，为我们提供一个独特的视角。由于飞行动力学和控制问题的维度变得越来越大，所以 MATLAB® 工具的使用非常广泛。

1.2 概述

飞机飞行动力学研究可以归结为一个问题：**如何确定飞机在任意时刻的位置和速度（状态）**。解决这一问题的方式是建立飞机运动方程，该方程由非线性常微分方程组成，其中独立变量是描述飞机位置和速度的变量。

飞行动力学的分析模型，即运动方程，在相关的研究和学科领域中非常重要，主要包括：

- **飞机性能**。用以描述飞行性能的指标，通常包括失速速度、平飞性能（航程、续航时间等）、剩余功率和加速度特性、转弯性能和敏捷性、爬升性能、下降性能及起飞和着陆性能等，这些性能都可以通过运动方程来分析。分析运动方程还可以确定性能指标的相关参数，而这些参数又可用于研究试飞测试技术从而评估飞机性能,或者用于改进设计以提升飞机某一方面的性能。

- **飞行控制**。飞行控制是一个非常广泛的学科,主要子学科有人工控制、自动控制和最优控制等。

◆ 人工控制,是指飞行员通过操纵驾驶舱内的操纵装置(驾驶杆、脚蹬等)来 P.3
驱动外部的作动器(舵机),从而改变飞机的飞行状态和轨迹。飞行员操纵飞机的舒适度可由飞机的飞行品质(或操纵品质)来描述。本书通过分析运动方程来确定影响飞行员操纵飞机时的工作负荷等因素,正是这些因素驱使飞行测试技术不断发展,为改进飞机设计进而提高飞行品质提供了指导。

◆ 自动控制,包括增稳系统(自动优化飞机的人工控制响应)、自动驾驶仪(自动飞行控制系统)以及电传飞行控制系统。在电传飞行控制系统中,飞行员实际操纵的是飞控计算机,由飞控计算机自动驱动外部作动器从而分担了飞行员的操纵负担。一般情况下,大部分的自动控制都是基于运动方程的特殊线性化形式来设计的。目前,运动方程的线性化形式广泛用于反馈控制系统设计中,以实现期望的飞机动态响应。

◆ 最优控制。分析飞机最优控制问题时,通常采用开环分析方法,即考虑没有飞行员操纵时的情况。最优控制的目标通常是实现某项性能的最小化(或最大化),例如,在外部干扰条件下飞机的最短爬升时间、最大飞行高度或最小跟踪误差。由于最优控制的求解复杂度很高,因此通常要对运动方程进行简化。简化方法包括将飞机视为没有转动惯量的质点,或者是降低运动方程的阶数(减少状态变量)等。

- **飞行模拟**。在飞行模拟中,所有非线性运动方程都被视为常微分方程,从而利用数值积分来计算方程积分,通常这一过程是由高速计算机实现的。飞机上的作用力数据通常以表格形式提供,数据可以是与空气动力有关的数据(来自风洞试验或飞行测试),也可以是任何其他外力的描述数据(例如,推力、起落架收放等)。

飞机的位置和速度信息通常在某个外部坐标系中描述,例如:

- **飞机相对于地球的位置和速度**,主要用于导航。飞机从一个城市到另一个城市,飞行员需要将飞机的高度、航迹和空速保持在空中交通管制规定的范围内。在飞行结束阶段,特别是进近和着陆期间,飞机的位置和速度误差必须满足精度要求。
- **飞机相对于其他飞机的位置和速度**,主要用于飞机交汇、编队飞行、空中加油和空战等。例如,编队飞行的军用飞机最小间隔仅为几英尺(1英尺=0.3048米),因此对僚机来说,相对于长机的位置和速度异常重要,而相对于地球的位置和速度就不那么重要了。
- **飞机相对于大气的位置和速度决定了空气动力和力矩**。飞行器性能专业的初学者很容易理解飞机的攻角同升力系数，以及升力系数同动压的相互关系。这些简单的关系仅仅是冰山一角，而角速度和其他空气动力的相互关系，对理解飞机上的作用力和力矩十分必要。

P. 4
- 最后一点较为隐晦。一方面，考虑飞机相对于某些基准条件的位置和速度，如果飞机趋向于回到基准位置，而且速度的变化量趋近于零，则代表飞机的飞行是**稳定**的。位置和速度的变化可能由一些外部因素引起，例如阵风或湍流，在这些扰动条件下稳定的飞机具有较好的操纵性能。另一方面，相对位置和速度的变化也可能是由飞行员重新定义基准条件引起的，例如由水平飞行改变为转弯飞行，在这种情况下，飞机的响应特性就决定了飞行员操纵飞机的难易程度。

本书采用的分析方法实质上是牛顿第二定律(式(1.1))的推广应用，

$$\boldsymbol{F}=m\boldsymbol{a} \tag{1.1}$$

简而言之，首先我们会给出质量 m 和作用力 $\boldsymbol{F}$ 的相关信息，然后求解加速度 $\boldsymbol{a}=\boldsymbol{F}/m$，最后通过求 $\boldsymbol{a}$ 相对于时间的两次积分来分别获得速度和位置信息。值得注意的是，在分析时，以下几项因素需要格外重视：

- 牛顿第二定律的正确表述为作用在质量无限小质点上的外力与该质点惯性动量相对时间的变化率成比例。我们将证明：从瞬时质心加速度的角度来看，公式 $\boldsymbol{F}=m\boldsymbol{a}$ 适用于整个飞机。可以确定的是，可用近似惯性坐标系代替惯性坐标系，用于测量加速度，且这种近似处理不能产生太大的误差。
- 根据牛顿第二定律，可以得到线加速度，进而求得惯性位置和线速度。飞机的角度和角速度同样很重要，它们必须通过牛顿定律的扩展形式——外部力矩(转动力矩)作用下角动量相对时间的变化率来确定。这样，首先我们可以得到角加速度，然后再通过两次积分来获得角速度和角度。该公式的一个主要问题是不同的坐标系之间通常会存在一定程度的转动，这就要求考虑不同转动对加速度计算的影响。
- 飞机的质量分布可能会发生改变，例如燃料燃烧或外挂释放(发射导弹等)。引起飞机内部质量重分布的原因有很多，这些因素有的容易描述(如机械转动)，有的难以确切阐述(如气动弹性颤振)。研究飞机周围运动的小质量气流或飞机释放的载荷质点的运动方式，既不切实际又不可取，因此通过合理的近似来忽略它们。
- 本书涉及的运动、力和力矩都可以在一定的坐标系中直观描述。例如，通过合理定义坐标系的方向，可以使重力总是“向下”或在 z 轴方向上。此外，作用于飞机机翼的空气动力具有典型特性，即升力总是垂直于平均气流，而阻力总是平行于平均气流，这就要求使用坐标轴方向与相对气流方向相同的坐标系。因此，我们可以定义多个彼此相对转动的坐标系，问题就变成了描述一个坐标系相对于另一个坐标系的方位，以及确定这个方位随时间变化的方式。

- 对于飞机而言，外部作用力和力矩的大小难以精确计算，只有重力可以通过一个足够精确的近似来求得，而推力取决于多种难以测算的因素，例如螺旋桨效率或进气道损耗等。气动力及其力矩尤其难以计算，因为它们通常需要对各种变量进行复杂的计算才能得到。我们对这些量之间关系的理解依赖于经验和解析分析，最常用的方法是保留最强相关性。本书中飞行动力学的相关研究通常会忽略空气动力和推力数据中的不确定性，这些不确定性会被标记出来，以供未来深入研究。 P. 5
- 假设可以找到有效的方法和合理的近似来解决上述问题，并且可以得到 $\boldsymbol{a}=\frac{\boldsymbol{F}}{m}$（及其对应的转动角加速度），那么问题就变成了求解这些方程来获得位置和速度。虽然要说明速度和位置分别是加速度的一次积分和二次积分很容易，但实际求解这些方程却比想象的要复杂得多。由于求解方程涉及的变量关系异常复杂，造成方程通常不存在解析解，因而我们需要找到耦合的非线性常微分方程的解。要克服这个困难，我们首先考虑匀速运动的飞机，然后再提出问题：匀速飞行时，飞机在小扰动条件下如何运动，以及飞机如何响应控制输入呢？上述分析的结果是建立耦合线性常微分方程组，而它们的解是存在的。
- 线性常微分方程组（运动方程）的解告诉我们飞机作为一个动力学系统是如何运动的。剩下的问题变成了“性能良好的”飞机是如何运动的。该问题的核心是：大多数飞机都有人驾驶，而飞行员并不想将全部时间都花在修正偏差从而使飞机保持在正确航向上。有人机的响应和表现被称为飞行品质（或者是操纵品质）。飞行品质的确定取决于飞行员期望飞机如何响应不同的操作指令，以及飞行员试图让飞机做什么。本书将基于一系列飞行员评估的统计分析来研究飞行品质，从而为飞机设计提供标准和指导。
- 如果飞机本身不具备良好的飞行品质，那么改善飞机的某些动态响应特性就很有必要了。在飞机设计后期或使用阶段进行结构的修改，其代价是十分昂贵的，而通过调整电传飞行控制系统参数来达到期望响应特性的成本则低得多。本书首先研究了经典反馈控制理论，然后简要回顾了自动控制领域“动态逆”技术的最新研究进展，最后研究了“动态逆”技术在一些知名控制问题中的应用。

1.3　习惯与规则 P. 6

本书采用从一般到特殊的方法来阐述飞行动力学和控制领域中的相关问题，因此必须定义某些常见的量和操纵。在利用这些量或操纵来研究飞机时，本书会在“习惯和规则”部分规定这些变量的名称。本书使用的定义主要来源于 Etkin

(1972)的教材,该教材在美国学术界具有较高的权威性。无论遇到任何术语,读者都应当足够谨慎以确保能够正确理解它们的含义。

参考文献

Anderson, J.D.J. (1989) *Introduction to Flight,* McGraw-Hill.

Etkin, B. (1972) *Dynamics of Atmospheric Flight*, 1st edn, John Wiley & Sons, Inc.

Etkin, B. and Reid, L.D. (1995) *Dynamics of Flight: Stability and Control,* 3rd edn, John Wiley & Sons, Inc.

Stevens, B. L. and Lewis, F. L. (1992) *Aircraft Control and Simulation,* 1st edn, John Wiley & Sons, Inc. pp. 255–259.

第2章　坐标系

2.1　背景

P. 7

在研究飞机飞行动力学与控制问题时，首先需要定义合适的坐标系，这样做主要基于两方面的考虑：一方面，只有在某些特定的坐标系中，描述飞机的位置和速度才具有意义。例如，对于导航过程而言，我们关心的是飞机相对于地球的位置和速度。而对于飞机的性能评估而言，我们关心的是飞机相对于大气的位置和速度。另一方面，在某些特定的坐标系中，可以较为方便地描述我们关注的对象，例如，通常认为喷气发动机的推力方向相对于机体是固定不变的，因而在机体坐标系中描述推力向量就较为容易。

所有的坐标系都符合右手定则，且坐标轴相互垂直。坐标系用符号 F 表示，其下标代表系统的名称，例如，F_{I} 代表惯性坐标系。坐标系的原点由符号 O 表示，同样带有表示坐标系名称的下标，例如 O_{I}。坐标系的位置一般由其原点确定。坐标系的轴用带下标的 x、y 和 z 来表示，x、y 和 z 轴上的单位向量分别用带下标的 $\boldsymbol{i}$、$\boldsymbol{j}$ 和 $\boldsymbol{k}$ 来表示。

在飞行动力学中，提到某些机体坐标系时通常省略下标。除此之外，省略下标指的是通用坐标系。

定义坐标系时必须说明其原点位置，并至少确定两个坐标轴，第三个坐标轴可以通过右手定则来确定。在一定的限制条件下，原点的位置和坐标轴的方向可以是任意的，但是一旦确定后就不能改变。下面介绍一些飞机飞行动力学与控制问题中常用的坐标系。

2.2　坐标系定义

P. 8

2.2.1　惯性坐标系，$\boldsymbol{F}_{\mathrm{I}}$

惯性坐标系的原点可以是无加速度（惯性）的任意点，而坐标轴的方向通常与大多数问题无关，它们相对于惯性空间固定。在本书中，惯性坐标系的原点为银河系的中心。

2.2.2 地心坐标系，$\boldsymbol{F}_{\mathrm{EC}}$

顾名思义，该坐标系的原点为地球中心(见图 2.1)，其坐标轴方向指向地球表面上的任意固定位置。在本书中，x_{EC} 轴的方向为原点 O_{EC} 指向地球表面的纬度和经度零点的方向，z_{EC} 轴的方向为地球自转的向量方向。显然，该坐标系是与地球一起转动的。

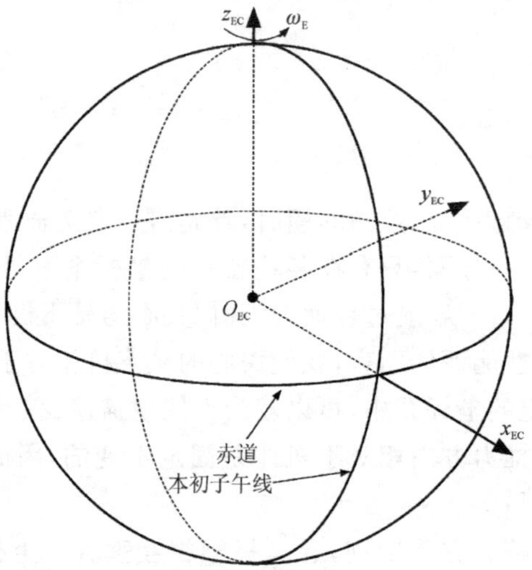

图 2.1 地心坐标系

2.2.3 地球坐标系，$\boldsymbol{F}_{\mathrm{E}}$

如图 2.2 所示，该坐标系的原点可以为地球表面上的任意固定点(假定地球为均匀球体)。其中，x_{E} 轴指向正北，y_{E} 轴指向正东，z_{E} 轴指向地球中心。

P. 9

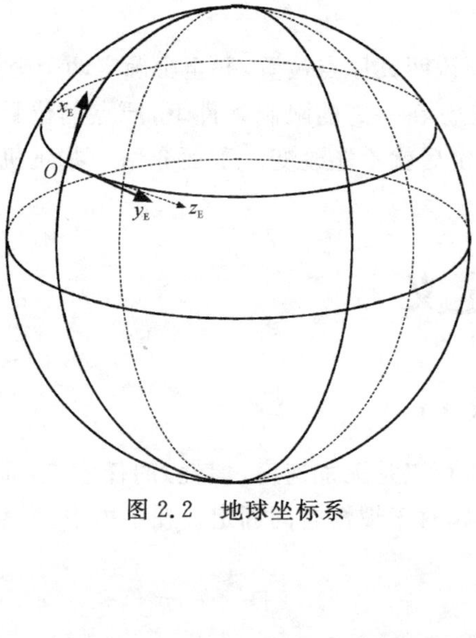

图 2.2 地球坐标系

2.2.4 地面坐标系，F_H

如图 2.3 所示，这个坐标系的原点固定在可以相对地球自由移动的任意点上（假定地球为均匀球体）。例如，原点可以固定在飞机重心上（center of gravity，CG）并随重心不断移动。x_H 轴指向正北，y_H 轴指向正东，z_H 轴指向地球中心。

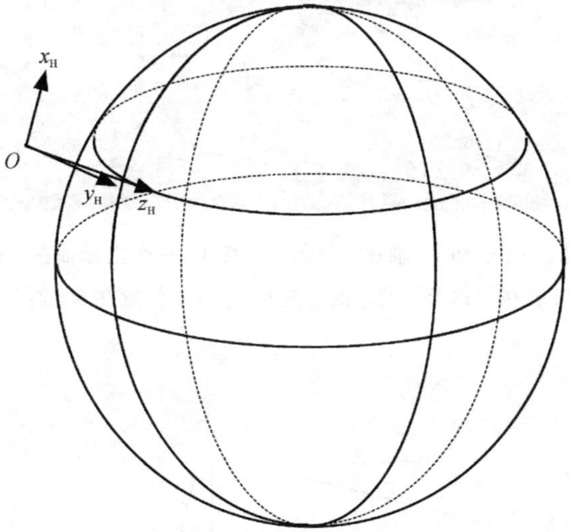

图 2.3　地面坐标系

2.2.5 机体坐标系，F_B

P. 10

机体坐标系的原点和坐标轴的方向相对于飞机的几何形状是固定的，它必须与机载坐标系（原点相对于机身固定但坐标轴可相对于机身自由转动）区分开来。在飞行动力学中，机体坐标系通常以飞机重心为原点，但在一些应用中，飞机重心可能会发生轻微变化（例如，飞行模拟），因此原点可以为某些固定的机身参考点。在舰船稳定性和控制中，船体坐标系的原点通常为舰船的浮力中心。如图 2.4 所示，机体系坐标轴方向的确定方式如下：如果飞机存在一个对称平面（本书中假定这种情况一直存在），那么 x_B 轴和 z_B 轴都位于该对称平面上，其中 x_B 轴指向前方，z_B 轴指向下方。这个定义明显存在歧义，因为前方既可能是“头部尖端”，也可能是“飞行方向”。在高迎角飞行中，这个定义更会让人产生困惑，因为此时飞行方向可能偏向于机身下侧，而不是飞机的头部尖端。显然，满足机体系定义的坐标系的数量是无限多的。图 2.5 给出了两种常用的机体坐标系①。

①在国内研究中，一般选取飞机纵轴方向为机体坐标系 x_B 轴方向。——译者注

图 2.4 机体坐标系。x_B 轴和 z_B 轴在飞机的对称面上，三个坐标轴在飞机重心处相交。x_B 轴指向安装在雷达天线前端的空速管，作者的位置在 x_B 轴上（来源：美国海军）

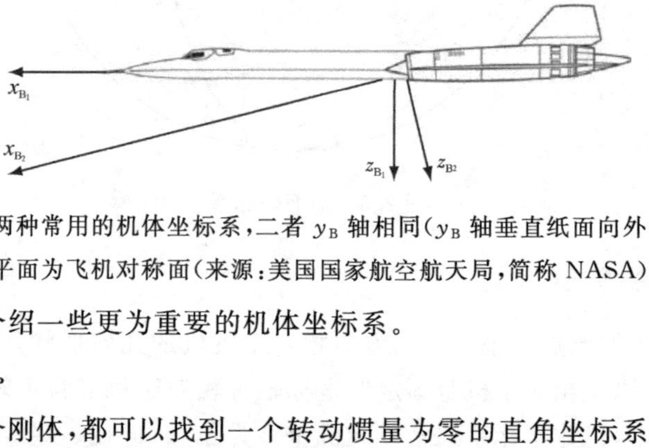

图 2.5 两种常用的机体坐标系，二者 y_B 轴相同（y_B 轴垂直纸面向外）。页面平面为飞机对称面（来源：美国国家航空航天局，简称 NASA）

P. 11 下面介绍一些更为重要的机体坐标系。

主轴坐标系，F_P

对于每一个刚体，都可以找到一个转动惯量为零的直角坐标系。假设飞机的对称面（几何和质量对称）存在，直角坐标系会有两个坐标轴位于对称面上，它们被定义为 x_P 轴和 z_P 轴，而飞机纵向较长的特点允许二者之一指向飞机的头部尖端，这个轴定义为 x_P 轴。

零升机体坐标系，F_Z

假设相对气流位于对称平面（无侧滑）内，则在该平面内气流的某个方向上，飞机表面产生升力的净贡献为零。当升力为零时，将相对气流方向定义为 x_Z 轴，它通常指向飞机的头部尖端，其他坐标轴可以按照前述办法选取。

稳定坐标系，F_S

如图 2.6 所示，这个系统的定义比较特殊。考虑到飞机会处于某种特定飞行状态，比如常见的稳定平飞，此时迎面气流相对于飞机的方向固定。x_S 轴被定义为飞机相对于空气的速度向量在飞机对称面中的投影，它通常指向飞机的头部尖端，剩余两个坐标轴可以根据其他机体坐标系的需要来选择。需要注意，这是一个真正的机体坐标系，一旦定义了坐标轴相对于飞机的方向，它就固定下来了，即使迎面气流的方向发生变化也不再改变。

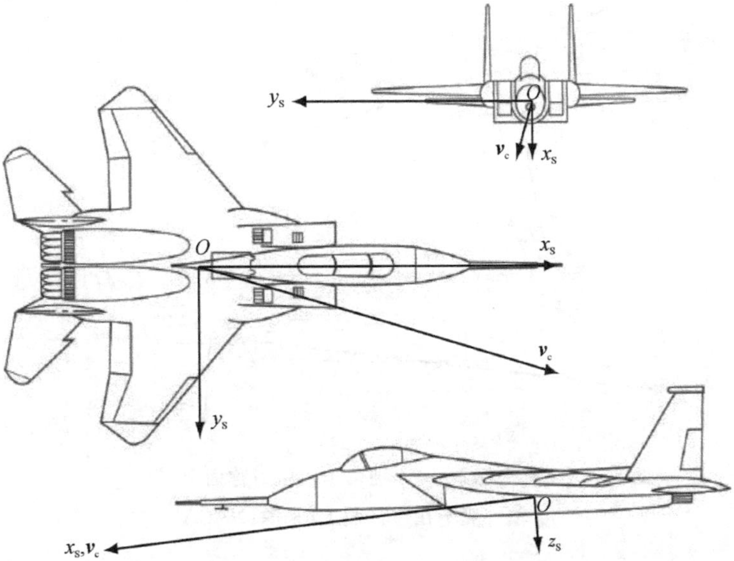

图 2.6　稳定坐标系。x_S 是 $\boldsymbol{v}_c$ 在飞机对称面上的正交投影。$\boldsymbol{v}_c$ 通常在稳定平飞条件下确定，并作为后续分析的参考（来源：NASA）

上述稳定坐标系的定义源自 Etkin（1972）的文献，这同样应用于他们后续的 P. 12
研究工作。其他学者，例如 Stevans 和 Lewis（1992），他们将稳定坐标系定义为机载坐标系，其中 x 轴是时变速度向量在对称面上的投影。根据这个定义，稳定坐标系将位于气流坐标系（见 2.2.6 节）和某些机体坐标系之间。

2.2.6　气流坐标系，$\boldsymbol{F}_W$

如图 2.7 所示，F_W 是一个机载坐标系（原点相对机体固定，通常为 CG），其中 x_W 轴位于飞机相对于空气的速度向量方向上，z_W 轴位于飞机的对称面上，y_W 轴位于对称面的右侧。注意，并不需要确保 x_W 轴位于飞机对称面上。如果相对气流发生变化，气流轴的方向也会随之改变，但依据定义，z_W 轴总是位于飞机的对称面上。

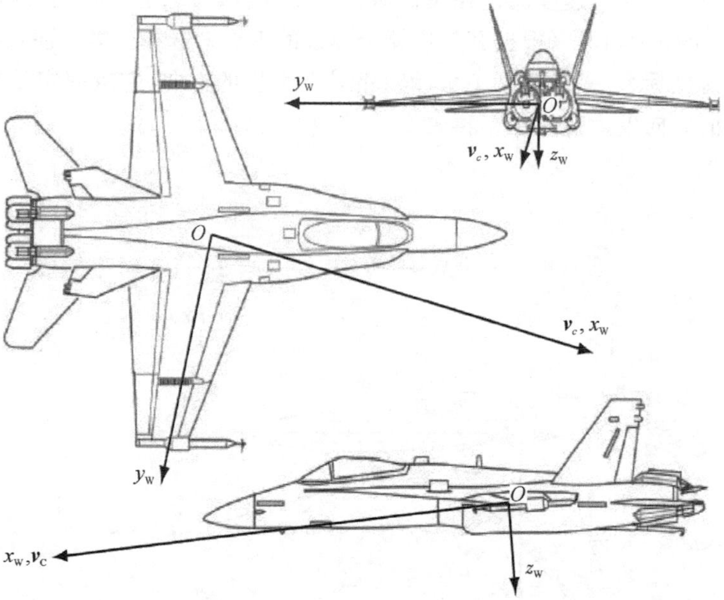

图 2.7 气流坐标系。z_W 轴位于飞机对称面上,但 x_W 轴一般不在对称面上(来源:NASA)

2.2.7 大气坐标系

定义可以准确描述大气运动的坐标系是非常困难的。通常情况下,我们容易掌握大气相对于地球表面的运动,因此可以通过一个地面坐标系来描述它。尽管如此,由于大气不是有真正意义重心的刚体,因而大气坐标系的原点难以确定,但无论如何,选取的地面坐标系必须是转动的,从而使得大气不会飞离坐标系进入太空。

与导航问题相反,在飞行动力学问题中,我们关注的是机体与空气的瞬时相互
P. 13 作用,此时大气通常被视为一个独立的地球系,在此基础上再附加适当的气流、阵风和湍流等额外分量。

2.3 向量符号

向量由黑斜体符号表示。向量通常被定义为一个点或物体,相对于另一个点或物体的度量(位置、线速度、角速度、线性加速度、角加速度等)。这些点和物体主要通过一些物理名称(如用来表示 CG 的符号 c)或者原点相对点或物体位置固定

的坐标系的名称来表示。本书中下标表示要描述的点或物体，上标表示用到的坐标系，而省略上标通常表示采用惯性坐标系。常用的几个符号是：$\boldsymbol{r}$ 表示位置，$\boldsymbol{v}$ 表示线速度，$\boldsymbol{a}$ 表示线加速度，$\boldsymbol{\omega}$ 表示角速度，$\boldsymbol{\alpha}$ 表示角加速度。例如：

$\boldsymbol{r}_p^{\mathrm{E}}$：表示点 p 在坐标系 F_{E} 中(相对原点)的位置；

$\boldsymbol{\omega}_{\mathrm{E}}^{\mathrm{EC}}$：表示坐标系 F_{E}(的原点)相对于地心坐标系 F_{EC} 的角速度；

$\boldsymbol{a}_c$：表示点 c 相对于惯性坐标系的线加速度。

采用上述方法可以表示向量，但要量化向量，必须将其放在特定的坐标系中来描述。理论上讲，任何向量都可以通过将其放在坐标系原点，并找到其在 x、y 和 z 轴方向上的分量的方式来量化。一般来说，这些分量在不同坐标系中大小不同，但两个坐标系具有平行坐标轴的情况除外。本书通过添加第二下标来表示坐标系中的向量。为避免出现多个下标，采用花括号{ · }将向量包围，而花括号右侧的下标表示向量所在的坐标系。例如：

$\{\boldsymbol{r}_p^{\mathrm{E}}\}_{\mathrm{E}}$：其中向量为 $\boldsymbol{r}_p^{\mathrm{E}}$，表示点 p 相对于坐标系 F_{E}(的原点)的位置。在坐标系 F_{E} 中，$\boldsymbol{r}_p^{\mathrm{E}}$ 可以表示为 $\{\boldsymbol{r}_p^{\mathrm{E}}\}_{\mathrm{E}}=r_x\boldsymbol{i}_{\mathrm{E}}+r_y\boldsymbol{j}_{\mathrm{E}}+r_z\boldsymbol{k}_{\mathrm{E}}$，或者采用向量表示法：

$$\{\boldsymbol{r}_p^{\mathrm{E}}\}_{\mathrm{E}}=\begin{bmatrix} r_x \\ r_y \\ r_z \end{bmatrix}_{\mathrm{E}}$$

$\{\boldsymbol{v}_c^{\mathrm{E}}\}_{\mathrm{B}}$：其中向量为 $\boldsymbol{v}_c^{\mathrm{E}}$，表示点 c 相对于地球坐标系原点的速度。向量的各个分量为其在机体坐标系 F_{B} 各个坐标轴上的投影。

$\{\boldsymbol{\omega}_{\mathrm{B}}\}_{\mathrm{B}}$：其中向量为 $\boldsymbol{\omega}_{\mathrm{B}}$，表示机体坐标系的惯性角速度。省略上标表示参考坐标系为惯性坐标系。$\{\boldsymbol{\omega}_{\mathrm{B}}\}_{\mathrm{B}}$ 说明该向量是在机体坐标系中进行表示的。

向量定义完毕后，为表述方便，可以省略其上下标，特别是在向量被反复提及 P. 14
的时候，否则向量的表示符号可能会变得很繁琐。

2.4　习惯与规则

2.4.1　纬度和经度

地球上任意点的位置都可以用纬度和经度来表示。纬度的符号为 λ，经度的符号为 μ。定义赤道以北纬度为正，赤道以南纬度为负，范围为 $-90°\leqslant\lambda\leqslant+90°$；定义零经度线以东经度为正，零经度线以西经度为负，范围为 $-180°<\mu\leqslant+180°$。纬度和经度在地球坐标系中表示为 λ_{E} 和 μ_{E}，在地面坐标系中表示为 λ_{H} 和 μ_{H}。

2.4.2　机体坐标系

在机体坐标系中，坐标轴的名称通常不带下标，简单地表示为 x、y 和 z。

2.4.3 “机体坐标系”系统

在与飞机飞行动力学相关的讨论中都会遇到这个表述不明确的术语，它的使用通常意味着可能只有一个机体坐标系，而事实上机体坐标系的数量有无限多个。因此，如果某人引用机体坐标系这一术语时表述不够清楚的话，那么他应该指出如何选择机体坐标系。

“机体坐标系”通常指的是由 Liming(1945)描述的机体坐标系。Liming 的坐标系或者其他高度类似的坐标系，主要应用于飞机的制造和组装。该坐标系在飞机生产车间中经常用到，并且在飞机服役过程中一直使用。

在 Liming 的坐标系中，y 轴指向正后方(即 x_B 轴的负方向)，x 轴指向左翼(即 y_B 轴的负方向)，而 z 轴指向正上方(即 z_B 轴的负方向)。Liming 将 xOy 平面称为水线平面，当飞机处于“装配”位置时，将水线平面视为水平。所谓“装配”位置即飞机在车间中进行装配，或在装配完成后，进一步开展重量和平衡性测量工作时的位置。水线沿飞机 z 轴进行测量。xOz 平面称为机身站位平面。机身站位(沿着 y 轴的坐标)从飞机的头部开始编号，而不是原点。因此，如果说一个部件安装在机身站位(FS)300 的舱壁上，就意味着这个舱壁的位置在机头向后的 300 英寸(约 7.62 米)处。yOz 平面是飞机对称面，沿着 x 轴(沿翼展方向)的坐标称为纵剖线或纵线。

Liming 将坐标系的原点直接定义为飞机对称面(定义明确)同其他两个平面(定义不明确)的交点，这个原点通常不是飞机的重心，但一般会离重心比较近。

P. 15 ### 2.4.4 气流角

气流角包括侧滑角和攻角。侧滑角，即速度向量与对称面之间的夹角，在

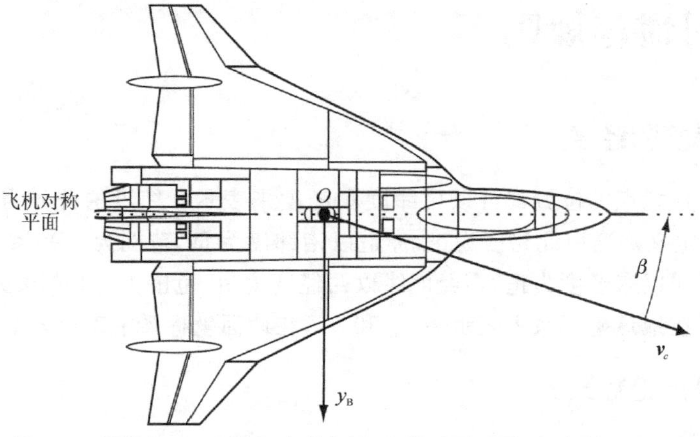

图 2.8 侧滑角 β、y_B 轴和速度向量 v_c 位于页面平面(来源：NASA)

$x_W O y_W$ 平面进行测量，由符号 β 来表示。当迎面气流来自飞机对称面右侧时，侧滑角为正，如图 2.8 所示。

假设机体坐标系已定，则速度向量 $\boldsymbol{v}_c$ 在对飞机对称面中的投影与 x_B 轴之间的夹角称为攻角，由符号 α 来表示。如图 2.9 所示，当相对气流处于 x_B 轴下方时，α 为正。由于 α 取决于 x_B 轴的选择，因此有必要用下标来表明 α 所在的参考坐标系，例如 α_S 表示稳定坐标系中的攻角 α。

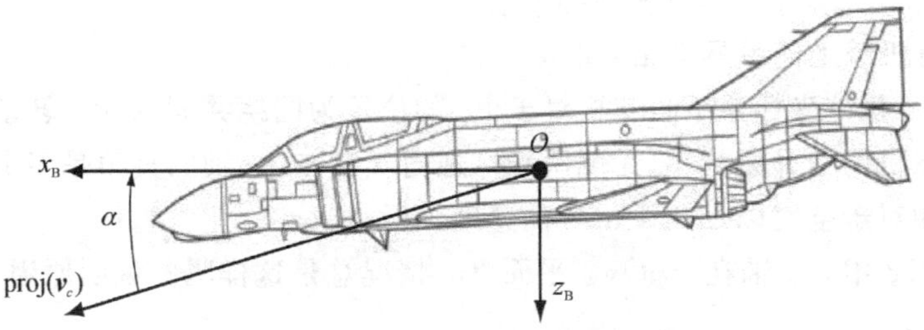

图 2.9　攻角 α。页面平面为飞机对称面，$x_B O z_B$，Proj($\boldsymbol{v}_c$) 为 $\boldsymbol{v}_c$ 在飞机对称面的投影(来源：NASA)

习题 P. 16

1. y_{EC} 轴同地球表面在什么位置相交?
2. 假定地球内部是均匀的，地球相对于惯性空间做匀速运动，并且自转角速固定为 $\omega_E = 360°/\mathrm{d}$。求 $\{\boldsymbol{\omega}_{EC}\}_{EC}$，即在 F_{EC} 中表示的地球的自转角速度。也就是说，用 $\boldsymbol{i}_{EC}$、$\boldsymbol{j}_{EC}$ 和 $\boldsymbol{k}_{EC}$(单位为 rad/s)来表示地球的自转角速度。
3. 求 $\{\boldsymbol{g}_p^E\}_E$，即在 F_{EC} 中表示的 p 点相对于地球的重力加速度(单位为 m/s²)。其中 $|\boldsymbol{g}| \equiv g = 9.807\ \mathrm{m/s^2}$。重力向量通常没有下标或上标，将由上下文来辅助说明。在本问题中，它被简化为 $\{\boldsymbol{g}\}_E$。
4. 与问题 2 假设相同。考虑一个地球坐标系，其原点为东经 90°和赤道的交点，求 $\{\boldsymbol{\omega}_E\}_E$。
5. 假设一架飞机沿赤道向正东飞行，定义一个原点为零经度和零纬度交点的地球坐标系 F_E，以及一个原点固定在飞机重心(CG)的地面坐标系 F_H。描述飞机在零经度和零纬度交点处 F_E 和 F_H 对应坐标轴之间的关系，然后再描述飞机在东经 180°和零纬度交点处 F_E 和 F_H 对应坐标轴之间的关系。
6. 假设地球(将其视为均匀球体)的直径为 6875 n mile(1 n mile=1852 m)，问题 5 中的飞机在相对高度 2 n mile 的高度上对于假定静止的大气以 600 kn(节，1 kn=1 n mile/h)的速度匀速飞行，计算 $\{\boldsymbol{\omega}_H^E\}_H$ 和 $\{\boldsymbol{\omega}_H^{EC}\}_H$。

7. 判断对错，并解释原因：

(a)所有机体坐标系具有相同的 x 轴。

(b)所有机体坐标系具有相同的 y 轴。

(c)所有机体坐标系具有相同的 z 轴。

8. 判断对错，并解释原因：

(a)所有机载坐标系具有相同的 x 轴。

(b)所有机载坐标系具有相同的 y 轴。

(c)所有机载坐标系具有相同的 z 轴。

9. 考虑任一机体坐标系 F_B，其相对于 F_z 的位置为围绕共同的 y 轴转动 $+10°$。那么，当飞机的净升力为零(无侧滑)时，迎面气流与 x_z 轴的夹角是多少？

10. 飞机相对于空气以 152.4 m/s 的速度飞行，求 $\{\boldsymbol{v}_c\}_W$。

11. 在图 2.8 中，y_B 轴在 $x_W O y_W$ 平面上。情况总是这样吗？说明原因。

参考文献

Etkin, B. (1972) *Dynamics of Atmospheric Flight,* 1st edn, John Wiley & Sons, Inc.

Etkin, B. and Reid, L.D. (1995) *Dynamics of Flight: Stability and Control,* 3rd edn, John Wiley & Sons, Inc.

Liming, R.A. (1945) *Practical Analytic Geometry with Applications to Aircraft,* The MacMillan Company.

Stevens, B.L. and Lewis, F.L. (1992) *Aircraft Control and Simulation,* 1st edn, John Wiley & Sons, Inc.

第 3 章　坐标系变换

3.1　问题描述

P. 17

在上一章中，我们介绍了研究飞行动力学时需要重点关注的几种坐标系，本章我们将讨论坐标系之间的相互关系。例如，如果需要计算作用在飞机上的外力之和，则必须将这些力在同一个坐标系中进行描述。如果以某一机体坐标系为基准，那么我们首先需要从地面坐标系中得到重力，从其他机体坐标系中得到推力，从气流坐标系中得到空气动力，然后在选定的机体坐标系中综合表述它们。

某些坐标系之间的关系比较简单，而且是固定不变的。例如，对于两个机体坐标系而言，定义一旦确定，它们之间的关系就是绕共同的 y 轴转动一定的角度。而有些坐标系之间的关系相对复杂，是随时间变化的。例如，一个机体坐标系相对气流坐标系的方位就取决于随时间变化的空气动力和力矩。

我们必须在某个固定的时刻来描述两个坐标系之间的关系，这个关系可以由一个变换来描述，该变换能够将一个坐标系中的任一向量变换成其在另一坐标系中的表示。

下面介绍三种建立变换的方法。第一种是方向余弦法，这种方法最为简单有效；第二种是欧拉角法，这种方法比较常见，但可能存在严重问题；最后一种方法是欧拉参数法，这种方法能够有效解决第二种方法中存在的问题。

3.2　变换

P. 18

3.2.1　定义

假设有两个坐标系 F_1 和 F_2，向量 $\boldsymbol{v}$ 在 F_1 各方向轴上的分量已知，由 $\{\boldsymbol{v}\}_1$ 表示：

$$\{\boldsymbol{v}\}_1=\begin{bmatrix}v_{x_1}\\v_{y_1}\\v_{z_1}\end{bmatrix}$$

要求计算向量 $\boldsymbol{v}$ 在 F_2 中的表达式，即$\{\boldsymbol{v}\}_2$：

$$\{\boldsymbol{v}\}_2=\begin{bmatrix}v_{x_2}\\v_{y_2}\\v_{z_2}\end{bmatrix}$$

由于 F_1 和 F_2 都在线性空间中，因此向量 $\boldsymbol{v}$ 从 F_1 到 F_2 的变换只需要用到矩阵乘法，用 $\boldsymbol{T}_{2,1}$ 来表示，即有$\{\boldsymbol{v}\}_2=\boldsymbol{T}_{2,1}\{\boldsymbol{v}\}_1$。诸如 $\boldsymbol{T}_{2,1}$ 这样的变换被称为相似变换。直角坐标系之间的转动变换具有许多特性，这些性质在下文中会用到。

$\boldsymbol{T}_{2,1}$ 的下标顺序为：左下标与等式左侧坐标系下标一致，右下标与等式右侧坐标系下标一致。作为保形的矩阵乘法，$\boldsymbol{T}_{2,1}$ 必须是一个 3×3 的矩阵：

$$\boldsymbol{T}_{2,1}=\begin{bmatrix}t_{11}&t_{12}&t_{13}\\t_{21}&t_{22}&t_{23}\\t_{31}&t_{32}&t_{33}\end{bmatrix}$$

有些情况下我们需要更多的下标来区分不同变换矩阵中的 t_{ij}，这会非常麻烦。

上文提到的三种变换方法的关键是如何确定元素 t_{ij}。需要重点注意的是，对于两个坐标轴方向固定的坐标系而言，不管采用何种方法求解，元素 t_{ij} 都是相同的量。

3.2.2 方向余弦法

推导

假设有两个坐标系 F_1 和 F_2，以及一个向量 $\boldsymbol{v}$，如图 3.1 所示。已知 $\boldsymbol{v}$ 在 F_1 中的表示。向量 $\boldsymbol{v}$ 可以表示为 $v_{x_1}\boldsymbol{i}_1$、$v_{y_1}\boldsymbol{j}_1$ 和 $v_{z_1}\boldsymbol{k}_1$ 三个分量的向量和，故可由这三个分量来代替，如图 3.2 所示。

P. 19

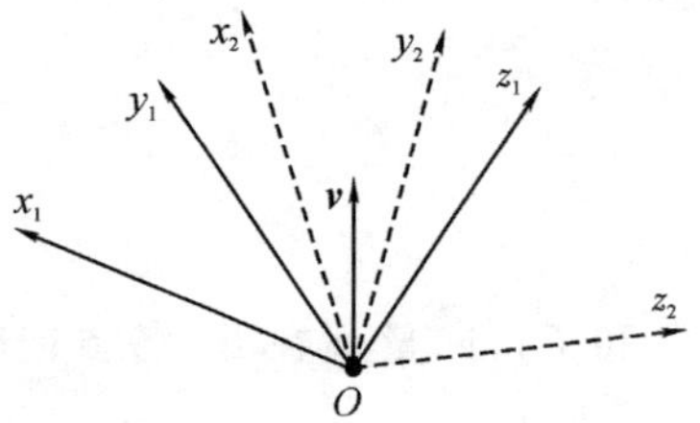

图 3.1 两个具有相同原点的坐标系。向量 $\boldsymbol{v}$ 可以在任一坐标系中表示

现在，$\boldsymbol{v}$ 在 x_2 上的投影与其分量 $v_{x_1}\boldsymbol{i}_1$、$v_{y_1}\boldsymbol{j}_1$ 和 $v_{z_1}\boldsymbol{k}_1$ 在 x_2 上投影的向量和相等，在 y_2 和 z_2 上的情况亦是如此。定义 x_2 与 x_1 之间的角度为 $\theta_{x_2x_1}$。那么，

$v_{x_1}\boldsymbol{i}_1$ 在 x_2 上投影的幅值为 $v_{x_1}\cos\theta_{x_2x_1}$，方向同 $\boldsymbol{i}_2$，如图 3.3 所示。

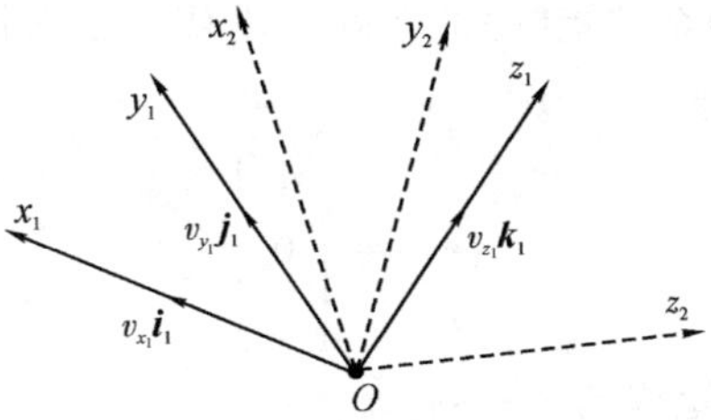

图 3.2　向量 $\boldsymbol{v}$ 在坐标系 F_1 各方向轴上的分量

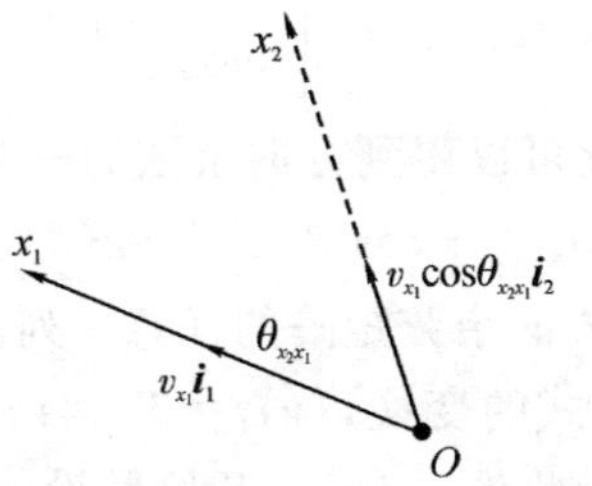

图 3.3　向量 $\boldsymbol{v}$ 的一个分量

因此，必须在 $v_{x_1}\cos\theta_{x_2x_1}\boldsymbol{i}_2$ 的基础上加上另外两个投影 $v_{y_1}\cos\theta_{x_2y_1}\boldsymbol{i}_2$ 和 $v_{z_1}\cos\theta_{x_2z_1}\boldsymbol{i}_2$，才能得到向量 $\boldsymbol{v}$ 在 x_2 上的投影，在 y_2 和 z_2 上的投影亦是如此，故有

$$v_{x_2}=v_{x_1}\cos\theta_{x_2x_1}+v_{y_1}\cos\theta_{x_2y_1}+v_{z_1}\cos\theta_{x_2z_1}$$
$$v_{y_2}=v_{x_1}\cos\theta_{y_2x_1}+v_{y_1}\cos\theta_{y_2y_1}+v_{z_1}\cos\theta_{y_2z_1}$$
$$v_{z_2}=v_{x_1}\cos\theta_{z_2x_1}+v_{y_1}\cos\theta_{z_2y_1}+v_{z_1}\cos\theta_{z_2z_1}$$

如果采用向量矩阵来表示，可以记为

$$\begin{bmatrix} v_{x_2} \\ v_{y_2} \\ v_{z_2} \end{bmatrix}=\begin{bmatrix} \cos\theta_{x_2x_1} & \cos\theta_{x_2y_1} & \cos\theta_{x_2z_1} \\ \cos\theta_{y_2x_1} & \cos\theta_{y_2y_1} & \cos\theta_{y_2z_1} \\ \cos\theta_{z_2x_1} & \cos\theta_{z_2y_1} & \cos\theta_{z_2z_1} \end{bmatrix}\begin{bmatrix} v_{x_1} \\ v_{y_1} \\ v_{z_1} \end{bmatrix}$$

显然上式就是 $\{\boldsymbol{v}\}_2=\boldsymbol{T}_{2,1}\{\boldsymbol{v}\}_1$，所以必须有 $t_{ij}=\cos\theta_{a_{1,2}}$。其中，如果对应的轴 P. 20
为 x 轴，则 i 或 j 为 1；如果对应的轴为 y 轴，则 i 或 j 为 2；如果对应的轴为 z 轴，则 i 或 j 为 3。

$$\boldsymbol{T}_{2,1}=\begin{bmatrix} \cos\theta_{x_2x_1} & \cos\theta_{x_2y_1} & \cos\theta_{x_2z_1} \\ \cos\theta_{y_2x_1} & \cos\theta_{y_2y_1} & \cos\theta_{y_2z_1} \\ \cos\theta_{z_2x_1} & \cos\theta_{z_2y_1} & \cos\theta_{z_2z_1} \end{bmatrix} \tag{3.1}$$

方向余弦矩阵的属性

变换矩阵(又称方向余弦矩阵)的存在并不依赖于向量 $\boldsymbol{v}$,因此无论如何选择 $\boldsymbol{v}$,该矩阵不变。如果选取

$$\{\boldsymbol{v}\}_1=\begin{bmatrix}1\\0\\0\end{bmatrix}$$

那么$\{\boldsymbol{v}\}_2$ 就是方向余弦矩阵的第一列:

$$\{\boldsymbol{v}\}_2=\begin{bmatrix}\cos\theta_{x_2x_1}\\ \cos\theta_{y_2x_1}\\ \cos\theta_{z_2x_1}\end{bmatrix}$$

由于 $\boldsymbol{v}$ 的长度为 1,因此可以得到方向余弦的一个著名特性,即

$$\cos^2\theta_{x_2x_1}+\cos^2\theta_{y_2x_1}+\cos^2\theta_{z_2x_1}=1$$

显然,这个特性适用于方向余弦矩阵的任意一列。

如果我们需要另一种方式的变换,$\{\boldsymbol{v}\}_1=\boldsymbol{T}_{1,2}\{\boldsymbol{v}\}_2$,显然有 $\boldsymbol{T}_{1,2}=\boldsymbol{T}_{2,1}^{-1}$,那么就需要求方向余弦矩阵的逆。此外,如果一开始假设$\{\boldsymbol{v}\}_2$ 已知,并且已经采用上述方法得到了$\{\boldsymbol{v}\}_1=\boldsymbol{T}_{1,2}\{\boldsymbol{v}\}_2$,那么可以得出

$$\begin{bmatrix}v_{x_1}\\ v_{y_1}\\ v_{z_1}\end{bmatrix}=\begin{bmatrix}\cos\theta_{x_1x_2} & \cos\theta_{x_1y_2} & \cos\theta_{x_1z_2}\\ \cos\theta_{y_1x_2} & \cos\theta_{y_1y_2} & \cos\theta_{y_1z_2}\\ \cos\theta_{z_1x_2} & \cos\theta_{z_1y_2} & \cos\theta_{z_1z_2}\end{bmatrix}\begin{bmatrix}v_{x_2}\\ v_{y_2}\\ v_{z_2}\end{bmatrix}$$

即使已经定义了这些角度的转动正方向,由于余弦变换是偶函数,从上式中能够明显看出 $\cos\theta_{x_1x_2}$ 与 $\cos\theta_{x_2x_1}$ 相等,$\cos\theta_{x_1y_2}$ 与 $\cos\theta_{y_2x_1}$ 相等,等等。所以,该式可以变换为

$$\begin{bmatrix}v_{x_1}\\ v_{y_1}\\ v_{z_1}\end{bmatrix}=\begin{bmatrix}\cos\theta_{x_2x_1} & \cos\theta_{y_2x_1} & \cos\theta_{z_2x_1}\\ \cos\theta_{x_2y_1} & \cos\theta_{y_2y_1} & \cos\theta_{z_2y_1}\\ \cos\theta_{x_2z_1} & \cos\theta_{y_2z_1} & \cos\theta_{z_2z_1}\end{bmatrix}\begin{bmatrix}v_{x_2}\\ v_{y_2}\\ v_{z_2}\end{bmatrix}$$

显然,$\boldsymbol{T}_{1,2}$ 的列是 $\boldsymbol{T}_{2,1}$ 的行(并且都具有单位长度)。这导出了变换矩阵的另一个良好性质,即方向余弦矩阵的逆等于它的转置,

$$\boldsymbol{T}_{1,2}=\boldsymbol{T}_{2,1}^{-1}=\boldsymbol{T}_{2,1}^{\mathrm{T}}$$

P. 21 因为 $\boldsymbol{T}_{2,1}\boldsymbol{T}_{2,1}^{-1}=\boldsymbol{T}_{2,1}\boldsymbol{T}_{2,1}^{T}=\boldsymbol{I}_3$,为 3×3 的单位矩阵,因此必须满足 $\boldsymbol{T}_{2,1}$ 任一行同其他行之间的标量积(点乘)为零。易证 $\boldsymbol{T}_{1,2}\boldsymbol{T}_{1,2}^{-1}=\boldsymbol{T}_{1,2}\boldsymbol{T}_{1,2}^{\mathrm{T}}=\boldsymbol{I}_3$,因此 $\boldsymbol{T}_{1,2}$ 任一列同其他列之间的标量积(点乘)也为零,这是因为 $\boldsymbol{T}_{2,1}$ 的列就是 $\boldsymbol{T}_{1,2}$ 的行。当方向余弦矩阵的行(或列)被视为向量时,它们就构成了三维空间中的正交基。

同样,在 $\boldsymbol{T}_{2,1}\boldsymbol{T}_{2,1}^{\mathrm{T}}=\boldsymbol{I}_3$ 的条件下,如果选取等式两边的元素并且标记 $|\boldsymbol{T}_{2,1}^{\mathrm{T}}|=$

$|\boldsymbol{T}_{2,1}|$的话，那么有

$$\begin{aligned}|\boldsymbol{T}_{2,1}\boldsymbol{T}_{2,1}^{\mathrm{T}}| &= |\boldsymbol{T}_{2,1}||\boldsymbol{T}_{2,1}^{\mathrm{T}}| \\ &= |\boldsymbol{T}_{2,1}||\boldsymbol{T}_{2,1}| \\ &= |\boldsymbol{T}_{2,1}|^2 \\ &= 1\end{aligned}$$

根据上式能够得到的唯一结论是$|\boldsymbol{T}_{2,1}|=\pm 1$。因为单位矩阵是行列式为$+1$的变换矩阵，同时任何其他变换都有可能通过单位矩阵的连续转动来得到，因此认为不同转动变换之间的行列式符号不同，似乎是不合理的。我们将在讨论欧拉角时证实正确答案的确是$|\boldsymbol{T}_{2,1}|=+1$。

在$\boldsymbol{T}_{2,1}=\{t_{ij}\}(i,j=1,\cdots,3)$中有九个变量，基于$\boldsymbol{T}_{2,1}$的行（或列）的正交性可以得到六个非线性约束方程。例如，对于$\boldsymbol{T}_{2,1}$的行来说有

$$\begin{aligned}&t_{11}^2+t_{12}^2+t_{13}^2=1\\&t_{21}^2+t_{22}^2+t_{23}^2=1\\&t_{31}^2+t_{32}^2+t_{33}^2=1\\&t_{11}t_{21}+t_{12}t_{22}+t_{13}t_{23}=0\\&t_{11}t_{31}+t_{12}t_{32}+t_{13}t_{33}=0\\&t_{21}t_{31}+t_{22}t_{32}+t_{23}t_{33}=0\end{aligned}$$

上述约束方程的解是三个独立变量。从原则上讲，在不违反约束条件的情况下，可以由任意三个给定的独立变量导出全部九个变量。

3.2.3　欧拉角法

如果方向余弦矩阵中只有三个自变量，那么我们应该能够用这三个自变量的某种形式（不一定唯一）来表示每一个t_{ij}。确定这些变量的方法之一是使用由瑞士数学家欧拉（1707—1783 年）提出的著名定理，简言之，该定理认为对于任何一个矢量坐标系，分别通过绕三个坐标轴的顺次转动，使其与其他任意坐标系对准（对应坐标轴平行）。转动过程中坐标轴的选择顺序是任意的，但相同的轴不能连续转动两次。转动顺序通常由三个数字表示，1 代表 x 轴，2 代表 y 轴，3 代表 z 轴。12 个有效的转动顺序分别是 123、121、131、132、213、212、231、232、312、313、 P. 22
321 和 323。执行这些转动时的角度（在右手坐标系中根据右手定则来判断角度的正负）称为欧拉角。

在飞行动力学中最常用的转动顺序是 321 或 z-y-x。假设有一个从坐标系F_1到坐标系F_2的转动，第一次转动（见图 3.4）是围绕z_1轴转动角度θ_z，该角度依据关于z_1轴的右手定则判定为正。接着进行后面两次转动，得到的坐标系方向既不与F_1相同，也不与F_2相同，而是与用F'来表示的中间坐标系（两个中间坐

标系中的第一个中间坐标系)相同。由于转动是围绕 z_1 轴进行的,因此 z'轴与它平行,而其他两个原始坐标轴则不会平行。

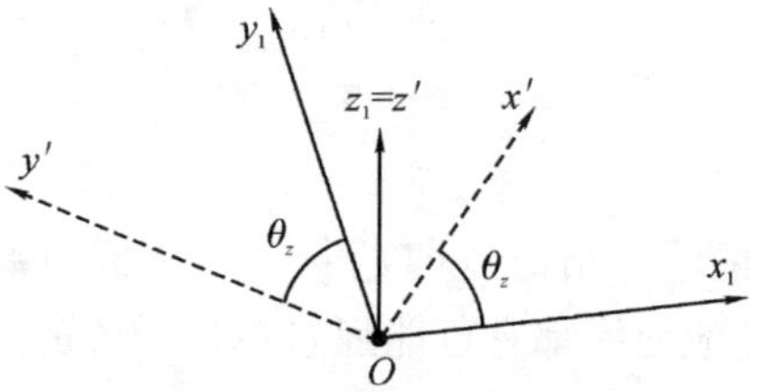

图 3.4 角度为 θ_z 的转动

第二次转动(见图 3.5)是绕第一个中间坐标系的 y'轴向第二个中间坐标系 F''转动角度 θ_y。注意 $y''=y'$,并且 y''轴和 z''轴与 F_1 和 F_2 均无关。

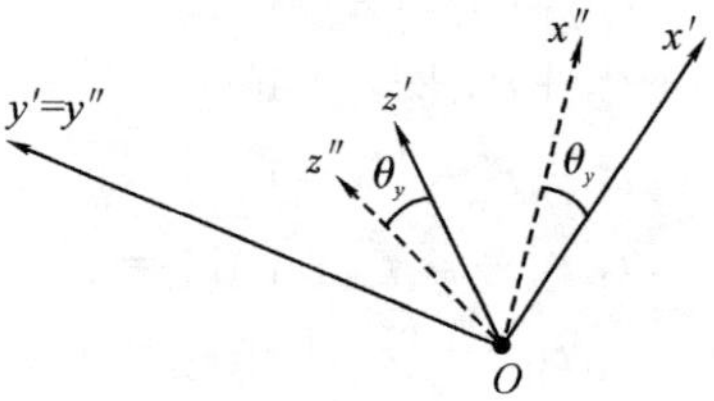

图 3.5 角度为 θ_y 的转动

最后一次转动(见图 3.6)是绕 x''轴转动角度 θ_x,最终得到的坐标系与 F_2 之间对应坐标轴平行。

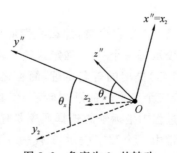

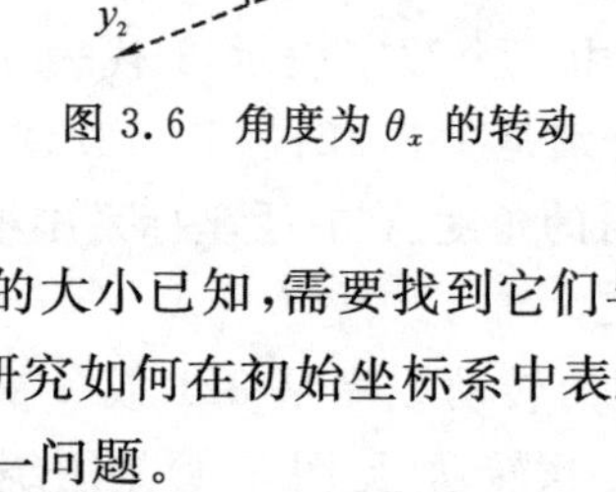

图 3.6 角度为 θ_x 的转动

P. 23 现在假设 θ_x、θ_y 和 θ_z 的大小已知,需要找到它们与方向余弦矩阵 $\boldsymbol{T}_{2,1}$ 各元素之间的关系。下文将通过研究如何在初始坐标系中表示中间坐标系和最终坐标系中的任意向量 $\boldsymbol{v}$,来解决这一问题。

首先考虑绕 z_1 轴的转动(见图 3.7)。根据之前定义的方向余弦,坐标轴之间的角度如下:z_1 与 z'之间为零;x_1 与 x'或 y_1 与 y'之间是 θ_z;x_1 与 y'之间为

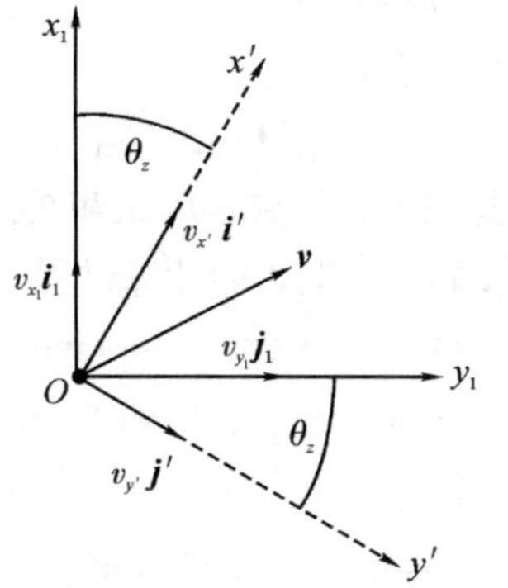

图 3.7　从 F_1 到 F' 的转动

$90°+\theta_z$；y_1 与 x' 之间为 $90°-\theta_z$。因此，可得

$$\begin{bmatrix} v_{x'} \\ v_{y'} \\ v_{z'} \end{bmatrix} = \begin{bmatrix} \cos\theta_{x'x_1} & \cos\theta_{x'y_1} & \cos\theta_{x'z_1} \\ \cos\theta_{y'x_1} & \cos\theta_{y'y_1} & \cos\theta_{y'z_1} \\ \cos\theta_{z'x_1} & \cos\theta_{z'y_1} & \cos\theta_{z'z_1} \end{bmatrix} \begin{bmatrix} v_{x_1} \\ v_{y_1} \\ v_{z_1} \end{bmatrix}$$

$$= \begin{bmatrix} \cos\theta_z & \cos(90°-\theta_z) & \cos 90° \\ \cos(90°+\theta_z) & \cos\theta_z & \cos 90° \\ \cos 90° & \cos 90° & \cos 0° \end{bmatrix} \begin{bmatrix} v_{x_1} \\ v_{y_1} \\ v_{z_1} \end{bmatrix}$$

$$= \begin{bmatrix} \cos\theta_z & \sin\theta_z & 0 \\ -\sin\theta_z & \cos\theta_z & 0 \\ 0 & 0 & 1 \end{bmatrix} \begin{bmatrix} v_{x_1} \\ v_{y_1} \\ v_{z_1} \end{bmatrix}$$

上式可以简写为 $\{\boldsymbol{v}\}'=\boldsymbol{T}_{F',1}\{\boldsymbol{v}\}_1$，其中

$$\boldsymbol{T}_{F',1} = \begin{bmatrix} \cos\theta_z & \sin\theta_z & 0 \\ -\sin\theta_z & \cos\theta_z & 0 \\ 0 & 0 & 1 \end{bmatrix} \tag{3.2}$$

根据围绕 y' 轴的转动可以得到 $\{\boldsymbol{v}\}''=\boldsymbol{T}_{F'',F'}\{\boldsymbol{v}\}'$，其中

$$\boldsymbol{T}_{F'',F'} = \begin{bmatrix} \cos\theta_y & 0 & -\sin\theta_y \\ 0 & 1 & 0 \\ \sin\theta_y & 0 & \cos\theta_y \end{bmatrix} \tag{3.3}$$

最终，根据围绕 x'' 轴的转动可以得到 $\{\boldsymbol{v}\}_2=\boldsymbol{T}_{2,F''}\{\boldsymbol{v}\}''$，并且有

$$\boldsymbol{T}_{2,F''} = \begin{bmatrix} 1 & 0 & 0 \\ 0 & \cos\theta_x & \sin\theta_x \\ 0 & -\sin\theta_x & \cos\theta_x \end{bmatrix} \tag{3.4}$$

P. 24 现在联立$\{\boldsymbol{v}\}_2=\boldsymbol{T}_{2,F''}\{\boldsymbol{v}\}''$和$\{\boldsymbol{v}\}''=\boldsymbol{T}_{F'',F'}\{\boldsymbol{v}\}'$，可以得到$\{\boldsymbol{v}\}_2=\boldsymbol{T}_{2,F''}\boldsymbol{T}_{F'',F'}\{\boldsymbol{v}\}'$，再代入$\{\boldsymbol{v}\}'=\boldsymbol{T}_{F',1}\{\boldsymbol{v}\}_1$，可以得到

$$\{\boldsymbol{v}\}_2=\boldsymbol{T}_{2,F''}\boldsymbol{T}_{F'',F'}\boldsymbol{T}_{F',1}\{\boldsymbol{v}\}_1$$

由上式得到的变换矩阵是三个连续变换的乘积(注意必须按照一定的顺序)，或者可以表示为$\boldsymbol{T}_{2,1}=\boldsymbol{T}_{2,F''}\boldsymbol{T}_{F'',F'}\boldsymbol{T}_{F',1}$。上式的计算过程比较复杂，但结果很简单，即为

$$\boldsymbol{T}_{2,1}=\begin{bmatrix} \cos\theta_y\cos\theta_z & \cos\theta_y\sin\theta_z & -\sin\theta_y \\ \begin{pmatrix}\sin\theta_x\sin\theta_y\cos\theta_z \\ -\cos\theta_x\sin\theta_z\end{pmatrix} & \begin{pmatrix}\sin\theta_x\sin\theta_y\sin\theta_z \\ +\cos\theta_x\cos\theta_z\end{pmatrix} & \sin\theta_x\cos\theta_y \\ \begin{pmatrix}\cos\theta_x\sin\theta_y\cos\theta_z \\ +\sin\theta_x\sin\theta_z\end{pmatrix} & \begin{pmatrix}\cos\theta_x\sin\theta_y\sin\theta_z \\ -\sin\theta_x\cos\theta_z\end{pmatrix} & \cos\theta_x\cos\theta_y \end{bmatrix} \tag{3.5}$$

由于这只是方向余弦矩阵的不同表示方式，因此必须确保$\cos\theta_y\cos\theta_z=\cos\theta_{x_2x_1}$，$\cos\theta_y\sin\theta_z=\cos\theta_{x_2y_1}$，等等。可以看出，由于$\boldsymbol{T}_{2,1}=\boldsymbol{T}_{2,F''}\boldsymbol{T}_{F'',F'}\boldsymbol{T}_{F',1}$，所以必须有

$$|\boldsymbol{T}_{2,1}|=|\boldsymbol{T}_{2,F''}\boldsymbol{T}_{F'',F'}\boldsymbol{T}_{F',1}|=|\boldsymbol{T}_{2,F''}|\,|\boldsymbol{T}_{F'',F'}|\,|\boldsymbol{T}_{F',1}|$$

容易证明三个中间变换的任一行列式均为+1，所以我们得到了期望的结果

$$|\boldsymbol{T}_{2,1}|=+1$$

须注意：根据定义，欧拉角θ_x、θ_y和θ_z代表从F_1到F_2进行的一组顺序为321的转动。因此，对于从F_2到F_1进行的顺序为321的转动$\boldsymbol{T}_{1,2}$，如果选取合适的转动角度的话(例如，ϕ_x、ϕ_y和ϕ_z)，其形式同$\boldsymbol{T}_{2,1}$相同，但是二者涉及的转动角度在物理上并不相同。因此，对于从F_1到F_2进行的顺序为321的转动，有

$$\boldsymbol{T}_{1,2}=\begin{bmatrix} \cos\phi_y\cos\phi_z & \cos\phi_y\sin\phi_z & -\sin\phi_y \\ \begin{pmatrix}\sin\phi_x\sin\phi_y\cos\phi_z \\ -\cos\phi_x\sin\phi_z\end{pmatrix} & \begin{pmatrix}\sin\phi_x\sin\phi_y\sin\phi_z \\ +\cos\phi_x\cos\phi_z\end{pmatrix} & \sin\phi_x\cos\phi_y \\ \begin{pmatrix}\cos\phi_x\sin\phi_y\cos\phi_z \\ +\sin\phi_x\sin\phi_z\end{pmatrix} & \begin{pmatrix}\cos\phi_x\sin\phi_y\sin\phi_z \\ -\sin\phi_x\cos\phi_z\end{pmatrix} & \cos\phi_x\cos\phi_y \end{bmatrix}$$

上式只是将式(3.5)中的θ换成了ϕ。或者，根据$\boldsymbol{T}_{1,2}=\boldsymbol{T}_{2,1}^{-1}=\boldsymbol{T}_{2,1}^{\mathrm{T}}$，可以将上式写为

$$\boldsymbol{T}_{1,2}=\begin{bmatrix} \cos\theta_y\cos\theta_z & \begin{pmatrix}\sin\theta_x\sin\theta_y\cos\theta_z \\ -\cos\theta_x\sin\theta_z\end{pmatrix} & \begin{pmatrix}\cos\theta_x\sin\theta_y\cos\theta_z \\ +\sin\theta_x\sin\theta_z\end{pmatrix} \\ \cos\theta_y\sin\theta_z & \begin{pmatrix}\sin\theta_x\sin\theta_y\sin\theta_z \\ +\cos\theta_x\cos\theta_z\end{pmatrix} & \begin{pmatrix}\cos\theta_x\sin\theta_y\sin\theta_z \\ -\sin\theta_x\cos\theta_z\end{pmatrix} \\ -\sin\theta_y & \sin\theta_x\cos\theta_y & \cos\theta_x\cos\theta_y \end{bmatrix}$$

这两个矩阵是相同的，只是角度定义不同。显然，两组角度之间的关系很重要。

简而言之，欧拉角的定义对于用到的转动序列（321、213 等）来说是唯一的，并 P. 25
且该序列决定了初始坐标系和最终的坐标系（从 F_1 转动到 F_2 或从 F_2 转动到 F_1）。通常情况下，我们使用 321 这个转动序列来定义仅在一个方向上转动的欧拉角，并且根据 $\boldsymbol{T}_{1,2}=\boldsymbol{T}_{2,1}^{-1}=\boldsymbol{T}_{2,1}^{\mathrm{T}}$ 之类的关系来获得反方向转动的欧拉角。

3.2.4　欧拉参数法（四元数）

附录 C 中给出了欧拉参数的推导过程。欧拉参数的定义基于下述现象，即任意两个坐标系可以通过围绕某个坐标轴单次旋转而立刻相关，且该轴在两个坐标系中表示形式相同。这个坐标轴被称为特征轴，其方向余弦为 ξ、ζ 和 χ；转动角为 η。然后，依据欧拉参数的定义，可以得到

$$\begin{aligned} q_0 &\doteq \cos\frac{\eta}{2} \\ q_1 &\doteq \xi\sin\frac{\eta}{2} \\ q_2 &\doteq \zeta\sin\frac{\eta}{2} \\ q_3 &\doteq \chi\sin\frac{\eta}{2} \end{aligned} \tag{3.6}$$

变换矩阵化为

$$\boldsymbol{T}_{2,1}=\begin{bmatrix} (q_0^2+q_1^2-q_2^2-q_3^2) & 2(q_1q_2+q_0q_3) & 2(q_1q_3-q_0q_2) \\ 2(q_1q_2-q_0q_3) & (q_0^2-q_1^2+q_2^2-q_3^2) & 2(q_2q_3+q_0q_1) \\ 2(q_1q_3+q_0q_2) & 2(q_2q_3-q_0q_1) & (q_0^2-q_1^2-q_2^2+q_3^2) \end{bmatrix} \tag{3.7}$$

相对于欧拉角，欧拉参数有一个很大的缺点，即欧拉角在大多数情况下比欧拉参数更加直观。如果给出了 θ_x、θ_y 和 θ_z 的值，而且它们都不太大的话，则很容易看出两个坐标系之间的相对方向。相反，如果仅仅给定一组欧拉参数，几乎看不出两个坐标系之间的任何相关信息。因此，即使在欧拉参数更加适用的实际情况下（例如飞行模拟），为了便于解释和可视化，也要将结果变换为欧拉角。

要将一组欧拉参数变换成对应的欧拉角，最直接的方法是使两种不同表示的变换矩阵中对应的元素相等。联立元素（2,3）和元素（3,3）进而得到

$$\frac{\sin\theta_x\cos\theta_y}{\cos\theta_x\cos\theta_y}=\tan\theta_x=\frac{2(q_2q_3+q_0q_1)}{q_0^2-q_1^2-q_2^2+q_3^2}$$

$$\theta_x=\arctan\frac{t_{23}}{t_{33}}=\arctan\left[\frac{2(q_2q_3+q_0q_1)}{q_0^2-q_1^2-q_2^2+q_3^2}\right],\ -\pi\leqslant\theta_x<\pi$$

从元素（1,3）可以得到

$$-\sin\theta_y = 2(q_1q_3 - q_0q_2)$$

$$\theta_y = -\arcsin t_{13} = -\arcsin(2q_1q_3 - 2q_0q_2),\ -\frac{\pi}{2} \leqslant \theta_y \leqslant \frac{\pi}{2}$$

P. 26 最后利用元素(1,1)和元素(1,2)可以得到

$$\frac{\cos\theta_y\sin\theta_z}{\cos\theta_y\cos\theta_z} = \tan\theta_z = \frac{2(q_1q_2 + q_0q_3)}{q_0^2 + q_1^2 - q_2^2 - q_3^2}$$

$$\theta_z = \arctan\left(\frac{t_{12}}{t_{11}}\right) = \arctan\left[\frac{2(q_1q_2 + q_0q_3)}{q_0^2 + q_1^2 - q_2^2 - q_3^2}\right], 0 \leqslant \theta_z \leqslant 2\pi$$

在使用反正切函数进行参数估计时，分母不能为零。大部分软件库都有双幅角反正切函数，用于解决这一问题，并且可用于跟踪幅角的象限。综上所述，

$$\begin{aligned}
&\theta_x = \arctan\left[\frac{2(q_2q_3 + q_0q_1)}{q_0^2 - q_1^2 - q_2^2 + q_3^2}\right],\ -\pi \leqslant \theta_x < \pi \\
&\theta_y = -\arcsin(2q_1q_3 - 2q_0q_2),\ -\frac{\pi}{2} \leqslant \theta_y \leqslant \frac{\pi}{2} \\
&\theta_z = \arctan\left[\frac{2(q_1q_2 + q_0q_3)}{q_0^2 + q_1^2 - q_2^2 - q_3^2}\right], 0 \leqslant \theta_z \leqslant 2\pi
\end{aligned} \tag{3.8}$$

关于欧拉角与欧拉参数变换的研究非常广泛，这一问题可以用类似于变换矩阵中的对应元素相等的方式来解决。此外，Junkins 和 Turner(1978)提出的方法也能获得一个不错的结果，这里仅仅给出结论，证明过程不再赘述。

$$\begin{aligned}
q_0 &= \cos\frac{\theta_z}{2}\cos\frac{\theta_y}{2}\cos\frac{\theta_x}{2} + \sin\frac{\theta_z}{2}\sin\frac{\theta_y}{2}\sin\frac{\theta_x}{2} \\
q_1 &= \cos\frac{\theta_z}{2}\cos\frac{\theta_y}{2}\sin\frac{\theta_x}{2} - \sin\frac{\theta_z}{2}\sin\frac{\theta_y}{2}\cos\frac{\theta_x}{2} \\
q_2 &= \cos\frac{\theta_z}{2}\sin\frac{\theta_y}{2}\cos\frac{\theta_x}{2} + \sin\frac{\theta_z}{2}\cos\frac{\theta_y}{2}\sin\frac{\theta_x}{2} \\
q_3 &= \sin\frac{\theta_z}{2}\cos\frac{\theta_y}{2}\cos\frac{\theta_x}{2} - \cos\frac{\theta_z}{2}\sin\frac{\theta_y}{2}\sin\frac{\theta_x}{2}
\end{aligned} \tag{3.9}$$

最后我们来看欧拉参数。在参考文献中，欧拉参数通常被称为四元数。然而，四元数的准确定义为半标量，在某些坐标系中半标量的实质为 $\tilde{Q} = q_0 + q_1\boldsymbol{i} + q_2\boldsymbol{j} + q_3\boldsymbol{k}$。四元数的代数形式可用于证明欧拉参数的相关定理，但本书不会使用。

3.3 变换方程组

假设在某一坐标系 F_1 中有一个线性系统方程组：

$$\{\boldsymbol{y}\}_1 = \boldsymbol{A}_1\{\boldsymbol{x}\}_1$$

已知到 F_2 的变换 $\boldsymbol{T}_{2,1}$，要求在 F_2 中表示上述线性系统方程。由于等式

$\{\boldsymbol{y}\}_1=\boldsymbol{A}_1\{\boldsymbol{x}\}_1$ 两边都是 F_1 中的向量，所以我们将两边变换为 $\boldsymbol{T}_{2,1}\{\boldsymbol{y}\}_1=\{\boldsymbol{y}\}_2=\boldsymbol{T}_{2,1}\boldsymbol{A}_1\{\boldsymbol{x}\}_1$，然后在等式右端插入单位矩阵 $\boldsymbol{T}_{2,1}^{\mathrm{T}}\boldsymbol{T}_{2,1}$，从而可以得到 $\{\boldsymbol{y}\}_2=\boldsymbol{T}_{2,1}\boldsymbol{A}_1\boldsymbol{T}_{2,1}^{\mathrm{T}}\boldsymbol{T}_{2,1}\{\boldsymbol{x}\}_1$。这样做的目的是将向量 $\{\boldsymbol{x}\}_1$ 变换为 $\{\boldsymbol{x}\}_2=\boldsymbol{T}_{2,1}\{\boldsymbol{x}\}_1$。将等式右侧各项分组，可以得到 P. 27

$$\{\boldsymbol{y}\}_2=\boldsymbol{T}_{2,1}\boldsymbol{A}_1\boldsymbol{T}_{2,1}^{\mathrm{T}}\{\boldsymbol{x}\}_2=\boldsymbol{A}_2\{\boldsymbol{x}\}_2$$

结论是从 F_1 到 F_2 的矩阵 $\boldsymbol{A}_1$ 的变换（或 F_2 中与 $\boldsymbol{A}_1$ 等价的操作）可以由下式给出：

$$\boldsymbol{A}_2=\boldsymbol{T}_{2,1}\boldsymbol{A}_1\boldsymbol{T}_{2,1}^{\mathrm{T}} \tag{3.10}$$

式(3.10)通常称为矩阵变换。这种变换在某些情况下非常有用，例如，如果可以找到 F_2 和 $\boldsymbol{T}_{2,1}$，使得 $\boldsymbol{A}_2$ 是对角阵的话，那么求解系统方程 $\{\boldsymbol{y}\}_2=\boldsymbol{A}_2\{\boldsymbol{x}\}_2$ 就会变得很容易，原变量则可以通过 $\{\boldsymbol{y}\}_1=\boldsymbol{T}_{2,1}^{\mathrm{T}}\{\boldsymbol{y}\}_2$ 和 $\{\boldsymbol{x}\}_1=\boldsymbol{T}_{2,1}^{\mathrm{T}}\{\boldsymbol{x}\}_2$ 来恢复。

3.4 习惯与规则

3.4.1 欧拉角的名称

有些变换矩阵比较常用，与它们相关的转动顺序为 321 的欧拉角被赋予了特殊符号。这些变换矩阵和欧拉角有

$\boldsymbol{T}_{F_2,F_1}$	θ_x	θ_y	θ_z
$\boldsymbol{T}_{\mathrm{B,H}}$	ϕ	θ	ψ
$\boldsymbol{T}_{\mathrm{W,H}}$	μ	γ	χ
$\boldsymbol{T}_{\mathrm{B,W}}$	0	α	$-\beta$

(3.11)

3.4.2 欧拉角的主值

欧拉角的主值范围主要根据规则确定，并且可以根据实际应用改变。在本书中，规定欧拉角的主值范围为

$$\begin{gathered}-\pi\leqslant\theta_x<\pi\\ -\frac{\pi}{2}\leqslant\theta_y\leqslant\frac{\pi}{2}\\ 0\leqslant\theta_z<2\pi\end{gathered} \tag{3.12}$$

上述规定范围主要适用于飞行动力学，但偶尔我们也会遇到 $-\pi<\theta_z\leqslant\pi$ 和 $0<\theta_x\leqslant 2\pi$ 的情况。

习题

1. 日常使用中，人们通常认为 γ 是 θ 和 α 之差。

(a)使用关系式 $\boldsymbol{T}_{\mathrm{W,H}}=\boldsymbol{T}_{\mathrm{W,B}}\boldsymbol{T}_{\mathrm{B,H}}$，计算 γ 的表达式(要求表达式右侧为角度)。

(b)基于(a)的结果，试问在什么条件下，$\gamma=\theta-\alpha$?

2\. 考虑任意两个机体坐标系 $F_{\mathrm{B_1}}$ 和 $F_{\mathrm{B_2}}$，其中 $F_{\mathrm{B_2}}$ 由 $F_{\mathrm{B_1}}$ 绕 $y_{\mathrm{B_1}}$ 轴正转动角度 Θ 得到。

P. 28 (a)确定 $F_{\mathrm{B_1}}$ 和 $F_{\mathrm{B_2}}$ 各坐标轴之间的九个角度，并由此写出 $\boldsymbol{T}_{\mathrm{B_2,B_1}}$ 的方向余弦矩阵表达式。

(b)对于一个从 $F_{\mathrm{B_1}}$ 到 $F_{\mathrm{B_2}}$ 进行的转动顺序为 321 的欧拉角序列，确定 θ_x、θ_y 和 θ_z，并由此写出用欧拉角表示的 $\boldsymbol{T}_{\mathrm{B_2,B_1}}$ 的方向余弦矩阵。

(c)确定从 $F_{\mathrm{B_2}}$ 到 $F_{\mathrm{B_1}}$ 的特征轴和角度，并由此写出用欧拉参数表示的 $\boldsymbol{T}_{\mathrm{B_2,B_1}}$ 的方向余弦矩阵。

3\. 考虑第 2 章定义的坐标系 F_{EC} 和 F_{E}。纬度用符号 λ 表示，经度用符号 μ 表示。赤道以北纬度为正，以南纬度为负，变化范围为 $-90°\leqslant\lambda\leqslant+90°$。本初子午线以东经度为正，以西经度为负，变化范围为 $-180°<\mu\leqslant+180°$。

(a)给定 F_{E} 的纬度 λ_{E} 和经度 μ_{E}，找到从 F_{EC} 到 F_{E} 的变换矩阵 $\boldsymbol{T}_{\mathrm{E,EC}}$，使得其仅是 λ_{E} 和 μ_{E} 的函数。

(b)使用(a)的答案，将 F_{EC} 中的地球转动向量变换到其在以美国弗吉尼亚州布莱克斯堡为原点的地球坐标系中的表示($F_{\mathrm{E}}=F_{\mathrm{BBurg}}$)。也就是说，将 $\{\boldsymbol{\omega}_{\mathrm{E}}\}_{\mathrm{EC}}$ 变换为 $\{\boldsymbol{\omega}_{\mathrm{E}}\}_{\mathrm{BB}}$，其中 $\lambda_{\mathrm{BBurg}}=37°12.442''\mathrm{N}$，$\mu_{\mathrm{BBurg}}=80°24.446''\mathrm{W}$。

4\. 考虑从 F_{W} 到 F_{B} 进行的转动 321 中涉及的欧拉角。

(a)对于初始坐标系 F_{W} 和该变换涉及的每一个中间坐标系，确定哪些坐标轴位于由 F_{B} 的两两坐标轴形成的三个平面之中。简述全部答案，并解释其原因。

(b)θ_x 在变换中的值是多少？并予以解释。

(c)将这些转动同空气动力角 α 和 β 的定义进行比较，并证明给出的 $\boldsymbol{T}_{\mathrm{B,W}}$ 的欧拉角的名称是正确的。

(d)证明从气流坐标系到机体坐标系的变换矩阵是

$$\boldsymbol{T}_{\mathrm{B,W}}=\begin{bmatrix}\cos\alpha\cos\beta & -\cos\alpha\sin\beta & -\sin\alpha\\ \sin\beta & \cos\beta & 0\\ \sin\alpha\cos\beta & -\sin\alpha\sin\beta & \cos\alpha\end{bmatrix}\tag{3.13}$$

5\. 找到一个方向余弦矩阵 $\boldsymbol{T}$ 使得

$$\boldsymbol{T}\boldsymbol{v}=\boldsymbol{e}_2$$

其中

$$\boldsymbol{v}=\begin{bmatrix}0.6\\0\\0.8\end{bmatrix},\quad \boldsymbol{e}_2=\begin{bmatrix}0\\1\\0\end{bmatrix}$$

方向余弦矩阵必须具有上文中描述的所有属性。

6. 使用适当定义的角度，找到欧拉角转动顺序为 212 的变换矩阵 $\boldsymbol{T}_{2,1}$，给出全部求解过程。

7. 考虑两个左手坐标系。

(a) 利用两个坐标系各轴之间的关系，推导出左手坐标系的方向余弦矩阵。

(b) 这个结果与右手坐标系的方向余弦矩阵有何不同？ P. 29

8. 给定一个变换矩阵如下：

$$\boldsymbol{T}_{2,1}=\begin{bmatrix}\frac{2}{3} & \frac{1}{3} & \frac{2}{3}\\ -\frac{2}{3} & \frac{2}{3} & \frac{1}{3}\\ -\frac{1}{3} & -\frac{2}{3} & \frac{1}{3}\end{bmatrix}$$

计算两个坐标系相关的欧拉轴 $\boldsymbol{e}_\eta$ 和转动角 η 的解。

9. 如图 3.8 所示。将飞机模型放置在风洞中，风洞的坐标系如图所示（下标为 WT），其中 x_{WT} 与气流 V 的方向相反。从机体轴与风洞轴对准的位置开始，按照如下顺序执行飞机模型的两个转动：(1) 绕 y_{WT} 轴转动角度 θ_y；(2) 绕 x_{B} 轴转动角度 θ_x。给定 θ_x 和 θ_y 的值，描述如何估算空气动力角 α 和 β。

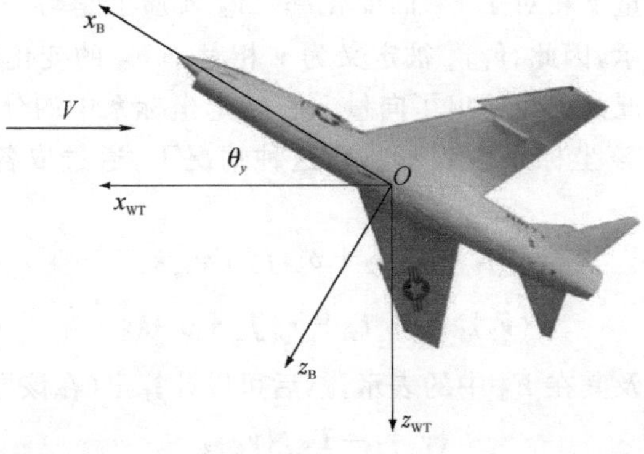

图 3.8　问题 9。注意 x_{B}、x_{WT} 和 z_{WT} 轴位于页面平面上，而 z_{B} 轴不在平面上（飞机已经绕 x_{B} 轴转动了角度 θ_x）

参考文献

Junkins, J.L. and Turner, J.D. (1978) Optimal continuous torque attitude maneuvers, AIAA-AAS Astrodynamics Conference, Palo Alto, California, August 1978.

第 4 章　转动坐标系

P. 31 4.1 概述

如图 4.1 所示，在任意时刻，有 $\{\boldsymbol{v}\}_2=\boldsymbol{T}_{2,1}\{\boldsymbol{v}\}_1$ 和 $\{\boldsymbol{v}\}_1=\boldsymbol{T}_{2,1}^{\mathrm{T}}\{\boldsymbol{v}\}_2$。如果坐标系 F_2 相对于 F_1 以 $\boldsymbol{\omega}_2^1$ 的角速度转动，那么两个坐标系坐标轴的相对方向必然改变，且 $\boldsymbol{T}_{2,1}$ 随时间不断变化。为了得到 $\boldsymbol{T}_{2,1}$ 的变化率，我们首先考虑特定向量，并且看坐标系的相对转动如何影响它们的表达式，然后再来考虑任意向量，这样就可以推导出 $\dot{\boldsymbol{T}}_{2,1}$。

本书使用点符号和相关下标来表示从特定坐标系中选取的量的时间导数。因此，符号 $\dot{\boldsymbol{v}}_2$ 表示向量 $\boldsymbol{v}$ 相对于 F_2 的变化率。$\dot{\boldsymbol{v}}_2$ 实质上是另一个向量，并且可以在任意坐标系中表示，因此 $\{\dot{\boldsymbol{v}}_2\}_1$ 被定义为 $\boldsymbol{v}$ 相对于 F_2 的变化率在 F_1 中的分量表示。最简单的情况是已经给出了向量 $\boldsymbol{v}$ 在特定坐标系中的分量，其相对于该坐标系的导数可以在该坐标系中表示。在这种情况下，通过取各分量的导数可以得到

$$\{\boldsymbol{v}\}_2=v_{x_2}\boldsymbol{i}_2+v_{y_2}\boldsymbol{j}_2+v_{z_2}\boldsymbol{k}_2$$

$$\{\dot{\boldsymbol{v}}_2\}_2=\dot{v}_{x_2}\boldsymbol{i}_2+\dot{v}_{y_2}\boldsymbol{j}_2+\dot{v}_{z_2}\boldsymbol{k}_2$$

找到这个向量及其在 F_2 中的表示，然后可以计算出(在该导数有效的瞬间)

$$\{\dot{\boldsymbol{v}}_2\}_1=\boldsymbol{T}_{1,2}\{\dot{\boldsymbol{v}}_2\}_2$$

注意，一般情况下，上式并不是 $\boldsymbol{v}$ 相对于 F_1 的变化率。

使用已建立的符号体系，考虑 $\{\boldsymbol{v}\}_2=\boldsymbol{T}_{2,1}\{\boldsymbol{v}\}_1$。首先，我们可以写出 $\dot{\boldsymbol{v}}_2=\dot{\boldsymbol{T}}_{2,1}\boldsymbol{v}_1+\boldsymbol{T}_{2,1}\dot{\boldsymbol{v}}_1$，但该式并没有明确对哪个向量求导和如何表示向量的导数。我们需要知道 $\{\dot{\boldsymbol{v}}_2\}_2$，所以使用 $\{\boldsymbol{v}\}_2=v_{x_2}\boldsymbol{i}_2+v_{y_2}\boldsymbol{j}_2+v_{z_2}\boldsymbol{k}_2$ 来确定每一项的导数的表达式。我们有

$$\begin{bmatrix} v_{x_2} \\ v_{y_2} \\ v_{z_2} \end{bmatrix}=\begin{bmatrix} t_{11} & t_{12} & t_{13} \\ t_{21} & t_{22} & t_{23} \\ t_{31} & t_{32} & t_{33} \end{bmatrix}_{2,1}\begin{bmatrix} v_{x_1} \\ v_{y_1} \\ v_{z_1} \end{bmatrix}$$

P. 32

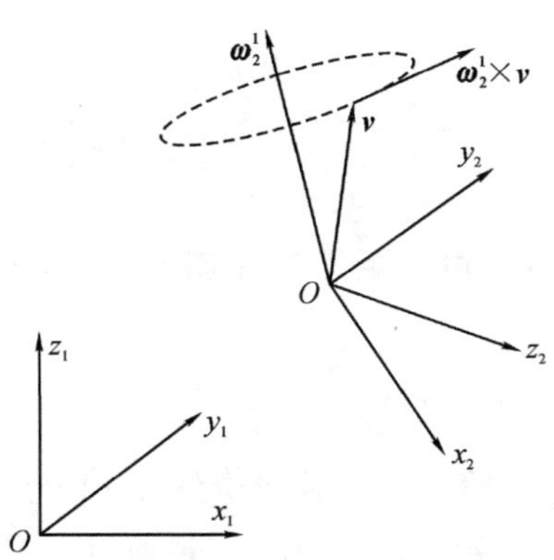

图 4.1　向量 $\boldsymbol{v}$ 固定在 F_2 中。虚线是 F_2 相对 F_1 以角速度 ω 转动时 $\boldsymbol{v}$ 的尖端轨迹

各分量的表达式都与 $v_{x_2}=t_{11}v_{x_1}+t_{12}v_{y_1}+t_{13}v_{z_1}$ 类似。v_{x_2} 的导数为

$$\dot{v}_{x_2}=\dot{t}_{11}v_{x_1}+t_{11}\dot{v}_{x_1}+\dot{t}_{12}v_{y_1}+t_{12}\dot{v}_{y_1}+\dot{t}_{13}v_{z_1}+t_{13}\dot{v}_{z_1}$$

式中，$\dot{t}_{ij}$ 为 $\dot{\boldsymbol{T}}_{2,1}$ 中的元素；$\dot{v}_{x_1}$、$\dot{v}_{y_1}$ 和 $\dot{v}_{z_1}$ 来自 $\{\dot{\boldsymbol{v}}_1\}_1=\dot{v}_{x_1}\boldsymbol{i}_1+\dot{v}_{y_1}\boldsymbol{j}_1+\dot{v}_{z_1}\boldsymbol{k}_1$。经过重组可以得到

$$\{\dot{\boldsymbol{v}}_2\}_2=\dot{\boldsymbol{T}}_{2,1}\{\boldsymbol{v}\}_1+\boldsymbol{T}_{2,1}\{\dot{\boldsymbol{v}}_1\}_1$$

换言之，向量 $\{\dot{\boldsymbol{v}}_2\}_2$ 代表了 $\boldsymbol{v}$ 相对于 F_2 的变化速率(由 $\boldsymbol{v}$ 在 F_2 各坐标轴上的分量来表示)，等于变换矩阵的变化速率乘以 F_1 中 $\boldsymbol{v}$ 的表达式，加上变换矩阵与 $\boldsymbol{v}$ 相对于 F_1 的变化速率的向量(由 $\boldsymbol{v}$ 在 F_1 各坐标轴上的分量来表示)的乘积。

基于 $\{\boldsymbol{v}\}_1=\boldsymbol{T}_{2,1}^{\mathrm{T}}\{\boldsymbol{v}\}_2$，容易证明：

$$\{\dot{\boldsymbol{v}}_1\}_1=\dot{\boldsymbol{T}}_{2,1}^{\mathrm{T}}\{\boldsymbol{v}\}_2+\boldsymbol{T}_{2,1}^{\mathrm{T}}\{\dot{\boldsymbol{v}}_2\}_2 \tag{4.1}$$

现在我们来回顾一下，方向余弦矩阵的方向仅仅取决于两个坐标系的相对方向，而不依赖于任一坐标系中的特定向量，因此式(4.1)中的 $\boldsymbol{T}_{2,1}$ 和 $\dot{\boldsymbol{T}}_{2,1}$ 必须适用于任一向量 $\boldsymbol{v}$。因此，我们可以选择相对于 F_1 固定的向量 $\boldsymbol{v}$，使得 $\{\dot{\boldsymbol{v}}_1\}_1=0$，或选择相对于 F_2 固定的向量 $\boldsymbol{v}$，使得 $\{\dot{\boldsymbol{v}}_2\}_2=0$。

令 $\{\dot{\boldsymbol{v}}_2\}_2=0$，并考虑 $\{\dot{\boldsymbol{v}}_1\}_1$ 的表达式，可以得到

$$\{\dot{\boldsymbol{v}}_1\}_1=\dot{\boldsymbol{T}}_{2,1}^{\mathrm{T}}\{\boldsymbol{v}\}_2+\boldsymbol{T}_{2,1}^{\mathrm{T}}\{\dot{\boldsymbol{v}}_2\}_2=\dot{\boldsymbol{T}}_{2,1}^{\mathrm{T}}\{\boldsymbol{v}\}_2$$

$$\dot{\boldsymbol{T}}_{2,1}^{\mathrm{T}}\{\boldsymbol{v}\}_2=\{\boldsymbol{\omega}_2^1\}_1\times\{\boldsymbol{v}\}_1 \tag{4.2}$$

为方便求解，我们用矩阵和向量的乘积运算来代替叉乘运算。考虑 $\boldsymbol{u}\times\boldsymbol{v}$，有

$$\boldsymbol{u}=\begin{bmatrix}u_x\\u_y\\u_z\end{bmatrix},\quad \boldsymbol{v}=\begin{bmatrix}v_x\\v_y\\v_z\end{bmatrix}$$

P.33 定义矩阵 $\boldsymbol{U}$ 为

$$\boldsymbol{U}=\begin{bmatrix} 0 & -u_z & u_y \\ u_z & 0 & -u_x \\ -u_y & u_x & 0 \end{bmatrix}$$

容易验证 $\boldsymbol{u}\times\boldsymbol{v}=\boldsymbol{U}\boldsymbol{v}$。由于矩阵 $\boldsymbol{U}$ 是斜对称的，即 $\boldsymbol{U}^{\mathrm{T}}=-\boldsymbol{U}$，因此可以将 $\dot{\boldsymbol{T}}_{2,1}^{\mathrm{T}}\{\boldsymbol{v}\}_2=\{\boldsymbol{\omega}_2^1\}_1\times\{\boldsymbol{v}\}_1$ 记为

$$\dot{\boldsymbol{T}}_{2,1}^{\mathrm{T}}\{\boldsymbol{v}\}_2=\{\boldsymbol{\Omega}_2^1\}_1\{\boldsymbol{v}\}_1$$

然后用 $\{\boldsymbol{v}\}_1=\boldsymbol{T}_{1,2}\{\boldsymbol{v}\}_2=\boldsymbol{T}_{2,1}^{\mathrm{T}}\{\boldsymbol{v}\}_2$ 来替换 $\{\boldsymbol{v}\}_1$，有

$$\dot{\boldsymbol{T}}_{2,1}^{\mathrm{T}}\{\boldsymbol{v}\}_2=\{\boldsymbol{\Omega}_2^1\}_1\boldsymbol{T}_{2,1}^{\mathrm{T}}\{\boldsymbol{v}\}_2$$

上式必须对所有的 $\{\boldsymbol{v}\}_2$ 都成立，所以

$$\dot{\boldsymbol{T}}_{2,1}^{\mathrm{T}}=\{\boldsymbol{\Omega}_2^1\}_1\boldsymbol{T}_{2,1}^{\mathrm{T}}$$

对等式两边求转置，有

$$\dot{\boldsymbol{T}}_{2,1}=\boldsymbol{T}_{2,1}\{\boldsymbol{\Omega}_2^1\}_1^{\mathrm{T}}=-\boldsymbol{T}_{2,1}\{\boldsymbol{\Omega}_2^1\}_1$$

上式说明了另外一个规律，即如果 F_2 相对于 F_1 以角速度 $\boldsymbol{\omega}_2^1$ 转动，那么 F_1 相对于 F_2 以角速度 $\boldsymbol{\omega}_1^2=-\boldsymbol{\omega}_2^1$ 转动。从 $\{\dot{\boldsymbol{v}}_2\}_2=\dot{\boldsymbol{T}}_{2,1}\{\boldsymbol{v}\}_1+\boldsymbol{T}_{2,1}\{\dot{\boldsymbol{v}}\}_1$ 开始，选择相对于 F_1 固定的向量 $\boldsymbol{v}$，使得 $\{\dot{\boldsymbol{v}}_1\}_1=0$，那么 $\{\dot{\boldsymbol{v}}_2\}_2=\dot{\boldsymbol{T}}_{2,1}\{\boldsymbol{v}\}_1=\{\boldsymbol{\omega}_1^2\}_2\times\{\boldsymbol{v}\}_2=\{\boldsymbol{\Omega}_1^2\}_2\times\{\boldsymbol{v}\}_2$，最终可以得到

$$\dot{\boldsymbol{T}}_{2,1}=\{\boldsymbol{\Omega}_1^2\}_2\boldsymbol{T}_{2,1}=-\{\boldsymbol{\Omega}_2^1\}_2\boldsymbol{T}_{2,1}$$

综上，我们得到了用两个坐标系相对转动的形式来估算方向余弦矩阵导数的四种表示方法，即

$$\begin{aligned}\dot{\boldsymbol{T}}_{2,1}&=\boldsymbol{T}_{2,1}\{\boldsymbol{\Omega}_1^2\}_1\\&=-\boldsymbol{T}_{2,1}\{\boldsymbol{\Omega}_2^1\}_1\\&=\{\boldsymbol{\Omega}_1^2\}_2\boldsymbol{T}_{2,1}\\&=-\{\boldsymbol{\Omega}_2^1\}_2\boldsymbol{T}_{2,1}\end{aligned}\tag{4.3}$$

具体采用哪种表示方法取决于 $\boldsymbol{\omega}$ 的表达形式。出于某种原因（下文将会解释），在实际应用中，通常假设 $\{\boldsymbol{\omega}_2^1\}_2$ 或者 $\{\boldsymbol{\Omega}_2^1\}_2$ 已知。因此，在下文的方程求解过程中，我们将使用

$$\dot{\boldsymbol{T}}_{2,1}=-\{\boldsymbol{\Omega}_2^1\}_2\boldsymbol{T}_{2,1}$$

基于上式的结果，很容易得到一个向量导数的变换表达式。利用 $\{\dot{\boldsymbol{v}}_2\}_2=\dot{\boldsymbol{T}}_{2,1}\{\boldsymbol{v}\}_1+\boldsymbol{T}_{2,1}\{\dot{\boldsymbol{v}}_1\}_1$，可以得到

$$\{\dot{\boldsymbol{v}}_2\}_2=\boldsymbol{T}_{2,1}\{\dot{\boldsymbol{v}}_1\}_1-\{\boldsymbol{\Omega}_2^1\}_2\boldsymbol{T}_{2,1}\{\boldsymbol{v}\}_1$$

$$=\boldsymbol{T}_{2,1}\{\dot{\boldsymbol{v}}_1\}_1-\{\boldsymbol{\Omega}_2^1\}_2\{\boldsymbol{v}\}_2 \tag{4.4}$$

为避免下标过多，定义： P. 34

$$\{\boldsymbol{\omega}_2^1\}_2=\begin{bmatrix}\omega_x\\ \omega_y\\ \omega_z\end{bmatrix}$$

$$\{\boldsymbol{\Omega}_2^1\}_2=\begin{bmatrix}0 & -\omega_z & \omega_y\\ \omega_z & 0 & -\omega_x\\ -\omega_y & \omega_x & 0\end{bmatrix}$$

4.2 方向余弦

这里我们有

$$\boldsymbol{T}_{2,1}=\begin{bmatrix}\cos\theta_{x_2x_1} & \cos\theta_{x_2y_1} & \cos\theta_{x_2z_1}\\ \cos\theta_{y_2x_1} & \cos\theta_{y_2y_1} & \cos\theta_{y_2z_1}\\ \cos\theta_{z_2x_1} & \cos\theta_{z_2y_1} & \cos\theta_{z_2z_1}\end{bmatrix}$$

依次求各项的微分可得 $\dot{\boldsymbol{T}}_{2,1}=\dot{t}_{ij}, i,j=1,2,3$，其中有 $\dot{t}_{11}=-\dot{\theta}_{x_2x_1}\sin\theta_{x_2x_1}$。

等式的右边为

$$\dot{\boldsymbol{T}}_{2,1}=-\begin{bmatrix}0 & -\omega_z & \omega_y\\ \omega_z & 0 & -\omega_x\\ -\omega_y & \omega_x & 0\end{bmatrix}\begin{bmatrix}\cos\theta_{x_2x_1} & \cos\theta_{x_2y_1} & \cos\theta_{x_2z_1}\\ \cos\theta_{y_2x_1} & \cos\theta_{y_2y_1} & \cos\theta_{y_2z_1}\\ \cos\theta_{z_2x_1} & \cos\theta_{z_2y_1} & \cos\theta_{z_2z_1}\end{bmatrix}$$

我们可以通过两个矩阵相乘来计算每个 $\dot{t}_{ij}$，例如，

$$\dot{t}_{11}=-\dot{\theta}_{x_2x_1}\sin\theta_{x_2x_1}=\omega_z\cos\theta_{y_2x_1}-\omega_y\cos\theta_{z_2x_1}$$

两个矩阵相乘会产生九个非线性常微分方程。基于矩阵行或列的正交性的六个非线性约束方程，能够简化上述方程，但这可能会比较麻烦。使用方向余弦来计算 $\dot{\boldsymbol{T}}_{2,1}$ 比较少见，并且这种方法相对于使用欧拉角或欧拉参数而言，并没有明显优势，因此本书不会采用。

4.3 欧拉角

$\boldsymbol{T}_{2,1}$（从坐标系 F_1 到 F_2 的 321 转动变换矩阵）的欧拉角表示方法为

$$\boldsymbol{T}_{2,1}=\begin{bmatrix} \cos\theta_y\cos\theta_z & \cos\theta_y\sin\theta_z & -\sin\theta_y \\ \begin{pmatrix}\sin\theta_x\sin\theta_y\cos\theta_z \\ -\cos\theta_x\sin\theta_z\end{pmatrix} & \begin{pmatrix}\sin\theta_x\sin\theta_y\sin\theta_z \\ +\cos\theta_x\cos\theta_z\end{pmatrix} & \sin\theta_x\cos\theta_y \\ \begin{pmatrix}\cos\theta_x\sin\theta_y\cos\theta_z \\ +\sin\theta_x\sin\theta_z\end{pmatrix} & \begin{pmatrix}\cos\theta_x\sin\theta_y\sin\theta_z \\ -\sin\theta_x\cos\theta_z\end{pmatrix} & \cos\theta_x\cos\theta_y \end{bmatrix}$$

P. 35

显然，为得到等式 $\dot{\boldsymbol{T}}_{2,1}=-\{\boldsymbol{\Omega}_2^1\}_2\boldsymbol{T}_{2,1}$ 左侧的矩阵表示，需要对上式中的所有元素逐个求微分，非常复杂。而求等式 $\dot{\boldsymbol{T}}_{2,1}=-\{\boldsymbol{\Omega}_2^1\}_2\boldsymbol{T}_{2,1}$ 右侧的解也很复杂，因为每个矩阵元素都要用 $\dot{\theta}_x$、$\dot{\theta}_y$ 和 $\dot{\theta}_z$ 来表示，这个过程极其繁琐。换种方式来处理上述问题会比较简单。首先我们注意到，虽然 z_1、y' 和 x'' 三个坐标轴不是正交的，但是它们可用于构建转动变换所在空间的一个基，也就是说，我们可以用 z_1、y' 和 x'' 轴上的单位向量来表示 $\boldsymbol{\omega}_2^1$。这样，$\boldsymbol{\omega}_2^1$ 就等于 z_1 轴的变化率 $\dot{\theta}_z$，加上 y' 轴的变化率 $\dot{\theta}_y$ 和 x'' 轴的变化率 $\dot{\theta}_x$，即

$$\boldsymbol{\omega}_2^1=\dot{\theta}_z\boldsymbol{k}_1+\dot{\theta}_y\boldsymbol{j}'+\dot{\theta}_x\boldsymbol{i}''$$

注意到 $\boldsymbol{k}_1=\boldsymbol{k}'$，$\boldsymbol{j}'=\boldsymbol{j}''$ 和 $\boldsymbol{i}''=\boldsymbol{i}_2$，所以上式可以简化为

$$\boldsymbol{\omega}_2^1=\dot{\theta}_z\boldsymbol{k}'+\dot{\theta}_y\boldsymbol{j}''+\dot{\theta}_x\boldsymbol{i}_2$$

我们想要得到的是 $\{\boldsymbol{\omega}_2^1\}_2$，所以采用上文提出的中间转动(式(3.3)和(3.4))将单位向量 $\boldsymbol{k}'$ 和 $\boldsymbol{j}''$($\boldsymbol{i}_2$ 不必变换)变换到 F_2 中，即

$$\{\boldsymbol{k}'\}_2=\boldsymbol{T}_{2,F'}\{\boldsymbol{k}'\}_{F'}$$
$$\{\boldsymbol{j}''\}_2=\boldsymbol{T}_{2,F''}\{\boldsymbol{j}''\}_{F''}$$

上式较为简单，因为

$$\{\boldsymbol{k}'\}_{F'}=\begin{bmatrix}0\\0\\1\end{bmatrix},\quad \{\boldsymbol{j}''\}_{F''}=\begin{bmatrix}0\\1\\0\end{bmatrix}$$

同样有

$$\boldsymbol{T}_{2,F''}=\begin{bmatrix}1 & 0 & 0\\ 0 & \cos\theta_x & \sin\theta_x\\ 0 & -\sin\theta_x & \cos\theta_x\end{bmatrix}$$

$$\begin{aligned}\boldsymbol{T}_{2,F'}&=\boldsymbol{T}_{2,F''}\boldsymbol{T}_{F'',F'}\\ &=\begin{bmatrix}1 & 0 & 0\\ 0 & \cos\theta_x & \sin\theta_x\\ 0 & -\sin\theta_x & \cos\theta_x\end{bmatrix}\begin{bmatrix}\cos\theta_y & 0 & -\sin\theta_y\\ 0 & 1 & 0\\ \sin\theta_y & 0 & \cos\theta_y\end{bmatrix}\end{aligned}$$

$$=\begin{bmatrix}\cos\theta_y & 0 & -\sin\theta_y\\ \sin\theta_x\sin\theta_y & \cos\theta_x & \sin\theta_x\cos\theta_y\\ \cos\theta_x\sin\theta_y & -\sin\theta_x & \cos\theta_x\cos\theta_y\end{bmatrix}$$

据此可以计算出

$$\begin{aligned}\{\boldsymbol{\omega}_2^1\}_2 &= \dot\theta_z\{\boldsymbol{k}'\}_2+\dot\theta_y\{\boldsymbol{j}''\}_2+\dot\theta_x\boldsymbol{i}_2\\ &= \dot\theta_z\boldsymbol{T}_{2,F'}\{\boldsymbol{k}'\}_{F'}+\dot\theta_y\boldsymbol{T}_{2,F''}\{\boldsymbol{j}''\}_{F''}+\dot\theta_x\boldsymbol{i}_2\\ &= \dot\theta_z\begin{bmatrix}-\sin\theta_y\\ \sin\theta_x\cos\theta_y\\ \cos\theta_x\cos\theta_y\end{bmatrix}+\dot\theta_y\begin{bmatrix}0\\ \cos\theta_x\\ -\sin\theta_x\end{bmatrix}+\dot\theta_x\begin{bmatrix}1\\0\\0\end{bmatrix}\end{aligned}$$

根据$\{\boldsymbol{\omega}_2^1\}_2^{\mathrm{T}}=\{\omega_x,\omega_y,\omega_z\}$，可以得到等式右侧各项的表达式 P.36

$$\{\boldsymbol{\omega}_2^1\}_2=\begin{bmatrix}\omega_x\\ \omega_y\\ \omega_z\end{bmatrix}=\begin{bmatrix}-\sin\theta_y\dot\theta_z+\dot\theta_x\\ \sin\theta_x\cos\theta_y\dot\theta_z+\cos\theta_x\dot\theta_y\\ \cos\theta_x\cos\theta_y\dot\theta_z-\sin\theta_x\dot\theta_y\end{bmatrix}$$

可以将上式重写为矩阵和向量相乘的形式

$$\{\boldsymbol{\omega}_2^1\}_2=\begin{bmatrix}\omega_x\\ \omega_y\\ \omega_z\end{bmatrix}=\begin{bmatrix}1 & 0 & -\sin\theta_y\\ 0 & \cos\theta_x & \sin\theta_x\cos\theta_y\\ 0 & -\sin\theta_x & \cos\theta_x\cos\theta_y\end{bmatrix}\begin{bmatrix}\dot\theta_x\\ \dot\theta_y\\ \dot\theta_z\end{bmatrix}\tag{4.5}$$

我们希望用欧拉角和转动分量的形式来求解方程中的$\dot\theta_x$、$\dot\theta_y$和$\dot\theta_z$。容易验证方程右侧的矩阵行列式为$\cos\theta_y$，这意味着如果$\theta_y=\pm 90°$的话，则$\cos\theta_y$的逆不存在。这种情况同样会导致$\dot\theta_x$和$\dot\theta_z$无意义。如果$\theta_y\neq\pm 90°$，则有

$$\begin{bmatrix}\dot\theta_x\\ \dot\theta_y\\ \dot\theta_z\end{bmatrix}=\begin{bmatrix}1 & \sin\theta_x\tan\theta_y & \cos\theta_x\tan\theta_y\\ 0 & \cos\theta_x & -\sin\theta_x\\ 0 & \sin\theta_x\sec\theta_y & \cos\theta_x\sec\theta_y\end{bmatrix}\{\boldsymbol{\omega}_2^1\}_2\tag{4.6}$$

上式可用于任意两个坐标系之间的 321 变换，应用到特定情况之前，需要满足以下条件：(1)欧拉角的名称正确（例如，地面坐标系到机体坐标系之间的θ、ϕ和ψ）；(2)相对角转动速度$\{\boldsymbol{\omega}_2^1\}_2$之间的关系正确（例如，用于从惯性坐标系到机体坐标系变换的p、q和r）。

之前我们提到过，θ_y的奇异点是一个致命缺陷。同样，对于欧拉角转动，无论采取怎样的顺序，第二次转动的角度在 0°或±90°处会出现类似的奇异点。为避免出现这种情况，可以使用九个方向余弦，也可以使用欧拉参数。

4.4 欧拉参数

在计算 $\dot{\boldsymbol{T}}_{2,1}=-\{\boldsymbol{\Omega}_2^1\}_2\boldsymbol{T}_{2,1}$ 的两边时，有

$$\boldsymbol{T}_{2,1}=\begin{bmatrix}(q_0^2+q_1^2-q_2^2-q_3^2) & 2(q_1q_2+q_0q_3) & 2(q_1q_3-q_0q_2)\\ 2(q_1q_2-q_0q_3) & (q_0^2-q_1^2+q_2^2-q_3^2) & 2(q_2q_3+q_0q_1)\\ 2(q_1q_3+q_0q_2) & 2(q_2q_3-q_0q_1) & (q_0^2-q_1^2-q_2^2+q_3^2)\end{bmatrix}$$

显然，没必要求该矩阵中每个元素的导数。我们将使用三个对角项，同时结合 $q_0^2+q_1^2+q_2^2+q_3^2=1$ 来消除 q_0。对于元素(1,1)，有

$$\begin{aligned}t_{11}&=q_0^2+q_1^2-q_2^2-q_3^2\\&=(1-q_1^2-q_2^2-q_3^2)+q_1^2-q_2^2-q_3^2\\&=1-2q_2^2-2q_3^2\end{aligned}$$

P. 37 类似地，对于元素(2,2)和元素(3,3)，有

$$t_{22}=q_0^2-q_1^2+q_2^2-q_3^2=1-2q_1^2-2q_3^2$$
$$t_{33}=q_0^2-q_1^2-q_2^2+q_3^2=1-2q_1^2-2q_2^2$$

这三项的导数为

$$\frac{\mathrm{d}t_{11}}{\mathrm{d}t}=-4(q_2\dot{q}_2+q_3\dot{q}_3)$$
$$\frac{\mathrm{d}t_{22}}{\mathrm{d}t}=-4(q_1\dot{q}_1+q_3\dot{q}_3)$$
$$\frac{\mathrm{d}t_{33}}{\mathrm{d}t}=-4(q_1\dot{q}_1+q_2\dot{q}_2)$$

现在观察 $\dot{\boldsymbol{T}}_{2,1}=-\{\boldsymbol{\Omega}_2^1\}_2\boldsymbol{T}_{2,1}$ 右边，有

$$\{\boldsymbol{\Omega}_2^1\}_2\boldsymbol{T}_{2,1}=\begin{bmatrix}0 & -\omega_z & \omega_y\\ \omega_z & 0 & -\omega_x\\ -\omega_y & \omega_x & 0\end{bmatrix}\begin{bmatrix}\begin{pmatrix}q_0^2+q_1^2\\-q_2^2-q_3^2\end{pmatrix} & 2(q_1q_2+q_0q_3) & 2(q_1q_3-q_0q_2)\\ 2(q_1q_2-q_0q_3) & \begin{pmatrix}q_0^2-q_1^2\\+q_2^2-q_3^2\end{pmatrix} & 2(q_2q_3+q_0q_1)\\ 2(q_1q_3+q_0q_2) & 2(q_2q_3-q_0q_1) & \begin{pmatrix}q_0^2-q_1^2\\-q_2^2+q_3^2\end{pmatrix}\end{bmatrix}$$

只计算对角项，即

$$\{\boldsymbol{\Omega}_2^1\}_2\boldsymbol{T}_{2,1}=\begin{bmatrix}\begin{pmatrix}-2\omega_z(q_1q_2-q_0q_3)\\+2\omega_y(q_1q_3+q_0q_2)\end{pmatrix} & \cdots & \cdots\\ \cdots & \begin{pmatrix}2\omega_z(q_1q_2+q_0q_3)\\-2\omega_x(q_2q_3-q_0q_1)\end{pmatrix} & \cdots\\ \cdots & \cdots & \begin{pmatrix}-2\omega_y(q_1q_3-q_0q_2)\\+2\omega_x(q_2q_3+q_0q_1)\end{pmatrix}\end{bmatrix}$$

计算等式两边的对角项，有

$$4(q_2\dot{q}_2+q_3\dot{q}_3)=-2\omega_z(q_1q_2-q_0q_3)+2\omega_y(q_1q_3+q_0q_2)$$

$$4(q_1\dot{q}_1+q_3\dot{q}_3)=2\omega_z(q_1q_2+q_0q_3)-2\omega_x(q_2q_3-q_0q_1)$$

$$4(q_1\dot{q}_1+q_2\dot{q}_2)=-2\omega_y(q_1q_3-q_0q_2)+2\omega_x(q_2q_3+q_0q_1)$$

以矩阵形式来表示这些等式，有

$$\begin{bmatrix}0 & q_2 & q_3\\ q_1 & 0 & q_3\\ q_1 & q_2 & 0\end{bmatrix}\begin{bmatrix}\dot{q}_1\\ \dot{q}_2\\ \dot{q}_3\end{bmatrix}=\frac{1}{2}\begin{bmatrix}0 & (q_1q_3+q_0q_2) & (q_0q_3-q_1q_2)\\ (q_0q_1-q_2q_3) & 0 & (q_1q_2+q_0q_3)\\ (q_2q_3+q_0q_1) & (q_0q_2-q_1q_3) & 0\end{bmatrix}\begin{bmatrix}\omega_x\\ \omega_y\\ \omega_z\end{bmatrix}$$

现在求解这个方程组就较为简单了。结果为 P. 38

$$\begin{bmatrix}\dot{q}_1\\ \dot{q}_2\\ \dot{q}_3\end{bmatrix}=\frac{1}{2}\begin{bmatrix}q_0 & -q_3 & q_2\\ q_3 & q_0 & -q_1\\ -q_2 & q_1 & q_0\end{bmatrix}\begin{bmatrix}\omega_x\\ \omega_y\\ \omega_z\end{bmatrix}$$

我们可以通过 $q_0^2=1-q_1^2-q_2^2-q_3^2$ 来恢复 $\dot{q}_0$，故有

$$q_0\dot{q}_0=-q_1\dot{q}_1-q_2\dot{q}_2-q_3\dot{q}_3$$

代入前式并简化后，可得

$$\dot{q}_0=\frac{1}{2}(-q_1\omega_x-q_2\omega_y-q_3\omega_z)$$

$$\begin{bmatrix}\dot{q}_0\\ \dot{q}_1\\ \dot{q}_2\\ \dot{q}_3\end{bmatrix}=\frac{1}{2}\begin{bmatrix}-q_1 & -q_2 & -q_3\\ q_0 & -q_3 & q_2\\ q_3 & q_0 & -q_1\\ -q_2 & q_1 & q_0\end{bmatrix}\begin{bmatrix}\omega_x\\ \omega_y\\ \omega_z\end{bmatrix}$$

这个表达式也可以写成

$$\begin{bmatrix}\dot{q}_0\\ \dot{q}_1\\ \dot{q}_2\\ \dot{q}_3\end{bmatrix}=\frac{1}{2}\begin{bmatrix}-q_0 & -q_1 & -q_2 & -q_3\\ -q_1 & q_0 & -q_3 & q_2\\ -q_2 & q_3 & q_0 & -q_1\\ -q_3 & -q_2 & q_1 & q_0\end{bmatrix}\begin{bmatrix}0\\ \omega_x\\ \omega_y\\ \omega_z\end{bmatrix} \tag{4.7}$$

很容易验证这个表达式中没有奇异点。

4.5 习惯与规则

4.5.1 角速度分量①

机体坐标系和气流坐标系中经常会遇到惯性角速度，与它们相关联的分量被赋予了特殊符号，具体如下：

$$\{\boldsymbol{\omega}_{\mathrm{B}}\}_{\mathrm{B}}=\begin{bmatrix}p\\q\\r\end{bmatrix}$$

$$\{\boldsymbol{\omega}_{\mathrm{W}}\}_{\mathrm{W}}=\begin{bmatrix}p_{\mathrm{W}}\\q_{\mathrm{W}}\\r_{\mathrm{W}}\end{bmatrix}$$

习题

1. 在本题中，我们希望用地球的转动和地面坐标系 F_{H} 相对地球表面的移动，来确
P. 39 定 F_{H} 的惯性转动分量。可以证实代入欧拉角 $\theta_z=\mu_{\mathrm{H}}$，$\theta_y=-(\lambda_{\mathrm{H}}+90°)$ 和
$\theta_x=0$，会得到正确的变换：

$$\boldsymbol{T}_{\mathrm{H,EC}}=\begin{bmatrix}-\sin\lambda_{\mathrm{H}}\cos\mu_{\mathrm{H}} & -\sin\lambda_{\mathrm{H}}\sin\mu_{\mathrm{H}} & \cos\lambda_{\mathrm{H}}\\ -\sin\lambda_{\mathrm{H}} & \cos\lambda_{\mathrm{H}} & 0\\ -\cos\lambda_{\mathrm{H}}\cos\mu_{\mathrm{H}} & -\cos\lambda_{\mathrm{H}}\sin\mu_{\mathrm{H}} & -\sin\lambda_{\mathrm{H}}\end{bmatrix}$$

(a)使用 $\{\boldsymbol{\omega}_{\mathrm{H}}^{\mathrm{EC}}\}_{\mathrm{H}}$ 的一般表达式，

$$\{\boldsymbol{\omega}_{\mathrm{H}}^{\mathrm{EC}}\}_{\mathrm{H}}=\begin{bmatrix}\omega_x\\\omega_y\\\omega_z\end{bmatrix}$$

利用当前的纬度和经度（λ_{H} 和 μ_{H}），以及它们的变化率（$\dot{\lambda}_{\mathrm{H}}$ 和 $\dot{\mu}_{\mathrm{H}}$）来确定 $\{\boldsymbol{\omega}_{\mathrm{H}}^{\mathrm{EC}}\}_{\mathrm{H}}$。

(b)对于任意的 λ_{H} 和 μ_{H}，计算 $\{\boldsymbol{\omega}_{\mathrm{EC}}\}_{\mathrm{H}}$。也就是说，依据当前纬度、经度和 $\boldsymbol{\omega}_{\mathrm{E}}$（地球惯性转动角速度），计算 F_{EC} 的惯性转动角速度在 F_{H} 中的表达式。

(c)使用(a)和(b)的结果，在 F_{H} 中计算 F_{H} 的惯性转动角速度 $\{\boldsymbol{\omega}_{\mathrm{H}}\}_{\mathrm{H}}$。

①原英文书仅有 4.5.1 节，为便于读者查阅，故保留此级标题。——编者注

2. 考虑一个从 F_1 到 F_2 进行的欧拉角为 θ_{y1}、θ_x、θ_{y2} 的 212 转动变换，使用 $\{\boldsymbol{\omega}_2^1\}_2^{\mathrm{T}}=\{\omega_x,\omega_y,\omega_z\}$，以 θ_{y1}、θ_x、θ_{y2} 和 $\{\boldsymbol{\omega}_2^1\}_2$ 的分量形式来表示 $\dot{\theta}_{y1}$、$\dot{\theta}_x$、$\dot{\theta}_{y2}$。

3. 定义从 F_1 到 F_2 进行的 321 转动变换的欧拉角为 θ_z、θ_y、θ_x，此时有

$$\{\boldsymbol{\omega}_2^1\}_2=\begin{bmatrix}\omega_x\\ \omega_y\\ \omega_z\end{bmatrix}=\begin{bmatrix}1 & 0 & -\sin\theta_y\\ 0 & \cos\theta_x & \sin\theta_x\cos\theta_y\\ 0 & -\sin\theta_x & \cos\theta_x\cos\theta_y\end{bmatrix}\begin{bmatrix}\dot{\theta}_x\\ \dot{\theta}_y\\ \dot{\theta}_z\end{bmatrix}$$

(a)应用上式来计算 $\{\boldsymbol{\omega}_{\mathrm{B}}^{\mathrm{W}}\}_{\mathrm{B}}$(B 表示任意的机体坐标系 F_{B}，W 表示任意的气流坐标系 F_{W})。建议：应用从 F_{W} 到 F_{B} 的转动变换对应的欧拉角。

(b)注意，$\{\boldsymbol{\omega}_{\mathrm{W}}\}_{\mathrm{W}}=\{\boldsymbol{\omega}_{\mathrm{B}}\}_{\mathrm{W}}-\{\boldsymbol{\omega}_{\mathrm{B}}^{\mathrm{W}}\}_{\mathrm{W}}=\boldsymbol{T}_{\mathrm{W,B}}[\{\boldsymbol{\omega}_{\mathrm{B}}\}_{\mathrm{B}}-\{\boldsymbol{\omega}_{\mathrm{B}}^{\mathrm{W}}\}_{\mathrm{B}}]$。使用(a)中的 $\{\boldsymbol{\omega}_{\mathrm{B}}^{\mathrm{W}}\}_{\mathrm{B}}$ 来计算下式的右侧：

$$\{\boldsymbol{\omega}_{\mathrm{W}}\}_{\mathrm{W}}=\begin{bmatrix}p_{\mathrm{W}}\\ q_{\mathrm{W}}\\ r_{\mathrm{W}}\end{bmatrix}=\boldsymbol{T}_{\mathrm{W,B}}[\{\boldsymbol{\omega}_{\mathrm{B}}\}_{\mathrm{B}}-\{\boldsymbol{\omega}_{\mathrm{B}}^{\mathrm{W}}\}_{\mathrm{B}}]$$

(c)求(b)中方程的解，得到 $\dot{\alpha}$ 和 $\dot{\beta}$ 的表达式。建议：得到的三个标量方程中的第一个应该是

$$p_{\mathrm{W}}=p\cos\alpha\cos\beta+\sin\beta(q-\dot{\alpha})+r\sin\alpha\cos\beta$$

其他两个方程的表达式应该从 $\dot{\alpha}=q-\cdots$ 和 $\dot{\beta}=r_{\mathrm{W}}+\cdots$ 开始。

4. 考虑矩阵： P. 40

$$\boldsymbol{Q}=\begin{bmatrix}-q_0 & -q_1 & -q_2 & -q_3\\ -q_1 & q_0 & -q_3 & q_2\\ -q_2 & q_3 & q_0 & -q_1\\ -q_3 & -q_2 & q_1 & q_0\end{bmatrix}$$

将矩阵的行和列都视为向量，确定所有行和列的长度。计算任意两行和任意两列的标量积(点积)。使用前述结果，计算 $\boldsymbol{Q}^{-1}$，然后求解 $\boldsymbol{\omega}_x$、$\boldsymbol{\omega}_y$ 和 $\boldsymbol{\omega}_z$ 的欧拉参数速度方程。将其表示为矩阵方程同时也是标量方程的形式，例如：

$$\boldsymbol{\omega}_x=2(q_0\dot{q}_1+\cdots)$$

5. 如图 4.2 和图 4.3 所示，一架飞机以固定的倾斜角($\phi=-50°$)和俯仰角($\theta=-50°$)盘旋飞行，机体的转动角速度固定为 $\dot{\Psi}=30°/\mathrm{s}$。在 $t=0$ 时，飞机经过正北，此时 $\Psi=0°$，定义当前机体轴相对于地面坐标系 F_{H} 的方向为 F_1。然后，飞机围绕地垂线继续转动。6 s 后，机体轴的方向发生了变化，将此时的方向定义为 F_2。定义 F_1 和 F_2 之间的变换矩阵为 $\boldsymbol{T}_{21}$，计算欧拉参数 q_0、q_1、q_2、q_3。

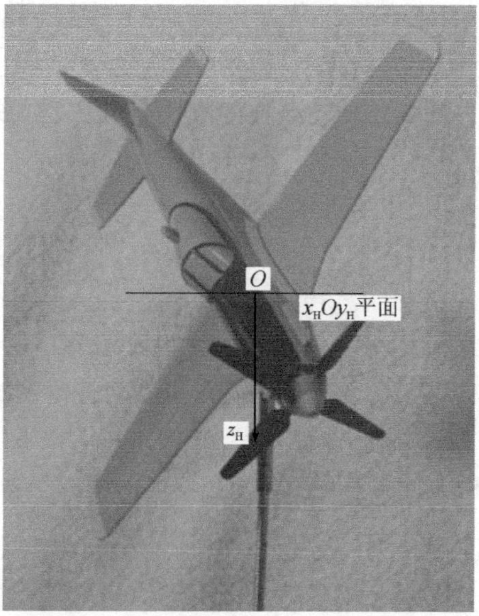

图 4.2 问题 5($t=0$)

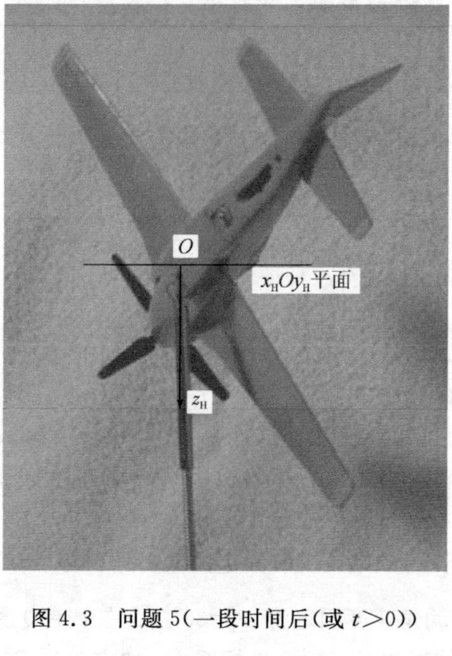

P.41 图 4.3 问题 5(一段时间后(或 $t>0$))

第 5 章　惯性加速度

5.1　概述

P. 43

只有知道飞机惯性加速度的表达式，才能应用牛顿第二定律。本章将基于飞机局部坐标系进行研究，面临的困难是局部坐标系相对于地球是转动的，而地球相对于惯性空间也是转动的。本章要解决的首要问题是将惯性加速度同局部观测加速度联系起来，这需要再次引入切向加速度、科氏加速度和向心加速度等常用概念，然后本章将讨论惯性加速度与飞机整体之间的关系、惯性加速度的分布情况，以及坐标系的选择对惯性加速度的影响。

5.2　质点的惯性加速度

5.2.1　任意运动坐标系

假定一个惯性坐标系 F_I 和一个运动坐标系 F_M，F_M 的原点做加速运动（加速度为 $\boldsymbol{a}_M$），其相对于惯性空间是转动的（转动角速度为 $\boldsymbol{\omega}_M$）。假设 $\boldsymbol{a}_M$ 和 $\boldsymbol{\omega}_M$ 已知，并且知道某点 P 相对于 F_M 的运动方式。我们需要确定点 P 的惯性加速度在 F_M 中的表达式（$\{\boldsymbol{a}_P\}_M$）。随后两次利用该表达式：第一次是 F_M 为地心坐标系，P 为地球表面上的点；第二次是 F_M 为地球坐标系，P 为飞机的重心。两次计算的结果使得我们能够在局部坐标系中写出飞机重心的惯性加速度表达式。该结果也可用于计算某些转动加速度，如果计算结果足够小，则可以在研究过程中忽略不计。

图 5.1 给出了在惯性空间中的运动坐标系 F_M 和点 P。该图清晰地表明，点 P 的惯性位置可以表示为 $\boldsymbol{r}_P=\boldsymbol{r}_M+\boldsymbol{r}_P^M$。在惯性坐标系下，点 P 的惯性速度是 $\boldsymbol{r}_P$ 相对于时间的一阶导数，而点 P 的惯性加速度是 $\boldsymbol{r}_P$ 相对于时间的二阶导数，即 $\boldsymbol{v}_P=\dot{\boldsymbol{r}}_P$，$\boldsymbol{a}_P=\dot{\boldsymbol{v}}_P$。我们想要得到的是 $\{\boldsymbol{a}_P\}_M$，但首先要计算出 $\{\boldsymbol{v}_P\}_M$。

$$\boldsymbol{v}_P=\frac{\mathrm{d}}{\mathrm{d}t}\boldsymbol{r}_P$$

$$=\frac{\mathrm{d}}{\mathrm{d}t}(\boldsymbol{r}_{\mathrm{M}}+\boldsymbol{r}_P^{\mathrm{M}})$$

$$=\frac{\mathrm{d}}{\mathrm{d}t}\boldsymbol{r}_{\mathrm{M}}+\frac{\mathrm{d}}{\mathrm{d}t}\boldsymbol{r}_P^{\mathrm{M}}$$

P. 44

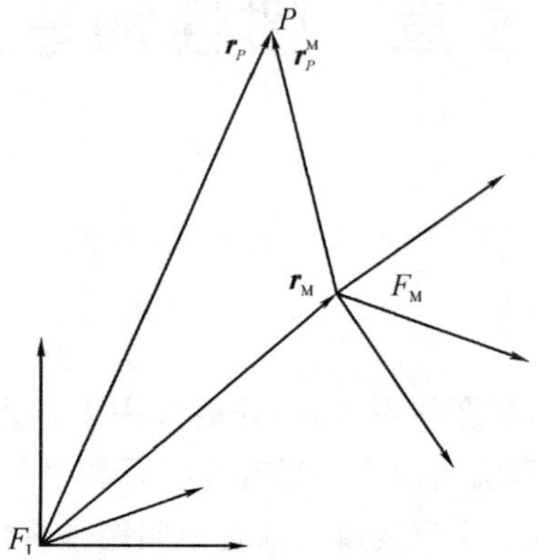

图 5.1 惯性空间中的点

等式右边的第一项是运动坐标系的惯性速度，即 $\boldsymbol{v}_{\mathrm{M}}$，第二项是向量 $\boldsymbol{r}_P^{\mathrm{M}}$ 在转动坐标系中的导数。用点符号来表示时间导数，可以得到 $\boldsymbol{v}_P=\boldsymbol{v}_{\mathrm{M}}+\dot{\boldsymbol{r}}_P^{\mathrm{M}}$。假设这些向量在惯性坐标系 F_{I} 中的表示方式为 $\{\boldsymbol{v}_P\}_{\mathrm{I}}$、$\{\boldsymbol{v}_{\mathrm{M}}\}_{\mathrm{I}}$ 和 $\{\dot{\boldsymbol{r}}_P^{\mathrm{M}}\}_{\mathrm{I}}$（下标代表惯性坐标系），那么可以采用变换矩阵 $\boldsymbol{T}_{\mathrm{M,I}}$ 将它们变换到运动坐标系 F_{M} 中：

$$\begin{aligned}\{\boldsymbol{v}_P\}_{\mathrm{M}}&=\boldsymbol{T}_{\mathrm{M,I}}\{\boldsymbol{v}_P\}_{\mathrm{I}}\\&=\boldsymbol{T}_{\mathrm{M,I}}\{\boldsymbol{v}_{\mathrm{M}}\}_{\mathrm{I}}+\boldsymbol{T}_{\mathrm{M,I}}\left\{\frac{\mathrm{d}\boldsymbol{r}_P^{\mathrm{M}}}{\mathrm{d}t_{\ \mathrm{I}}}\right\}_{\mathrm{I}}\\&=\{\boldsymbol{v}_{\mathrm{M}}\}_{\mathrm{M}}+\boldsymbol{T}_{\mathrm{M,I}}\left\{\frac{\mathrm{d}\boldsymbol{r}_P^{\mathrm{M}}}{\mathrm{d}t_{\ \mathrm{I}}}\right\}_{\mathrm{I}}\end{aligned}$$

表达式 $\boldsymbol{T}_{\mathrm{M,I}}\{\boldsymbol{v}_{\mathrm{M}}\}_{\mathrm{I}}$ 是一个直接变换，$\boldsymbol{T}_{\mathrm{M,I}}\{\boldsymbol{v}_{\mathrm{M}}\}_{\mathrm{I}}=\{\boldsymbol{v}_{\mathrm{M}}\}_{\mathrm{M}}$。等式右侧的另一项是一个向量惯性导数的变换，我们可以使用先前导出的结果，并在运动坐标系中表示这个惯性导数（注意，对于任意向量，使用字母 $\boldsymbol{u}$ 而不是 $\boldsymbol{v}$，因为 $\boldsymbol{v}$ 在本章中表示速度），$\{\dot{\boldsymbol{u}}_2\}_2=\boldsymbol{T}_{2,1}\{\dot{\boldsymbol{u}}_1\}_1-\{\boldsymbol{\Omega}_2^1\}_2\{\boldsymbol{u}\}_2$，或者 $\boldsymbol{T}_{2,1}\{\dot{\boldsymbol{u}}_1\}_1=\{\dot{\boldsymbol{u}}_2\}_2+\{\boldsymbol{\Omega}_2^1\}_2\{\boldsymbol{u}\}_2$。这里我们令 $F_1=F_{\mathrm{I}}$，$F_2=F_{\mathrm{M}}$，$\boldsymbol{u}_1=\{\boldsymbol{r}_P^{\mathrm{M}}\}_{\mathrm{I}}$，$\boldsymbol{u}_2=\{\boldsymbol{r}_P^{\mathrm{M}}\}_{\mathrm{M}}$，那么有

$$\boldsymbol{T}_{\mathrm{M,I}}\left\{\frac{\mathrm{d}\boldsymbol{r}_P^{\mathrm{M}}}{\mathrm{d}t_{\ \mathrm{I}}}\right\}_{\mathrm{I}}=\left\{\frac{\mathrm{d}\boldsymbol{r}_P^{\mathrm{M}}}{\mathrm{d}t_{\ \mathrm{M}}}\right\}_{\mathrm{M}}+\{\boldsymbol{\Omega}_{\mathrm{M}}\}_{\mathrm{M}}\{\boldsymbol{r}_P^{\mathrm{M}}\}_{\mathrm{M}}$$

P. 45 虽然等式右侧第一项的上下标看起来较为繁琐，但它的意义却比较简单，代表向量 $\boldsymbol{r}_P^{\mathrm{M}}$ 相对于 F_{M} 的导数，该导数是用 F_{M} 的坐标来表示的。这只是点 P 相对于 F_{M} 的速度在坐标系 F_{M} 中的表示，即 $\{\boldsymbol{v}_P^{\mathrm{M}}\}_{\mathrm{M}}$。因此，我们有

$$\{\boldsymbol{v}_P\}_{\mathrm{M}}=\{\boldsymbol{v}_{\mathrm{M}}\}_{\mathrm{M}}+\{\boldsymbol{v}_P^{\mathrm{M}}\}_{\mathrm{M}}+\{\boldsymbol{\Omega}_{\mathrm{M}}\}_{\mathrm{M}}\{\boldsymbol{r}_P^{\mathrm{M}}\}_{\mathrm{M}} \tag{5.1}$$

等式右侧第三项的叉乘形式更加常见，即

$$\{\boldsymbol{\Omega}_{\mathrm{M}}\}_{\mathrm{M}}\{\boldsymbol{r}_P^{\mathrm{M}}\}_{\mathrm{M}}=\{\boldsymbol{\omega}_{\mathrm{M}}\}_{\mathrm{M}}\times\{\boldsymbol{r}_P^{\mathrm{M}}\}_{\mathrm{M}}$$

为了表示点 P 在 F_{M} 中的惯性加速度，我们需要对 $\boldsymbol{v}_P$ 的惯性导数进行变换。使用之前的结果进行该变换，可以得到

$$\begin{aligned}\{\boldsymbol{a}_P\}_{\mathrm{M}}&=\boldsymbol{T}_{\mathrm{M,I}}\left\{\frac{\mathrm{d}\boldsymbol{v}_P}{\mathrm{d}t}_{\mathrm{I}}\right\}_{\mathrm{I}}\\&=\left\{\frac{\mathrm{d}\boldsymbol{v}_P}{\mathrm{d}t}_{\mathrm{M}}\right\}_{\mathrm{M}}+\{\boldsymbol{\Omega}_{\mathrm{M}}\}_{\mathrm{M}}\{\boldsymbol{v}_P\}_{\mathrm{M}}\end{aligned}$$

等式右侧第一项的上下标同样看起来比较繁琐，它代表向量 $\boldsymbol{v}_P$ 相对于 F_{M} 的导数，该导数是在 F_{M} 坐标系中表示的。我们已经知道 $\boldsymbol{v}_P$ 在坐标系 F_{M} 中的表达式，即 $\{\boldsymbol{v}_P\}_{\mathrm{M}}=\{\boldsymbol{v}_{\mathrm{M}}\}_{\mathrm{M}}+\{\boldsymbol{v}_P^{\mathrm{M}}\}_{\mathrm{M}}+\{\boldsymbol{\Omega}_{\mathrm{M}}\}_{\mathrm{M}}\{\boldsymbol{r}_P^{\mathrm{M}}\}_{\mathrm{M}}$，所以有

$$\begin{aligned}\left\{\frac{\mathrm{d}\boldsymbol{v}_P}{\mathrm{d}t}_{\mathrm{M}}\right\}_{\mathrm{M}}&=\left\{\frac{\mathrm{d}\boldsymbol{v}_{\mathrm{M}}}{\mathrm{d}t}_{\mathrm{M}}\right\}_{\mathrm{M}}+\{\boldsymbol{a}_P^{\mathrm{M}}\}_{\mathrm{M}}+\left\{\frac{\mathrm{d}(\{\boldsymbol{\Omega}_{\mathrm{M}}\}_{\mathrm{M}}\{\boldsymbol{r}_P^{\mathrm{M}}\}_{\mathrm{M}})}{\mathrm{d}t}_{\mathrm{M}}\right\}_{\mathrm{M}}\\&=\left[\boldsymbol{T}_{\mathrm{M,I}}\frac{\mathrm{d}\boldsymbol{v}_{\mathrm{M}}}{\mathrm{d}t}-\{\boldsymbol{\Omega}_{\mathrm{M}}\}_{\mathrm{M}}\{\boldsymbol{v}_{\mathrm{M}}\}_{\mathrm{M}}\right]+\{\boldsymbol{a}_P^{\mathrm{M}}\}_{\mathrm{M}}+\\&\quad[\{\dot{\boldsymbol{\Omega}}_{\mathrm{M}}\}_{\mathrm{M}}\{\boldsymbol{r}_P^{\mathrm{M}}\}_{\mathrm{M}}+\{\boldsymbol{\Omega}_{\mathrm{M}}\}_{\mathrm{M}}\{\boldsymbol{v}_P^{\mathrm{M}}\}_{\mathrm{M}}]\\&=[\{\boldsymbol{a}_{\mathrm{M}}\}_{\mathrm{M}}-\{\boldsymbol{\Omega}_{\mathrm{M}}\}_{\mathrm{M}}\{\boldsymbol{v}_{\mathrm{M}}\}_{\mathrm{M}}]+\{\boldsymbol{a}_P^{\mathrm{M}}\}_{\mathrm{M}}+\\&\quad[\{\dot{\boldsymbol{\Omega}}_{\mathrm{M}}\}_{\mathrm{M}}\{\boldsymbol{r}_P^{\mathrm{M}}\}_{\mathrm{M}}+\{\boldsymbol{\Omega}_{\mathrm{M}}\}_{\mathrm{M}}\{\boldsymbol{v}_P^{\mathrm{M}}\}_{\mathrm{M}}]\end{aligned}$$

等式右侧另一项是 $\{\boldsymbol{\Omega}_{\mathrm{M}}\}_{\mathrm{M}}\{\boldsymbol{v}_P\}_{\mathrm{M}}$，故有

$$\begin{aligned}\{\boldsymbol{\Omega}_{\mathrm{M}}\}_{\mathrm{M}}\{\boldsymbol{v}_P\}_{\mathrm{M}}&=\{\boldsymbol{\Omega}_{\mathrm{M}}\}_{\mathrm{M}}[\{\boldsymbol{v}_{\mathrm{M}}\}_{\mathrm{M}}+\{\boldsymbol{v}_P^{\mathrm{M}}\}_{\mathrm{M}}+\{\boldsymbol{\Omega}_{\mathrm{M}}\}_{\mathrm{M}}\{\boldsymbol{r}_P^{\mathrm{M}}\}_{\mathrm{M}}]\\&=\{\boldsymbol{\Omega}_{\mathrm{M}}\}_{\mathrm{M}}\{\boldsymbol{v}_{\mathrm{M}}\}_{\mathrm{M}}+\{\boldsymbol{\Omega}_{\mathrm{M}}\}_{\mathrm{M}}\{\boldsymbol{r}_P^{\mathrm{M}}\}_{\mathrm{M}}+\{\boldsymbol{\Omega}_{\mathrm{M}}\}_{\mathrm{M}}^2\{\boldsymbol{v}_P^{\mathrm{M}}\}_{\mathrm{M}}\end{aligned}$$

联立两个等式消除 $\{\boldsymbol{\Omega}_{\mathrm{M}}\}_{\mathrm{M}}\{\boldsymbol{v}_{\mathrm{M}}\}_{\mathrm{M}}$ 项，可以得到

$$\{\boldsymbol{a}_P\}_{\mathrm{M}}=\{\boldsymbol{a}_{\mathrm{M}}\}_{\mathrm{M}}+\{\boldsymbol{a}_P^{\mathrm{M}}\}_{\mathrm{M}}+\{\dot{\boldsymbol{\Omega}}_{\mathrm{M}}\}_{\mathrm{M}}\{\boldsymbol{r}_P^{\mathrm{M}}\}_{\mathrm{M}}+2\{\boldsymbol{\Omega}_{\mathrm{M}}\}_{\mathrm{M}}\{\boldsymbol{r}_P^{\mathrm{M}}\}_{\mathrm{M}}+\{\boldsymbol{\Omega}_{\mathrm{M}}\}_{\mathrm{M}}^2\{\boldsymbol{r}_P^{\mathrm{M}}\}_{\mathrm{M}} \tag{5.2}$$

式(5.2)表明，点 P 的惯性加速度，等于运动坐标系原点的惯性加速度，加上点 P 相对于运动坐标系的加速度，再加上点 P 的切向加速度、科氏加速度和向心加速度。所有的量都在运动坐标系中表示。

在与航空和航天领域相关的飞行动力学研究中，方程(5.2)的应用比较广泛。 P.46
此外，它还适用于分析各种困扰工科本科生的稀奇古怪的运动学问题，例如"蚂蚁在转盘或转动圆锥上爬行"的相关问题。式(5.2)通常被称为基本运动方程(Basic Kinematic Equation)，其简称为首字母缩写 "BKE"。

5.2.2 地心运动坐标系

如上文所述，$\{\boldsymbol{a}_P\}_{\mathrm{M}}$ 将会使用两次：第一种情况是 F_{M} 为地心坐标系，P 为地

球表面上的点;第二种情况是 F_{M} 为地球坐标系,P 为飞机的重心。在第一种情况下,有 $F_{\mathrm{M}}=F_{\mathrm{EC}}$,点 P 取为地球坐标系原点,也可以理解为某一坐标系 F_{E} 的原点。代入式(5.2)可以得到

$$\{\boldsymbol{a}_{\mathrm{E}}\}_{\mathrm{EC}}=\{\boldsymbol{a}_{\mathrm{EC}}\}_{\mathrm{EC}}+\{\boldsymbol{a}_{\mathrm{E}}^{\mathrm{EC}}\}_{\mathrm{EC}}+\{\dot{\boldsymbol{\Omega}}_{\mathrm{EC}}\}_{\mathrm{EC}}\{\boldsymbol{r}_{\mathrm{E}}^{\mathrm{EC}}\}_{\mathrm{EC}}+2\{\boldsymbol{\Omega}_{\mathrm{EC}}\}_{\mathrm{EC}}\{\boldsymbol{v}_{\mathrm{E}}^{\mathrm{EC}}\}_{\mathrm{EC}}+\{\boldsymbol{\Omega}_{\mathrm{EC}}\}_{\mathrm{EC}}^{2}\{\boldsymbol{r}_{\mathrm{E}}^{\mathrm{EC}}\}_{\mathrm{EC}}$$

等式右侧的 $\boldsymbol{a}_{\mathrm{EC}}$ 代表地心的惯性加速度。如果忽略地球围绕太阳的公转和太阳可能具有的任何惯性加速度,则 $\boldsymbol{a}_{\mathrm{EC}}$ 为零。$\boldsymbol{r}_{\mathrm{E}}^{\mathrm{EC}}$ 为地球坐标系原点到地心的位置向量,它是一个常量(除地震外),因此,$\boldsymbol{v}_{\mathrm{E}}^{\mathrm{EC}}$ 和 $\boldsymbol{a}_{\mathrm{E}}^{\mathrm{EC}}$ 为零。如果地球的自转速度固定不变(在不同的地理尺度上有所不同),那么 $\dot{\boldsymbol{\Omega}}_{\mathrm{EC}}$ 也等于零。因此等式右侧只剩下了向心加速度,故有

$$\{\boldsymbol{a}_{\mathrm{E}}\}_{\mathrm{EC}}=\{\boldsymbol{\Omega}_{\mathrm{EC}}\}_{\mathrm{EC}}^{2}\{\boldsymbol{r}_{\mathrm{E}}^{\mathrm{EC}}\}_{\mathrm{EC}}$$

地球的自转速度大约为每 24 小时 360°,即 7.27×10^{-5} rad/s。如果我们取地球的直径为 6875.5 n mile(1 n mile=1.852 km),那么$\boldsymbol{r}_{\mathrm{E}}^{\mathrm{EC}}$ 的大小约为 6.37×10^{6} m。对于赤道上的 F_{E},向心加速度的大小约为 0.0335 m/s^2,而在地球的两极向心加速度为零。

5.2.3 地球运动坐标系

假设有广义的地球运动坐标系 F_{M} 和飞机的重心 P,若 $F_{\mathrm{M}}=F_{\mathrm{E}}$,$P$ 点和 C 点重合,可以得到

$$\{\boldsymbol{a}_{C}\}_{\mathrm{E}}=\{\boldsymbol{a}_{\mathrm{E}}\}_{\mathrm{E}}+\{\boldsymbol{a}_{C}^{\mathrm{E}}\}_{\mathrm{E}}+\{\dot{\boldsymbol{\Omega}}_{\mathrm{E}}\}_{\mathrm{E}}\{\boldsymbol{r}_{C}^{\mathrm{E}}\}_{\mathrm{E}}+2\{\boldsymbol{\Omega}_{\mathrm{E}}\}_{\mathrm{E}}\{\boldsymbol{v}_{C}^{\mathrm{E}}\}_{\mathrm{E}}+\{\boldsymbol{\Omega}_{\mathrm{E}}\}_{\mathrm{E}}^{2}\{\boldsymbol{r}_{C}^{\mathrm{E}}\}_{\mathrm{E}}$$

P. 47 坐标系 F_{E} 相对于 F_{EC} 是固定的,因此二者一起转动,故 $\dot{\boldsymbol{\Omega}}_{\mathrm{E}}$ 为零,使得

$$\{\boldsymbol{a}_{C}\}_{\mathrm{E}}=\{\boldsymbol{a}_{\mathrm{E}}\}_{\mathrm{E}}+\{\boldsymbol{a}_{C}^{\mathrm{E}}\}_{\mathrm{E}}+2\{\boldsymbol{\Omega}_{\mathrm{E}}\}_{\mathrm{E}}\{\boldsymbol{v}_{C}^{\mathrm{E}}\}_{\mathrm{E}}+\{\boldsymbol{\Omega}_{\mathrm{E}}\}_{\mathrm{E}}^{2}\{\boldsymbol{r}_{C}^{\mathrm{E}}\}_{\mathrm{E}}$$

问题在于我们是否需要跟踪等式右侧所有项的变化情况。在应用牛顿第二定律时,我们需要知道的是飞机重心的惯性加速度,其中飞机的转动加速度可以忽略,仅用局部加速度 $\boldsymbol{a}_{C}^{\mathrm{E}}$ 来表示飞机的惯性加速度。例如,向心加速度 $\boldsymbol{a}_{\mathrm{E}}$ 是在 F_{EC} 中导出的,因此$\{\boldsymbol{a}_{\mathrm{E}}\}_{\mathrm{E}}=\boldsymbol{T}_{\mathrm{E,EC}}\{\boldsymbol{a}_{\mathrm{E}}\}_{\mathrm{EC}}$,并且它的最大幅值为 0.0335 m/s^2。等式右侧其他项是否需要保留取决于需要解决问题的类型。

$\boldsymbol{r}_{C}^{\mathrm{E}}$、$\boldsymbol{v}_{C}^{\mathrm{E}}$ 和 $\boldsymbol{a}_{C}^{\mathrm{E}}$ 分别代表飞机重心相对于地球上某点的位置、速度和加速度,它们是由 F_{E} 原点处的地面跟踪站来测量的。位置 $\boldsymbol{r}_{C}^{\mathrm{E}}$ 的数量级可以高达几百海里;如果它非常大,那么问题就会与地心坐标系有关。如果 $\boldsymbol{\Omega}_{\mathrm{E}}$ 的大小为 7.27×10^{-5} rad/s,$\boldsymbol{r}_{C}^{\mathrm{E}}$ 的大小为 4.572×10^{5} m,那么加速度的最大向心分量约为 2.438×10^{-3} m/s^2。飞行速度很容易就能达到 1000 kn(1 kn=1 n mile/h),并且可能会非常

大，例如追踪再入飞行器的情况。可以粗略地估算出，飞行速度为 609.6 m/s 时最大科氏加速度约为 0.0914 m/s^2。

在时间或距离跨度较大且精度要求较高的问题中，等式右侧的每一项都可能很重要。例如在计算炮弹发射时，等式右侧的每一项都会保留。如果想了解飞机对大气扰动或控制输入的短期动态响应，则通常假设 $\{\boldsymbol{a}_C\}_E=\{\boldsymbol{a}_C^E\}_E$，因为该表达式忽略了由地球转动产生的所有项并且不依赖于地球的曲率，所以通常被称为地平近似，表示为

$$\{\boldsymbol{a}_C\}_E=\{\boldsymbol{a}_C^E\}_E\text{（平坦、静止的地球）}\tag{5.3}$$

5.3　质块的惯性加速度

5.2 节仅仅讨论了在相对惯性空间转动坐标系中运动的点，而牛顿第二定律适用于质量无限小（通常记为 dm）的点。任何物体，例如飞机，其质量都是有限的，因此都可以视为无穷多个质量无限小质点之和。我们首先研究牛顿第二定律如何作用于这样一个质量无限小的质点，然后再将这些质点上的作用都加起来。图 5.2 同图 5.1 类似，只是点 P 变成了 dm。质点 dm 受到无穷小的力 d$\boldsymbol{f}$ 的作用而具有惯性速度 $\boldsymbol{v}_{dm}$。用一个原点在飞机重心的坐标系来替换 F_M，那么问题就会变得很简单。这里我们使用 F_B 来替换 F_M，需要说明的是任一适当定义的坐标系都可以满足要求。 P.48

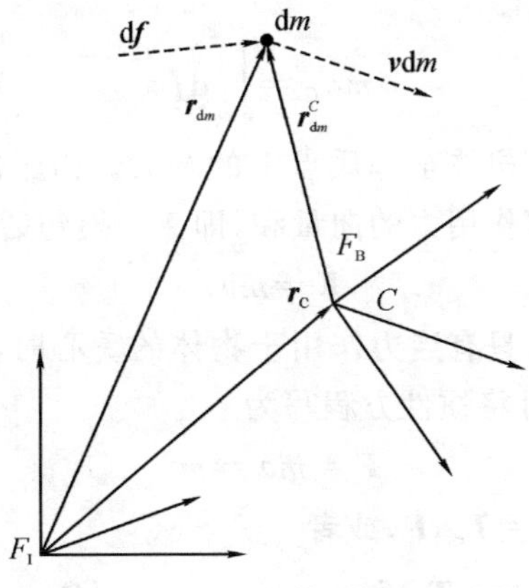

图 5.2　惯性空间中的质点

5.3.1　线性加速度

牛顿定律告诉我们，无穷小的力 d$\boldsymbol{f}$ 与 dm 的动量相对（惯性）时间的变化率成正比，或者

$$\mathrm{d}\boldsymbol{f}=\dot{\boldsymbol{v}}_{dm}\,\mathrm{d}m$$

将这个方程的两侧对飞机的总质量进行积分，并将结果与飞机重心的加速度联系起来。需要注意，飞机重心的定义会使得

$$\int_m \boldsymbol{r}_{\mathrm{dm}}^C \mathrm{d}m = 0$$

现在，$\dot{\boldsymbol{v}}_{\mathrm{dm}} = \ddot{\boldsymbol{r}}_{\mathrm{dm}}$，所以将 $\boldsymbol{r}_{\mathrm{dm}}$ 同 $\boldsymbol{r}_{\mathrm{dm}}^C$ 和 $\boldsymbol{r}_C$ 联系起来，因而得到 $\boldsymbol{r}_{\mathrm{dm}} = \boldsymbol{r}_{\mathrm{dm}}^C + \boldsymbol{r}_C$，然后相对于时间进行积分和微分。首先有

$$\int_m \boldsymbol{r}_{\mathrm{dm}} \mathrm{d}m = \int_m \boldsymbol{r}_{\mathrm{dm}}^C \mathrm{d}m + \int_m \boldsymbol{r}_C \mathrm{d}m$$

在等式右侧，第一个积分为零，因为我们选择飞机的重心为坐标系原点。在第二个积分中，我们注意到，对于给定的质量分布，飞机重心的惯性位置是固定的，因此 $\boldsymbol{r}_C$ 可以从积分中提出。结果变为

$$\int_m \boldsymbol{r}_{\mathrm{dm}} \mathrm{d}m = \boldsymbol{r}_C \int_m \mathrm{d}m = m\boldsymbol{r}_C$$

等式两边对时间求微分，同时注意积分和时间无关，可以得到

$$m\dot{\boldsymbol{r}}_C = m\boldsymbol{v}_C = \int_m \dot{\boldsymbol{r}}_{\mathrm{dm}} \mathrm{d}m = \int_m \boldsymbol{v}_{\mathrm{dm}} \mathrm{d}m$$

再次对时间求微分，可以得到

$$m\dot{\boldsymbol{v}}_C = m\boldsymbol{a}_C = \int_m \dot{\boldsymbol{v}}_{\mathrm{dm}} \mathrm{d}m$$

P. 49 但由于 $\mathrm{d}\boldsymbol{f} = \dot{\boldsymbol{v}}_{\mathrm{dm}} \mathrm{d}m$，因此有

$$m\boldsymbol{a}_C = \int_m \mathrm{d}\boldsymbol{f}$$

等式右边的积分为作用在机体全部质点上的合力。由于内力之间可以相互抵消，因此最终结果是所有外部作用力的向量和，即 $\boldsymbol{F}$。换句话说，

$$\boldsymbol{F} = m\boldsymbol{a}_C \tag{5.4}$$

上式表明，对于质量来说，只有当力作用于物体的重心时，牛顿第二定律才是有效的。我们去掉下标 C 并且将惯性方程写为

$$\boldsymbol{F} = m\boldsymbol{a} = m\dot{\boldsymbol{v}}$$

在机体坐标系中，有 $\{\boldsymbol{F}\}_{\mathrm{B}} = \boldsymbol{T}_{\mathrm{B,I}}\boldsymbol{F}$，或者

$$\{\boldsymbol{F}\}_{\mathrm{B}} = m\boldsymbol{T}_{\mathrm{B,I}}\dot{\boldsymbol{v}} = m\{\dot{\boldsymbol{v}}_{\mathrm{B}}\}_{\mathrm{B}} + m\{\boldsymbol{\Omega}_{\mathrm{B}}\}_{\mathrm{B}}\{\boldsymbol{v}\}_{\mathrm{B}} \tag{5.5}$$

这里以重心为参考点。

5.3.2 转动加速度

我们还需要牛顿第二定律的转动表达形式。$\mathrm{d}\boldsymbol{f}$ 作用于 O_1 点时，力矩为 $\mathrm{d}\boldsymbol{M}$，并且有

$$\mathrm{d}\boldsymbol{M} = \boldsymbol{r}_{\mathrm{dm}} \times \mathrm{d}\boldsymbol{f} = \boldsymbol{r}_{\mathrm{dm}} \times \dot{\boldsymbol{v}}_{\mathrm{dm}} \mathrm{d}m$$

dm 的惯性角动量用 $d\boldsymbol{h}$ 表示，并且有

$$d\boldsymbol{h}=(\boldsymbol{r}_{dm}\times\boldsymbol{v}_{dm})dm$$

利用牛顿第二定律联立两式，得

$$d\boldsymbol{M}=\boldsymbol{r}_{dm}\times d\boldsymbol{f}=\frac{d}{dt}(d\boldsymbol{h})=\frac{d}{dt}(\boldsymbol{r}_{dm}\times\boldsymbol{v}_{dm})dm$$

为了获得角动量相对于飞机重心的力矩和相对于时间的变化率，我们再次进行积分，并利用 $\boldsymbol{r}_{dm}=\boldsymbol{r}_{dm}^{C}+\boldsymbol{r}_{C}$，可以得到

$$\int_{m}\boldsymbol{r}_{dm}\times d\boldsymbol{f}=\frac{d}{dt}\int_{m}(\boldsymbol{r}_{dm}\times\boldsymbol{v}_{dm})\,dm$$

首先计算等式的左边，有

$$\begin{aligned}\int_{m}\boldsymbol{r}_{dm}\times d\boldsymbol{f}&=\int_{m}(\boldsymbol{r}_{dm}^{C}+\boldsymbol{r}_{C})\times d\boldsymbol{f}\\&=\int_{m}(\boldsymbol{r}_{dm}^{C}\times d\boldsymbol{f})+\int_{m}(\boldsymbol{r}_{C}\times d\boldsymbol{f})\\&=\int_{m}(\boldsymbol{r}_{dm}^{C}\times d\boldsymbol{f})+\boldsymbol{r}_{C}\times\int_{m}d\boldsymbol{f}\\&=\boldsymbol{M}_{C}+\boldsymbol{r}_{C}\times\boldsymbol{F}\end{aligned}$$

这里我们将 $\boldsymbol{M}_C$ 定义为作用在飞机重心上的力矩。

然后计算等式的右边，有 P. 50

$$\begin{aligned}\frac{d}{dt}(\boldsymbol{r}_{dm}\times\boldsymbol{v}_{dm})\,dm&=\frac{d}{dt}\int_{m}(\boldsymbol{r}_{dm}^{C}\times\boldsymbol{v}_{dm})\,dm+\frac{d}{dt}\int_{m}(\boldsymbol{r}_{C}\times\boldsymbol{v}_{dm})\,dm\\&=\frac{d}{dt}\boldsymbol{h}_{C}+\frac{d}{dt}\left[\boldsymbol{r}_{C}\times\int_{m}\boldsymbol{v}_{dm}\,dm\right]\end{aligned}$$

我们已经将 $\boldsymbol{h}_C$ 定义为作用在飞机重心上的角动量。对于其他项，有

$$\frac{d}{dt}\left[\boldsymbol{r}_{C}\times\int_{m}\boldsymbol{v}_{dm}\,dm\right]=\boldsymbol{v}_{C}\times\int_{m}\boldsymbol{v}_{dm}\,dm+\boldsymbol{r}_{C}\times\int_{m}\dot{\boldsymbol{v}}_{dm}\,dm$$

前文提到过

$$m\boldsymbol{v}_{C}=\int_{m}\boldsymbol{v}_{dm}\,dm$$

和

$$m\boldsymbol{a}_{C}=\int_{m}\dot{\boldsymbol{v}}_{dm}\,dm$$

因此有

$$\begin{aligned}\frac{d}{dt}\left[\boldsymbol{r}_{C}\times\int_{m}\boldsymbol{v}_{dm}\,dm\right]&=\boldsymbol{v}_{C}\times m\boldsymbol{v}_{C}+\boldsymbol{r}_{C}\times m\boldsymbol{a}_{C}\\&=\boldsymbol{r}_{C}\times m\boldsymbol{a}_{C}\\&=\boldsymbol{r}_{C}\times\boldsymbol{F}\end{aligned}$$

在等式左边，

$$\int_m \boldsymbol{r}_{\mathrm{d}m} \times \mathrm{d}\boldsymbol{f}=\boldsymbol{M}_C+\boldsymbol{r}_C \times \boldsymbol{F}$$

在等式右边，

$$\frac{\mathrm{d}}{\mathrm{d}t}\int_m (\boldsymbol{r}_{\mathrm{d}m} \times \boldsymbol{v}_{\mathrm{d}m})\,\mathrm{d}m=\frac{\mathrm{d}}{\mathrm{d}t}\boldsymbol{h}_C+\boldsymbol{r}_C \times \boldsymbol{F}$$

当等式左边和右边相等时，可以得到

$$\boldsymbol{M}_C=\frac{\mathrm{d}}{\mathrm{d}t}\boldsymbol{h}_C \tag{5.6}$$

也就是说，飞机重心上的外部作用力矩等于飞机重心角动量变化的惯性时间速率。删掉下标 C 并使用点符号代表微分，得到 $\boldsymbol{M}=\dot{\boldsymbol{h}}$。在机体坐标系中，有

$$\begin{aligned}\{\boldsymbol{M}\}_{\mathrm{B}} &= \boldsymbol{T}_{\mathrm{B,I}}\boldsymbol{M}=\boldsymbol{T}_{\mathrm{B,I}}\dot{\boldsymbol{h}}\\ &=\{\dot{\boldsymbol{h}}_{\mathrm{B}}\}_{\mathrm{B}}+\{\boldsymbol{\Omega}_{\mathrm{B}}\}_{\mathrm{B}}\boldsymbol{h}_{\mathrm{B}}\end{aligned}$$

为了估算角动量，有

$$\boldsymbol{h}=\int_m (\boldsymbol{r}_{\mathrm{d}m}^{C} \times \boldsymbol{v}_{\mathrm{d}m})\,\mathrm{d}m=\int_m (\boldsymbol{R}_{\mathrm{d}m}\boldsymbol{v}_{\mathrm{d}m})\,\mathrm{d}m$$

P. 51 在该表达式中，$\boldsymbol{R}_{\mathrm{d}m}$ 等价于矩阵操作 $\boldsymbol{r}_{\mathrm{d}m}^{C}\times$（在后续讨论中，上标 C 会被省略，因为所有的量都与飞机重心有关）。向量 $\boldsymbol{v}_{\mathrm{d}m}$ 是 $\mathrm{d}m$ 的惯性速度，即 $\boldsymbol{v}_{\mathrm{d}m}=\dot{\boldsymbol{r}}\,\mathrm{d}m$。为将角动量与运动坐标系相关，使用 $\{\dot{\boldsymbol{r}}_{\mathrm{d}m_{\mathrm{B}}}\}_{\mathrm{B}}=\boldsymbol{T}_{\mathrm{B,I}}\{\dot{\boldsymbol{r}}_{\mathrm{d}m}\}-\{\boldsymbol{\Omega}_{\mathrm{B}}\}_{\mathrm{B}}\{\boldsymbol{r}_{\mathrm{d}m}\}_{\mathrm{B}}$，那么惯性坐标中的角动量为

$$\begin{aligned}\boldsymbol{h} &= \int_m (\boldsymbol{R}_{\mathrm{d}m} \times \boldsymbol{v}_{\mathrm{d}m})\,\mathrm{d}m\\ &=\int_m (\boldsymbol{R}_{\mathrm{d}m}\dot{\boldsymbol{r}}_{\mathrm{d}m})\,\mathrm{d}m\\ &=\int_m \{\boldsymbol{R}_{\mathrm{d}m}\boldsymbol{T}_{\mathrm{I,B}}[\{\dot{\boldsymbol{r}}_{\mathrm{d}m_{\mathrm{B}}}\}_{\mathrm{B}}+\{\boldsymbol{\Omega}_{\mathrm{B}}\}_{\mathrm{B}}\{\boldsymbol{r}_{\mathrm{d}m}\}_{\mathrm{B}}]\}\,\mathrm{d}m\\ &=\int_m \boldsymbol{R}_{\mathrm{d}m}\boldsymbol{T}_{\mathrm{I,B}}\{\dot{\boldsymbol{r}}_{\mathrm{d}m_{\mathrm{B}}}\}_{\mathrm{B}}\mathrm{d}m+\int_m \boldsymbol{R}_{\mathrm{d}m}\boldsymbol{T}_{\mathrm{I,B}}\{\boldsymbol{\Omega}_{\mathrm{B}}\}_{\mathrm{B}}\{\boldsymbol{r}_{\mathrm{d}m}\}_{\mathrm{B}}\mathrm{d}m\end{aligned}$$

在机体坐标中相同的角动量为 $\{\boldsymbol{h}\}_{\mathrm{B}}=\boldsymbol{T}_{\mathrm{B,I}}\boldsymbol{h}$：

$$\begin{aligned}\{\boldsymbol{h}\}_{\mathrm{B}} &= \boldsymbol{T}_{\mathrm{B,I}}\boldsymbol{h}\\ &=\int_m \boldsymbol{T}_{\mathrm{B,I}}\boldsymbol{R}_{\mathrm{d}m}\boldsymbol{T}_{\mathrm{I,B}}\{\dot{\boldsymbol{r}}_{\mathrm{d}m_{\mathrm{B}}}\}_{\mathrm{B}}\mathrm{d}m+\int_m \boldsymbol{T}_{\mathrm{B,I}}\boldsymbol{R}_{\mathrm{d}m}\boldsymbol{T}_{\mathrm{I,B}}\{\boldsymbol{\Omega}_{\mathrm{B}}\}_{\mathrm{B}}\{\boldsymbol{r}_{\mathrm{d}m}\}_{\mathrm{B}}\mathrm{d}m\\ &=\int_m \{\boldsymbol{R}_{\mathrm{d}m}\}_{\mathrm{B}}\{\dot{\boldsymbol{r}}_{\mathrm{d}m_{\mathrm{B}}}\}_{\mathrm{B}}\mathrm{d}m+\int_m \{\boldsymbol{R}_{\mathrm{d}m}\}_{\mathrm{B}}\{\boldsymbol{\Omega}_{\mathrm{B}}\}_{\mathrm{B}}\{\boldsymbol{r}_{\mathrm{d}m}\}_{\mathrm{B}}\mathrm{d}m\end{aligned}$$

我们注意到

$$\{\boldsymbol{\Omega}_{\mathrm{B}}\}_{\mathrm{B}}\{\dot{\boldsymbol{r}}_{\mathrm{d}m_{\mathrm{B}}}\}_{\mathrm{B}}=\{\boldsymbol{\omega}_{\mathrm{B}}\}_{\mathrm{B}} \times \{\boldsymbol{r}_{\mathrm{d}m}\}_{\mathrm{B}}$$

$$=-\{\boldsymbol{r}_{dm}\}_B \times \{\boldsymbol{\omega}_B\}_B$$

$$=-\{\boldsymbol{R}_{dm}\}_B \{\boldsymbol{\omega}_B\}_B$$

并且

$$\{\boldsymbol{R}_{dm}\}_B \{\boldsymbol{R}_{dm}\}_B = \{\boldsymbol{R}_{dm}\}_B^2$$

所以有

$$\{\boldsymbol{h}\}_B = \int_m \{\boldsymbol{r}_{dm}\}_B \times \{\dot{\boldsymbol{r}}_{dm_B}\} \mathrm{d}m - \int_m \{\boldsymbol{R}_{dm}\}^2{}_B \{\boldsymbol{\omega}_B\}_B \mathrm{d}m$$

现在，由于$\{\boldsymbol{\omega}_B\}_B$不影响积分，将其移到积分之外，

$$\{\boldsymbol{h}\}_B = \int_m \{\boldsymbol{r}_{dm}\}_B \times \{\dot{\boldsymbol{r}}_{dm_B}\}_B \mathrm{d}m + \left[-\int_m \{\boldsymbol{R}_{dm}\}_B^2 \mathrm{d}m\right] \{\boldsymbol{\omega}_B\}_B$$

上式中第一个积分取决于$\{\dot{\boldsymbol{r}}_{dm_B}\}_B$，它代表$\boldsymbol{r}_{dm}$在$F_B$中的分量在$F_B$中的变化率。如果记

$$\{\boldsymbol{r}_{dm}\}_B = \begin{bmatrix} x_{dm} \\ y_{dm} \\ z_{dm} \end{bmatrix}$$

则有 P. 52

$$\{\dot{\boldsymbol{r}}_{dm_B}\}_B = \begin{bmatrix} \dot{x}_{dm} \\ \dot{y}_{dm} \\ \dot{y}_{dm} \end{bmatrix}$$

$$\boldsymbol{h}_B^* \equiv \int_m \{\boldsymbol{r}_{dm}\}_B \times \{\dot{\boldsymbol{r}}_{dm_B}\}_B \mathrm{d}m$$

另一个积分可以逐项估算。首先，

$$-\{\boldsymbol{R}_{dm}\}_B^2 = -\begin{bmatrix} 0 & -z_{dm} & y_{dm} \\ z_{dm} & 0 & -x_{dm} \\ -y_{dm} & x_{dm} & 0 \end{bmatrix}^2$$

$$= \begin{bmatrix} (y_{dm}^2 + z_{dm}^2) & -x_{dm}y_{dm} & -x_{dm}z_{dm} \\ -x_{dm}y_{dm} & (x_{dm}^2 + z_{dm}^2) & -y_{dm}z_{dm} \\ -x_{dm}z_{dm} & -y_{dm}z_{dm} & (x_{dm}^2 + y_{dm}^2) \end{bmatrix}$$

这个矩阵的积分是其各项积分的矩阵，所以有

$$-\int_m \{\boldsymbol{R}_{dm}\}_B^2 \mathrm{d}m = \begin{bmatrix} \int_m (y_{dm}^2 + z_{dm}^2)\mathrm{d}m & -\int_m x_{dm}y_{dm}\mathrm{d}m & -\int_m x_{dm}z_{dm}\mathrm{d}m \\ -\int_m x_{dm}y_{dm}\mathrm{d}m & \int_m (x_{dm}^2 + z_{dm}^2)\mathrm{d}m & -\int_m y_{dm}z_{dm}\mathrm{d}m \\ -\int_m x_{dm}z_{dm}\mathrm{d}m & -\int_m y_{dm}z_{dm}\mathrm{d}m & \int_m (x_{dm}^2 + y_{dm}^2)\mathrm{d}m \end{bmatrix}$$

然后，将上式右边的积分视为选定机体坐标系中的惯性力矩，可得

$$-\int_m \{\boldsymbol{R}_{dm}\}_{\mathrm{B}}^2 \mathrm{d}m = \begin{bmatrix} \boldsymbol{I}_{xx} & -\boldsymbol{I}_{xy} & -\boldsymbol{I}_{xz} \\ -\boldsymbol{I}_{xy} & \boldsymbol{I}_{yy} & -\boldsymbol{I}_{yz} \\ -\boldsymbol{I}_{xz} & -\boldsymbol{I}_{yz} & \boldsymbol{I}_{zz} \end{bmatrix} \equiv \boldsymbol{I}_{\mathrm{B}}$$

最后，在机体轴中飞机重心的角动量为

$$\boldsymbol{h}_{\mathrm{B}} = \boldsymbol{h}_{\mathrm{B}}^* + \boldsymbol{I}_{\mathrm{B}}\{\boldsymbol{\omega}_{\mathrm{B}}\}_{\mathrm{B}}$$

上式需要用于等式 $\{\boldsymbol{M}\}_{\mathrm{B}} = \{\dot{\boldsymbol{h}}_{\mathrm{B}}\}_{\mathrm{B}} + \{\boldsymbol{\Omega}_{\mathrm{B}}\}_{\mathrm{B}}\{\boldsymbol{h}\}_{\mathrm{B}}$，该等式的每一项都在机体坐标中，因此有

$$\{\boldsymbol{M}\}_{\mathrm{B}} = [\dot{\boldsymbol{h}}_{\mathrm{B}}^* + \dot{\boldsymbol{I}}_{\mathrm{B}}\{\boldsymbol{\omega}_{\mathrm{B}}\}_{\mathrm{B}} + \boldsymbol{I}_{\mathrm{B}}\{\dot{\boldsymbol{\omega}}_{\mathrm{B}}\}_{\mathrm{B}}] + [\{\boldsymbol{\Omega}_{\mathrm{B}}\}_{\mathrm{B}}\boldsymbol{h}_{\mathrm{B}}^* + \{\boldsymbol{\Omega}_{\mathrm{B}}\}_{\mathrm{B}}\boldsymbol{I}_{\mathrm{B}}\{\boldsymbol{\omega}_{\mathrm{B}}\}_{\mathrm{B}}]$$

如果有一个刚体，那么 $\boldsymbol{h}_{\mathrm{B}}^*$、$\dot{\boldsymbol{h}}_{\mathrm{B}}^*$ 和 $\dot{\boldsymbol{I}}_{\mathrm{B}}$ 项可以去掉，剩下

$$\{\boldsymbol{M}\}_{\mathrm{B}} = \boldsymbol{I}_{\mathrm{B}}\{\dot{\boldsymbol{\omega}}_{\mathrm{B}}\}_{\mathrm{B}} + \{\boldsymbol{\Omega}_{\mathrm{B}}\}_{\mathrm{B}}\boldsymbol{I}_{\mathrm{B}}\{\boldsymbol{\omega}_{\mathrm{B}}\}_{\mathrm{B}} \tag{5.7}$$

P. 53

5.4 说明

通过微分方程得到的位置和速度变量统称为飞机的状态。状态是能够清晰描述飞机位置、方向和速度的一组最小变量集。到目前为止，我们导出的基本状态集是惯性线速度、惯性角速度和专门用于描述飞机相对于惯性空间方向的三个转动变量所构成的一个集合。对于后者，我们通常采用欧拉角来表示，因为它们已经是构成方向变量的最小集合。而飞机的惯性位置，可以通过对惯性速度进行积分得到。因此，飞机的 12 个基本状态可以用 $\boldsymbol{v}_C$、$\boldsymbol{\omega}_{\mathrm{B}}$ 和 $\boldsymbol{r}_C$ 的标量分量，以及由 $\boldsymbol{T}_{\mathrm{B,I}}$ 定义的 3 个欧拉角来表示。

5.5 习惯与规则

5.5.1 线速度分量

惯性速度在机体轴和气流轴中经常出现，与它们相关联的分量被赋予了特殊符号。如图 5.3 和图 5.4 所示，它们的定义如下：

$$\{\boldsymbol{v}_C\}_{\mathrm{B}} = \begin{bmatrix} u \\ v \\ \omega \end{bmatrix}, \quad \{\boldsymbol{v}_C\}_{\mathrm{W}} = \begin{bmatrix} V_C \\ 0 \\ 0 \end{bmatrix}$$

显然，飞机重心相对于某一地球坐标系 F_{E} 的位置和速度在导航中非常重要。位置 $\{\boldsymbol{r}_C^{\mathrm{E}}\}_{\mathrm{E}}$ 由 x_{E}、y_{E} 和 z_{E} 来表示，而速度则表示为

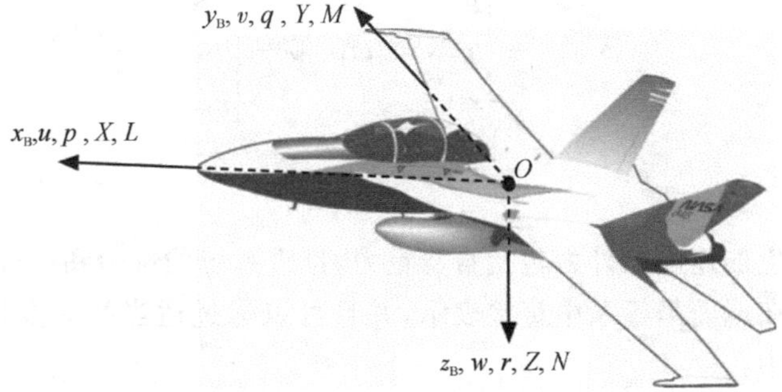

图 5.3　机体坐标系中的线速度(u,v,w)、角速度(p,q,r)、空气动力(X,Y,Z)和空气动力力矩(L,M,N)(来源:NASA)

P. 54

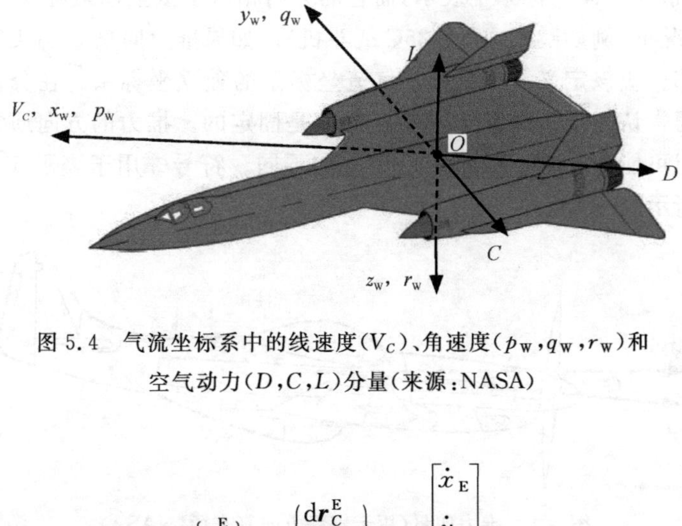

图 5.4　气流坐标系中的线速度(V_C)、角速度(p_W,q_W,r_W)和空气动力(D,C,L)分量(来源:NASA)

$$\{\boldsymbol{v}_C^E\}_E = \left\{\frac{\mathrm{d}\boldsymbol{r}_C^E}{\mathrm{d}t_E}\right\}_E = \begin{bmatrix}\dot{x}_E \\ \dot{y}_E \\ \dot{z}_E\end{bmatrix}$$

对于平面地球假设而言,飞机的惯性速度等于飞机相对于 F_E 的速度,并且由于在该假设下 F_E 总是与 F_H 平行,所以有

$$\begin{bmatrix}\dot{x}_E \\ \dot{y}_E \\ \dot{z}_E\end{bmatrix} = \boldsymbol{T}_{B,H}^T \begin{bmatrix}u \\ v \\ \omega\end{bmatrix} = \boldsymbol{T}_{W,H}^T \begin{bmatrix}V_C \\ 0 \\ 0\end{bmatrix}$$

5.5.2　角速度分量

之前,我们定义的角速度分量为

$$\{\boldsymbol{\omega}_{\mathrm{B}}\}_{\mathrm{B}}=\begin{bmatrix}p\\q\\r\end{bmatrix},\quad \{\boldsymbol{\omega}_{W}\}_{W}=\begin{bmatrix}p_W\\q_W\\r_W\end{bmatrix}$$

5.5.3 力

使飞机产生加速度的外力包括自身重力、推进系统的推力和空气动力。

重力可以在地面坐标系中直接表示，并且可以通过适当的变换将其转换到其他坐标系系统中：

$$\{\boldsymbol{W}\}_{\mathrm{H}}=\begin{bmatrix}0\\0\\mg\end{bmatrix},\quad \{\boldsymbol{W}\}_{\mathrm{B}}=\begin{bmatrix}-mg\sin\theta\\mg\sin\phi\cos\theta\\mg\cos\phi\cos\theta\end{bmatrix},\quad \{\boldsymbol{W}\}_{\mathrm{W}}=\begin{bmatrix}-mg\sin\gamma\\mg\sin\mu\cos\gamma\\mg\cos\mu\cos\gamma\end{bmatrix}$$

推力通常在机体坐标系中表示，而它的方向相对于该坐标系可以是变化的(在矢量推力情况下，例如鹞式或 F－35C 战斗机)。如果推力向量 $\boldsymbol{T}$ 与飞行器的关系是变化的，那么应该定义一个类似于气流坐标系的独立坐标系。在分析特定的飞行条件时，通常认为推力向量 $\boldsymbol{T}$ 相对于机体是固定的。推力的方向通常位于飞机对称面中，但可能与 x 轴(飞机纵轴)的方向不同。符号ϵ_T用于表示 $\boldsymbol{T}$ 和 x_{B} 的夹角，图 5.5 所示的ϵ_T为正。

P. 55

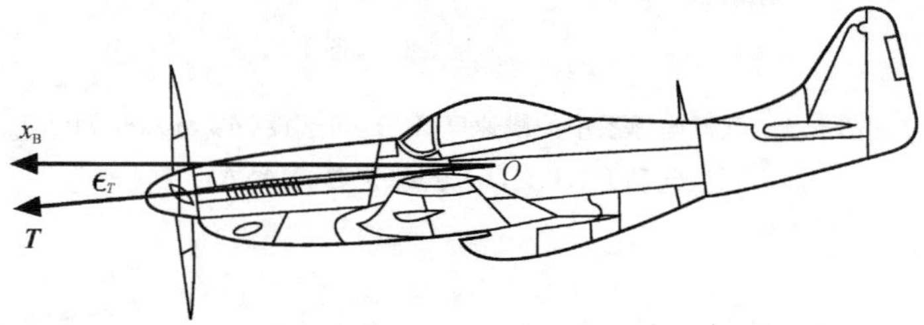

图 5.5 推力向量(用于解释方向)(来源：NASA)

在这种特殊情况下，有

$$\{\boldsymbol{T}\}_{\mathrm{B}}=\begin{bmatrix}T\cos\epsilon_T\\0\\T\sin\epsilon_T\end{bmatrix}$$

$$\{\boldsymbol{T}\}_{\mathrm{W}}=T_{\mathrm{W,B}}\begin{bmatrix}T\cos\epsilon_T\\0\\T\sin\epsilon_T\end{bmatrix}=\begin{bmatrix}T\cos\beta\cos(\epsilon_T-\alpha)\\-T\sin\beta\cos(\epsilon_T-\alpha)\\T\sin(\epsilon_T-\alpha)\end{bmatrix}$$

我们用向量 $\boldsymbol{F}_{\mathrm{A}}$ 来表示空气动力。从空气动力学角度看，空气动力由气流坐标系中常见的升力、阻力和侧力组成。在常见定义中，z_{W} 轴负方向上的升力(L)

为正，x_W 轴负方向上的阻力(D)为正。我们用符号 C 来表示气动侧力，并且同样定义在 y_W 轴负方向上的侧力为正，如图 5.4 所示。故有

$$\{\boldsymbol{F}_A\}_W=\begin{bmatrix}-D\\-C\\-L\end{bmatrix}$$

气流坐标系与某些机体坐标系之间的关系(攻角和侧滑角)对空气动力的大小影响极大，因此仅仅用气流坐标系难以准确描述这些空气动力。空气动力在机体坐标系中的表示至少应该与它们在气流坐标系中的表示一样方便，并且这些力在机体坐标系中有自己的符号 X、Y 和 Z，二者之间的关系如图 5.3 所示，其定义如下：

$$\{\boldsymbol{F}_A\}_B=\begin{bmatrix}X\\Y\\Z\end{bmatrix}$$

显然这两种表示方法之间的关系为 $\{\boldsymbol{F}_A\}_B=\boldsymbol{T}_{B,W}\{\boldsymbol{F}_A\}_W$，因此如果给出任一坐标系中的数据，就可以算出其在另一个坐标系中的表示。事实上，空气动力数据通常在混合坐标系系统中给出，其中升力和阻力是在气流坐标系中给出的，但侧力是在机体坐标系中给出的。使用这种非正交系统的原因与风洞实验中力的实际测量方式有关。显然，当侧滑角 β 非常大时这种表示方法会遇到困难。 P. 56

5.5.4 力矩

由于重力是作用在飞机重心上的，因此它在飞机重心上并不产生任何力矩。飞机重心上的气动力矩通常在机体坐标系中表示，其原因有两个：首先，在风洞实验中，飞机重心上的气动力矩是在机体坐标系中测量的；其次，飞机的惯性力矩在机体坐标系中是固定不变的，因而在机体坐标系中描述加速度比在气流坐标系中更加容易。在机体坐标系中，绕飞机重心的气动力矩 $\boldsymbol{M}_A$ 的分量被命名为 L、M 和 N。它们之间的关系如图 5.3 所示，其定义如下：

$$\{\boldsymbol{M}_A\}_B=\begin{bmatrix}L\\M\\N\end{bmatrix}$$

如果净推力向量 $\boldsymbol{T}$ 不直接通过飞机重心的话，那么就会在飞机重心上产生推力力矩，这正是在飞机设计中设计可变推力向量的初衷，利用推力力矩产生附加控制。在多发动机飞机中，一个或多个发动机损坏会产生相当大的不平衡力矩。此时，即使净推力向量相对于机体是固定的，它产生的力矩也会与推力的大小成正比，并且可以大幅变化。推力产生的力矩由 $\boldsymbol{M}_T$ 来表示，并且经常用于机体坐标系中，即 $\{\boldsymbol{M}_T\}_B$，

$$\{\boldsymbol{M}_T\}_{\mathrm{B}}=\begin{bmatrix}L_T\\M_T\\N_T\end{bmatrix}$$

5.5.5 分组

纵向

飞机具有对称面的假设导致生成了一组在飞机对称面上运动的变量。这些变量包括阻力 X 和升力 Z，俯仰力矩 M，速度 u 和 w，以及俯仰角速度 q。这些变量被统称为纵向变量。

横向

机体围绕 x 轴运动产生的变量，或者说飞机滚转产生的变量，被称为横向变量，它们主要包括滚转力矩 L 和滚转角速度 p。其他横向变量，包括侧力 Y、偏航力矩 N 和偏航角速度 r，被统称为航向变量。在下文中我们会看到，横向变量和航向变量之间的关系非常密切，因此它们通常被分为一组，称为横向-航向（lateral-directional）变量，也称为侧向变量，或者用专业术语“lat-dir 变量”表述。

P. 57 **对称飞行**

如果飞机的侧滑角 β 为零，则称其在进行对称飞行（symmetric flight）。分析飞机的纵向运动时通常假设侧滑角为零，除此之外，还需要将升力 L 和阻力 D 也视为纵向变量。

习题

1. 假设条件是平面地球、大气静止和对称飞行。某战斗机机体坐标系 r_x、r_y 和 r_z 处安装有加速度计。在某一特定时刻，使用加速度计来测量机体坐标系中的惯性加速度，其分量记为 g_x、g_y 和 g_z。用安装在飞机重心处的陀螺仪来测量 p、q、r、$\dot{p}$、$\dot{q}$ 和 $\dot{r}$。在 F_{B} 中，写出飞机重心处惯性加速度的表达式。
2. 如图 5.6 所示，用一个离心机来模拟飞机加速飞行。飞行员在吊舱中，该吊舱在水平面上的转动速度为 $\omega_{\mathrm{G}}^{\mathrm{E}}$，距转动中心的距离为 r。首先定义任一坐标系，然后回答下述问题。

   (a)假设 $\omega_{\mathrm{G}}^{\mathrm{E}}$ 为常数，计算吊舱的加速度。

   (b)假设 $\omega_{\mathrm{G}}^{\mathrm{E}}$ 为变量，计算吊舱的加速度。

   (c)吊舱内的飞行员在向前倾斜时试图捡起掉落的铅笔。此时，他的头部相对于吊舱以速度 $\boldsymbol{v}_{\mathrm{H}}^{\mathrm{G}}$ 运动，并且这个运动指向转动中心。计算飞行员将遇到的所有额外加速度。

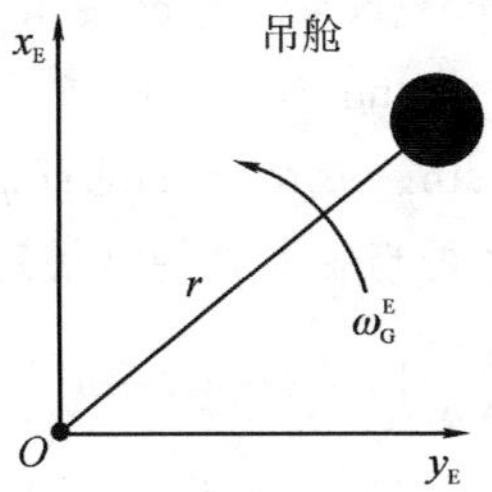

图 5.6　离心机(问题 2)

3. 使用常规符号来表示机体轴力和速度,计算力方程:

$$\{\boldsymbol{F}\}_B=m\{\dot{\boldsymbol{v}}_B\}_B+m\{\boldsymbol{\Omega}_B\}_B\{\boldsymbol{v}\}_B$$

向量$\{\boldsymbol{v}\}$代表飞机重心处的惯性速度。将答案写成三个标量方程的形式,即 $\dot{u}=\cdots,\dot{v}=\cdots$和 $\dot{w}=\cdots$。

4. 假设飞机关于 x_BOz_B 平面对称,在某一机体坐标系上测量坐标 x_{dm}、y_{dm} 和 z_{dm}。解释为什么 I_{xy} 和 I_{yz} 消失了。 P. 58

5. 使用常规符号来表示机体坐标系的力矩和速度,计算力矩方程:

$$\{\boldsymbol{M}\}_B=\boldsymbol{I}_B\{\dot{\boldsymbol{\omega}}_B\}_B+\{\boldsymbol{\Omega}_B\}_B\boldsymbol{I}_B\{\boldsymbol{\omega}_B\}_B$$

用三个标量方程的形式写出答案,即 $\dot{p}=\cdots$,等等。假设飞机关于 x_BOz_B 平面对称。

6. 即使气流坐标系是机载坐标系,而不是机体系,也可以应用力方程。使用常规符号来表示气流轴力和速度,计算力方程:

$$\{\boldsymbol{F}\}_W=m\{\dot{\boldsymbol{v}}_W\}_W+m\{\boldsymbol{\Omega}_W\}_W\{\boldsymbol{v}\}_W$$

7. 假设一个刚性飞机关于 x_BOz_B 平面对称。给定机体坐标系中的侧滑角和攻角可以自由改变。考虑气流轴力矩方程:

$$\{\boldsymbol{M}\}_W=\dot{\boldsymbol{h}}^*+\dot{\boldsymbol{I}}_W\{\boldsymbol{\omega}_W\}_W+\boldsymbol{I}_W\{\dot{\boldsymbol{\omega}}_W\}_W+\{\boldsymbol{\Omega}_W\}_W\boldsymbol{h}^*+\{\boldsymbol{\Omega}_W\}_W\boldsymbol{I}_W\{\boldsymbol{\omega}_W\}_W$$

找出方程中所有在机体坐标系中会消失但在气流坐标系中会保留的项,并简要解释原因。

8. 假设一个刚性飞机关于 x_BOz_B 平面对称。考虑两个机体坐标系 F_{B_1} 和 F_{B_2},二者之间的关系是围绕共同的 y_B 轴进行一次角度为ϵ的正转动,其中从 F_{B_1} 到 F_{B_2} 的转动为正。进一步假设 F_{B_1} 的坐标轴 F_P 为飞机的主轴,并且惯性矩阵 $\boldsymbol{I}_P(=\boldsymbol{I}_{B_1})$的主惯性力矩 I_{xp}、I_{yp} 和 I_{zp} 已知。将惯性矩阵 $\boldsymbol{I}_P$ 变换到 F_{B_2} 中,并根据主惯性力矩来计算飞机在 F_{B_2} 中各惯性力矩的表达式。

9. 假设 $F_B\equiv F_P$。根据 α、β、$\dot{\alpha}$、$\dot{\beta}$ 和主惯性力矩,写出 $\dot{I}_{xy}$ 在 F_W 中的表达式。

10. 给定气流坐标系和机体坐标系中的线速度分量的名称，并且

$$\boldsymbol{T}_{\mathrm{B,W}}=\begin{bmatrix}\cos\alpha\cos\beta & -\cos\alpha\sin\beta & -\sin\alpha \\ \sin\beta & \cos\beta & 0 \\ \sin\alpha\cos\beta & -\sin\alpha\sin\beta & \cos\alpha\end{bmatrix}$$

验证上式中的定义和关系是否与 α 和 β 的常规定义一致，即

$$\alpha=\arctan\left(\frac{w}{u}\right),\quad \beta=\arcsin\left(\frac{v}{\sqrt{u^2+v^2+w^2}}\right)$$

第 6 章　力和力矩

6.1　概述 P. 59

前文中我们推导出了 $\boldsymbol{F}=m\dot{\boldsymbol{v}}$ 和 $\boldsymbol{M}=\dot{\boldsymbol{h}}$，这两个公式在研究飞机重心运动时非常有用。我们求解方程的目的是得到方程中的导数项，并将其积分得到速度和位置。方程左边的 $\boldsymbol{F}$ 和 $\boldsymbol{M}$ 主要由空气动力 $\boldsymbol{F}_{\mathrm{a}}$、力矩 $\boldsymbol{M}_{\mathrm{a}}$ 和推力 $\boldsymbol{T}$ 产生。反过来，这类力和力矩又取决于大量待定量。比如，若其余量为常量，则空气动力和力矩便是速度 V 的函数。要想求解已建立的微分方程组，就需要找到计算力和力矩的方法。

力和力矩与其他量的相互关系非常复杂，很难建立其解析表达式。在稳态时，精确确定此类关系已经相当困难，况且我们还需要在变化的飞行条件下（甚至还包括不稳定气流条件的情况），分析力和力矩的动态特性。显然，我们需要应用近似的方法来处理这类问题。

本章并不会详细分析力和力矩的相关性，而是首先给出有关此类相关性的宏观、粗略推导，目的是为方便阐释本书将要用于研究力和力矩的方法。随后，我们将研究此类数据的获取途径和使用方法。最后，在必要时，我们将假设这类数据是已知的（可以得到的）。

6.1.1　假设条件

精确计算飞机飞行时受到的外力和力矩是不可能的。我们在研究不同问题时，一般会引入不同的误差量。但在多数情况下，忽略向心加速度和哥氏加速度带来的误差，且不考虑重力加速度随高度的变化。研究飞机在惯性坐标系中的运动，不仅复杂且毫无必要，所以我们的研究均是基于“地平近似”（flat-Earth approximation）来开展的。

空气动力和力矩取决于飞机和气流的相互作用，同时气流还相对地球运动。 P. 60
大范围的气流运动对导航问题非常重要，但对飞行动力学和飞行控制而言，仅需要考虑机体附近的局部气流。所以我们可以假设大气相对地球静止。随后，我们将研究局部气流变化对飞机动态响应特性的影响。

以上假设可以确保先前所有在惯性坐标系下推导的方程都适用于描述飞机相对于大气的运动。

6.1.2 状态变量

在所有变量中，我们将重点研究飞机状态变量。通常情况下，状态变量包括速度变量和位置变量，也就是我们已经在微分方程组中推导出的 V、α、β、p、q、r、θ、ϕ、ψ、x_E、y_E 和 h。我们也可以用 u、v、w 来代替 V、α、β，但习惯上我们多采用后者。（力和力矩依赖于线速度，在气流坐标系中几乎均由 V、α、β 来表示。原因在于试验过程中固定 V、α、β 中的两个变量来研究另一个变量的变化比较容易，而研究 u、v、w 则较为困难。）

由于欧拉角 θ、ϕ、ψ 仅用于描述重力矢量相对于机体的方向，因而可以从变量列表中去掉。因为飞机相对地球的位置变化（百慕大三角地区除外）并不影响飞机所受的力和力矩，我们也可以去掉 x_E、y_E。高度 h 必须保留，因为空气密度会随着高度改变而变化，进而影响到空气动力和力矩。

6.1.3 状态变化速度

当攻角和侧滑角随时间变化时，用简单的状态变量关系难以描述变化的力和力矩，这主要是因为飞机周围的流场不能快速适应飞机飞行带来的变化。这个复杂的现象需要用近似的方法来描述。常用的近似方法是增加时变独立变量攻角速度 $\dot{\alpha}$ 和侧滑角速度 $\dot{\beta}$。前者在空气动力和力矩数据中可以经常见到，而后者则使用相对较少。

6.1.4 飞行控制

除状态变量外，我们还需要单独考虑飞行控制的影响。为了论述的严谨性，我们将飞行控制装置统称为控制作动器(control effectors)，以区别飞行员驾驶杆和脚蹬这类控制操纵部件(control inceptors)。

飞行控制装置是可以直接用于改变飞机所受外力和外力矩的设备或装置。如果我们忽略所有与飞机发动机相关的加速度动态特性，那么油门就是一种飞行控制装置。典型的飞行控制装置包括升降舵、副翼和方向舵，它们共同组成了主控制面。大多数飞机还有次级控制面，如襟翼和减速板（见图 6.1），这类控制面只在特殊飞行阶段使用。

P. 61 主控制面偏转的正负极性由右手定则确定：将大拇指指向力矩主要生成轴的方向，其他四根弯曲的手指的指向就是正向偏转方向。也就是说右副翼后缘向下(trailing-edge down, TED)，左副翼后缘向上(trailing-edge up, TEU)，δ_a 为正。

图 6.1　次级飞行控制面，包括襟翼和减速板(来源：NASA)

升降舵后缘向下，δ_e 为正。方向舵后缘向左(trailing-edge left，TEL)，δ_r 为正。

注意：当使用不同来源数据时，这些符号约定并不一定一致。

现代飞机可能拥有更多的主控制面，而非“经典”的三通道主控制面。可能采用全动平尾或前缘襟翼、鸭翼、襟副翼、矢量推力和侧力控制，如图 6.2 所示。这类增加的控制或多或少存在冗余，也就是说控制面的数量多于产生力矩的数量。因此，依据最终产生的力矩，我们将所有控制分类，并用以下符号表示：

图 6.2　F-15 敏捷鹰(先进控制技术综合飞行器)。该机每个控制面均可独立偏转，且具备推力矢量(来源：NASA)

δ_l——滚转控制；

δ_m——俯仰控制；

δ_n——偏航控制。

P. 62 另外，我们用 δ_T 表示油门杆推力控制，并忽略发动机的动态特性。当讨论特定飞机时，我们将用更精确的名词术语代替这种宽泛的飞行控制分类方法，比如 δ_a（副翼）代替 δ_l、δ_e（升降舵），或 δ_{HT}（水平尾翼）来代替 δ_m。

6.1.5 独立变量

依据上文，假设飞机所受的外力和力矩是一系列独立变量的函数，这类变量包括 V、α、β、p、q、r、h、$\dot{\alpha}$、$\dot{\beta}$、δ_T、δ_l、δ_m 和 δ_n。我们将讨论：当其他变量不变时，各变量对力和力矩产生的影响。此时，需要注意速度在气流坐标系和机体坐标系中表示方式是不同的。在气流坐标系中，相对于机体的速度可以用 V、α 和 β 表示。而在机体坐标系中，相对于机体的速度则用 u、v 和 w 表示。所以当研究 α 对升力的影响时，我们将 V 和 β 视为常量；当研究 w 对升力的影响时，我们将 u 和 v 视为常量。

6.2 无量纲化

在空气动力学基础中我们学过：力可以通过除以动压 $\bar{q}$ 和特征面积 S 来无量纲化，力矩可以通过除以 $\bar{q}$、S 和特征长度来无量纲化。对俯仰力矩而言，特征长度为机翼平均几何弦长 $\bar{c}$；对滚转和偏航力矩而言，特征长度为翼展 b。动压取决于当地大气密度 ρ，以及飞机相对于大气的速度 V，即

$$\bar{q}=\frac{1}{2}\rho V^2$$

用加角标的系数 C 表示这类无量纲量，角标反映了该系数对应的力和力矩。也就是，

$$C_D=\frac{D}{\bar{q}S}\qquad C_L=\frac{L}{\bar{q}S}\qquad C_C=\frac{C}{\bar{q}S}$$

$$C_X=\frac{X}{\bar{q}S}\qquad C_Y=\frac{Y}{\bar{q}S}\qquad C_Z=\frac{Z}{\bar{q}S}$$

$$C_T=\frac{T}{\bar{q}S}\qquad C_W=\frac{W}{\bar{q}S}=\frac{mg}{\bar{q}S}$$

$$C_l=\frac{L}{\bar{q}Sb}\qquad C_m=\frac{M}{\bar{q}S\bar{c}}\qquad C_n=\frac{N}{\bar{q}Sb}$$

P. 63 空气动力学理论同样告诉我们无量纲系数取决于其他无量纲量，如马赫数或攻角。我们将力和力矩写为无量纲系数（与无量纲量相关）乘以动压的形式，例如

$D=C_D\bar{q}S$，其中 C_D 是多个无量纲量的函数，由状态、状态变化速度和控制共同确定。所有力和力矩都与 h（大气密度是飞行高度的函数）和 V（与动压 $\bar{q}$ 相关）有关。

由 V、p、q、r、$\dot{\alpha}$ 和 $\dot{\beta}$（所有角度单位均为弧度）表示的无量纲量如下：

$$\hat{p}=\frac{pb}{2V}\quad \hat{q}=\frac{p\bar{c}}{2V}\quad \hat{r}=\frac{rb}{2V}$$

$$\hat{\dot{\alpha}}=\frac{\dot{\alpha}\bar{c}}{2V}\quad \hat{\dot{\beta}}=\frac{\dot{\beta}b}{2V}$$

由于动压与 V 直接相关，为区分与马赫数相关的系数，这里引入一个无量纲速度项，该项仅在当前速度 V 与参考速度 V_{ref} 相比时才有效，即

$$\hat{V}=\frac{V}{V_{\text{ref}}}$$

6.3 无量纲系数的相关性

6.3.1 概述

一般而言，任何引起飞机表面压力分布改变的因素，都将引起所有力和力矩的变化，因此所有无量纲系数均取决于已列出的全部状态和控制。相比较而言，某些状态和控制的影响更重要，并得到了常识和试验的验证。以下论述的相互关系，仅针对"常规"飞机，研究占主导地位的状态和控制的作用。在特定条件下，特殊飞机可能展现出不同的相互影响关系，还需要进一步获取其他数据来描述这类影响。

以下描述的气动力系数包括：在气流坐标系中描述的升力和阻力（C_L 和 C_D），以及在机体坐标系中描述的侧力（C_Y），这类力经常需要在试验中测量。机体坐标系中的气动力系数可以通过 $\boldsymbol{T}_{\mathrm{B,W}}$ 转换到气流坐标系中表示（这是因为有量纲变量力已经无量纲化了）。然而，这些混合坐标系中的 C_D、C_Y 和 C_L 转换为 C_X、C_Y 和 C_Z 不太容易，但可以证明：

$$\begin{bmatrix}C_X\\C_Y\\C_Z\end{bmatrix}=\begin{bmatrix}\cos\alpha\sec\beta & -\cos\alpha\tan\beta & -\sin\alpha\\0 & 1 & 0\\\sin\alpha\sec\beta & -\sin\alpha\tan\beta & \cos\alpha\end{bmatrix}\begin{bmatrix}-C_D\\C_Y\\-C_L\end{bmatrix}\tag{6.1}$$

在多数条件下，不论 C_D、C_Y 和 C_L 如何相关，C_X 和 C_Z 均为 α 和 β 的函数。 P. 64
在侧向分析中，C_X 和 C_Z 与 β 的相互关系将会增加不必要的复杂性。因此，我们忽略这类关系，且将式(6.1)写为

$$\begin{bmatrix}C_X\\C_Y\\C_Z\end{bmatrix}=\begin{bmatrix}\cos\alpha & 0 & -\sin\alpha\\0 & 1 & 0\\\sin\alpha & 0 & \cos\alpha\end{bmatrix}\begin{bmatrix}-C_D\\C_Y\\-C_L\end{bmatrix}\tag{6.2}$$

6.3.2 高度的相关性

正如我们之前的讨论:有量纲的力和力矩通过动压与高度相关。此外,地面效应导致了升力和俯仰力矩系数与高度之间的相关性。简而言之,地面效应是指飞机高度约等于其翼展的一半时(在地面和飞机之间)出现的“气垫”(产生了“额外”的升力)。必要时,我们将高度无量纲化,将高度除以弦长,即 $\hat{h}=\frac{h}{\bar{c}}$。

6.3.3 速度的相关性

速度与无量纲系数的相关性主要受马赫数影响。但是,速度与推力系数的相关性稍有不同。根据动力装置的不同,我们可能会要求推力系数是速度(或速度的无量纲形式,$\hat{V}$)的函数。但对于装备火箭发动机的飞机而言,则通常认为发动机推力是不随速度变化的常量。由于 $T=\frac{C_T\rho V^2 S}{2}$,当 V 增大时 C_T 必然减小。因此,在这种情况下,我们假设推力系数 C_T 与 $\hat{V}$ 相关。

马赫数与其他系数之间的相关性是与(气体)可压缩现象联系在一起的。该现象造成了飞机(机体)各部分压力分布的巨大差异,进而影响了所有的气动系数。在多数情况下,我们研究的基准条件是对称飞行条件,此时流过飞机的左边和右边的气流相等。在这种情况下,马赫数变化不会产生附加侧力、滚转力矩和偏航力矩。在对称飞行条件下,马赫数变化影响较小,甚至可以忽略。由此我们认为马赫数仅与纵向力和力矩相关,而不考虑由此产生的侧向力和力矩。除特定情况外,在亚音速条件下,通常忽略马赫数产生的影响。

6.3.4 攻角的相关性

飞机攻角会影响整个流场,几乎影响了所有的力和力矩系数。在对称飞行时,没有侧滑,攻角对飞机左侧和右侧的影响相同。此时攻角对滚转力矩或侧向系数 C_l,以及偏航力矩和侧力,或侧向系数 C_n 和 C_Y 等不产生影响。但攻角将严重影响系数 C_L、C_D 和 C_m。

P. 65 **C_L 与 α 的相关性**

对机翼而言,其升力系数变化和攻角变化基本一致。二者之间的典型相关性关系如图 6.3 所示。

飞机所有的表面包括机翼、平尾、机身,整体升力-攻角曲线与机翼基本一致,而每一部分与攻角的关系则有其自身的特点。由于飞机各部分气流相互干扰的原因,攻角的实际影响并不是各部分影响的叠加,但总体上与机翼的单独影响类似。

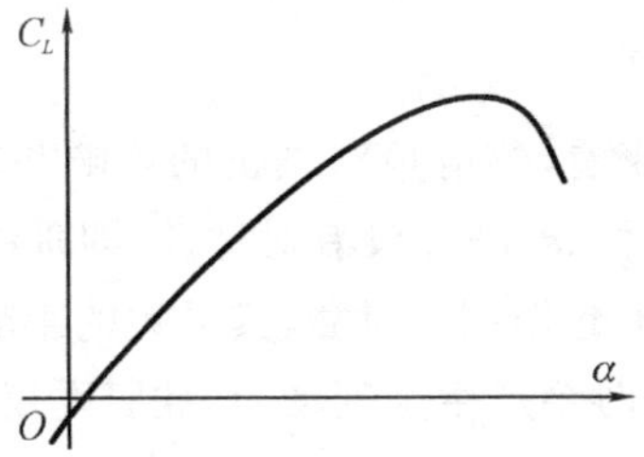

图 6.3　典型升力-攻角曲线

C_D 与 α 的相关性

根据 $C_D=C_d+kC_L^2$，通常认为阻力系数是升力系数的函数。在一定范围内，C_L 与 α 之间呈线性关系，这就意味着 C_D 也是 α^2 的函数，二者大致关系如图 6.4 所示。

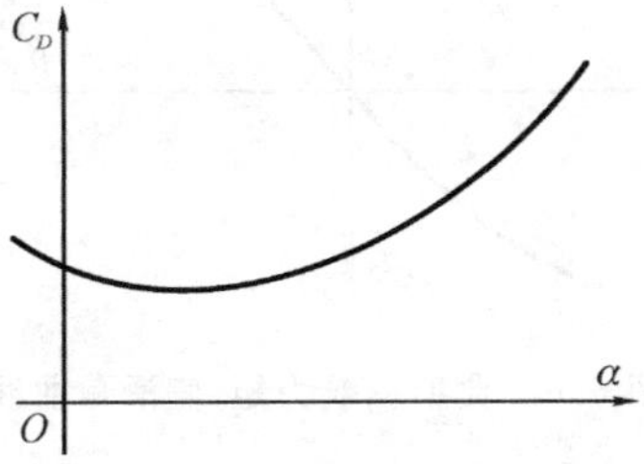

图 6.4　典型阻力-攻角曲线

C_m 与 α 的相关性

俯仰力矩系数取决于攻角，其主要原因是在飞机对称面内，空气动力随攻角不断变化，且该力并不直接通过飞机重心(CG)。尤其是，飞机平尾处的攻角变化，会带来平尾的升力变化，且该处远离飞机重心，从而引起了俯仰力矩的变化。实际上，平尾产生的俯仰力矩通常可以抵消攻角变化产生的影响，从而使飞机具有了俯仰静稳定性。从图 6.5 中可以看出，在 C_m 与 α 的典型关系曲线上各点的斜率为负，即 α 增大将会导致 C_m 减少(使飞机低头)。

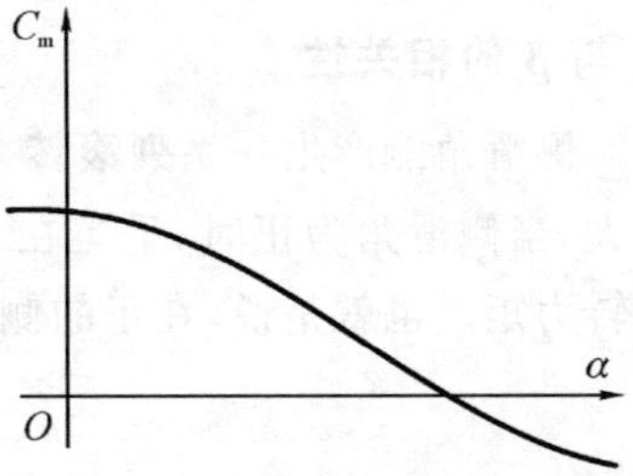

图 6.5　典型俯仰力矩-攻角曲线

P. 66

6.3.5 侧滑角的相关性

若从飞机上方的角度来看，侧滑角对飞机的影响与攻角类似。二者最大的不同在于(侧向)没有机翼，平面 x_BOy_B 没有对称性，即垂尾关于该平面是非对称的。机身的作用大体上类似于不起作用的机翼，其最大的影响是能部分改变表面气流。垂尾作为翼面，当有侧滑角时会产生空气动力，此时垂尾(在侧向)的作用很大程度上类似于水平尾翼(在纵向的作用)。

C_Y 与 β 的相关性

与前文所述(俯仰时的)机翼类似，当有侧滑角时，机身和垂尾共同产生侧力。C_Y 与 β 的关系曲线非常像 C_L 与 α 的关系曲线，但其斜率稍小，失速出现更早，这主要由机身、机翼不起作用造成，如图 6.6 所示。

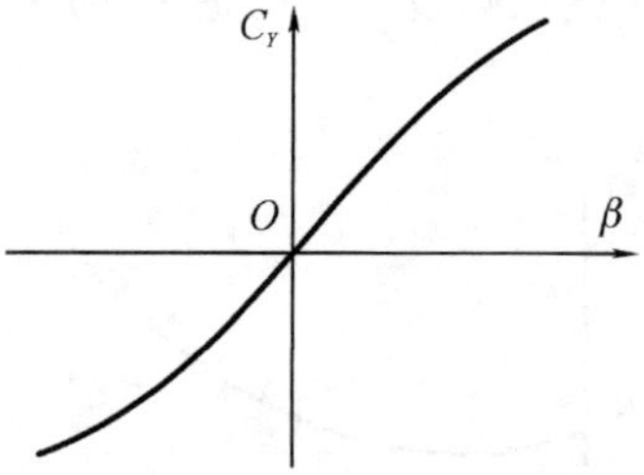

图 6.6 典型偏航力矩-侧滑角曲线

C_n 与 β 的相关性

侧滑角产生偏航力矩的机理与攻角产生俯仰力矩的机理类似。但是，根据航向静稳定性的要求，C_n 与 β 关系曲线上各点的斜率应该为正，这与 C_m 和 α 关系曲线的斜率为负不同，这是源于侧滑角正负极性定义的方式。

P. 67 **C_l 与 β 的相关性**

侧滑角能产生一系列滚转力矩。最明显的是垂尾在 x_B 轴的上方面积比下方的大，当侧滑角为正时，垂尾在 y_B 的负方向上产生空气动力 F_f，也就是产生负的滚转力矩。也就是说，在正的侧滑条件下，垂尾通常产生负的 C_l，如图 6.7 所示。

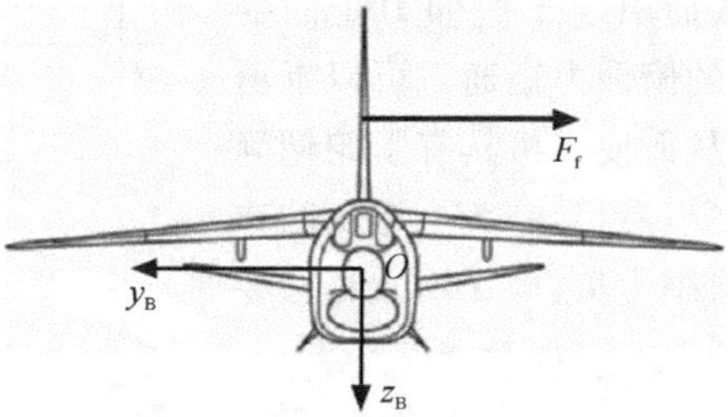

图 6.7 侧滑时垂尾对滚转力矩的贡献(来源：NASA)

侧滑角通过机翼反角产生的滚转力矩更难理解。机翼反角是左翼和右翼分别由向上(正)或向下(负)安装趋势形成的夹角①。负的反角常称为下反角。在出现正的侧滑时,(机翼正反角时)右翼平面将出现气流向上的垂直分量,从而增大了在该翼的攻角(升力)。在左翼情况则相反。就像垂尾一样,当正侧滑时,(正)反角通常产生负的 C_l。如图 6.8 所示,根据侧滑方向,将相对气流分解为顺翼展方向分量和垂直翼展方向分量,便容易理解上文论述的内容。

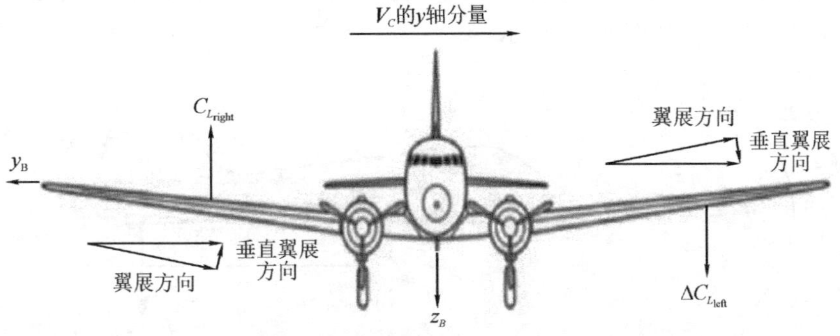

图 6.8　机翼反角的影响,$\mathbf{V}_C$ 的 y 向分量分解为翼展方向和垂直翼展方向(来源:NASA)

由侧滑角引起的滚转力矩主要还是来自于:后掠翼和机翼相对机身安装位置(高翼或低翼)②。在这些因素中,仅有低翼在正侧滑时会产生正的滚转力矩。C_l 和 β 的关系曲线斜率通常为负,如图 6.9 所示。 P. 68

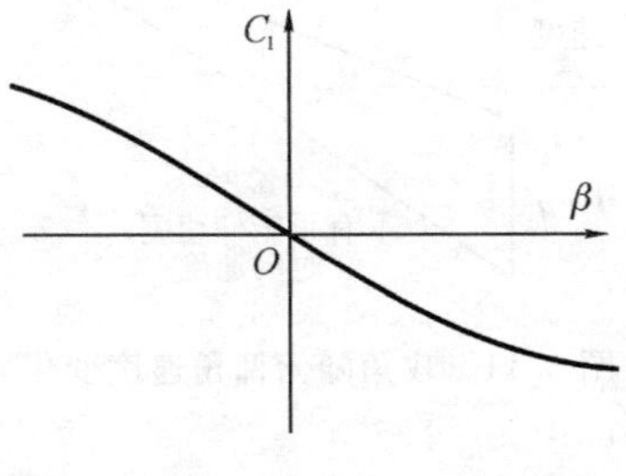

图 6.9　典型滚转力矩-侧滑角曲线

6.3.6　角速度的相关性

正如 6.1.3 节中 $\dot{\alpha}$ 和 $\dot{\beta}$ 之间相关性的讨论,在传统飞机中,很少涉及针对 $\dot{\beta}$ 的

①飞机双翼与其横轴水平面所成之角。——译者注

②也可以按单翼飞机机翼相对于机身安装位置分类,分为上单翼、中单翼、下单翼。——译者注

分析。通常假设 $\dot{\alpha}$ 仅与升力和俯仰力矩存在相关性(实际上阻力也是升力的函数)。据此,在本节中我们将假设 C_L 和 C_m 是 $\dot{\alpha}$ 的函数,且不存在与 $\dot{\beta}$ 相关的系数。p、q 和 r 与力和力矩的相关性都来自类似的现象:飞机相对气流转动产生了气流层内部的气流分量。下面将分别论述。

C_m 与 $\hat{q}$ 的相关性

以纵向为例,设俯仰角速度 q,平尾在重心以后 l_t 处。垂直速度 V_t 取决于 q 的大小,$V_\mathrm{t}=l_\mathrm{t}\cdot q$,如图 6.10 所示。

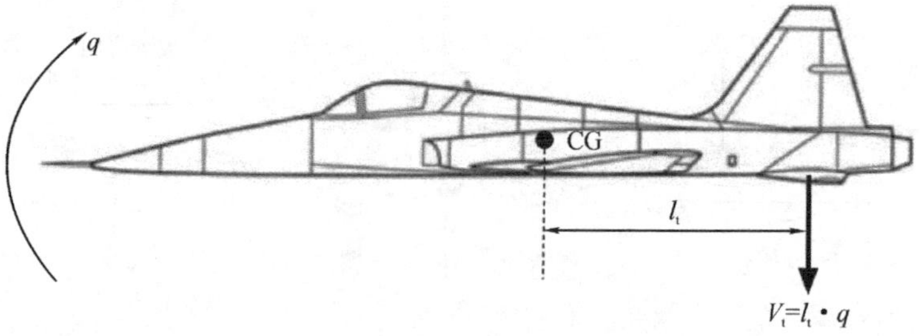

图 6.10 垂直速度在尾翼处产生的俯仰角速度(来源:NASA)

当垂直速度 V_t 叠加到原气流速度上时,便会导致平尾处的攻角增大,增量为 $\Delta\alpha$,如图 6.11 所示。$\Delta\alpha$ 将会导致升力增大,从而产生(负的)俯仰力矩,使飞机低头。

P. 69

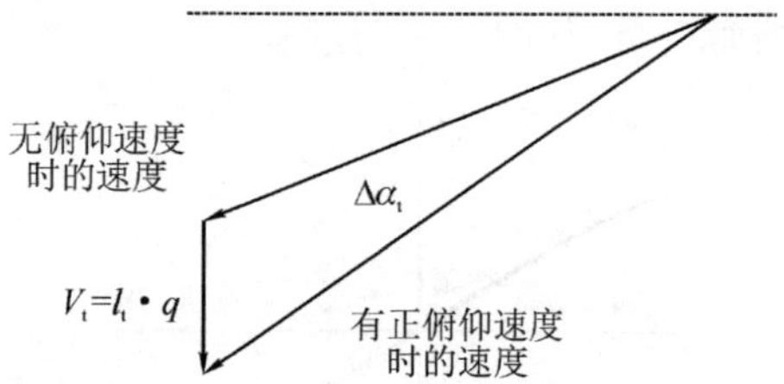

图 6.11 攻角随俯仰角速度变化

C_l、C_n 与 $\hat{p}$、$\hat{r}$ 的相关性

偏航角速度 r 对垂尾的影响与俯仰角速度对平尾的影响类似,即当偏航角速度为正时会产生负的偏航力矩。在机翼正向滚转时,滚转角速度 p 会导致右翼(下沉)的攻角增加,左翼(上升)的攻角减小。右翼增大的升力和左翼减小的升力共同产生了负的滚转力矩。

机翼升力的变化也伴随着阻力的变化。在飞机有正滚转角速度时,右翼升力增加,同时右翼阻力也增加;左翼升力减小,同时左翼阻力也减少。两边阻力的差值引起了偏航力矩,使得飞机产生正的偏航(机头右偏)。

正如我们讨论由侧滑角引起的滚转力矩时一样，由于垂尾关于 x_BOz_B 平面的非对称性，使得任何由垂尾产生的力都会带来滚转力矩。因为正的偏航角速度产生沿 y_B 轴正方向的力，且该力在 x_B 轴以上，所以将会带来正的滚转力矩。

C_L、C_Y 与 $\hat{p}$、$\hat{q}$、$\hat{r}$ 的相关性

由于飞机所有转动都将改变空气动力，从而产生转动力矩，因此我们引入 C_L 与 $\hat{q}$ 的相关性，C_Y 与 $\hat{p}$、$\hat{r}$ 的相关性。

6.3.7　控制的相关性

C_T、C_m 与 δ_T 的相关性

假设油门直接控制发动机推力，也就是会影响推力系数。我们进一步假设推力作用线位于 x_BOz_B 平面，故推力方向在对称面内，且推力 $\boldsymbol{T}$ 与 x_B 的夹角记为 ϵ_T。对推力系数 C_T 和油门 δ_T，有

$$\{\boldsymbol{T}\}_B=\bar{q}S\begin{bmatrix}C_T(\hat{V},\delta_T)\cos\epsilon_T\\0\\C_T(\hat{V},\delta_T)\sin\epsilon_T\end{bmatrix}$$

由于通常推力不一定会准确通过飞机重心，故推力将会产生俯仰力矩，即 δ_T 将会引起 C_m 变化。

C_l、C_m、C_n 与 δ_l、δ_m、δ_n 的相关性 P. 70

主要影响

我们之前已经假设一般空气动力控制 δ_l、δ_m、δ_n 是产生力矩的原因，所以 C_l、C_m、C_n 至少分别是 δ_l、δ_m、δ_n 的函数。

耦合影响

多数俯仰力矩控制作动器（升降舵、平尾、鸭翼等），左右对称安装只产生俯仰力矩，不产生滚转或偏航力矩。不过，也有大量的离轴影响（out-of-axis effects）由滚转和偏航控制作动器产生，例如副翼、扰流板和方向舵。由此，为了研究分析这类耦合影响，我们自然要确定 C_l 与 δ_n 的相关性，以及 C_n 与 δ_l 的相关性。

C_D、C_Y、C_L 与 δ_l、δ_m、δ_n 的相关性

滚转控制

所有控制面都是通过产生气动力，进而产生期望操纵力矩的。对滚转控制 δ_l 而言，采用副翼产生的控制力几乎完全差动（气动力的方向相反），对净升力没有影

响。其他控制面，如扰流板，改变一侧机翼的升力，并不产生其他影响，从而影响了净升力。在一般情况下，除副翼产生的气动力系数以外，其他气动力系数与 δ_l 并无相关性。

俯仰控制

在实际运用中，所有飞机俯仰控制 δ_m 都会产生不平衡的升力。由此我们假设 C_L 与 δ_m 相关。根据阻力随升力变化的特点，我们进一步假设 C_D 也与 δ_m 相关。

偏航控制

与俯仰控制类似，绝大部分实际运用的偏航控制在飞机上都会产生不平衡的侧力。因此我们认为 C_Y 与 δ_n 相关。

6.3.8 相关性总结

本节及随后章节所研究的力和力矩系数的相关性均是针对“常规”飞机而言。任何特定的飞机可能需要假设存在其他相关性，以符合该飞机的空气动力、推力和力矩特性。不过，为了既定目标，本书依然采用以下假设：

$$
\begin{aligned}
C_D &= C_D(Ma, \alpha, \delta_\mathrm{m}) \\
C_Y &= C_Y(\beta, \hat{p}, \hat{r}, \delta_\mathrm{n}) \\
C_L &= C_L(Ma, \alpha, \hat{\dot{\alpha}}, \hat{q}, \hat{h}, \delta_\mathrm{m}) \\
C_\mathrm{l} &= C_\mathrm{l}(\beta, \hat{p}, \hat{r}, \delta_\mathrm{l}, \delta_\mathrm{n}) \\
C_\mathrm{m} &= C_\mathrm{m}(Ma, \alpha, \hat{\dot{\alpha}}, \hat{q}, \hat{h}, \delta_\mathrm{m}, \delta_\mathrm{T}) \\
C_\mathrm{n} &= C_\mathrm{n}(\beta, \hat{p}, \hat{r}, \delta_\mathrm{l}, \delta_\mathrm{n}) \\
C_T &= C_T(\hat{V}, \delta_\mathrm{T})
\end{aligned}
\tag{6.3}
$$

P. 71

6.4 线性化假设

虽然上文列出的力和力矩具有很强的非线性相关性，我们依然可以分析一定范围的变量区间，且在该较小变量区间内，非线性可以忽略，便可以将相关性看作线性的。这完全等效于在某一基准条件下，将每个系数写为泰勒级数展开式。因此，对于由多变量 $v_1, v_2, \cdots, v_n$ 构成的函数系数 C，可以将其线性化近似为

$$
C(v_1, v_2, \cdots, v_n) = C(v_1, v_2, \cdots, v_n)_\mathrm{ref} + \left(\frac{\partial C}{\partial v_1}\right)_\mathrm{ref} \Delta v_1 + \left(\frac{\partial C}{\partial v_2}\right)_\mathrm{ref} \Delta v_2 + \cdots + \left(\frac{\partial C}{\partial v_n}\right)_\mathrm{ref} \Delta v_n
$$

在展开式中，$\Delta v_i = v_i - v_{i\,\mathrm{ref}}$，若 $v_{i\,\mathrm{ref}} = 0$，则 $\Delta v_i = v_i$。在飞行动力学中，习惯上将无量纲系数对无量纲变量的偏导数缩写为带有下标的形式，例如，

$$\left(\frac{\partial C_L}{\partial \alpha}\right)_{\mathrm{ref}} \equiv C_{L_\alpha}$$

采用这一表示方法，我们可以写出

$$C_D(Ma,\alpha,\delta_{\mathrm{m}}) = C_D(Ma,\alpha,\delta_{\mathrm{m}})_{\mathrm{ref}} + C_{D_M}\Delta Ma + C_{D_\alpha}\Delta\alpha + C_{D_{\delta_{\mathrm{m}}}}\Delta\delta_{\mathrm{m}}$$

其他系数也可表示为类似形式。

对侧向系数而言，基准条件常常选取 $C_{Y_{\mathrm{ref}}} = C_{\mathrm{l}_{\mathrm{ref}}} = C_{\mathrm{n}_{\mathrm{ref}}} = 0$。由于飞机的对称性，该基准条件一般要求 $\beta_{\mathrm{ref}} = \hat{p}_{\mathrm{ref}} = \hat{r}_{\mathrm{ref}} = 0$。恰当定义的控制偏转规定也会导出 $\delta_{\mathrm{l}_{\mathrm{ref}}} = \delta_{\mathrm{n}_{\mathrm{ref}}} = 0$ 的结果。

我们忽略了马赫数对侧向系数的直接影响。因为与该系数相关的其他状态和控制都将受到马赫数变化的影响，这类系数所含的状态和控制都与马赫数函数相关，所以这样的近似是合理的。因此，可以用下式表示：

$$C_{\mathrm{l}} = C_{\mathrm{l}_\beta}(Ma)\Delta\beta + C_{\mathrm{l}_p}(Ma)\Delta\hat{p} + \cdots$$

其中 $C_{\mathrm{l}_\beta}(Ma)$表示 C_{l_β} 是马赫数的函数，其他系数也是类似情况。

6.5　列表数据

力和力矩系数常以表格形式列出。例如，在特定马赫数和控制条件下，阻力系数可以用攻角离散值表示，并将结果值列表。采用插值方法便可以在离散数据中获取攻角对应阻力系数的值。插值法通常是线性的。

在表格内的间隔中，间隔较低端标记为 α_{lower}，较高端标记为 α_{upper}，同样也标记 P.72
出 $C_D(\alpha_{\mathrm{lower}})$和 $C_D(\alpha_{\mathrm{upper}})$。在线性插值法中，对于该间隔内的任意 $C_D(\alpha)$，则有

$$\frac{C_D(\alpha) - C_D(\alpha_{\mathrm{lower}})}{C_D(\alpha_{\mathrm{upper}}) - C_D(\alpha_{\mathrm{lower}})} = \frac{\alpha - \alpha_{\mathrm{lower}}}{\alpha_{\mathrm{upper}} - \alpha_{\mathrm{lower}}}$$

通过该表达式，可以求出 $C_D(\alpha)$的表达式：

$$C_D(\alpha) = C_D(\alpha_{\mathrm{lower}}) + \frac{\alpha - \alpha_{\mathrm{lower}}}{\alpha_{\mathrm{upper}} - \alpha_{\mathrm{lower}}}\left[C_D(\alpha_{\mathrm{upper}}) - C_D(\alpha_{\mathrm{lower}})\right]$$

最终表达式可写为

$$C_D = C_1(\alpha_{\mathrm{lower}},\alpha_{\mathrm{upper}}) + C_2(\alpha_{\mathrm{lower}},\alpha_{\mathrm{upper}})\alpha$$

该表达式说明：只有在特定的 α_{lower} 和 α_{upper} 之间，等式右边的 C_1 和 C_2 才有效。除了建立数据列表外，我们也可以针对每个间隔预先计算并记录 C_1 和 C_2。

由于每个系数都是多变量的函数，表格必须能够为每一个独立变量重复记录不同离散值。继续以阻力系数为例，该系数（假设）为马赫数、攻角、控制的函数，

$C_D(Ma, \alpha, \delta_m)$。所以该列表将包含 C_D 在多个离散点的值，在多个特定马赫数条件下，对应着多个离散攻角 α、多个离散控制 δ_m。也就是需要在多个马赫数条件下，重复(α 和 δ_m 的)二维表。对于任意组合的 Ma、α、δ_m，需要首先对第一个变量插值，再对第二个变量插值，最后对第三个变量插值。

对多于三个变量的力和力矩函数插值，需要较大计算量和数据存储空间。在变量非线性较强时，习惯上要提供更多的数据，以校正和优化剩余(待插值的)变量。

6.6 习惯与规则

第 6.4 节引入的无量纲系数(导数)在飞行动力学中较为常用。其中，与状态(或状态变化速度)相关的系数称为稳定系数，而与控制相关的系数称为控制系数。某些稳定系数的正负可以描述飞机受到外界扰动后部分状态变量的静稳定性，例如飞机俯仰静稳定性要求系数 C_{Ma_α} 为负，飞机侧向静稳定性要求系数 C_{n_β} 为正。在随后章节中将分析其他稳定性系数与飞机动稳定性的相关性。在这些稳定系数中，与滚转运动相关的系数称为滚转系数或阻尼系数。

P. 73

习题

1. A-4 天鹰飞机数据如下：$S=24.15\ \mathrm{m}^2$，$b=8.38\ \mathrm{m}$，$\bar{c}=3.29\ \mathrm{m}$。如果该飞机在海平面($a=340.27\ \mathrm{m/s}$，$\rho=1.2250\ \mathrm{kg/m^3}$)飞行速度为 $v=0.12\ \mathrm{m/s}$，且 $C_{m_q}=-3.6$，俯仰角速度为 $+10\ °/\mathrm{s}$ 时，求飞机俯仰力矩(单位 m·kg)。
2. 某飞机数据如下：$S=46.45\ \mathrm{m}^2$，$b=15.24\ \mathrm{m}$，$\bar{c}=3.04\ \mathrm{m}$。如果该飞机在海平面($\rho=1.225\ \mathrm{kg/m^3}$)飞行速度为 $v=67.81\ \mathrm{m/s}$，滚转角速度为 30 °/s 时，求飞机的滚转力矩。
3. 考虑以下表 6.1 中阻力系数与攻角关系的数据：

表 6.1 阻力系数与攻角的关系

α/°	−5	0	5	10	15	20	25
C_D	0.044	0.032	0.035	0.045	0.059	0.077	0.101

(a)采用线性插值法确定 $\alpha=12°$时的阻力系数。

(b)寻找最小二乘解，拟合二次曲线 $C_D=K_1+K_2\alpha+K_3\alpha^2$，并确定 $\alpha=12°$时的阻力系数。

(c)确定表达式 $C_{D_{\alpha_1,\alpha_2}}=C_1+C_2\alpha$ 中 C_1、C_2 的值，其中对每一段 α 间隔为 5°。

并利用该结果确定 $\alpha = 12°$时的阻力系数。

4. 考虑在表 6.2 中不同马赫数下阻力系数与攻角的相关数据：

表 6.2　不同马赫数下阻力系数与攻角的关系

$\alpha/°$	$C_D, Ma=0.7$	$C_D, Ma=0.8$	$\alpha/°$	$C_D, Ma=0.7$	$C_D, Ma=0.8$
−5	0.044	0.045	15	0.059	0.064
0	0.032	0.034	20	0.077	0.083
5	0.035	0.038	25	0.101	0.108
10	0.045	0.049	—	—	—

(a)采用线性插值法确定 $\alpha = 8°, Ma=0.72$ 时的阻力系数。

(b)估计表达式 $C_{D_{\alpha_1,\alpha_2,M_1,M_2}} = C_1 + C_2\alpha + C_3 Ma + C_4\alpha Ma$ 中的常数，且数据范围为 $\alpha_1 = 5°, \alpha_2 = 10°, Ma_1 = 0.7, Ma_2 = 0.8$。

(c)利用 b 部分的结果，确定 $\alpha = 8°, Ma=0.72$ 时的阻力系数。

5. 推导式(6.1)。

6. 表 6.3 给出了建立气动数据模型的另一种方式。行表示侧滑角 β 从 −30°到 +30°，列表示攻角 α 从 −10°到 +25°。表中数据表示以下表达式中 $C_{l_{\delta_a}}(\alpha, \beta)$ 的值：

$$C_l(\alpha, \beta, \hat{p}, \hat{r}, \delta_a, \delta_r) = C_l(\alpha, \beta, \hat{p}, \hat{r}, \delta_r) + C_{l_{\delta_a}}(\alpha, \beta)\delta_a$$

表 6.3　不同侧滑角和攻角条件下的 $C_{l_{\delta_a}}(\alpha, \beta)$ 的值　P. 74

$\alpha/°$	$\beta/°$						
	−30	−20	−10	0	10	20	30
−10	−0.041	−0.041	−0.042	−0.040	−0.043	−0.044	−0.043
−5	−0.052	−0.053	−0.053	−0.052	−0.049	−0.048	−0.049
0	−0.053	−0.053	−0.052	−0.051	−0.048	−0.048	−0.047
5	−0.056	−0.053	−0.051	−0.052	−0.049	−0.047	−0.045
10	−0.050	−0.050	−0.049	−0.048	−0.043	−0.042	−0.042
15	−0.056	−0.051	−0.049	−0.048	−0.042	−0.041	−0.037
20	−0.082	−0.066	−0.043	−0.042	−0.042	−0.020	−0.030
25	−0.059	−0.043	−0.035	−0.037	−0.036	−0.028	−0.013

(a)对于固定的 α、β、$\hat{p}$、$\hat{r}$、δ_r 值，说明 C_l 对副翼偏转 δ_a 是线性变化还是非线性变化？请说明。

(b)基于给定的数据，确定副翼正负偏转的符号规定最可能是什么？

(c)副翼偏转限定为±30°。飞机机翼面积 $S=37.16\ \mathrm{m}^2$，翼展 $b=9.75\ \mathrm{m}$，如果在标准海平面，飞机飞行速度 $v=152.4\ \mathrm{m/s}$，则副翼产生的最大滚转力矩是多少(单位 m·kg)？

第 7 章　运动方程组

7.1　概述 P. 75

刚体运动方程组由描述飞机 12 种基本状态的微分方程构成，其中包括 $\boldsymbol{v}_{\mathrm{B}}$、$\boldsymbol{\omega}_{\mathrm{B}}$、$\boldsymbol{r}_{C}$ 中的标量分量，用于定义 $\boldsymbol{T}_{\mathrm{B,I}}$ 的欧拉角。方程组中的多数微分方程已经在第 4 章“转动坐标系”和第 5 章“惯性加速度”中推导过了。

建立运动方程组最常用的坐标系是气流坐标系和机体坐标系。同时采用两种坐标系的混合系统比较常见。任何运动方程组都必须是完备的。这意味着在每个 d(State)/dt=…的表达式中，所有在右边的部分要么由代数方程(包括变量为常数)给出，要么由微分方程给出，要么是外界对系统的输入(例如，飞行员施加的控制)。

7.2　机体坐标系方程组

7.2.1　机体坐标系力学方程组

机体坐标系力学方程组之前已推导过，即

$$\{\boldsymbol{F}\}_{\mathrm{B}}=m\{\dot{\boldsymbol{v}}_{\mathrm{B}}\}_{\mathrm{B}}+m\{\boldsymbol{\Omega}_{\mathrm{B}}\}_{\mathrm{B}}\{\boldsymbol{v}\}_{\mathrm{B}}$$

在机体坐标系中，速度的惯性分量变化率可以表示为

$$\{\dot{\boldsymbol{v}}_{\mathrm{B}}\}_{\mathrm{B}}=\frac{1}{m}\{\boldsymbol{F}\}_{\mathrm{B}}-\{\boldsymbol{\Omega}_{\mathrm{B}}\}_{\mathrm{B}}\{\boldsymbol{v}\}_{\mathrm{B}}$$

该方程中的所有项都已明确，而我们要做的工作是完成必要的代换，并拓展方程组，以便求解 $\dot{u}$、$\dot{v}$ 和 $\dot{w}$。在方程右边，飞机所受合力由空气动力、飞机重力和推力组成：

$$\begin{aligned}\{\boldsymbol{F}\}_{\mathrm{B}}&=\{\boldsymbol{F}_{\mathrm{A}}\}_{\mathrm{B}}+\{\boldsymbol{W}\}_{\mathrm{B}}+\{\boldsymbol{T}\}_{\mathrm{B}}\\&=\begin{bmatrix}X\\Y\\Z\end{bmatrix}+\begin{bmatrix}-mg\sin\theta\\mg\sin\phi\cos\theta\\mg\cos\phi\cos\theta\end{bmatrix}+\begin{bmatrix}T\cos\epsilon\\0\\T\sin\epsilon\end{bmatrix}\end{aligned}$$

P. 76 对飞机运动变量,代入下式:

$$\{\boldsymbol{v}\}_{\mathrm{B}}=\begin{bmatrix}u\\v\\w\end{bmatrix},\quad\{\dot{\boldsymbol{v}}_{\mathrm{B}}\}_{\mathrm{B}}=\begin{bmatrix}\dot{u}\\\dot{v}\\\dot{w}\end{bmatrix}$$

$$\{\boldsymbol{\Omega}_{\mathrm{B}}\}_{\mathrm{B}}=\begin{bmatrix}0&-r&q\\r&0&-p\\-q&p&0\end{bmatrix}$$

乘积项较容易解算,其结果为

$$\{\boldsymbol{\Omega}_{\mathrm{B}}\}_{\mathrm{B}}\{\boldsymbol{v}\}_{\mathrm{B}}=\begin{bmatrix}qw-rv\\ru-pw\\pv-qu\end{bmatrix}$$

所以,我们可以将机体力学方程组写为

$$\dot{u}=\frac{1}{m}(X+T\cos\epsilon_T)-g\sin\theta+rv-qw \tag{7.2a}$$

$$\dot{v}=\frac{1}{m}Y+g\sin\phi\cos\theta+pw-ru \tag{7.2b}$$

$$\dot{w}=\frac{1}{m}(Z+T\sin\epsilon_T)+g\cos\phi\cos\theta+qu-pv \tag{7.2c}$$

7.2.2 机体坐标系力矩方程组

力矩方程组由下式给出:

$$\{\boldsymbol{M}\}_{\mathrm{B}}=\boldsymbol{I}_{\mathrm{B}}\{\dot{\boldsymbol{\omega}}_{\mathrm{B}}\}_{\mathrm{B}}+\{\boldsymbol{\Omega}_{\mathrm{B}}\}_{\mathrm{B}}\boldsymbol{I}_{\mathrm{B}}\{\boldsymbol{\omega}_{\mathrm{B}}\}_{\mathrm{B}}$$

在机体坐标系中,转动角的惯性分量变化率项可表示为

$$\{\dot{\boldsymbol{\omega}}_{\mathrm{B}}\}_{\mathrm{B}}=\boldsymbol{I}_{\mathrm{B}}^{-1}\left[\{\boldsymbol{M}\}_{\mathrm{B}}-\{\boldsymbol{\Omega}_{\mathrm{B}}\}_{\mathrm{B}}\boldsymbol{I}_{\mathrm{B}}\{\boldsymbol{\omega}_{\mathrm{B}}\}_{\mathrm{B}}\right]$$

外界施加的力矩来自于空气动力和发动机推力。除个别特殊情况外,均忽略由推力产生的滚转和偏航力矩(注意:对于多发动机飞机而言,由推力引起的偏航力矩是非常重要的,在研究单发失效问题时尤其要考虑)。因此,力矩可以表示为

$$\{\boldsymbol{M}\}_{\mathrm{B}}=\begin{bmatrix}L\\M+M_T\\N\end{bmatrix}$$

假设飞机对称面存在,则在惯性矩阵中与 y 有关的交叉乘积项为零,

$$\boldsymbol{I}_{\mathrm{B}}=\begin{bmatrix}I_{xx}&0&-I_{xz}\\0&I_{yy}&0\\-I_{xz}&0&I_{zz}\end{bmatrix}$$

P. 77 该矩阵求逆可得

$$\boldsymbol{I}_{\mathrm{B}}^{-1}=\frac{1}{I_D}\begin{bmatrix} I_{zz} & 0 & I_{xz} \\ 0 & \dfrac{I_D}{I_{yy}} & 0 \\ I_{xz} & 0 & I_{xx} \end{bmatrix}$$

其中 $I_D=I_{xx}I_{zz}-I_{xz}^2$，代入其余部分，并展开为

$$\dot{p}=\frac{I_{zz}}{I_D}[L+I_{xz}pq-(I_{zz}-I_{yy})qr]+\frac{I_{xz}}{I_D}[N-I_{xz}qr-(I_{yy}-I_{xx})pq] \tag{7.3a}$$

$$\dot{q}=\frac{1}{I_D}[M+M_T-(I_{xx}-I_{zz})pr-I_{xz}(p^2-r^2)] \tag{7.3b}$$

$$\dot{r}=\frac{I_{xz}}{I_D}[L+I_{xz}pq-(I_{zz}-I_{yy})qr]+\frac{I_{xx}}{I_D}[N-I_{xz}qr-(I_{yy}-I_{xx})pq] \tag{7.3c}$$

如果在主轴坐标系中研究该问题，则有

$$\dot{p}=\frac{L-(I_{zp}-I_{yp})qr}{I_{xp}}$$

$$\dot{q}=\frac{M+M_T-(I_{xp}-I_{zp})pr}{I_{yp}}$$

$$\dot{r}=\frac{N-(I_{yp}-I_{xp})pq}{I_{zp}}$$

7.2.3 机体坐标系转动方程组(运动学方程组)

本节所需的方程组已在第 4 章“转动坐标系”中推导过。我们将利用欧拉角关系，将地面坐标系转换到机体坐标系，转换矩阵方程为

$$\begin{bmatrix} \dot{\phi} \\ \dot{\theta} \\ \dot{\psi} \end{bmatrix}=\begin{bmatrix} 1 & \sin\phi\tan\theta & \cos\phi\tan\theta \\ 0 & \cos\phi & -\sin\phi \\ 0 & \sin\phi\sec\theta & \cos\phi\sec\theta \end{bmatrix}\begin{bmatrix} p \\ q \\ r \end{bmatrix}$$

我们可写出三个标量方程：

$$\dot{\phi}=p+(q\sin\phi+r\cos\phi)\tan\theta \tag{7.4a}$$

$$\dot{\theta}=q\cos\phi-r\sin\phi \tag{7.4b}$$

$$\dot{\psi}=(q\sin\phi+r\cos\phi)\sec\theta \tag{7.4c}$$

7.2.4 机体坐标系导航方程

飞机相对于地面的位置，可以通过沿航迹方向的速度积分得到，也可以在地球坐标系中重复叠加速度得到。后一种方法相对简单，可以表示为

$$\begin{bmatrix}\dot{x}_E\\ \dot{y}_E\\ \dot{z}_E\end{bmatrix}=\boldsymbol{T}_{H,B}\begin{bmatrix}u\\ v\\ \omega\end{bmatrix}$$

P. 78 利用转换矩阵 $\boldsymbol{T}_{B,H}^{T}$，方程组展开为

$$\dot{x}_E=u(\cos\theta\cos\psi)+v(\sin\phi\sin\theta\cos\psi-\cos\phi\sin\psi)+\omega(\cos\phi\sin\theta\cos\psi+\sin\phi\sin\psi) \tag{7.5a}$$

$$\dot{y}_E=u(\cos\theta\sin\psi)+v(\sin\phi\sin\theta\sin\psi+\cos\phi\cos\psi)+\omega(\cos\phi\sin\theta\sin\psi-\sin\phi\cos\psi) \tag{7.5b}$$

$$\dot{h}=-\dot{z}_E=u\sin\theta-v\sin\phi\cos\theta-\omega\cos\phi\cos\theta \tag{7.5c}$$

7.3 气流坐标系方程组

7.3.1 气流坐标系力学方程组

气流坐标系力学方程组初始的推导过程与机体坐标系方程组类似，即

$$\{\dot{\boldsymbol{v}}_W\}_W=\frac{1}{m}\{\boldsymbol{F}\}_W-\{\boldsymbol{\Omega}_W\}_W\{\boldsymbol{v}\}_W$$

飞机所受外力为

$$\{\boldsymbol{F}_A\}_W=\begin{bmatrix}-D\\ -C\\ -L\end{bmatrix}$$

$$\{\boldsymbol{T}\}_W=\boldsymbol{T}_{W,B}\begin{bmatrix}T\cos\epsilon_T\\ 0\\ T\sin\epsilon_T\end{bmatrix}=\begin{bmatrix}T\cos\beta\cos(\epsilon_T-\alpha)\\ -T\sin\beta\cos(\epsilon_T-\alpha)\\ T\sin(\epsilon_T-\alpha)\end{bmatrix}$$

$$\{\boldsymbol{W}_W\}=\begin{bmatrix}-mg\sin\gamma\\ mg\sin\mu\cos\gamma\\ mg\cos\mu\cos\gamma\end{bmatrix}$$

插入线速度和角速度分量

$$\{\boldsymbol{v}\}_W=\begin{bmatrix}V\\ 0\\ 0\end{bmatrix}$$

$$\{\boldsymbol{\omega}_{W}\}_{W}=\begin{bmatrix}p_{W}\\q_{W}\\r_{W}\end{bmatrix}$$

$$\{\boldsymbol{\Omega}_{W}\}_{W}\{\boldsymbol{v}\}_{W}=\begin{bmatrix}0\\Vr_{W}\\-Vq_{W}\end{bmatrix}$$

得到标量方程组为

$$\dot{V}=\frac{1}{m}[-D-mg\sin\gamma+T\cos\beta\cos(\epsilon_{T}-\alpha)] \tag{7.6a}$$

$$r_{W}=\frac{1}{mv}[-C-mg\sin\mu\cos\gamma-T\sin\beta\cos(\epsilon_{T}-\alpha)] \tag{7.6b}$$ P. 79

$$q_{W}=\frac{1}{mV}[-L-mg\cos\mu\cos\gamma-T\sin(\epsilon_{T}-\alpha)] \tag{7.6c}$$

该结果与机体坐标系中的结果略微不同，在气流坐标系中，方程组包含一个微分方程、两个代数方程。在机体坐标系中我们得到了三个速度分量的微分方程，攻角和侧滑角能够在任何时刻用于确定力和力矩。对气流坐标系力学方程组而言，还需要分别写出关于 α 和 β 的方程。

由上文推导的结果可知，角速度 $\dot{\alpha}$ 和 $\dot{\beta}$ 会随气流坐标系和机体坐标系的相对转动发生变化。

$$\{\boldsymbol{\omega}_{2}^{1}\}_{2}=\begin{bmatrix}1&0&-\sin\theta_{y}\\0&\cos\theta_{x}&\sin\theta_{x}\cos\theta_{y}\\0&-\sin\theta_{x}&\cos\theta_{x}\cos\theta_{y}\end{bmatrix}\begin{bmatrix}\dot{\theta}_{x}\\\dot{\theta}_{y}\\\dot{\theta}_{z}\end{bmatrix}$$

将 $(\theta_{x},\theta_{y},\theta_{z})=(0,\alpha,\beta)$ 带入，可得

$$\{\boldsymbol{\omega}_{B}^{W}\}_{B}=\begin{bmatrix}1&0&-\sin\alpha\\0&1&0\\0&0&\cos\alpha\end{bmatrix}\begin{bmatrix}0\\\dot{\alpha}\\-\dot{\beta}\end{bmatrix}=\begin{bmatrix}-\dot{\beta}\sin\alpha\\\dot{\alpha}\\\dot{\beta}\cos\alpha\end{bmatrix}$$

上式给出了机体坐标系相对气流坐标系的转动速度。从机体坐标系力矩方程组中可以确定 $\{\boldsymbol{\omega}_{B}\}_{B}$。由于已经有了 $\{\boldsymbol{\omega}_{W}\}_{W}$ 两个分量的标量方程（式(7.6)中的 q_{W}、r_{W} 方程），所以我们应该能够得到 $\dot{\alpha}$ 和 $\dot{\beta}$ 的方程。首先有

$$\begin{aligned}\{\boldsymbol{\omega}_{W}\}_{W}&=\{\boldsymbol{\omega}_{B}\}_{W}-\{\boldsymbol{\omega}_{B}^{W}\}_{W}\\&=\boldsymbol{T}_{W,B}[\{\boldsymbol{\omega}_{B}\}_{B}-\{\boldsymbol{\omega}_{B}^{W}\}_{B}]\end{aligned}$$

该式按其分量展开为

$$\begin{bmatrix} p_W \\ q_W \\ r_W \end{bmatrix} = \boldsymbol{T}_{W,B} \left[\begin{bmatrix} p \\ q \\ r \end{bmatrix} - \begin{bmatrix} -\dot{\beta}\sin\alpha \\ \dot{\alpha} \\ \dot{\beta}\cos\alpha \end{bmatrix} \right]$$

$$= \begin{bmatrix} p\cos\alpha\cos\beta + \sin\beta(q-\dot{\alpha}) + r\sin\alpha\cos\beta \\ -p\cos\alpha\cos\beta + \cos\beta(q-\dot{\alpha}) - r\sin\alpha\sin\beta \\ -p\sin\alpha + r\cos\alpha + \dot{\beta} \end{bmatrix}$$

求解上式，易得 p_W 方程，以及 $\dot{\alpha}$ 和 $\dot{\beta}$ 的两个微分方程，即

$$p_W = p\cos\alpha\cos\beta + \sin\beta(q-\dot{\alpha}) + r\sin\alpha\cos\beta \tag{7.7a}$$

$$\dot{\alpha} = q - \sec\beta(q_W + p\cos\alpha\sin\beta + r\sin\alpha\sin\beta) \tag{7.7b}$$

$$\dot{\beta} = r_W + p\sin\alpha - r\cos\alpha \tag{7.7c}$$

P. 80 因此，可得气流坐标系中的三个微分方程为

$$\dot{V} = \frac{1}{m}[-D - mg\sin\gamma + T\cos\beta\cos(\epsilon_T - \alpha)] \tag{7.8a}$$

$$\dot{\alpha} = q - \sec\beta(q_W + p\cos\alpha\sin\beta + r\sin\alpha\sin\beta) \tag{7.8b}$$

$$\dot{\beta} = r_W + p\sin\alpha - r\cos\alpha \tag{7.8c}$$

方程组中用到的气流坐标系角速度可由式(7.6)得到，即

$$q_W = \frac{1}{mV}[L - mg\cos\mu\cos\gamma - T\sin(\epsilon_T - \alpha)]$$

$$r_W = \frac{1}{mV}[-C + mg\sin\mu\cos\gamma - T\sin\beta\cos(\epsilon_T - \alpha)]$$

所以，我们可以同时使用气流坐标系力学方程组和机体坐标系力矩方程组，而无须考虑气流坐标系力矩方程组了。

需要注意：$\dot{\alpha}$ 的微分方程与 q_W 相关，而 q_W 则通过升力与 C_L 相关。如果 C_L 与 $\dot{\alpha}$ 相关，则该相关性在求解 $\dot{\alpha}$ 时必须加以考虑。如果 C_L 与 $\dot{\alpha}$ 相关性比较简单，比如为线性关系，便可以容易地提出 $\dot{\alpha}$ 的因子，合并同类项，并将含 $\dot{\alpha}$ 的项移到方程的左边。此外，若额外考虑 C_m 与 $\dot{\alpha}$ 的相关性，则机体坐标系俯仰力矩方程将不仅包含 $\dot{q}$，还将包含 $\dot{\alpha}$，此时气流坐标系 $\dot{\alpha}$ 方程必须与机体轴俯仰力矩方程联立求解，以确定 $\dot{q}$ 和 $\dot{\alpha}$。

如果 C_L、C_m 均不与 $\dot{\alpha}$ 函数相关，则可以采用简化方法。与其建立混合方程组式(7.8)，不如利用 $\dot{V}$、$\dot{\alpha}$ 和 $\dot{\beta}$ 直接写出机体坐标系力学方程组，如下：

$$\alpha \equiv \arctan\left(\frac{w}{u}\right) \Rightarrow \dot{\alpha} = \frac{u\dot{w} - w\dot{u}}{u^2 + w^2} \tag{7.9a}$$

$$V \equiv \sqrt{u^2+v^2+w^2} \Rightarrow \dot{V} = \frac{u\dot{u}+v\dot{v}+w\dot{w}}{\sqrt{u^2+v^2+w^2}} = \frac{u\dot{u}+v\dot{v}+w\dot{w}}{V} \tag{7.9b}$$

$\dot{\beta}$ 的表达式最好由 V 和 $\dot{V}$ 直接得到，即

$$\beta \equiv \arcsin\left(\frac{v}{V}\right) \Rightarrow \dot{\beta} = \frac{V\dot{v} - v\dot{V}}{V\sqrt{u^2+w^2}} \tag{7.9c}$$

当采用混合系统 (u,v,w) 和 (V,α,β) 时，尤其需要注意。首先需要利用式(7.2)确定 $(\dot{u},\dot{v},\dot{w})$，随后将该结果代入式(7.9a)和(7.9b)，从式(7.9b)得到 V 和 $\dot{V}$，再代入式(7.9c)。

7.3.2　气流坐标系航向方程组(运动学方程组)

利用下列近似代换：

$$\begin{bmatrix}\dot{\mu}\\ \dot{\gamma}\\ \dot{\chi}\end{bmatrix} = \begin{bmatrix}1 & \sin\mu\tan\gamma & \cos\mu\tan\gamma\\ 0 & \cos\mu & -\sin\mu\\ 0 & \sin\mu\sec\gamma & \cos\mu\sec\gamma\end{bmatrix}\begin{bmatrix}p_W\\ q_W\\ r_W\end{bmatrix}$$

代入已推导的 p_W、q_W 和 r_W(式(7.6)和(7.7))，并展开写为标量形式： P. 81

$$\dot{\mu} = p_W + (q_W\sin\mu + r_W\cos\mu)\tan\gamma \tag{7.10a}$$

$$\dot{\gamma} = q_W\cos\mu - r_W\sin\mu \tag{7.10b}$$

$$\dot{\chi} = (q_W\sin\mu + r_W\cos\mu)\sec\gamma \tag{7.10c}$$

7.3.3　气流坐标系导航方程组

该结果与机体坐标系方程组类似，不过更为简单：

$$\begin{bmatrix}\dot{x}_E\\ \dot{y}_E\\ \dot{z}_E\end{bmatrix} = \boldsymbol{T}_{H,W}\begin{bmatrix}V\\ 0\\ 0\end{bmatrix}$$

$$\dot{x}_E = V\cos\gamma\cos\chi \tag{7.11a}$$

$$\dot{y}_E = V\cos\gamma\sin\chi \tag{7.11b}$$

$$\dot{z}_E = -V\sin\gamma \tag{7.11c}$$

7.4　稳态解

7.4.1　概述

上文建立的运动学方程组均是非线性一阶微分方程，且高度耦合，即每一个微

分方程中的变量也与其他方程相关，这类方程组的解析解难以获得。不过，我们可以通过研究稳态解来分析运动学方程的特性，而稳态时方程为代数方程。术语“稳态”运用于运动学方程其实并不十分准确。如果从字面意义理解，稳态表示每个状态不再随时间变化而变化。仅考虑导航方程就会发现问题，因为稳态实际暗示着飞机永远停在某一位置。常用的术语“稳态”在此应该理解为线运动和角运动变化率为常数，也就是

$$\dot{u}=\dot{v}=\dot{w}=\dot{p}=\dot{q}=\dot{r}=0 \tag{7.12}$$

且

$$\dot{V}=\dot{\alpha}=\dot{\beta}=p_{\dot{W}}=q_{\dot{W}}=r_{\dot{W}}=0 \tag{7.13}$$

另外，我们还要求所有的控制均为常数，即

$$\delta_{\mathrm{l}}、\delta_{\mathrm{m}}、\delta_{\mathrm{n}}、\delta_{\mathrm{T}}:\text{常数} \tag{7.14}$$

这些条件能够提供很多关于力和力矩方程组的信息。实际上，所有 12 个方程均与其他方程耦合，这一点在后面会加以研究。

力和力矩

在稳态飞行过程中，空气动力、推力和力矩只与飞行高度（空气密度）相关，与它们相关的其他变量均为常数。如果将研究对象限制为定高飞行的话，那么可以
P. 82 发现所有的力和力矩也是常数：

$$\begin{aligned}&D、C、L:\text{常数}\\&X、Y、Z:\text{常数}\\&L、M、N:\text{常数}\\&T、M_T:\text{常数}\end{aligned} \tag{7.15}$$

欧拉角

在稳态飞行中，机体坐标系力学方程组变为

$$X+T\cos\epsilon_T-mg\sin\theta+m(rv-qw)=0 \tag{7.16a}$$

$$Y+mg\sin\phi\cos\theta+m(pw-ru)=0 \tag{7.16b}$$

$$Z+T\sin\epsilon_T+mg\cos\phi\cos\theta+m(qu-pv)=0 \tag{7.16c}$$

在上述方程组中，可以证明：唯有与 θ 和 ϕ 相关的项为常数。要证明这一点并不困难。除了采用数学方法证明以外，依据物理意义也可以证明。如果 θ 或 ϕ 改变，则重力相对于飞机的方向就会发生变化，从而使得飞机受力不再平衡。在方程组中没有欧拉角 ψ 项，但有 θ、ϕ、q 和 r 为常数，根据式(7.4)，则 $\dot{\psi}$ 也必为常数。综上所述，我们增加以下稳态飞行条件：

$$\dot{\phi}=0 \tag{7.17a}$$

$$\dot{\theta}=0 \tag{7.17b}$$

$$\dot{\psi} = \text{常数} \tag{7.17c}$$

采用同样方法，可以推导出气流坐标系力学方程组为

$$\dot{\mu} = 0 \tag{7.18a}$$

$$\dot{\gamma} = 0 \tag{7.18b}$$

$$\dot{\chi} = \text{常数} \tag{7.18c}$$

当仅允许三个欧拉角中的一个随时间变化时，机体坐标系和气流坐标系之间的变化速度是可以计算的：

$$p = -\dot{\psi}\sin\theta = \text{常数} \tag{7.19a}$$

$$q = \dot{\psi}\sin\phi\cos\theta = \text{常数} \tag{7.19b}$$

$$r = \dot{\psi}\cos\phi\cos\theta = \text{常数} \tag{7.19c}$$

$$p_W = -\dot{\chi}\sin\gamma = \text{常数} \tag{7.20a}$$ P. 83

$$q_W = \dot{\chi}\sin\mu\cos\gamma = \text{常数} \tag{7.20b}$$

$$r_W = \dot{\chi}\cos\mu\cos\gamma = \text{常数} \tag{7.20c}$$

7.4.2　特例

直线飞行

直线飞行过程中飞机相对于地球不转弯，也就是 $\dot{\psi}=0$，且 $\dot{\chi}=0$。同时依据之前的分析可知，$p=q=r=0$，且 $p_W=q_W=r_W=0$。

纵向（机体坐标系力矩、气流坐标系力）稳态方程组在直线飞行情况下简化为

$$M + M_T = 0$$

$$-D + T\cos\beta\cos(\epsilon_T - \alpha) = mg\sin\gamma$$

$$L - T\sin(\epsilon_T - \alpha) = mg\cos\mu\cos\gamma$$

在本节的讨论中，我们均假设外部没有施加不对称力矩。当遇到特定的情况，比如一架飞机有多个发动机，且出现单发停车等，我们也会对此类非正常的飞行条件具体分析考虑。

在机体坐标系的侧向力矩方程组中，有 $I_{zz}L + I_{xz}N = 0$ 和 $I_{xz}L + I_{xx}N = 0$。据此容易证明 $L=N=0$。同样，从机体坐标系侧力方程可得 $Y=-mg\sin\phi\cos\theta$。如此，直线飞行的条件为

$$C_m(Ma, \alpha, \delta_m) + C_{mT}(\hat{V}, \delta_T) = 0 \tag{7.21a}$$

$$C_D(Ma, \alpha, \delta_m) - C_T(\hat{V}, \delta_T)\cos\beta\cos(\epsilon_T - \alpha) + \frac{mg\sin\gamma}{\bar{q}S} = 0 \tag{7.21b}$$

$$C_L(M,\alpha,\delta_m)-C_T(\hat{V},\delta_T)\sin(\epsilon_T-\alpha)-\frac{mg\cos\mu\cos\gamma}{\bar{q}S}=0 \qquad (7.21c)$$

且

$$C_l(\beta,\delta_l,\delta_n)=0 \qquad (7.22a)$$

$$C_n(\beta,\delta_l,\delta_n)=0 \qquad (7.22b)$$

$$C_Y(\beta,\delta_n)+\frac{mg\sin\phi\cos\theta}{\bar{q}S}=0 \qquad (7.22c)$$

式(7.21)和式(7.22)为6个方程,共包含10个独立变量:V、α、β、ϕ、θ、δ_l、δ_m、δ_n、δ_T、h。注意由V、h可以确定M、$\bar{q}$,且当α、β、ϕ、θ一定时,μ、γ可通过$\boldsymbol{T}_{H,W}=\boldsymbol{T}_{H,B}\boldsymbol{T}_{B,W}$来确定。

P. 84 **对称飞行**

对称飞行意味着无侧滑,或

$$\beta=0°,\ v=0 \qquad (7.23)$$

平衡飞行

平衡飞行通常与对称飞行有联系,二者容易混淆。几乎所有的飞机均有“侧滑指示器”(侧滑指示器一般由仪表和陀螺转弯指示器组成,用于指示转弯和侧滑)。它由一个安装在飞行员仪表板上的弯曲管及管中小球组成,此外管内还充满了液体,用以提供小球运动的阻尼,阻止小球在管内自由移动,如图7.1所示。

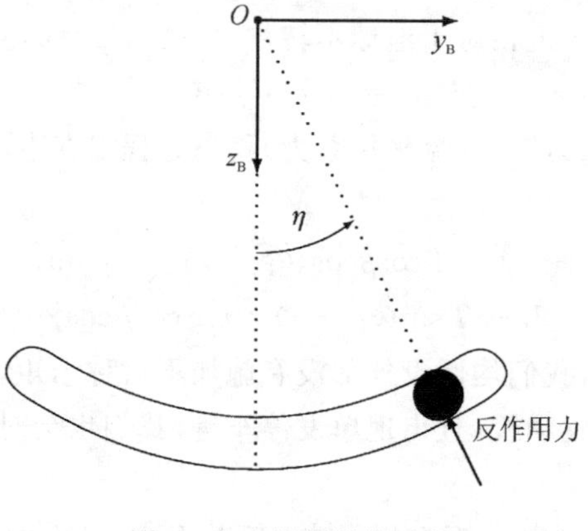

图7.1 飞机侧滑指示器

平衡飞行通常意味着侧滑指示器上的小球位于中间位置。对称飞行和侧滑飞行容易混淆,其原因在于侧滑指示器指示的信息并不完全代表飞机侧滑的情况,多数情况下当小球位于中间位置时意味着几乎没有侧滑。

为了分析稳定平衡飞行的情况,假设曲管是圆弧,且小球偏移相对位置中心的

弧度为 η。假设该仪表安装在机体坐标系的 yOz 平面中，且小球总是在飞机质心位置。

当推力角较小($\epsilon_T \approx 0$)时，在机体坐标系中，飞机力学方程式(7.2)为

$$\dot{u} = \frac{1}{m}(X + T) - g\sin\theta + (rv - qw)$$

$$\dot{v} = \frac{Y}{m} + g\sin\phi\cos\theta + (pw - ru)$$ P. 85

$$\dot{w} = \frac{Z}{m} + g\cos\phi\cos\theta + (qu - pv)$$

在稳态飞行中，小球为刚体且与飞机重心飞行轨迹一致。此外，如果小球的坐标系与机体坐标系一致，则小球的 $\dot{u}$、$\dot{v}$、$\dot{w}$、u、v、w、p、q 和 r 与飞机一致，这些加速度和速度也是机体坐标系自身的参数指标。同样，ϕ 和 θ 描述了机体坐标系的转动，所以对于小球而言各类状态信息也与飞机相同。

用下角标“b”代表小球，那么小球在机体坐标系中的力学方程组为

$$\dot{u}_b = \frac{X_b}{m_b} - g\sin\theta_b + (r_b v_b - q_b w_b)$$

$$\dot{v}_b = \frac{Y_b}{m_b} + g\sin\phi_b\cos\theta_b + (P_b w_b - r_b u_b)$$

$$\dot{w}_b = \frac{Z_b}{m_b} + g\cos\phi_b\cos\theta_b + (q_b u_b - p_b v_b)$$

故

$$\frac{X_b}{m_b} = \dot{u}_b + g\sin\theta_b - (r_b v_b - q_b w_b) = \dot{u} + g\sin\theta - (rv - qw) = \frac{X + T}{m}$$

$$\frac{Y_b}{m_b} = \dot{v}_b - g\sin\phi_b\cos\theta_b - (p_b w_b - r_b u_b) = \dot{v} - g\sin\phi\cos\theta - (pw - ru) = \frac{Y}{m}$$

$$\frac{Z_b}{m_b} = \dot{w}_b - g\cos\phi_b\cos\theta_b - (q_b u_b - p_b v_b) = \dot{w} - g\cos\phi\cos\theta - (qu - pv) = \frac{Z}{m}$$

$$\frac{X + T}{m} = \frac{X_b}{m_b}$$

$$\frac{Y}{m} = \frac{Y_b}{m_b}$$

$$\frac{Z}{m} = \frac{Z_b}{m_b}$$

由于小球运动被限定在 yOz 平面内，X 向力学方程总是满足。从 Y 和 Z 向力学方程，我们可以推出

$$\frac{Y_b}{m_b} = \frac{Y}{m}, \frac{Z_b}{m_b} = \frac{Z}{m} \Rightarrow \frac{Y_b}{Z_b} = \frac{Y}{Z}$$

此处

$$\tan\eta=\frac{Y_{b}}{Z_{b}}=\frac{Y}{Z}$$

P. 86 从这里可以看到，侧滑指示器实际上指示的是飞机机体受到的侧力。侧力 Y 包括空气动力和推力，但不包括重力分量。若推力在机体坐标系 y 轴上没有分量，则小球偏移仅与空气动力产生的侧力成正比，则

$$Y=0(\text{平飞}) \tag{7.28}$$

而空气动力产生的侧力 Y 可表示为

$$Y=\bar{q}SC_{y}(\beta,\hat{p},\hat{r},\hat{\delta}_{r})$$

β 的影响通常比其他独立变量大得多，所以小球实际上对侧滑角的响应大于响应其他因素。此外，在直线飞行中 $p=r=0$，且常忽略 δ_{r} 的影响。在这些假设条件下，侧滑指示器大体由此得名，即用来指示侧滑角的大小。

直线对称飞行

我们将直线飞行和对称飞行结合（推力对称），则式(7.22)变为

$$C_{l}(\delta_{l},\delta_{n})=0 \tag{7.29a}$$

$$C_{n}(\delta_{l},\delta_{n})=0 \tag{7.29b}$$

$$C_{Y}(\delta_{n})+\frac{mg\sin\phi\cos\theta}{\bar{q}S}=0 \tag{7.29c}$$

从以上方程组中可知，假设某些 δ_{n} 满足了侧力需求，为了满足约束条件，还要有力矩控制 δ_{l} 同时满足滚转和偏航的力矩方程。即使此类控制组合存在（实际上很难），也是极为少见的。一般情况下，我们要求 $\delta_{l}=0°$、$\delta_{n}=0°$和 $Y=0$。

由于 $Y=0$，则有 $mg\sin\phi\cos\theta=0$，即 $\theta\neq\pm90°$时，$\phi=0°$。将 $\beta=0°$、$\phi=0°$代入 $\boldsymbol{T}_{H,W}=\boldsymbol{T}_{H,B}\boldsymbol{T}_{B,W}$，则有 $\sin\mu\cos\gamma=0$，即 $\gamma\neq\pm90°$时，$\mu=0°$。

综合直线飞行和对称飞行条件，则有

$$C_{l}=C_{n}=C_{Y}=v=0$$

$$\beta=\phi=\mu=\delta_{l}=\delta_{n}=0°$$

转弯、平衡飞行

当 $\dot{v}=0$ 且 $Y=0$ 时，机体坐标系侧力方程变为

$$g\sin\phi\cos\theta=ru-pw$$

P. 87 先考虑稳态飞行时运动学需求（式(7.19a)和(7.19c)），则有

$$g\sin\phi\cos\theta=\dot{\psi}(u\cos\phi\cos\theta+w\sin\theta)$$

为了达到这一关系，我们注意到在近似水平飞行时，攻角较小且倾斜角也不大，有

$$u\cos\phi\cos\theta\gg w\sin\theta$$

且

$$u \approx V$$

我们有

$$\tan\phi \approx \frac{\dot{\psi}V}{g} \tag{7.30}$$

然后假设攻角较小，z_B 和 z_W 近似为常数，则有 $L=-Z$。载荷因数 n 可表示为

$$n=\frac{L}{W}=\frac{L}{mg} \tag{7.31}$$

利用机体坐标系的 Z 向力学方程，且代入 $L=-Z$，得

$$L=mg\cos\phi\cos\theta+m(qu-pv)$$

利用式(7.19a)和(7.19b)，采用类似假设，可以推出

$$qu-pv \approx \dot{\psi}V\sin\phi$$

$$L \approx mg\cos\phi+m\dot{\psi}\sin\phi$$

最后，利用式(7.30)($\dot{\psi}V \approx g\tan\phi$)，我们有

$$L \approx mg\cos\phi+mg\tan\phi\sin\phi=mg\left(\cos\phi+\frac{\sin^2\phi}{\cos\phi}\right)=mg\sec\phi$$

从而可以推出载荷因子和倾斜角的近似关系：

$$n \approx \sec\phi \tag{7.32}$$

水平飞行

水平飞行意味着飞机既不爬升也不降低，即 $\gamma=0°$。水平飞行自身对运动方程组几乎不产生影响，在安全的情况下高度变化影响也可以忽略。如果没有水平飞行假设，则需要考虑高度变化对力和力矩(空气密度或地面效应等因素)变化带来的影响。

7.4.3 配平问题 P.88

对飞行员而言，“配平”意味着需要调整配平调整片或人感系统，以消除飞行员自身需要持续施加在操纵杆(或脚蹬)上的力，从而减轻操纵负担。“配平”的意义就像帆船航行中随风操帆，以满足力和力矩相互平衡。配平问题是指：确定一组非零变量值，以保持特定稳定状态。例如，如果限定为直线稳定状态飞行，我们要求：

$$C_l(\beta,\delta_l,\delta_n)=0$$

$$C_n(\beta,\delta_l,\delta_n)=0$$

$$C_Y(\beta,\delta_n)+\frac{mg\sin\phi\cos\theta}{\bar{q}S}=0$$

在某种侧滑、滚转和偏航控制，以及某种滚转、俯仰、速度和高度状态条件下，以上三个方程必须同时满足。多数飞行动力学问题都限定速度和高度（范围），所以我们希望马赫数和动压已经给定。因此，对于滚转力矩和偏航力矩方程组而言，可以先给定侧滑控制、滚转控制和偏航控制中的一个，再来求解另外两个。这样剩下的问题就是求解满足侧力方程的倾斜角和俯仰角，其中的一个（通常为俯仰角）也可能预先给定。因为力和力矩系数通常非常复杂，故很难获得配平问题的解析解。不过，在线性化假设条件下，获得该问题的近似解是可能的。比如，在同一例子中，滚转力矩系数可以近似为

$$C_l(\beta,\hat{p},\hat{r},\delta_l,\delta_n)=C_{l_{\mathrm{ref}}}+C_{l_\beta}\beta+C_{l_p}\hat{p}+C_{l_r}\hat{r}+C_{l_{\delta_l}}\delta_l+C_{l_{\delta_n}}\delta_n$$

现在，如果我们将基准条件设定为所有独立变量为零，且假设变量关于基准条件的变化范围满足要求，则（由于直线飞行已有 $p=0$ 和 $r=0$）

$$C_l=C_{l_\beta}\beta+C_{l_{\delta_l}}\delta_l+C_{l_{\delta_n}}\delta_n$$

类似地，可以得到

$$C_n=C_{l_\beta}\beta+C_{l_{\delta_l}}\delta_l+C_{l_{\delta_n}}\delta_n$$

$$C_Y=C_{Y_\beta}\beta+C_{Y_{\delta_n}}\delta_n$$

这部分配平问题变为

$$C_{l_\beta}\beta+C_{l_{\delta_l}}\delta_l+C_{l_{\delta_n}}\delta_n=0$$

$$C_{n_\beta}\beta+C_{n_{\delta_l}}\delta_l+C_{n_{\delta_n}}\delta_n=0$$

$$C_{Y_\beta}\beta+C_{Y_{\delta_n}}\delta_n+\frac{mg\sin\phi\cos\theta}{\bar{q}S}=0$$

P. 89 例如，如果我们假设给定 φ、θ、q，要求解 β、δ_l 和 δ_n，系统为线性系统，则有

$$\begin{bmatrix}C_{l_\beta} & C_{l_{\delta l}} & C_{l_{\delta_n}}\\ C_{n_\beta} & C_{n_{\delta_l}} & C_{n_{\delta_n}}\\ C_{Y_\beta} & 0 & C_{Y_{\delta_n}}\end{bmatrix}\begin{bmatrix}\beta\\ \delta_l\\ \delta_n\end{bmatrix}=\begin{bmatrix}0\\ 0\\ \dfrac{-mg\sin\phi\cos\theta}{\bar{q}S}\end{bmatrix}$$

习题

1. 定义 q_0、q_1、q_2、q_3 为从机体坐标系变换为地面平坐标系的欧拉参数。利用这些欧拉参数代替欧拉角，以及其他习惯应用于表示机体轴力和速度的符号，来评估力学方程：

$$\dot{u}=\frac{X}{m}+\cdots$$

2. 如表 7.1 和 7.2 所示。下面计算飞机在给定马赫数和高度(马赫数 0.80,高度 12.192 km)条件下,按照 $\phi=30°$倾斜角,保持稳定、平衡、水平飞行时,飞机的攻角和升降舵。忽略推力影响,且假设力和力矩系数满足线性关系:

$$C_L=C_{L_{\mathrm{ref}}}+C_{L_\alpha}\alpha+C_{L_{\dot{\alpha}}}\hat{\dot{\alpha}}+C_{L_q}\hat{q}+C_{L_M}\Delta M+C_{L_{\delta_e}}\Delta\delta_e$$

$$C_{\mathrm{m}}=C_{\mathrm{m}_\alpha}\alpha+C_{\mathrm{m}_{\dot{\alpha}}}\hat{\dot{\alpha}}+C_{\mathrm{m}_q}\hat{q}+C_{\mathrm{m}_M}\Delta M+C_{\mathrm{m}_{\delta e}}\Delta\delta_e$$

表 7.1　双发动机飞机数据一

纵向		横航向	
$C_{L_{\mathrm{ref}}}$	0.40	C_{Y_β}	−0.75
$C_{D_{\mathrm{ref}}}$	0.04	C_{l_β}	−0.06
C_{L_α}	6.5	C_{n_β}	0.13
C_{D_α}	0.60	C_{l_p}	−0.42
C_{m_α}	−0.72	C_{n_p}	−0.756
$C_{L_{\dot{\alpha}}}$	0.0	C_{l_r}	0.04
$C_{\mathrm{m}_{\dot{\alpha}}}$	−0.4	C_{n_r}	−0.16
C_{L_q}	0.0	$C_{l_{\delta_a}}$	0.06
C_{m_q}	−0.92	$C_{n_{\delta_a}}$	−0.06
C_{L_M}	0.0	$C_{Y_{\delta_r}}$	0.16
C_{D_M}	−0.6	$C_{l_{\delta_r}}$	0.029
C_{m_M}	−0.6	$C_{n_{\delta_r}}$	−0.057
$C_{L_{\delta_e}}$	0.44	—	—
$C_{\mathrm{m}_{\delta_e}}$	−0.88	—	—

表 7.2　双发动机飞机数据二 P. 90

物理量	数值
W	17327.22 kg
I_{xx}	161034.57 kg · m²
I_{yy}	161034.57 kg · m²
I_{zz}	330147.10 kg · m²
I_{xz}	6861.79 kg · m²
S	50.40 m²
b	16.38 m
$\bar{c}$	3.33 m

注意:采用线性化方程组时,所有独立变量应该视为相对于基准值的 Δ,对于给定条件,基准值 α、$\dot{\alpha}$ 和 q 为零。

3. 稳定、直线,但不对称飞行被称为稳定航向侧滑飞行(steady-heading sideslip)。使用已给的数据,且假设力和力矩系数的线性关系为

$$C_{\mathrm{l}}=C_{\mathrm{l}_\beta}\beta+C_{\mathrm{l}_p}\hat{p}+C_{\mathrm{l}_r}\hat{r}+C_{\mathrm{l}_{\delta_\mathrm{a}}}\delta_\mathrm{a}+C_{\mathrm{l}_{\delta_\mathrm{r}}}\delta_\mathrm{r}$$

$$C_{\mathrm{n}}=C_{\mathrm{n}_\beta}\beta+C_{\mathrm{n}_p}\hat{p}+C_{\mathrm{n}_r}\hat{r}+C_{\mathrm{n}_{\delta_\mathrm{a}}}\delta_\mathrm{a}+C_{\mathrm{n}_{\delta_\mathrm{r}}}\delta_\mathrm{r}$$

$$C_Y=C_{Y_\beta}\beta+C_{Y_p}\hat{p}+C_{Y_r}\hat{r}+C_{Y_{\delta_\mathrm{a}}}\delta_\mathrm{a}$$

注意:采用线性化方程组时,所有独立变量应该视为相对于基准状态的 Δ,对于给定的基准值视为零。

(a)设 $\theta=0°$,$\beta=0°$。计算保持稳定航向侧滑飞行时的倾斜角和控制输入。

(b)设 $\theta=10°$,$\delta_\mathrm{r}=\delta_{\mathrm{r}_{\max}}=20°$。计算保持稳定航向侧滑飞行时的倾斜角、侧滑角和侧向控制输入。

4. 假设双发飞机的右发动机失效,且左发动机有能力保持水平飞行。非对称推力将产生偏航力矩 N_T,将额外增加偏航空气动力力矩。设 θ 给定。假设空气动力和力矩与问题 3 中数据一致。那么,施加一定的控制保持飞机稳定、直线、对称飞行是否可行?请详细说明。注意:非对称推力已改变了直线、对称飞行的有关条件(特别是式(7.29b))。

5. 一架多发飞机起飞后出现了单发停车故障。在问题 4 中我们已经证明飞机能通过控制保持稳定、直线、对称飞行。联邦航空规程(federal aviation regulations, FAR)规定在这类飞行条件下,倾斜角不超过±5°。假设 N_T 已知,$\theta=0°$。证明你怎么确定控制 δ_l 和 δ_n,以及状态 ϕ 和 β,以保持在最小的侧滑角 $|\beta|_{\min}$ 条件下,达到稳定、直线飞行。

P. 91 6. 见表 7.1 和表 7.2。数据对稳定轴有效。假设飞机在稳定水平飞行条件下,没有倾斜角,但是侧滑角 $\beta=-15°$(称为侧滑转弯)。

请找到侧向状态和控制需求,以其配平飞机在稳定飞行时的条件,解释答案。

参考文献

Nelson, R.C. (1998) *Flight Stability and Automatic Control*, 2nd edn, WCB/McGraw-Hill.

第 8 章　线性化

8.1　概述

P. 93

我们已经推导出了 12 个非线性耦合一阶常微分方程，也就是运动学方程组，用于描述刚体飞机在平坦地球上和静止大气中的运动。显然，难以获得该方程组的解析解，所以我们必须寻找其他求解该方程组的方法。

一种方法是利用数值积分求解。可以用多种方法将微分方程组按离散时间步长展开。在每个时间步长开始时，计算整个方程的右边 $\dot{x}=\cdots$，推导出该时刻 x 的变化率。随后，用 $\dfrac{\Delta x}{\Delta t}$ 代替 $\dfrac{\mathrm{d}x}{\mathrm{d}t}$，其中 Δx 是在时间步长 Δt 内的近似变化量。对于飞行仿真系统而言，必须采用运算速度足够快的计算机，完成整个仿真过程的运算。数值积分将产生随时间变化的状态曲线，该曲线反映了飞机根据初始状态，在操纵控制输入的条件下，运动状态不断变化的过程。这些随时间变化的曲线可以用于分析飞机的飞行特性，例如频率和阻尼等。

此外，我们可以考虑在基准(通常是稳定的)飞行条件下，对飞机施加很小的控制，从而引起飞机很小的变化(扰动)。该方法的优点是在稳定条件附近恰当的小区域内，所有变量之间的相关性都可以看成是线性的。由此，可以建立 12 个线性(虽然依然存在耦合)常微分方程，并可以较容易地求解方程的解析解。这个处理过程被称为方程组的线性化。

数值积分不需要特定的初始条件或控制输入，它是对实际情况的简单近似。线性化则要求假设所有条件均能保证飞行能够"紧贴"基准稳态飞行条件。在不太严格的条件下，也可以将线性化的方程组看成是"运动方程组"。

由于线性化的前提条件是：扰动状态与基准稳态飞行条件足够接近，因此可以忽略高度对运动方程组中其他变量的影响。也就是说，不需要考虑三个导航方程，也无须考虑关于 $\dot{\psi}$ 或 $\dot{\chi}$ 的运动学方程。由此，在分析线性化方程组时，我们主要关注六个运动变量和剩余的两个欧拉角。

P. 94

8.2　泰勒级数

首先来看一个著名的非线性常微分方程线性化的例子：摆长为 l 的钟摆，其运动在 $\theta=0$ 处可以描述为

$$ml\ddot{\theta}=-mg\sin\theta$$

该二阶方程可以通过引入角速度 ω，进而用两个耦合一阶方程代替：

$$\dot{\theta}=\omega$$

$$\dot{\omega}=-g\sin\frac{\theta}{l}$$

式中唯一的非线性项为 $\sin\theta$，通常可以用小角度近似（$\sin\theta\approx\theta$）来线性化，故

$$\dot{\theta}=\omega$$

$$\dot{\omega}=-\frac{g\theta}{l}$$

严格地讲，可以保留标准展开式的第一项作为小角度近似结果，也就是将 $\sin\theta$ 在 $\theta=0$ 点处展开，即

$$\sin\theta=\theta-\frac{\theta^3}{3!}+\frac{\theta^5}{5!}-\cdots$$

$$\sin\theta\approx\theta$$

对于多变量函数，通常利用泰勒级数将其展开。对于一个单变量函数 $f(x)$，在 x_{ref} 处的展开式为

$$f(x)=f(x_{\text{ref}})+\frac{\mathrm{d}f(x)}{\mathrm{d}x}\bigg|_{\text{ref}}\Delta x+\frac{\mathrm{d}^2 f(x)}{\mathrm{d}x^2}\bigg|_{\text{ref}}\frac{\Delta x^2}{2!}+\frac{\mathrm{d}^3 f(x)}{\mathrm{d}x^3}\bigg|_{\text{ref}}\frac{\Delta x^3}{3!}+\cdots$$

式中，$x=x_{\text{ref}}+\Delta x$。因此，当 $f(x)=\sin x$ 时，该式在 $x_{\text{ref}}=0$ 展开为

$$\begin{aligned}\sin x&=\sin x_{\text{ref}}+x\cos x_{\text{ref}}-x^2\sin\frac{x_{\text{ref}}}{2}-x^3\cos\frac{x_{\text{ref}}}{3}+\cdots\\&=x-\frac{x^3}{3!}+\frac{x^5}{5!}-\cdots\end{aligned}$$

或者，表示为一阶项，则 $\sin x\approx x$。

对于有 n 个独立变量的函数 $f(x_1,x_2,\cdots,x_n)$ 在 $(x_1,x_2,\cdots,x_n)_{\text{ref}}$ 处，其泰勒级数展开，仅保留一阶项为

$$\begin{aligned}f(x_1,x_2,\cdots,x_n)\approx f(x_1,x_2,\cdots,x_n)_{\text{ref}}+\frac{\partial f}{\partial x_1}\bigg|_{\text{ref}}\Delta x_1+\frac{\partial f}{\partial x_2}\bigg|_{\text{ref}}\Delta x_2+\\\cdots+\frac{\partial f}{\partial x_n}\bigg|_{\text{ref}}\Delta x_n+Rn\end{aligned}\tag{8.1}$$

8.3　非线性常微分方程组

P. 95

为了尽可能地使问题具有代表性，我们将待线性化的函数所有项均移到等式左边，使等式右边为 0。例如，机体坐标系倾斜角的运动学方程可定义为

$$f_\phi(\dot{\phi},\phi,\theta,p,q,r)\equiv\dot{\phi}-p-(q\sin\phi+r\cos\phi\tan\theta)\equiv 0$$

该方法有两个优点：第一，函数在任何基准条件下均等于零，故泰勒级数的第一项将永远消失；第二，即使我们已经解出了运动方程组中变量微分的显式形式，某些力和力矩也可能与这些微分相关。通过定义以上的函数形式，将能够确定所有出现的类似项的物理意义。

下文采用的稳态飞行基准条件在第 7.4 节中已讨论过。从数学角度赘述已无必要，但这里还是需要进一步阐释以便于理解。在任何情况下，类似 $\Delta\dot{x}$ 的项都应该被视为 $\Delta(\frac{\mathrm{d}x}{\mathrm{d}t})$，而不是 $\frac{\mathrm{d}(\Delta x)}{\mathrm{d}t}$，否则 $\dot{x}$ 的基准条件将会丢失，因为

$$\frac{\mathrm{d}(\Delta x)}{\mathrm{d}t}=\frac{\mathrm{d}(x-x_{\mathrm{ref}})}{\mathrm{d}t}=\frac{\mathrm{d}x}{\mathrm{d}t}$$

另一方面，

$$\Delta\left(\frac{\mathrm{d}x}{\mathrm{d}t}\right)=\frac{\mathrm{d}x}{\mathrm{d}t}-\left(\frac{\mathrm{d}x}{\mathrm{d}t}\right)_{\mathrm{ref}}$$

当然，如果有 $(\frac{\mathrm{d}x}{\mathrm{d}t})_{\mathrm{ref}}=0$，则二者相同。

8.4　方程组

以下是求解多变量方程组的常规过程。先定义三个向量 $\boldsymbol{x}$、$\dot{\boldsymbol{x}}$ 和 $\boldsymbol{u}$。向量 $\boldsymbol{x}$ 表示所有导数形式的变量，向量 $\dot{\boldsymbol{x}}$ 表示所有这些变量的导数，向量 $\boldsymbol{u}$ 表示所有的控制。系统如果有 n 个状态变量和 m 个控制，则 $\boldsymbol{x}$、$\dot{\boldsymbol{x}}$ 是 n 维向量，$\boldsymbol{u}$ 是 m 维向量。当有 n 个常微分方程，则其形式为由 n 个方程构成的 n 维函数向量 $\boldsymbol{f}(\dot{\boldsymbol{x}},\boldsymbol{x},\boldsymbol{u})$。将 $\boldsymbol{f}(\dot{\boldsymbol{x}},\boldsymbol{x},\boldsymbol{u})$ 写成一阶泰勒级数展开的形式：

$$\boldsymbol{f}(\dot{\boldsymbol{x}},\boldsymbol{x},\boldsymbol{u})=\frac{\partial\boldsymbol{f}}{\partial\dot{\boldsymbol{x}}}\bigg|_{\mathrm{ref}}\Delta\dot{\boldsymbol{x}}+\frac{\partial\boldsymbol{f}}{\partial\boldsymbol{x}}\bigg|_{\mathrm{ref}}\Delta\boldsymbol{x}+\frac{\partial\boldsymbol{f}}{\partial\boldsymbol{u}}\bigg|_{\mathrm{ref}}\Delta\boldsymbol{u}=0$$

这里，我们令 $\boldsymbol{f}(\dot{\boldsymbol{x}},\boldsymbol{x},\boldsymbol{u})=0$ 且 $\boldsymbol{f}(\dot{\boldsymbol{x}},\boldsymbol{x},\boldsymbol{u})_{\mathrm{ref}}=0$。$n$ 维函数向量 $\boldsymbol{f}(\boldsymbol{v})$ 关于 p 维向量 $\boldsymbol{v}$ 的导数是一个雅可比行列式，其定义为

$$\frac{\partial \boldsymbol{f}}{\partial \boldsymbol{v}} \equiv \begin{bmatrix} \dfrac{\partial f_1}{\partial v_1} & \dfrac{\partial f_1}{\partial v_2} & \cdots & \dfrac{\partial f_1}{\partial v_p} \\ \dfrac{\partial f_2}{\partial v_1} & \dfrac{\partial f_2}{\partial v_2} & \cdots & \dfrac{\partial f_2}{\partial v_p} \\ \vdots & \vdots & & \vdots \\ \dfrac{\partial f_n}{\partial v_1} & \dfrac{\partial f_n}{\partial v_2} & \cdots & \dfrac{\partial f_n}{\partial v_p} \end{bmatrix}$$

P. 96 故，$\dfrac{\partial \boldsymbol{f}}{\partial \boldsymbol{x}}$和$\dfrac{\partial \boldsymbol{f}}{\partial \dot{\boldsymbol{x}}}$为$n\times n$的矩阵，且$\dfrac{\partial \boldsymbol{f}}{\partial \boldsymbol{u}}$为$n\times m$的矩阵。矩阵$\dfrac{\partial \boldsymbol{f}}{\partial \dot{\boldsymbol{x}}}$是非奇异的。我们可以解出向量$\Delta\dot{\boldsymbol{x}}$，

$$\Delta\dot{\boldsymbol{x}} = -\left(\frac{\partial \boldsymbol{f}}{\partial \dot{\boldsymbol{x}}}\right)^{-1}_{\text{ref}}\left\{\left(\frac{\partial \boldsymbol{f}}{\partial \dot{\boldsymbol{x}}}\right)_{\text{ref}}\Delta\boldsymbol{x} + \left(\frac{\partial \boldsymbol{f}}{\partial \dot{\boldsymbol{x}}}\right)_{\text{ref}}\Delta\boldsymbol{u}\right\} \tag{8.2a}$$

该方程常写为

$$\Delta\dot{\boldsymbol{x}} = \boldsymbol{A}\Delta\boldsymbol{x} + \boldsymbol{B}\Delta\boldsymbol{u} \tag{8.2b}$$

式中，$\boldsymbol{A}$ 和 $\boldsymbol{B}$ 通常具有明显的意义。

为了说明该式，我们依然考虑钟摆问题，并增加外部扭转力矩 M 作为控制，即

$$\dot{\theta} = \omega$$

$$\dot{\omega} = -\frac{g\sin\theta}{l} + M$$

式中，两个微分项为 $\dot{\theta}$ 和 $\dot{\omega}(n=2)$；单一控制项为 $M(m=1)$。因此，定义：

$$\boldsymbol{x} = \begin{bmatrix} x_1 \\ x_2 \end{bmatrix} \equiv \begin{bmatrix} \theta \\ \omega \end{bmatrix}, \quad \boldsymbol{u} = \{u_1\} \equiv \{M\}$$

定义两个标量函数组成向量函数 $\boldsymbol{f}(\dot{\boldsymbol{x}},\boldsymbol{x},\boldsymbol{u})$：

$$\dot{\theta} - \omega = 0 \Rightarrow f_1(\dot{\boldsymbol{x}},\boldsymbol{x},\boldsymbol{u}) \equiv \dot{x}_1 - x_2 = 0$$

$$\dot{\omega} + \frac{g\sin\theta}{l} - M = 0 \Rightarrow f_2(\dot{\boldsymbol{x}},\boldsymbol{x},\boldsymbol{u}) \equiv \dot{x}_2 + \frac{g\sin x_1}{l} - u_1 = 0$$

$$\boldsymbol{f}(\dot{\boldsymbol{x}},\boldsymbol{x},\boldsymbol{u}) \equiv \begin{bmatrix} f_1(\dot{\boldsymbol{x}},\boldsymbol{x},\boldsymbol{u}) \\ f_2(\dot{\boldsymbol{x}},\boldsymbol{x},\boldsymbol{u}) \end{bmatrix} = \begin{bmatrix} \dot{x}_1 - x_2 \\ \dot{x}_2 + \dfrac{g\sin x_1}{l} - u_1 \end{bmatrix} = \begin{bmatrix} 0 \\ 0 \end{bmatrix}$$

求解微分项，并获取其在基准条件 $\boldsymbol{x}_{\text{ref}} = \dot{\boldsymbol{x}}_{\text{ref}} = 0$ 和 $M_{\text{ref}} = 0$ 处的值（在该处也有 $\Delta\boldsymbol{x} = \boldsymbol{x}, \Delta\dot{\boldsymbol{x}} = \dot{\boldsymbol{x}}, \Delta\boldsymbol{u} = \boldsymbol{u}$）：

$$\frac{\partial \boldsymbol{f}}{\partial \dot{\boldsymbol{x}}} \equiv \begin{bmatrix} \dfrac{\partial f_1}{\partial \dot{x}_1} & \dfrac{\partial f_1}{\partial \dot{x}_2} \\ \dfrac{\partial f_2}{\partial \dot{x}_1} & \dfrac{\partial f_2}{\partial \dot{x}_2} \end{bmatrix} = \begin{bmatrix} 1 & 0 \\ 0 & 1 \end{bmatrix}$$

$$\frac{\partial \boldsymbol{f}}{\partial \boldsymbol{x}} \equiv \begin{bmatrix} \dfrac{\partial f_1}{\partial x_1} & \dfrac{\partial f_1}{\partial x_2} \\ \dfrac{\partial f_2}{\partial x_1} & \dfrac{\partial f_2}{\partial x_2} \end{bmatrix} = \begin{bmatrix} 0 & -1 \\ \dfrac{g\cos x_1}{l} & 0 \end{bmatrix}, \quad \frac{\partial \boldsymbol{f}}{\partial \boldsymbol{x}}\bigg|_{\mathrm{ref}} = \begin{bmatrix} 0 & -1 \\ \dfrac{g}{l} & 0 \end{bmatrix}$$

$$\frac{\partial \boldsymbol{f}}{\partial \boldsymbol{u}} \equiv \begin{bmatrix} \dfrac{\partial f_1}{\partial u_1} \\ \dfrac{\partial f_2}{\partial u_1} \end{bmatrix} = \begin{bmatrix} 0 \\ -1 \end{bmatrix}$$

最终的结果为

$$\dot{\boldsymbol{x}} = \begin{bmatrix} 0 & 1 \\ -\dfrac{g}{l} & 0 \end{bmatrix} \boldsymbol{x} + \begin{bmatrix} 0 \\ 1 \end{bmatrix} \boldsymbol{u}$$

该结果与两个线性化的标量方程完全一致： P. 97

$$\dot{\theta} = \omega$$

$$\dot{\omega} = -\frac{g\theta}{l} + M$$

这种方法的处理过程源自线性常微分方程集的相似性，也就是说：一般形式为 $\Delta\dot{\boldsymbol{x}} = \boldsymbol{A}\Delta\boldsymbol{x} + \boldsymbol{B}\Delta\boldsymbol{u}$ 的方程组，其中对应的标量元素为 $\dot{x} = ax + bu$。由于标量方程的解容易获取，自然我们认为系统方程组也能够得到类似的解。

在我们看来，该方法的主要问题在于我们需要将包含 4 种控制的 8 个方程线性化，故 $\dfrac{\partial \boldsymbol{f}}{\partial \dot{\boldsymbol{x}}}$ 和 $\dfrac{\partial \boldsymbol{f}}{\partial \boldsymbol{x}}$ 为 8×8 的矩阵且 $\dfrac{\partial \boldsymbol{f}}{\partial \boldsymbol{u}}$ 为 8×4 矩阵。不过，我们已经推导出了运动方程组形式，并求解了微分项的显示形式，矩阵 $\dfrac{\partial \boldsymbol{f}}{\partial \dot{\boldsymbol{x}}}$ 将非常类似于单位矩阵（非归一化的对角线元素和非对角线元素中的非零项，这些元素来自于与 $\dot{\alpha}$ 和 $\dot{\beta}$ 相关的力和力矩）。

将每个方程看作是对多变量标量方程的线性化更为简单，并将 $\dot{\alpha}$、$\dot{\beta}$ 的相关性看作是特殊情况。此外，向量矩阵形式在随后非常有用，所以在将每个方程看作标量问题以后，我们还要将它们组合为 $\Delta\dot{\boldsymbol{x}} = \boldsymbol{A}\Delta\boldsymbol{x} + \boldsymbol{B}\Delta\boldsymbol{u}$ 的形式。

8.5　示例

8.5.1　概述

为了进行计算，首先需要明确两点：

1. 将用到状态变量和控制变量；

2. 待求解方程组的飞行基准条件。

为方便起见，选取机体坐标系速度 u、v、w、p、q、r，以及两个机体坐标系欧拉角 θ、ϕ 为状态变量，δ_T、δ_l、δ_m、δ_n 为控制量。

由于选取了机体坐标系，因此有必要明确机体坐标系的类型。在某种程度上，采用稳定坐标系会使问题简化。在该系中，x_S 是基准飞行条件下速度向量在飞机对称面内的投影。故在基准条件下，速度向量和 x 轴的夹角为零，此时有

$$\alpha_{ref}=\omega_{ref}=0\text{（稳定坐标系）}$$

如果选定了稳定坐标系，则任何基准条件均成立。由于选取了稳定、直线、对称的基准飞行条件，所以有

$$\dot{u}_{ref}=\dot{v}_{ref}=\dot{w}_{ref}=\dot{p}_{ref}=\dot{q}_{ref}=\dot{r}_{ref}=\dot{\theta}_{ref}=\dot{\phi}_{ref}=0$$

$$v_{ref}=\beta_{ref}=p_{ref}=q_{ref}=r_{ref}=\phi_{ref}=0$$

P. 98 因为 $v_{ref}=\omega_{ref}=0$，且 $V_{ref}=\sqrt{u_{ref}^2+v_{ref}^2+w_{ref}^2}$，我们可以得到

$$u_{ref}=V_{ref}$$

假设飞行的速度和高度已经给定，且 γ_{ref} 也给定。在稳定坐标系中，稳定、直线、对称飞行也意味着

$$\theta_{ref}=\gamma_{ref}$$

在力和力矩相关性中，需要以下定义：

$$\bar{q}=\frac{1}{2}\rho V^2$$

$$\hat{p}=\frac{pb}{2V}$$

$$\hat{r}=\frac{rb}{2V}$$

$$\hat{q}=\frac{q\bar{c}}{2V}$$

$$\hat{\dot{\alpha}}=\frac{\dot{\alpha}\bar{c}}{2V}$$

由于线速度变量为 u、v、w，为了研究力和力矩相关性，还需要以下关系：

$$V=\sqrt{u^2+v^2+w^2}$$

$$\alpha=\arctan\frac{w}{u}$$

$$\beta=\arcsin\frac{v}{\sqrt{u^2+v^2+w^2}}$$

在偏微分过程中，我们将频繁运用链式法则，需要反复计算某项偏微分。当在

稳定、直线、对称飞行中(见附录 B.1),很多项为零。这类偏微分见表 8.1。

表 8.1　运用链式法则计算某项偏微分

$\frac{\partial\rightarrow}{\partial\downarrow}\Big\|_{\text{ref}}$	V	β	α	$\hat{p}$	$\hat{q}$	$\hat{r}$	$\hat{\dot{\alpha}}$	$\bar{q}$
u	1	0	0	0	0	0	0	$\rho_{\text{ref}}V_{\text{ref}}$
v	0	$\frac{1}{V_{\text{ref}}}$	0	0	0	0	0	0
w	0	0	$\frac{1}{V_{\text{ref}}}$	0	0	0	0	0
p	0	0	0	$\frac{b}{V_{\text{ref}}}$	0	0	0	0
q	0	0	0	0	$\frac{\bar{c}}{V_{\text{ref}}}$	0	0	0
r	0	0	0	0	0	$\frac{b}{V_{\text{ref}}}$	0	0
$\dot{\alpha}$	0	0	0	0	0	0	$\frac{\bar{c}}{2V_{\text{ref}}}$	0

在力学方程组中,我们将遇到与推力和速度相关的导数。其基本相关性为

$$T=\bar{q}SC_T(\hat{V},\delta_{\text{T}})$$

请大家注意,C_T 与 $\hat{V}$ 相对独立,也就是可以假设推力不受速度影响(如火箭或喷气式发动机)。某些具备常值推力的发动机中也存在类似情况,产生常值推力 T_V。这两种情况,见附录 B.1 中 C_{T_V} 的导数,且有

$$C_{T_V}=-2C_{T_{\text{ref}}}\text{(常值推力)}$$

P. 99

$$C_{T_V}=-3C_{T_{\text{ref}}}$$

在运动方程组的线性化过程中,我们将会碰到之前没有涉及的无量纲量:

$$\hat{t}=\frac{t}{\dfrac{\bar{c}}{2V_{\text{ref}}}}\qquad\text{(时间)}$$

$$D(\cdot)=\frac{\bar{c}}{2V_{\text{ref}}}\cdot\frac{\text{d}(\cdot)}{\text{d}t}\qquad\text{(导数)}$$

$$\hat{m}=\frac{m}{\rho S\dfrac{\bar{c}}{2}}\qquad\text{(质量)}$$

$$\hat{I}_{yy}=\frac{I_{yy}}{\rho S\left(\frac{\bar{c}}{2}\right)^{3}}$$

$$\hat{I}_{xx}=\frac{I_{xx}}{\rho S\left(\frac{b}{2}\right)^{3}} \qquad \text{（转动惯量）}$$

$$\hat{I}_{zz}=\frac{I_{zz}}{\rho S\left(\frac{b}{2}\right)^{3}}$$

$$\hat{I}_{xz}=\frac{I_{xz}}{\rho S\left(\frac{b}{2}\right)^{3}}$$

$$\mathcal{A}=\frac{b}{\bar{c}} \qquad \text{（展弦比）}$$

在基准飞行条件下，我们将采用以下符号来表示力和力矩相对于多个独立变量的偏微分。如果 X 表示任意力和力矩，且是变量 y 的函数，则有

$$X_y=\frac{\partial X}{\partial y}\Big|_{\text{ref}}$$

这种表示方法并不严格，见 8.6 节“习惯与规则”。

有关线性化飞机运动方程的其他更多信息可以参见附录 B。

8.5.2 运动学方程

现在线性化先前定义的方程，

$$f_{\phi}(\dot{\phi},\phi,\theta,p,q,r)=\dot{\phi}-p-(q\sin\varphi+r\cos\varphi)\tan\theta=0$$

P. 100 线性化过程如式(8.1)所示：

$$f_{\phi}=f_{\phi\text{ref}}+\frac{\partial f_{\phi}}{\partial\dot{\phi}}\Big|_{\text{ref}}\Delta\dot{\phi}+\frac{\partial f_{\phi}}{\partial\phi}\Big|_{\text{ref}}\Delta\phi+\cdots+\frac{\partial f_{\phi}}{\partial r}\Big|_{\text{ref}}\Delta r$$

由于令 $f_{\phi_{\text{ref}}}=0$，且除 $\Delta\theta$ 外所有 Δs 均从零基准条件测算，我们有线性化方程：

$$\begin{aligned}f_{\phi}=\dot{\phi}&+[(-q\cos\phi+r\sin\phi)\tan\theta]_{\text{ref}}\phi+\\&[(-q\sin\phi-r\cos\varphi)\sec^{2}\theta]_{\text{ref}}\Delta\theta-\\&p-(\sin\phi\tan\theta)_{\text{ref}}q-(\cos\phi\tan\theta)_{\text{ref}}r\end{aligned}$$

由基准条件可得

$$\dot{\phi}=p+r\tan\gamma_{\text{ref}} \tag{8.3}$$

在无量纲滚转和偏航角速度项中，

$$\dot{\phi}=\frac{2V_{\mathrm{ref}}}{b}\left(\frac{pb}{2V_{\mathrm{ref}}}+\frac{rb}{2V_{\mathrm{ref}}}\tan\gamma_{\mathrm{ref}}\right)=\frac{2V_{\mathrm{ref}}}{b}(\hat{p}+\hat{r}\tan\gamma_{\mathrm{ref}})$$

该式可以写为

$$\frac{\frac{\mathrm{d}}{\mathrm{d}t}}{\frac{2V_{\mathrm{ref}}}{b}}\cdot\phi=\hat{p}+\hat{r}\tan\gamma_{\mathrm{ref}}$$

上式等号左边表示了一种无量纲化算子$\frac{\mathrm{d}}{\mathrm{d}t}$的方法。事实上，Etkin 已做过这样的工作(Etkin et al.，1995)，即在侧向方程组中用时间除以$\frac{b}{2V_{\mathrm{ref}}}$，在纵向方程组中用时间除以$\frac{\bar{c}}{2V_{\mathrm{ref}}}$。这里，我们采用 Etkin 更早给出的定义(Etkin，1972)，即通过用时间除以$\frac{\bar{c}}{2V_{\mathrm{ref}}}$来无量纲化。上述方法在方程中引入了展弦比，即

$$\frac{\frac{\mathrm{d}}{\mathrm{d}t}}{\frac{2V_{\mathrm{ref}}}{b}}\cdot\phi=\frac{\frac{\mathrm{d}}{\mathrm{d}t}}{\frac{2V_{\mathrm{ref}}}{\bar{c}}}\cdot\frac{b}{\bar{c}}\cdot\phi=\mathcal{A}D(\phi)$$

故倾斜角方程的完全无量纲形式为

$$D(\phi)=\frac{1}{\mathcal{A}}(\hat{p}+\hat{r}\tan\gamma_{\mathrm{ref}})\tag{8.4}$$

8.5.3　力矩方程

作为示例，我们考虑机体坐标系滚转方程：

$$\dot{p}=\frac{I_{zz}}{I_D}[L+I_{xz}pq-(I_{zz}-I_{yy})qr]+\frac{I_{xz}}{I_D}[N-I_{xz}qr-(I_{yy}-I_{xx})pq]$$

部分项线性化较为容易，线性化显性表示的 p、q、r 问题不大。滚转和偏航力矩则有困难。我们需要获取所有状态、控制和常量的相关性。由于气动数据的导数形式通常存在，我们还需要确定该导数(与状态、控制和常量)的相关性。滚转和偏航力矩为

P. 101

$$L=\bar{q}SbC_{\mathrm{l}}(\beta,\hat{p},\hat{r},\delta_{\mathrm{l}},\delta_{\mathrm{n}})$$

$$N=\bar{q}SbC_{\mathrm{n}}(\beta,\hat{p},\hat{r},\delta_{\mathrm{l}},\delta_{\mathrm{n}})$$

唯一没有出现的状态为 θ、ϕ，两个控制量为 δ_{l} 和 δ_{n}。我们由此定义线性化函数为

$$f_p(\dot{p},u,v,w,p,q,r,\delta_1,\delta_n)$$
$$= I_D\dot{p} - I_{zz}L - I_{xz}N + I_{xz}(-I_{xx}+I_{yy}-I_{zz})pq + [I_{zz}(-I_{yy}+I_{zz})-I_{xz}^2]qr$$
$$= 0$$

在开始微分之前，我们注意到 u、w 的相关性仅通过力矩 L、N（或者通过 $\bar{q}$、β、$\hat{p}$、$\hat{r}$）出现。我们已经确定 $\bar{q}$、β、$\hat{p}$、$\hat{r}$ 关于 u、w 的微分，且在基准飞行条件下，偏微分中仅有$\frac{\partial \bar{q}}{\partial u}$是非零的。不过，该项将乘以 $C_{l_{\text{ref}}}$，且 $C_{l_{\text{ref}}}$ 为零（$L_{\text{ref}}=0$）。由此可以得出：当在稳定、直线、对称飞行时，

$$\frac{\partial f_p}{\partial u}=\frac{\partial f_p}{\partial w}=0$$

其他偏微分项如下：

$$\left.\frac{\partial f_p}{\partial \dot{p}}\right|_{\text{ref}} = I_D = I_{xx}I_{zz} - I_{xz}^2$$

$$\left.\frac{\partial f_p}{\partial v}\right|_{\text{ref}} = -I_{zz}L_v - I_{xz}N_v$$

$$\left.\frac{\partial f_p}{\partial p}\right|_{\text{ref}} = -I_{zz}L_p - I_{xz}N_p \qquad (q_{\text{ref}}=0)$$

$$\left.\frac{\partial f_p}{\partial q}\right|_{\text{ref}} = 0 \qquad (p_{\text{ref}}=y_{\text{ref}}=0)$$

$$\left.\frac{\partial f_p}{\partial r}\right|_{\text{ref}} = -I_{zz}L_r - I_{xz}N_r \qquad (q_{\text{ref}}=0)$$

$$\left.\frac{\partial f_p}{\partial \delta_1}\right|_{\text{ref}} = -I_{zz}L_{\delta_1} - I_{xz}N_{\delta_1}$$

$$\left.\frac{\partial f_p}{\partial \delta_n}\right|_{\text{ref}} = -I_{zz}L_{\delta_n} - I_{xz}N_{\delta_n}$$

P. 102 现在可以写出线性化后滚转力矩方程的量纲形式：

$$\dot{p} = \frac{1}{I_D}[(I_{zz}L_v + I_{xz}N_v)v + (I_{zz}L_p + I_{xz}N_p)p + (I_{zz}L_r + I_{xz}N_r)r + (I_{zz}L_{\delta_1} + I_{xz}N_{\delta_1})\Delta\delta_1 + (I_{zz}L_{\delta_n} + I_{xz}N_{\delta_n})\Delta\delta_n] \tag{8.5}$$

如果稳定坐标系与主轴坐标系重合，该式可以简化为

$$\dot{p} = \frac{1}{I_{xp}}(L_v v + L_p p + L_r r + L_{\delta_1}\Delta\delta_1 + L_{\delta_n}\Delta\delta_n) \qquad \text{（主轴坐标系）}$$

力矩的偏微分为有量纲形式。我们可以在该点上按照现在的形式线性化方程，并在给定高度和速度的条件下，求解右边的每一个因子。我们也可以采用无量纲形式重写微分方程，这样所需的导数会简单易懂，例如，

$$L_v = \frac{\partial L}{\partial v}\bigg|_{\text{ref}} = \frac{\partial\left[\bar{q}SbC_l(\beta,\hat{p},\hat{r},\delta_l,\delta_n)\right]}{\partial v}\bigg|_{\text{ref}}$$

$$= Sb\left(C_l\frac{\partial\bar{q}}{\partial v}\bigg|_{\text{ref}} + \bar{q}\frac{\partial C_l}{\partial\beta}\frac{\partial\beta}{\partial v}\bigg|_{\text{ref}}\right)_{\text{ref}} \tag{8.6}$$

$$= \left(\frac{\bar{q}_{\text{ref}}Sb}{V_{\text{ref}}}\right)C_{l\beta}$$

在 L_v 中，第一项 $C_{l_{\text{ref}}}=0$，第二项 $\frac{\partial\beta}{\partial v}\Big|_{\text{ref}}=\frac{1}{V_{\text{ref}}}$。

L、N 关于状态和控制微分中的非零项可以参见表 8.2。

表 8.2　L、N 关于状态和控制的微分结果

$\frac{\partial\rightarrow}{\partial\downarrow}\Big\|_{\text{ref}}$	L	N
v	$\left(\frac{\bar{q}_{\text{ref}}Sb}{V_{\text{ref}}}\right)C_{l_\beta}$	$\left(\frac{\bar{q}_{\text{ref}}Sb}{V_{\text{ref}}}\right)C_{n\beta}$
p	$\left(\frac{\bar{q}_{\text{ref}}Sb^2}{2V_{\text{ref}}}\right)C_{l_p}$	$\left(\frac{\bar{q}_{\text{ref}}Sb^2}{2V_{\text{ref}}}\right)C_{n_p}$
r	$\left(\frac{\bar{q}_{\text{ref}}Sb^2}{2V_{\text{ref}}}\right)C_{l_r}$	$\left(\frac{\bar{q}_{\text{ref}}Sb^2}{2V_{\text{ref}}}\right)C_{n_r}$
δ_l	$(\bar{q}_{\text{ref}}Sb)C_{l\delta_l}$	$(\bar{q}_{\text{ref}}Sb)C_{n\delta_l}$
δ_n	$(\bar{q}_{\text{ref}}Sb)C_{l\delta_n}$	$(\bar{q}_{\text{ref}}Sb)C_{n\delta_n}$

结合无量纲系数(参见附录 B.2)，我们有　P. 103

$$D(\hat{p}) = \frac{1}{\mathcal{A}\hat{I}_D}[(\hat{I}_{zz}C_{l_\beta}+\hat{I}_{xz}C_{n_\beta})\beta+(\hat{I}_{zz}C_{l_p}+\hat{I}_{xz}C_{n_p})\hat{p}+$$

$$(\hat{I}_{zz}C_{l_r}+\hat{I}_{xz}C_{n_r})\hat{r}+(\hat{I}_{zz}C_{l_{\delta_l}}+\hat{I}_{xz}C_{n_{\delta_l}})\Delta\delta_l+ \tag{8.7}$$

$$(\hat{I}_{zz}C_{l_{\delta n}}+\hat{I}_{xz}C_{n_{\delta_n}})\Delta\delta_n]$$

式中，$\mathcal{A}$为展弦比，且 $\hat{I}_D=\hat{I}_{xx}\hat{I}_{zz}-\hat{I}_{xz}^2$。若稳定坐标系与主轴坐标系一致，则

$$D(\hat{p}) = \frac{1}{\mathcal{A}\hat{I}_{xp}}(C_{l_\beta}\beta+C_{l_p}\hat{p}+C_{l_r}\hat{r}+C_{l_{\delta_l}}\delta_l+C_{l_{\delta_n}}\delta_n)\text{（主轴坐标系）}$$

8.5.4　力学方程

我们以机体坐标系 Z 力(Z-force)方程为例：

$$\dot{w} = \frac{1}{m}(Z+T\sin\epsilon_T)+g\cos\phi\cos\theta+qu-pv$$

定义函数：

$$f_w(\dot{w}, u, v, w, p, q, r, \phi, \theta, \delta_\mathrm{T}, \delta_\mathrm{m}, \delta_\mathrm{n}) = \dot{w} - \frac{1}{m}(Z + T\sin\epsilon_T) - g\cos\phi\cos\theta - qu + pv$$

由于该方程为纵向方程，故与侧向独立变量 v、p、r、δ_n 的相关性不是我们所关心的。方程中与 v、ϕ 的相关性是显式的，而与 p、r、δ_n 的相关性隐含在力的相关性中，也就是

$$T = \bar{q}SC_T(\hat{V}, \delta_\mathrm{T})$$

$$Z = \bar{q}SC_Z$$

后者在气流坐标系和机体坐标系力的混合系统（见式 6.1）中较为复杂。不过，可以证明在对称飞行条件下，线性化修正后的 C_Z 与线性化简化（式 6.2）后的 C_Z 结果一致。也就是，下式的线性化：

$$C_Z = -C_D\sin\alpha\sec\beta - C_Y\sin\alpha\tan\beta - C_L\cos\alpha$$

在基准飞行条件下，去掉包含侧向独立变量的项（v、p、r、ϕ、δ_1、δ_n），将会得到与在 $\beta=0$ 条件下线性化下式相同的结果，

$$C_Z = -C_D\sin\alpha - C_L\cos\alpha$$

P. 104　不过，总的来说，绝不能在求导之前应用基准条件。因为应用基准条件将使得该项为常数，其导数为零。

其余微分项如下：

$$\left.\frac{\partial f_w}{\partial \dot{w}}\right|_\mathrm{ref} = 1 - \frac{Z_{\dot{w}}}{m}$$

$$\left.\frac{\partial f_w}{\partial u}\right|_\mathrm{ref} = -\frac{Z_u + T_u\sin\epsilon_T}{m} \qquad (q_\mathrm{ref} = 0)$$

$$\left.\frac{\partial f_w}{\partial w}\right|_\mathrm{ref} = -\frac{Z_w}{m} \qquad (C_T\text{ 中}\frac{\partial V}{\partial w} = 0)$$

$$\left.\frac{\partial f_w}{\partial q}\right|_\mathrm{ref} = -\frac{Z_q}{m} - V_\mathrm{ref} \qquad (u_\mathrm{ref} = V_\mathrm{ref})$$

$$\left.\frac{\partial f_w}{\partial \theta}\right|_\mathrm{ref} = g\sin\gamma_\mathrm{ref} \qquad (\cos\phi_\mathrm{ref} = 1)$$

$$\left.\frac{\partial f_w}{\partial \delta_\mathrm{T}}\right|_\mathrm{ref} = -\frac{T_{\delta_\mathrm{T}}\sin\epsilon_T}{m}$$

$$\left.\frac{\partial f_w}{\partial \delta_\mathrm{m}}\right|_\mathrm{ref} = -\frac{Z_{\delta_\mathrm{m}}}{m}$$

线性化方程的量纲形式为

$$\dot{w} = \frac{1}{m - Z_{\dot{w}}}[(Z_u + T_u\sin\epsilon_T)\Delta u + Z_w w + (Z_q + mV_\mathrm{ref})q -$$

$$mg\sin\gamma_{\text{ref}}\Delta\theta+T_{\delta_{\text{T}}}\sin\epsilon_T\Delta\delta_{\text{T}}+Z_{\delta_{\text{m}}}\Delta\delta_{\text{m}}\big] \tag{8.8}$$

无量纲系数计算方法见附录 B.3,具体计算结果见表 8.3。

表 8.3　无量纲系数的计算结果

$\frac{\partial\rightarrow}{\partial\downarrow}\Big\vert_{\text{ref}}$	Z	T
$\dot{w}$	$-\left(\frac{\bar{q}_{\text{ref}}S\bar{c}}{2V_{\text{ref}}^2}\right)C_{L_{\dot{\alpha}}}$	0
u	$\left(\frac{\bar{q}_{\text{ref}}S}{2V_{\text{ref}}^2}\right)(-2C_{L_{\text{ref}}}-M_{\text{ref}}C_{L_M})$	$\left(\frac{\bar{q}_{\text{ref}}S}{V_{\text{ref}}}\right)(2C_{T_{\text{ref}}}+C_{T_V})$
w	$\left(\frac{\bar{q}_{\text{ref}}S}{V_{\text{ref}}}\right)(C_{D_{\text{ref}}}+C_{L_\alpha})$	0
q	$-\left(\frac{\bar{q}_{\text{ref}}S\bar{c}}{2V_{\text{ref}}}\right)C_{L_q}$	0
δ_{m}	$-(\bar{q}_{\text{ref}}S)C_{L_{\delta_{\text{m}}}}$	0
δ_{T}	0	$(\bar{q}_{\text{ref}}S)C_{T_{\delta_{\text{T}}}}$

(8.9)

方程的无量纲形式(见附录 B.4)化为 P. 105

$$\begin{aligned}D(\alpha)=\frac{1}{2\hat{m}+C_{L_{\dot{\alpha}}}}\big[&(-2C_W\cos\gamma_{\text{ref}}+C_{T_V}\sin\epsilon_T-M_{\text{ref}}C_{L_M})\Delta\hat{V}-\\&(C_{D_{\text{ref}}}+C_{L_\alpha})\alpha+(2\hat{m}-C_{L_q})\hat{q}-C_W\sin\gamma_{\text{ref}}\Delta\theta+\\&C_{T_{\delta_{\text{T}}}}\sin\epsilon_T\Delta\delta_{\text{T}}-C_{L_{\delta_{\text{m}}}}\Delta\delta_{\text{m}}\end{aligned} \tag{8.10}$$

8.6　习惯与规则

8.6.1　Δ 的省略

不论基准条件是否为零,习惯上在线性化方程组中均省略 Δ 符号。总的来说,假设所有变量均在某基准位置附近扰动,任何飞行动力中的线性微分方程均来自于复杂方程组的线性化。在求解方程组后,需要在 Δs 基础上加上基准值,才能获得实际值。

8.6.2　有量纲导数

我们采用的有量纲导数表示与 Etkin 提出的一致,即

$$X_y=\frac{\partial X}{\partial y}\bigg\vert_{\text{ref}}$$

很多作者均采用相同的表示方法,但却在定义中除以质量或转动惯量,故常看

见以下表示方法，例如，

$$Z_w=\left.\frac{\frac{\partial Z}{\partial w}}{m}\right|_{\text{ref}},\quad L_p=\left.\frac{\frac{\partial L}{\partial p}}{I_{xx}}\right|_{\text{ref}},\cdots$$

在力学方程组以及俯仰力矩方程中，这类表示大大简化了表达式。不过，在滚转方程和偏航方程中，除非基于主轴坐标系展开分析，否则该表示实际上将表示结果复杂化了。

8.6.3 附加质量

任何时候力和力矩均取决于状态变化速度（例如 $\dot{\alpha}$ 或 $\dot{\beta}$），这导致线性化求解过程中质量或转动惯量的导数项发生变化。因此，在 Z 力方程中，我们以表达式 $(m-Z_{\dot{w}})\dot{w}$ 代替简单的$m\dot{w}$。这类 $m\dot{w}$ 的项常用于附加质量参数（通常为负）。在舰船动力学中，这类项通常表示舰船运动过程的排水量。

P. 106

8.7 线性方程组

我们需要记住线性化是在特定基准飞行条件（稳定、直线、对称）下完成的，这一点很重要。在分析任何其他飞行条件时，均需要重新线性化。

8.7.1 线性化方程组

有量纲纵向方程组：

$$\dot{u}=\frac{1}{m}[(X_u+T_u\cos\epsilon_T)\Delta u+X_W w-mg\cos\gamma_{\text{ref}}\Delta\theta+$$
$$T_{\delta_T}\cos\epsilon_T\Delta\delta_T+X_{\delta_m}\Delta\delta_m] \tag{8.11a}$$

$$\dot{w}=\frac{1}{m-Z_{\dot{w}}}[(Z_u+T_u\sin\epsilon_T)\Delta u+Z_W w+(Z_q+mV_{\text{ref}})q-$$
$$mg\sin\gamma_{\text{ref}}\Delta\theta+T_{\delta_T}\sin\epsilon_T\Delta\delta_T+Z_{\delta_m}\Delta\delta_m] \tag{8.11b}$$

$$\dot{q}=\frac{1}{I_{yy}}\left\{\left[M_u+\frac{M_{\dot{w}}(Z_u+T_u\sin\epsilon_T)}{m-Z_{\dot{w}}}\right]\Delta u+\left[M_w+\frac{M_{\dot{w}}Z_w}{m-Z_{\dot{w}}}\right]w+\right.$$
$$\left[M_q+\frac{M_{\dot{w}}(Z_q+mV_{\text{ref}})}{m-Z_{\dot{w}}}\right]q-\left[\frac{mgM_{\dot{w}}\sin\gamma_{\text{ref}}}{m-Z_{\dot{w}}}\right]\Delta\theta+$$
$$\left.\left[\frac{M_{\dot{w}}T_{\delta_T}\sin\epsilon_T}{m-Z_{\dot{w}}}\right]\Delta\delta_T+\left[M_{\delta_m}+\frac{M_{\dot{w}}Z_{\delta_m}}{m-Z_{\dot{w}}}\right]\Delta\delta_m\right\} \tag{8.11c}$$

$$\dot{\theta}=q \tag{8.11d}$$

有量纲侧向方程组：

$$\dot{v}=\frac{1}{m}[Y_v v+Y_p p+(Y_r-mV_{\text{ref}})r+mg\cos\gamma_{\text{ref}}\phi+Y_{\delta_n}\delta_n \tag{8.12a}$$

$$\begin{aligned}\dot{p}=\frac{1}{I_D}[&(I_{zz}L_v+I_{xz}N_v)v+(I_{zz}L_p+I_{xz}N_p)p+\\&(I_{zz}L_r+I_{xz}N_r)r+(I_{zz}L_{\delta_1}+I_{xz}N_{\delta_1})\delta_1+\\&(I_{zz}L_{\delta_n}+I_{xz}N_{\delta_n})\delta_n]\end{aligned} \tag{8.12b}$$

$$\begin{aligned}\dot{r}=\frac{1}{I_D}[&(I_{xz}L_v+I_{xx}N_v)v+(I_{xz}L_p+I_{xx}N_p)p+\\&(I_{xz}L_r+I_{xx}N_r)r+(I_{xz}L_{\delta_1}+I_{xx}N_{\delta_1})\delta_1+\\&(I_{xz}L_{\delta_n}+I_{xx}N_{\delta_n})\delta_n]\end{aligned} \tag{8.12c}$$

$$\dot{\phi}=p+r\tan\gamma_{\text{ref}} \tag{8.12d}$$

无量纲纵向方程组： P. 107

$$\begin{aligned}D(\hat{V})=\frac{1}{2\hat{m}}[&(2C_W\sin\gamma_{\text{ref}}-M_{\text{ref}}C_{D_M}+C_{T_V}\cos\epsilon_T)\Delta\hat{V}+\\&(C_{L_{\text{ref}}}-C_{D_\alpha})\alpha-C_W\cos\gamma_{\text{ref}}\Delta\theta+C_{T_{\delta_T}}\Delta\delta_T-C_{D_{\delta_m}}\Delta\delta_m]\end{aligned} \tag{8.13a}$$

$$\begin{aligned}D(\alpha)=\frac{1}{2\hat{m}+C_{L_{\dot\alpha}}}[&(-2C_W\cos\gamma_{\text{ref}}+C_{T_V}\sin\epsilon_T-M_{\text{ref}}C_{L_M})\hat{V}-\\&(C_{D_{\text{ref}}}+C_{L_\alpha})\alpha+(2\hat{m}-C_{L_q})\hat{q}-C_W\sin\gamma_{\text{ref}}\Delta\theta+\\&\sin\epsilon_T C_{T_{\delta_T}}\Delta\delta_T-C_{L_{\delta_m}}\Delta\delta_m]\end{aligned} \tag{8.13b}$$

$$\begin{aligned}D(\hat{q})=\frac{1}{\hat{I}_{yy}}\Bigg\{&\left[M_{\text{ref}}C_{m_M}+\frac{C_{m_{\dot\alpha}}(-2C_W\cos\gamma_{\text{ref}}+C_{T_V}\sin\epsilon_T-M_{\text{ref}}C_{L_M})}{2\hat{m}+C_{L_{\dot\alpha}}}\right]\Delta\hat{V}+\\&\left[C_{m_{\dot\alpha}}-\frac{C_{m_{\dot\alpha}}(C_{D_{\text{ref}}}+C_{L_\alpha})}{2\hat{m}+C_{L_{\dot\alpha}}}\right]\alpha+\left[C_{m_q}+\frac{C_{m_{\dot\alpha}}(2\hat{m}-C_{L_q})}{2\hat{m}+C_{L_{\dot\alpha}}}\right]\hat{q}-\\&\frac{C_WC_{m_{\dot\alpha}}\sin\gamma_{\text{ref}}}{2\hat{m}+C_{L_{\dot\alpha}}}\Delta\theta+\left[C_{m_{\delta_m}}-\frac{C_{m_{\dot\alpha}}C_{L_{\delta_m}}}{2\hat{m}+C_{L_{\dot\alpha}}}\right]\Delta\delta_m\Bigg\}\end{aligned} \tag{8.13c}$$

$$D(\theta)=\hat{q} \tag{8.13d}$$

无量纲侧向方程组：

$$D(\beta)=\frac{1}{2\hat{m}}\left[C_{Y_\beta}\beta+C_{Y_p}\hat{p}+\left(C_{Y_r}-\frac{2\hat{m}}{\mathcal{A}}\right)\hat{r}+\right.$$

$$C_W\cos\gamma_{\mathrm{ref}}\phi+C_{Y_{\delta_\mathrm{n}}}\Delta\delta_\mathrm{n}\Big] \tag{8.14a}$$

$$\begin{aligned}D(\hat{p})=\frac{1}{\mathcal{A}\hat{I}_D}\Big[&(\hat{I}_{zz}C_{\mathrm{l}_\beta}+\hat{I}_{xz}C_{\mathrm{n}_\beta})\beta+(\hat{I}_{zz}C_{\mathrm{l}_p}+\hat{I}_{xz}C_{\mathrm{n}_p})\hat{p}+\\&(\hat{I}_{zz}C_{\mathrm{l}_r}+\hat{I}_{xz}C_{\mathrm{n}_r})\hat{r}+(\hat{I}_{zz}C_{\mathrm{l}_{\delta_\mathrm{l}}}+\hat{I}_{xz}C_{\mathrm{n}_{\delta_\mathrm{l}}})\Delta\delta_\mathrm{l}+\\&(\hat{I}_{zz}C_{\mathrm{l}_{\delta_\mathrm{n}}}+\hat{I}_{zz}C_{\mathrm{n}_{\delta_\mathrm{n}}})\Delta\delta_\mathrm{n}\Big]\end{aligned} \tag{8.14b}$$

$$\begin{aligned}D(\hat{r})=\frac{1}{\mathcal{A}\hat{I}_D}\Big[&(\hat{I}_{xz}C_{\mathrm{l}_\beta}+\hat{I}_{xx}C_{\mathrm{n}_\beta})\beta+(\hat{I}_{xz}C_{\mathrm{l}_\beta}+\hat{I}_{xx}C_{\mathrm{n}_p})\hat{p}+\\&(\hat{I}_{xz}C_{\mathrm{l}_r}+\hat{I}_{xx}C_{\mathrm{n}_r})\hat{r}+(\hat{I}_{xz}C_{\mathrm{l}_{\delta_\mathrm{l}}}+\hat{I}_{xx}C_{\mathrm{n}_{\delta_\mathrm{l}}})\Delta\delta_\mathrm{l}+\\&(\hat{I}_{zz}C_{\mathrm{l}_{\delta_\mathrm{n}}}+\hat{I}_{zz}C_{\mathrm{n}_{\delta_\mathrm{n}}})\Delta\delta_\mathrm{n}\Big]\end{aligned} \tag{8.14c}$$

$$D(\phi)=\frac{1}{\mathcal{A}}(\hat{p}+\hat{r}\tan\gamma_{\mathrm{ref}}) \tag{8.14d}$$

P. 108
8.7.2 线性化方程组的矩阵形式

在将方程组写为 $\Delta\dot{\boldsymbol{x}}=\boldsymbol{A}\Delta\boldsymbol{x}+\boldsymbol{B}\Delta\boldsymbol{u}$ 形式以前，需要注意：方程组中的纵向状态导数仅仅是纵向状态和控制的函数，且侧向状态导数仅仅是侧向状态和控制的函数。也就是说，对于量纲方程组而言，我们有关于 $\dot{u}$、$\dot{w}$、$\dot{q}$、$\dot{\theta}$ 的微分方程组，且该方程组是状态 u、w、q、θ 和控制 δ_T、δ_m 的函数。类似地，我们有关于 $\dot{v}$、$\dot{p}$、$\dot{r}$、$\dot{\phi}$ 的微分方程组，且该方程组是状态 v、p、r、ϕ 和控制 δ_l、δ_n 的函数。对于无量纲方程组而言，除了纵向方程组状态变为 $\hat{V}$、α、$\hat{q}$、θ，侧向方程组状态变为 β、$\hat{p}$、$\hat{r}$、ϕ 以外，基本情况类似。

这样，纵向方程组与侧向方程组便得以解耦，反之亦然。我们需要同时处理的 8 个方程，分成了 2 个方程组。由此我们定义了纵向状态 $\boldsymbol{x}_{\mathrm{long}}$ 和控制向量 $\boldsymbol{u}_{\mathrm{long}}$，侧向状态 $\boldsymbol{x}_{\mathrm{LD}}$ 和控制向量 $\boldsymbol{u}_{\mathrm{LD}}$。

$$\boldsymbol{x}_{\mathrm{long}}=\begin{bmatrix}u\\w\\q\\\theta\end{bmatrix},\quad \boldsymbol{u}_{\mathrm{long}}=\begin{bmatrix}\delta_\mathrm{T}\\\delta_\mathrm{m}\end{bmatrix},\quad \boldsymbol{x}_{\mathrm{LD}}=\begin{bmatrix}v\\p\\r\\\phi\end{bmatrix},\quad \boldsymbol{u}_{\mathrm{LD}}=\begin{bmatrix}\delta_\mathrm{l}\\\delta_\mathrm{n}\end{bmatrix}$$

同样，我们定义了无量纲状态 $\hat{\boldsymbol{x}}_{\mathrm{long}}$、$\hat{\boldsymbol{x}}_{\mathrm{LD}}$。

$$\hat{\boldsymbol{x}}_{\text{long}}=\begin{bmatrix}\hat{V}\\ \alpha\\ \hat{q}\\ \theta\end{bmatrix},\quad \hat{\boldsymbol{x}}_{\text{LD}}=\begin{bmatrix}\beta\\ \hat{p}\\ \hat{r}\\ \phi\end{bmatrix}$$

控制量通常均用无量纲量定义(例如,油门从 0 到 1,舵面偏转弧度等),所以无须另外定义 $\hat{u}_{\text{long}}$、$\hat{u}_{\text{LD}}$。

进一步假设

为了后续的阐释,需要利用 4 个假设条件进一步简化线性化运动学方程组:

1. 飞机稳定、直线、对称、水平($\gamma_{\text{ref}}=0$)飞行(steady, straight, symmetric, level flight , SSSLF)。

2. 发动机推力线沿 x_{B} 轴,故$\epsilon_T=0$。

3. 机体坐标系与主轴系固联,故 $I_{xz}=0$。

4. 不存在与 $\dot{\alpha}$(或 $\dot{w}$)的空气动力学相关性。

虽然这些假设并不完全必要,但它们确实可以使我们在飞机空气动力学与控制研究中聚焦更为重要的典型影响。

有量纲纵向方程组(SSSLF,$\epsilon_T=0$): P. 109

$$\dot{\boldsymbol{x}}_{\text{long}}=\boldsymbol{A}_{\text{long}}\boldsymbol{x}_{\text{long}}+\boldsymbol{B}_{\text{long}}\boldsymbol{u}_{\text{long}} \tag{8.15a}$$

$$\boldsymbol{x}_{\text{long}}=\begin{bmatrix}u\\ w\\ q\\ \theta\end{bmatrix},\quad \boldsymbol{u}_{\text{long}}=\begin{bmatrix}\delta_{\text{T}}\\ \delta_{\text{m}}\end{bmatrix} \tag{8.15b}$$

$$\boldsymbol{A}_{\text{long}}=\begin{bmatrix}\dfrac{X_u+T_u}{m} & \dfrac{X_w}{m} & 0 & -g\\ \dfrac{Z_u}{m} & \dfrac{Z_w}{m} & \dfrac{Z_q+mV_{\text{ref}}}{m} & 0\\ \dfrac{M_u}{I_{yy}} & \dfrac{M_w}{I_{yy}} & \dfrac{M_q}{I_{yy}} & 0\\ 0 & 0 & 1 & 0\end{bmatrix} \tag{8.15c}$$

$$\boldsymbol{B}_{\mathrm{long}}=\begin{bmatrix}\dfrac{T_{\delta_{\mathrm{T}}}}{m} & \dfrac{T_{\delta_{\mathrm{m}}}}{m}\\ 0 & \dfrac{Z_{\delta_{\mathrm{m}}}}{m}\\ 0 & \dfrac{M_{\delta_{\mathrm{m}}}}{I_{yy}}\\ 0 & 0\end{bmatrix} \tag{8.15d}$$

无量纲纵向方程组(SSSLF,$\epsilon_T=0$)：

$$\dot{\hat{\boldsymbol{x}}}_{\mathrm{long}}=\hat{\boldsymbol{A}}_{\mathrm{long}}\hat{\boldsymbol{x}}_{\mathrm{long}}+\hat{\boldsymbol{B}}_{\mathrm{long}}\boldsymbol{u}_{\mathrm{long}} \tag{8.16a}$$

$$\hat{\boldsymbol{x}}_{\mathrm{long}}=\begin{bmatrix}\hat{V}\\ \alpha\\ \hat{q}\\ \theta\end{bmatrix} \tag{8.16b}$$

$$\hat{\boldsymbol{A}}_{\mathrm{long}}=\begin{bmatrix}\dfrac{-M_{\mathrm{ref}}C_{D_M}+C_{T_V}}{2\hat{m}} & \dfrac{C_{L\,\mathrm{ref}}-C_{D_\alpha}}{2\hat{m}} & 0 & \dfrac{-C_W}{2\hat{m}}\\ \dfrac{-2C_W-M_{\mathrm{ref}}C_{L_M}}{2\hat{m}} & \dfrac{-C_{D\,\mathrm{ref}}-C_{L_\alpha}}{2\hat{m}} & \dfrac{2\hat{m}-C_{L_q}}{2\hat{m}} & 0\\ \dfrac{M_{\mathrm{ref}}C_{m_M}}{\hat{I}_{yy}} & \dfrac{C_{m_\alpha}}{\hat{I}_{yy}} & \dfrac{C_{m_q}}{\hat{I}_{yy}} & 0\\ 0 & 0 & 1 & 0\end{bmatrix} \tag{8.16c}$$

$$\hat{\boldsymbol{B}}_{\mathrm{long}}=\begin{bmatrix}\dfrac{C_{T_{\delta_{\mathrm{T}}}}}{2\hat{m}} & \dfrac{-C_{D_{\delta_{\mathrm{m}}}}}{2\hat{m}}\\ 0 & \dfrac{-C_{L_{\delta_{\mathrm{m}}}}}{2\hat{m}}\\ 0 & \dfrac{C_{m\delta_{\mathrm{m}}}}{\hat{I}_{yy}}\\ 0 & 0\end{bmatrix} \tag{8.16d}$$

P. 110 有量纲侧向方程组(SSSLF,$I_{xz}=0$)：

$$\dot{\boldsymbol{x}}_{\mathrm{LD}}=\boldsymbol{A}_{\mathrm{LD}}\boldsymbol{x}_{\mathrm{LD}}+\boldsymbol{B}_{\mathrm{LD}}\boldsymbol{u}_{\mathrm{LD}} \tag{8.17a}$$

$$\boldsymbol{x}_{\mathrm{LD}}=\begin{bmatrix}v\\p\\r\\\phi\end{bmatrix},\quad \boldsymbol{u}_{\mathrm{LD}}=\begin{bmatrix}\delta_{\mathrm{l}}\\\delta_{\mathrm{n}}\end{bmatrix} \tag{8.17b}$$

$$\boldsymbol{A}_{\mathrm{LD}}=\begin{bmatrix}\dfrac{Y_v}{m} & \dfrac{Y_p}{m} & \dfrac{Y_r-mV_{\mathrm{ref}}}{m} & g\\ \dfrac{L_v}{I_{xx}} & \dfrac{L_p}{I_{xx}} & \dfrac{L_r}{I_{xx}} & 0\\ \dfrac{N_v}{I_{zz}} & \dfrac{N_p}{I_{zz}} & \dfrac{N_r}{I_{zz}} & 0\\ 0 & 1 & 0 & 0\end{bmatrix} \tag{8.17c}$$

$$\boldsymbol{B}_{\mathrm{LD}}=\begin{bmatrix}0 & \dfrac{Y_{\delta_{\mathrm{n}}}}{m}\\ \dfrac{L_{\delta_{\mathrm{l}}}}{I_{xx}} & \dfrac{L_{\delta_{\mathrm{n}}}}{I_{xx}}\\ \dfrac{L_{\delta_{\mathrm{l}}}}{I_{zz}} & \dfrac{N_{\delta_{\mathrm{n}}}}{I_{zz}}\\ 0 & 0\end{bmatrix} \tag{8.17d}$$

无量纲侧向方程组(SSSLF, $I_{xz}=0$)：

$$\dot{\hat{\boldsymbol{x}}}_{\mathrm{LD}}=\hat{\boldsymbol{A}}_{\mathrm{LD}}\hat{\boldsymbol{x}}_{\mathrm{LD}}+\hat{\boldsymbol{B}}_{\mathrm{LD}}\boldsymbol{u}_{\mathrm{LD}} \tag{8.18a}$$

$$\hat{\boldsymbol{x}}_{\mathrm{LD}}=\begin{bmatrix}\beta\\\hat{p}\\\hat{r}\\\phi\end{bmatrix} \tag{8.18b}$$

$$\hat{\mathbf{A}}_{\mathrm{LD}}=\begin{bmatrix}\dfrac{C_{y_\beta}}{2\hat{m}} & \dfrac{C_{y_p}}{2\hat{m}} & \dfrac{C_{y_r}-2\hat{m}/\mathcal{A}}{2\hat{m}} & \dfrac{C_W}{2\hat{m}}\\ \dfrac{C_{\mathrm{l}_\beta}}{\mathcal{A}\hat{I}_{xx}} & \dfrac{C_{\mathrm{l}_p}}{\mathcal{A}\hat{I}_{xx}} & \dfrac{C_{\mathrm{l}_r}}{\mathcal{A}\hat{I}_{xx}} & 0\\ \dfrac{C_{\mathrm{n}_\beta}}{\mathcal{A}\hat{I}_{zz}} & \dfrac{C_{\mathrm{n}_p}}{\mathcal{A}\hat{I}_{zz}} & \dfrac{C_{\mathrm{n}_r}}{\mathcal{A}\hat{I}_{zz}} & 0\\ 0 & \dfrac{1}{\mathcal{A}} & 0 & 0\end{bmatrix} \tag{8.18c}$$

$$\hat{\boldsymbol{B}}_{\mathrm{LD}}=\begin{bmatrix} 0 & \dfrac{C_{Y_{\delta\mathrm{n}}}}{2\hat{m}} \\ \dfrac{C_{\mathrm{l}_{\delta\mathrm{l}}}}{\hat{I}_{xx}} & \dfrac{C_{\mathrm{l}_{\delta_\mathrm{n}}}}{\hat{I}_{xx}} \\ \dfrac{C_{\mathrm{n}_{\delta_\mathrm{l}}}}{\hat{I}_{zz}} & \dfrac{C_{\mathrm{n}_{\delta_\mathrm{n}}}}{\hat{I}_{zz}} \\ 0 & 0 \end{bmatrix} \tag{8.18d}$$

P. 111

习题

以下是习题涉及变量的的说明。独立变量：机体坐标系速度 u、v、w、p、q、r，机体坐标系 2 个欧拉角 θ、ϕ，以及这些变量的导数；4 个广义控制 δ_T、δ_l、δ_m、δ_n。对于没有特别说明的飞机，均假设无量纲导数已知。由于相关性的存在，无量纲导数看作是在方程组(6.3)中已给出，例如，由于 C_T 取决于 $\hat{V}$、δ_T，则认为 C_{T_V}、$C_{T_{\delta_\mathrm{T}}}$ 已知。

1. 线性化航向角方程，$\dot{\psi}=(q\sin\phi+r\cos\phi)\sec\theta$。采用稳定、直线、对称飞行基准条件；选择稳定坐标系。以下条件给定：h_{ref}、V_{ref}，以及 $\theta_{\mathrm{ref}}=\gamma_{\mathrm{ref}}\neq 0$。仅求解量纲形式，并给出所有求解步骤。
2. 采用稳定、对称、转弯飞行为基准条件，选择稳定坐标系。重复习题 1，以下条件给定：h_{ref}、V_{ref}、φ_{ref}，以及 $\theta_{\mathrm{ref}}=\gamma_{\mathrm{ref}}\neq 0$。仅求解量纲形式，并给出所有求解步骤。
3. 在习题 2 中，你应该已经发现改变倾斜角 $\Delta\phi$ 并不能改变转弯角速度，但是式(7.30)表明倾斜角和转弯角速度成正比，请解释之。
4. 采用主轴坐标系，线性化偏航力矩方程。以稳定、直线、对称飞行为基准条件。给定以下条件：h_{ref}、V_{ref}、V_{ref} 和 θ_{ref}。求解其量纲形式，并将相关的所有量纲导数化为无量纲导数，并给出所有步骤。
5. 线性化机体坐标系中的 X 力方程，且$\epsilon_T=0$。以稳定、直线、对称飞行为基准条件。求解 X 力的量纲形式，并将相关的所有量纲导数化为无量纲导数，给出所有步骤。
6. 采用第 7 章问题 6 中的多发动机飞机数据。计算机体坐标系有量纲 $\dot{u}$ 方程所有的线性化项。假设数据对稳定坐标系依然有效，$\epsilon_T=0$，$\gamma_{\mathrm{ref}}=0$，且所有未给出的导数项均为零。
7. 假设高度不是常量。采用标准大气模型，以下关系有效：

$$a=\sqrt{\gamma RT}$$

$$\rho = \rho_{SL}\left(\frac{T}{T_{SL}}\right)^{-\left(\frac{g}{rR}+1\right)}$$

$$T = T_{SL} + rh$$

方程中的高度 h 为独立变量，并与音速 a、空气密度 ρ 和温度 T 相关。γ、R、ρ_{SL}、T_{SL}、r、g 为常数。

表达式 $M=C_m\bar{q}S\bar{c}$，其中 $C_m(M,\alpha,\hat{\dot{\alpha}},\hat{q},\hat{h},\delta_m,\delta_T)$。在稳定、直线、对称、水平飞行基准条件下，确定 $C_{L_{ref}}$、$C_{D_{ref}}$、V_{ref}、h_{ref}，确定与高度相关的俯仰力矩导数，计算基准条件：

$$\left.\frac{\partial M}{\partial h}\right|_{ref} = \cdots ?$$ P. 112

参考文献

Etkin, B. (1972) *Dynamics of Atmospheric Flight*, 1st edn, John Wiley & Sons, Inc.
Etkin, B. and Reid, L.D. (1995) *Dynamics of Flight: Stability and Control,* 3rd edn, John Wiley & Sons, Inc.

第9章　线性方程组的解

P. 113 ## 9.1 标量方程

考虑一阶线性常微分方程，系数 a、b 为常值，

$$\dot{x}=ax(t)+bu(t)$$

对方程两边进行拉普拉斯变换，可得

$$sx(s)-x(t_0)=ax(s)+bu(s)$$

求解 $x(s)$，且 $t_0=0$，

$$x(s)=(s-a)^{-1}x(0)+b(s-a)^{-1}u(s)$$

方程右边由两部分组成，分别是初始条件响应，以及受迫响应。当 $u(t)=0$ 时，则可以得到初始条件响应

$$x(s)=\frac{1}{s-a}x(0)$$

对上式进行拉普拉斯逆变换，时域中的初始条件响应：

$$x(t)=e^{at}x(0)$$

显然须有 $a\leqslant 0$，否则响应将发散。如果 $x(0)=0$，则受迫响应为

$$x(s)=\frac{b}{s-a}u(s)$$

方程右边的逆变换取决于 $u(s)$。比如，若 $u(t)$ 是 $t=0$ 时的单位阶跃响应，则 $u(s)=\frac{1}{s}$，且

$$x(s)=\frac{b}{s(s-a)}$$

$$x(t)=\frac{b}{a}(e^{at}-1)$$

P. 114 受迫响应常写为

$$\frac{x(s)}{u(s)}=\frac{b}{s-a}$$

方程右边的值由 $u(s)$ 到 $x(s)$ 的传递函数确定，也可以将 $\frac{1}{s-a}$ 看成是从 $x(0)$ 到 $x(s)$ 的传递函数。

9.2　矩阵方程

对向量和矩阵进行类似的运算。去掉方程中的 Δs，仅考虑

$$\dot{\boldsymbol{x}}=\boldsymbol{A}\boldsymbol{x}+\boldsymbol{B}\boldsymbol{u}$$

$\boldsymbol{x}$ 和 $\dot{\boldsymbol{x}}$ 是 n 维向量，$\boldsymbol{u}$ 是 m 维向量，$\boldsymbol{A}$ 是 $n\times n$ 矩阵，$\boldsymbol{B}$ 是 $n\times m$ 矩阵。将 $\boldsymbol{A}$ 和 $\boldsymbol{B}$ 视为常值矩阵。向量的拉普拉斯变换是按照向量中的每个元素依次完成的，故

$$s\boldsymbol{x}(s)-\boldsymbol{x}(0)=s\boldsymbol{I}\boldsymbol{x}(s)-\boldsymbol{x}(0)=\boldsymbol{A}\boldsymbol{x}(s)+\boldsymbol{B}\boldsymbol{u}(s)$$
$$[s\boldsymbol{I}-\boldsymbol{A}]\boldsymbol{x}(s)=\boldsymbol{x}(0)+\boldsymbol{B}\boldsymbol{u}(s)$$
$$\boldsymbol{x}(s)=[s\boldsymbol{I}-\boldsymbol{A}]^{-1}\boldsymbol{x}(0)+[s\boldsymbol{I}-\boldsymbol{A}]^{-1}\boldsymbol{B}\boldsymbol{u}(s) \tag{9.1}$$

$\boldsymbol{x}(s)$ 的时域响应也是由向量中的每个元素依次完成拉普拉斯逆变换得到的，即 $\boldsymbol{x}(t)=\mathcal{L}^{-1}\boldsymbol{x}(s)$。

现在考虑状态变换矩阵 $[s\boldsymbol{I}-\boldsymbol{A}]^{-1}$，它可以表示为

$$[s\boldsymbol{I}-\boldsymbol{A}]^{-1}=\frac{\boldsymbol{C}(s)}{d(s)}$$

$n\times n$ 矩阵 $\boldsymbol{C}(s)$ 是 $[s\boldsymbol{I}-\boldsymbol{A}]$ 的伴随矩阵，其每个元素是不大于 $n-1$ 阶的多项式。多项式 $d(s)$ 是 $[s\boldsymbol{I}-\boldsymbol{A}]$ 的行列式，且阶数为 n。也就是说，$[s\boldsymbol{I}-\boldsymbol{A}]^{-1}$ 中的每一个元素都是复变量 s 的多项式之比。在多项式之比中，分子阶数不大于分母阶数称为真，如果分子阶数严格小于分母阶数则称为严格真。容易证明 $[s\boldsymbol{I}-\boldsymbol{A}]^{-1}$ 中的每个多项式之比是严格真的(由于每个分子多项式的矩阵行列式均是 $n-1$ 阶，且其对角线元素为 s 的一阶多项式)。也就是我们可以写为

$$[s\boldsymbol{I}-\boldsymbol{A}]^{-1}=\left\{\frac{c_{ij}(s)}{d(s)}\right\},i,j=1,\cdots,n$$

多项式 $d(s)$ 是特征多项式，且 $d(s)=0$ 是系统特征方程。分母多项式 $d(s)$ 可以因式分解为一阶多项式形式 $(s-\lambda_i)$，$i=1,\cdots,n$，其中 λ_i，$i=1,\cdots,n$ 为 $d(s)=0$ 的根，或者 $\boldsymbol{A}$ 的特征值。

$$d(s)=(s-\lambda_1)(s-\lambda_2)\cdots(s-\lambda_n)$$

如果特征值不同，则多项式之比可进一步表示为多个多项式之比的和，其中每个多项式之比的分母是原分母多项式的一阶因子形式之和。也就是说，对于任意阶数小于 n 的分子多项式 $n(s)$，有 P. 115

$$\frac{n(s)}{d(s)}=\frac{n(s)}{(s-\lambda_1)(s-\lambda_2)\cdots(s-\lambda_n)}$$

$$=\frac{n_1}{(s-\lambda_1)}+\frac{n_2}{(s-\lambda_2)}+\cdots+\frac{n_n}{(s-\lambda_n)}$$

上式的实质是利用部分展开方法来求解拉普拉斯逆变换问题。这类表达式的逆变换是多个指数项 $n_i\mathrm{e}^{\lambda_i t}$，$i=1,\cdots,n$ 之和：

$$\mathcal{L}^{-1}\left\{\frac{n(s)}{d(s)}\right\}=n_1\mathrm{e}^{\lambda_1 t}+n_2\mathrm{e}^{\lambda_2 t}+\cdots+n_n\mathrm{e}^{\lambda_n t}$$

该结果可运用于$[s\boldsymbol{I}-\boldsymbol{A}]^{-1}$中的每个元素。

9.3 初始条件响应

9.3.1 模态分析

系统模态

考虑非受迫或初始条件响应($u(t)=u(s)=0$)，有

$$\dot{\boldsymbol{x}}=\boldsymbol{A}\boldsymbol{x}$$

$$\boldsymbol{x}(s)=[s\boldsymbol{I}-\boldsymbol{A}]^{-1}\boldsymbol{x}(0)$$

由于 $\boldsymbol{x}(0)$是常数向量，故每个 $\boldsymbol{x}(s)$是类似$\dfrac{n(s)}{d(s)}$项的线性组合，例如，

$$x_i(s)=\frac{v_{i,1}}{s-\lambda_1}+\frac{v_{i,2}}{s-\lambda_2}+\cdots+\frac{v_{i,n}}{s-\lambda_n}$$

由此，每一项 $x_i(t)$将是 $v_{i,j}\mathrm{e}^{\lambda_j t}$ 之和，即

$$x_i(t)=v_{i,1}\mathrm{e}^{\lambda_1 t}+v_{i,2}\mathrm{e}^{\lambda_2 t}+\cdots+v_{i,n}\mathrm{e}^{\lambda_n t}$$

整个向量 $\boldsymbol{x}(t)$可以表示为

$$\boldsymbol{x}(t)=\boldsymbol{v}_1\mathrm{e}^{\lambda_1 t}+\boldsymbol{v}_2\mathrm{e}^{\lambda_2 t}+\cdots+\boldsymbol{v}_n\mathrm{e}^{\lambda_n t} \tag{9.2}$$

$\boldsymbol{v}_i\mathrm{e}^{\lambda_i t}$ 的每一部分都是系统响应的一个模态。实际上，特征值包含了实部和虚部。复根将以复共轭对的形式出现(因为 $\boldsymbol{A}$ 有实部)，也就是 $\boldsymbol{v}_i\mathrm{e}^{\lambda_i t}+\boldsymbol{v}_i^*\mathrm{e}^{\lambda_i^* t}$(用星号代表共轭根)。当然，其响应结果为振荡响应。在此类情况下，将 $\boldsymbol{v}_i\mathrm{e}^{\lambda_i t}+\boldsymbol{v}_i^*\mathrm{e}^{\lambda_i^* t}$ 看成是一个模态。显然为了使系统稳定，每个模态的特征值实部必须为负。

P. 116 现在利用式(9.2)解算 $\dot{\boldsymbol{x}}-\boldsymbol{A}\boldsymbol{x}=0$ 中的 $\boldsymbol{x}$，

$$\dot{\boldsymbol{x}}=\lambda_1\boldsymbol{v}_1\mathrm{e}^{\lambda_1 t}+\lambda_2\boldsymbol{v}_2\mathrm{e}^{\lambda_2 t}+\cdots+\lambda_n\boldsymbol{v}_n\mathrm{e}^{\lambda_n t}$$

$$\boldsymbol{A}\boldsymbol{x}=\boldsymbol{A}\boldsymbol{v}_1\mathrm{e}^{\lambda_1 t}+\boldsymbol{A}\boldsymbol{v}_2\mathrm{e}^{\lambda_2 t}+\cdots+\boldsymbol{A}\boldsymbol{v}_n\mathrm{e}^{\lambda_n t}$$

因此，

$$\dot{\boldsymbol{x}}-\boldsymbol{A}\boldsymbol{x}=(\lambda_1\boldsymbol{v}_1-\boldsymbol{A}\boldsymbol{v}_1)\mathrm{e}^{\lambda_1 t}+(\lambda_2\boldsymbol{v}_2-\boldsymbol{A}\boldsymbol{v}_2)\mathrm{e}^{\lambda_2 t}+\cdots+(\lambda_n\boldsymbol{v}_n-\boldsymbol{A}\boldsymbol{v}_n)\mathrm{e}^{\lambda_n t}=0 \tag{9.3}$$

由于 $e^{\lambda_i t}$ 不等于零，故式(9.3)中每一个括号中的项分别为零，即

$$(\lambda_i \boldsymbol{v}_i - \boldsymbol{A}\boldsymbol{v}_i) = (\lambda_i \boldsymbol{I}_i - \boldsymbol{A})\boldsymbol{v}_i = 0, i = 1, \cdots, n$$

这意味着向量 $\boldsymbol{v}_i$ 为 $\boldsymbol{A}$ 的特征向量，每个特征向量对应特征值 λ_i。由于特征向量的非零倍数(包括乘以复数)也是特征向量，我们可以将初始条件响应写为

$$\boldsymbol{x}(t) = \alpha_1 e^{\lambda_1 t} \boldsymbol{v}_1 + \alpha_2 e^{\lambda_2 t} \boldsymbol{v}_2 + \cdots + \alpha_n e^{\lambda_n t} \boldsymbol{v}_n \tag{9.4}$$

在式(9.4)中，对于给定的特征向量 $\boldsymbol{v}_i$ 构成的集合，可选择 α_i 以满足初始条件的限制：

$$\boldsymbol{x}(0) = \alpha_1 \boldsymbol{v}_1 + \alpha_2 \boldsymbol{v}_2 + \cdots + \alpha_n \boldsymbol{v}_n$$

如果我们将每一个标量项表示为 $q_i(t) = \alpha_i e^{\lambda_i t}$，则

$$\dot{q}_i(t) = \lambda_i \alpha_i e^{\lambda_i t} = \lambda_i q_i(t)$$

随后，我们将 $\alpha_i e^{\lambda_i t}$ 看作为是微分方程 $\dot{q}_i(t) = \lambda_i q_i(t)$ 在 $\alpha_i = q_i(0)$ 或 $q_i(t) = q_i(0) e^{\lambda_i t}$ 时的初始条件响应。现在定义向量 $\boldsymbol{q}(t) = \{q_i(t)\}, i = 1, \cdots, n$，则可以将初始条件响应写为

$$\boldsymbol{x}(t) = [\boldsymbol{v}_1 \boldsymbol{v}_2 \cdots \boldsymbol{v}_n] \boldsymbol{q}(t) = \boldsymbol{M}\boldsymbol{q}(t) \tag{9.5}$$

模态矩阵

定义由 $\boldsymbol{A}$ 的特征向量组成的矩阵 $\boldsymbol{M}$ 为模态矩阵。注意 $\boldsymbol{M}$ 一般不是方向余弦矩阵，且 $\boldsymbol{M}^{-1} \neq \boldsymbol{M}^{\mathrm{T}}$。不过，由于我们假设特征值不同，故特征向量是线性独立的，且 $|\boldsymbol{M}| \neq 0$。由此，$\boldsymbol{M}^{-1}$ 存在，且 $\boldsymbol{q}(t) = \boldsymbol{M}^{-1}\boldsymbol{x}(t)$，故

$$\begin{aligned} \dot{\boldsymbol{q}}(t) &= \boldsymbol{M}^{-1}\dot{\boldsymbol{x}}(t) = \boldsymbol{M}^{-1}\boldsymbol{x}(t) \\ &= \boldsymbol{M}^{-1}\boldsymbol{A}\boldsymbol{M}\boldsymbol{M}^{-1}\boldsymbol{x}(t) = (\boldsymbol{M}^{-1}\boldsymbol{A}\boldsymbol{M})\boldsymbol{M}^{-1}\boldsymbol{x}(t) \end{aligned}$$

定义 $\boldsymbol{\Lambda} = \boldsymbol{M}^{-1}\boldsymbol{A}\boldsymbol{M}$，故

$$\dot{\boldsymbol{q}}(t) = \boldsymbol{\Lambda}\boldsymbol{q}(t) \tag{9.6}$$

由于 $\dot{q}_i(t) = \lambda_i q_i(t)$，则有 P.117

$$\boldsymbol{\Lambda} = \begin{bmatrix} \lambda_1 & 0 & \cdots & 0 \\ 0 & \lambda_2 & \cdots & 0 \\ \vdots & \vdots & \ddots & \vdots \\ 0 & 0 & \cdots & \lambda_n \end{bmatrix} = \mathrm{diag}\{\lambda_i\}$$

所以，$\dot{\boldsymbol{q}}(t) = \boldsymbol{\Lambda}\boldsymbol{q}(t)$ 的解为

$$\boldsymbol{q}(t) = \begin{bmatrix} e^{\lambda_1 t} & 0 & \cdots & 0 \\ 0 & e^{\lambda_2 t} & \cdots & 0 \\ \vdots & \vdots & \ddots & \vdots \\ 0 & 0 & \cdots & e^{\lambda_n t} \end{bmatrix} q(0)$$

定义

$$\mathrm{e}^{\boldsymbol{\Lambda}t}=\begin{bmatrix}\mathrm{e}^{\lambda_1 t} & 0 & \cdots & 0\\ 0 & \mathrm{e}^{\lambda_2 t} & \cdots & 0\\ \vdots & \vdots & \ddots & \vdots\\ 0 & 0 & \cdots & \mathrm{e}^{\lambda_n t}\end{bmatrix}$$

则有

$$\dot{\boldsymbol{q}}(t)=\mathrm{e}^{\boldsymbol{\Lambda}t}\boldsymbol{q}(0) \tag{9.7}$$

对于特征值不同的系统而言,我们可以在给定初始条件 $\boldsymbol{x}(0)$时,求解 $\dot{\boldsymbol{x}}=\boldsymbol{A}\boldsymbol{x}$ 的初始条件响应,步骤如下:

1. 确定 $\boldsymbol{A}$ 的特征值和特征向量;
2. 对于给定的初始条件 $\boldsymbol{x}(0)$,确定 $\boldsymbol{q}(0)=\boldsymbol{M}^{-1}\boldsymbol{x}(0)$;
3. 利用式(9.7)写出解 $\boldsymbol{q}(t)$;
4. 求解 $\boldsymbol{x}(t)=\boldsymbol{M}\boldsymbol{q}(t)$。

简而言之,即写为

$$\boldsymbol{x}(t)=\boldsymbol{M}\mathrm{e}^{\boldsymbol{\Lambda}t}\boldsymbol{M}^{-1}\boldsymbol{x}(0) \tag{9.8}$$

阿甘特图

利用式(9.8),可以在给定初始条件下,计算每一个状态随时间变化的响应。每一个实特征值将引起模态 $\alpha_i\mathrm{e}^{\lambda_i t}\boldsymbol{v}_i$,其中 α_i 为由初始条件确定的常数(可能为零),而 $\boldsymbol{v}_i$ 是与 λ_i 相关的常值向量。特定模态下每个状态随时间变化的响应是向量 $a_i\boldsymbol{v}_i$ 乘以指数项 $\mathrm{e}^{\lambda_i t}$ 的常数部分。因此,在任意时刻,状态变量均拥有同样的比例(由 $\boldsymbol{v}_i$ 给定)。

也就是,如果第 i 个模态的初始条件响应为 $\boldsymbol{x}(t)=\boldsymbol{v}_i\mathrm{e}^{\lambda_i t}$,单独状态项可写为

$$\begin{bmatrix}x_1(t)\\ x_2(t)\\ \vdots\\ x_n(t)\end{bmatrix}=\begin{bmatrix}v_{i1}\\ v_{i2}\\ \vdots\\ v_{in}\end{bmatrix}\mathrm{e}^{\lambda_i t}=\begin{bmatrix}v_{i1}\mathrm{e}^{\lambda_i t}\\ v_{i2}\mathrm{e}^{\lambda_i t}\\ \vdots\\ v_{in}\mathrm{e}^{\lambda_i t}\end{bmatrix}$$

P.118 则第 j 个状态与第 k 个状态在任意时刻的比为

$$\frac{x_j(t)}{x_k(t)}=\frac{v_{ij}\mathrm{e}^{\lambda_i t}}{v_{ik}\mathrm{e}^{\lambda_i t}}=\frac{v_{ij}}{v_{ik}}$$

需要注意的是这并不意味着两个状态之比一般为常数,因为状态中可能包含多个模态。例如,两种模态 λ_1 和 λ_2 同时存在,则 $\boldsymbol{x}(t)=\boldsymbol{v}_1\mathrm{e}^{\lambda_1 t}+\boldsymbol{v}_2\mathrm{e}^{\lambda_2 t}$,且

$$\frac{x_j(t)}{x_k(t)}=\frac{v_{1j}\mathrm{e}^{\lambda_1 t}+v_{2j}\mathrm{e}^{\lambda_2 t}}{v_{1k}\mathrm{e}^{\lambda_1 t}+v_{2k}\mathrm{e}^{\lambda_2 t}}\neq\frac{v_{1j}+v_{2j}}{v_{1k}+v_{2k}}$$

如果出现复根，则表示将会产生振荡响应。一对共轭复根虽然代表两个不同的特征值，但两根之和为实数，故只产生一种模态。

例如，若有一个复特征值 λ_i，如果 $\boldsymbol{A}$ 为实数矩阵，则会出现共轭复根 λ_i^*。

$$\lambda_i=\sigma+\mathrm{j}\omega,\quad \lambda_i^*=\sigma-\mathrm{j}\omega$$

此外，如果 λ_i 对应的特征向量为 $\boldsymbol{v}_i$，那么 λ_i^* 对应的特征向量为 $\boldsymbol{v}_i^*$。任何 α_i 和 $\boldsymbol{v}_i$ 的乘积项必须伴有 α_i^* 和 $\boldsymbol{v}_i^*$ 项。仅考虑单模态响应特征值 λ_i 和 λ_i^*，有

$$\boldsymbol{x}(t)=\mathrm{e}^{\sigma t}(\alpha_i\mathrm{e}^{\mathrm{j}\omega t}\boldsymbol{v}_i+\alpha_i^*\mathrm{e}^{-\mathrm{j}\omega t}v_i^*)$$

总体而言，乘数 α_i 和 $\boldsymbol{v}_i$ 中的每个元素均可能构成复数项。当乘以复数时，采用极坐标形式更为方便，

$$a+\mathrm{j}b=M\mathrm{e}^{\mathrm{j}\phi}$$

$$M=\sqrt{a^2+b^2},\ \phi=\arctan\frac{b}{a}$$

以极坐标形式表示 α_i 及 $\boldsymbol{v}_i$ 中的第 k 项为

$$\alpha_i=M_\alpha\mathrm{e}^{\mathrm{j}\phi_\alpha},\quad v_{ik}=M_{ik}\mathrm{e}^{\mathrm{j}\phi_{ik}}$$

$$\alpha_i\boldsymbol{v}_i=M_\alpha\mathrm{e}^{\mathrm{j}\phi_\alpha}\begin{bmatrix}M_{i1}\mathrm{e}^{\mathrm{j}\phi_{i1}}\\ \vdots\\ M_{in}\mathrm{e}^{\mathrm{j}\phi_{in}}\end{bmatrix}$$

代入特征值，可得响应为

$$\alpha_i\mathrm{e}^{\mathrm{j}\omega t}\boldsymbol{v}_i=M_\alpha\begin{bmatrix}M_{i1}\mathrm{e}^{\mathrm{j}(\omega t+\phi_\alpha+\phi_{i1})}\\ \vdots\\ M_{in}\mathrm{e}^{\mathrm{j}(\omega t+\phi_\alpha+\phi_{in})}\end{bmatrix}$$

共轭部分的响应为 P. 119

$$\alpha_i^*\mathrm{e}^{-\mathrm{j}\omega t}\boldsymbol{v}_i^*=M_\alpha\begin{bmatrix}M_{i1}\mathrm{e}^{-\mathrm{j}(\omega t+\phi_\alpha+\phi_{i1})}\\ \vdots\\ M_{in}\mathrm{e}^{-\mathrm{j}(\omega t+\phi_\alpha+\phi_{in})}\end{bmatrix}$$

该模态总响应可写为

$$\boldsymbol{x}(t)=\mathrm{e}^{\sigma t}M_\alpha\begin{bmatrix}M_{i1}(\mathrm{e}^{\mathrm{j}(\omega t+\phi_\alpha+\phi_{i1})}+\mathrm{e}^{-\mathrm{j}(\omega t+\phi_\alpha+\phi_{i1})})\\ \vdots\\ M_{in}(\mathrm{e}^{\mathrm{j}(\omega t+\phi_\alpha+\phi_{in})}+\mathrm{e}^{-\mathrm{j}(\omega t+\phi_\alpha+\phi_{in})})\end{bmatrix}$$

$$=2\mathrm{e}^{\sigma t}M_\alpha\begin{bmatrix}M_{i1}\cos(\omega t+\phi_\alpha+\phi_{i1})\\ \vdots\\ M_{in}\cos(\omega t+\phi_\alpha+\phi_{in})\end{bmatrix}$$

$\boldsymbol{x}(t)$中的第 k 部分 $x_k(t)$为

$$x_k(t)=2e^{\sigma t}M_\alpha M_{ik}\cos(\omega t+\phi_\alpha+\phi_{ik})$$

对于每个状态而言，幅值 $e^{\sigma t}$ 和 M_α 是相同的，同样角度 ωt 和 ϕ_α 也是相同的。因此，两个不同状态响应的主要区别在于幅值 M_{ik} 和相位 ϕ_k 不同，它们由相应元素的特征值确定。也就是说，在初始条件为振荡模态响应下，如果我们仅关心一个状态和另外一个状态的关系，则所有信息都包含在特征值当中。

阿甘特图可以表示复平面中多个不同状态的特征向量。通常选取特征值虚部为正$(\sigma+j\omega)$的特征向量。图 9.1 表示两个这种类型的元素，对应两种状态 x_k 和 x_{k+1}。

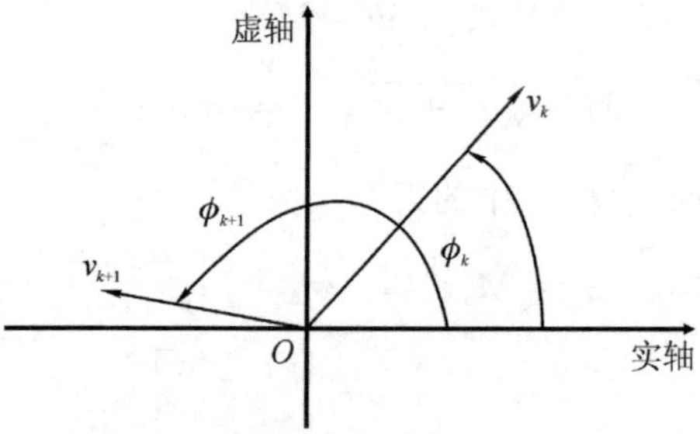

图 9.1 阿甘特图

在图 9.1 中，两个状态之间的相位差是 v_k 和 v_{k+1} 之间的夹角。两个状态之间实部的关系为 v_k 和 v_{k+1} 在实轴上的投影。

在阿甘特图中，状态响应随时间的变化可视为逆时针转动的向量，该向量绕原点转过的角度为 ωt。

注意：逆时针转动现象的原因是选取了与 $\sigma+j\omega$ 对应的特征向量。如果选取
P. 120 与 $\sigma-j\omega$ 对应的特征向量则会出现顺时针转动。因此，时刻 t 的情况将如图 9.2 所示。

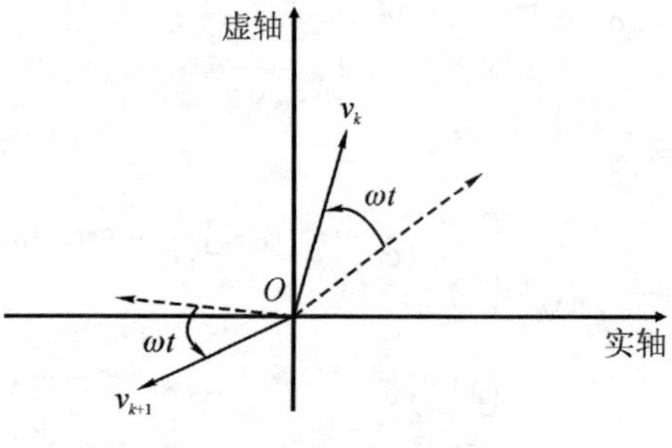

图 9.2 在时间 t 的响应

9.4　模态敏感性和近似

9.4.1　模态敏感性

在飞行动力学的研究历程中，将大规模复杂问题分解为多个小规模子问题的方法最为常见。这样做的目的是为满足过去采用计算尺、铅笔、草稿纸等工具，来计算和分析大系统的需要。另外，这样处理以后，也可以定性研究（非定量计算）小规模问题。在很多情况下，分析表明：某些特定响应模态与构成运动方程组的小部分参数集具有较强相关性，而这些参数是在飞机设计过程中确定的。因此，飞机的动态响应便自然而然地和飞机的设计选型联系起来，使得飞机设计人员能够更直接地确定所设计飞机的飞行特性。

我们已经见过了某些降阶问题。在十二个刚体运动方程中，地球坐标系 x_E、y_E 轴、航向角 ψ，并不影响飞机的动态响应，故这类状态可以忽略。高度定常假设虽然在实际飞行中通常难以成立，但经验表明忽略该状态（对研究而言）也可以接受。较为隐晦的是，在线性化侧向和纵向方程以及解耦各方程时，引入了多个假设条件。所以，我们最终得到了两个相对独立的四阶系统，并用它们代替了十二阶方程系统。

每个四阶线性方程系统都有四个特征值。我们将证明纵向运动方程的特征值一般包含两对共轭复根，而侧向运动方程组则包含一对共轭复根和两个实根。所以纵向有两个模态，而侧向有三个模态。进一步的降阶处理是为了找到状态数量和模态阶数均（与原系统）相同的动态系统，也就是说，（系统的）一个状态对应一个实特征根，两个共轭复特征根对应一个振荡模态。

特征向量分析 P. 121

处理降阶问题的方法之一是寻找仅能引起一种响应模态的初始条件集。如果找到该集，且该初始条件集中某些状态（与其他状态相比）影响较“小”，则可以在不影响响应的情况下予以忽略。

这个问题的答案相当简单。由于已假设特征向量 $\boldsymbol{v}_i$ 线性独立，故如果 $\boldsymbol{x}(0)=\alpha_i\boldsymbol{v}_i$，除某些 $\boldsymbol{v}_i$ 的非零乘积项外，其他 $\alpha_j=0, j=1,\cdots,n, j\neq i$。也可以表示为 $\boldsymbol{q}(0)=\alpha\boldsymbol{M}^{-1}\boldsymbol{x}(0)=\alpha\boldsymbol{M}^{-1}\boldsymbol{v}_i$。由于 $\boldsymbol{M}=[v_1,v_2,\cdots,v_n]$，且 $\boldsymbol{M}^{-1}\boldsymbol{M}=\boldsymbol{I}$，$\boldsymbol{M}^{-1}\boldsymbol{v}_i$ 是单位矩阵的第 i 列，则 $\boldsymbol{q}(t)=\mathrm{e}^{\boldsymbol{\Lambda}t}\boldsymbol{q}(0)$为

$$\boldsymbol{q}(t)=\mathrm{e}^{\boldsymbol{\Lambda}t}\boldsymbol{q}(0)=\begin{bmatrix}\mathrm{e}^{\lambda_1 t} & & & & \\ & \ddots & & & \\ & & \mathrm{e}^{\lambda_i t} & & \\ & & & \ddots & \\ & & & & \mathrm{e}^{\lambda_n t}\end{bmatrix}\begin{bmatrix}0\\ \vdots \\ \alpha \\ \vdots \\ 0\end{bmatrix}=\begin{bmatrix}0\\ \vdots \\ \alpha\mathrm{e}^{\lambda_i t} \\ \vdots \\ 0\end{bmatrix}$$

可以看出，只有与 $\mathrm{e}^{\lambda_i t}$ 对应的模态才会出现模态响应，$\boldsymbol{x}(t)=\alpha_i\mathrm{e}^{\lambda_i t}\boldsymbol{v}_i$。也就是说，如果初始状态条件对应某一个特征向量，只有该特征向量的特征值对应模态才会在初始条件响应中出现。如果模态来自于共轭复根，我们便可以选用实数向量 $\boldsymbol{x}(0)=\alpha_i\boldsymbol{v}_i+\alpha_i^*\boldsymbol{v}_i^*$。

由此，如果 $\boldsymbol{v}_i$ 中的特定元素相对其他元素来说较"小"，则在激发第 i 个模态的初始条件中产生的状态影响也较小。在极端情况下，如果某元素为零，则不会在该模态中产生影响。对于共轭复根的情况，则可以采用阿甘特图来确定相互关系。

采用这类信息可以确定相对"小"的元素。如果所有状态的单位相同，这样的比较是合理的。不过，在飞行动力学中，状态为线速度、角速度、长度、角度等，所以我们需要比较关于速度改变 6.096 m/s 与俯仰角速度改变 0.2 rad/s 孰大孰小的问题。

敏感性分析

在敏感性分析时，不会出现不同单位状态的比较，因为我们一次只研究一个状态。主要研究内容是：给定模态是否对于某些状态变化更为敏感。换句话说，我们试图确定初始条件中的某个状态的变化，与条件中其他状态变化相比，是否对某个模态产生更大的影响。因此，如果改变初始条件中的单个状态，而其他状态保持不变，会导致一个模态响应更为"积极"，则该状态可以看成是该模态响应的"支配"状态。也可以将敏感性分析视为将能量通过单个状态注入系统，观察该能量如何对系统模态产生影响。

P. 122　我们改变初始条件中的第 j 个状态，记为

$$\Delta\boldsymbol{x}_j(0)=\{x_i\}, x_i=\begin{cases}1, & i=j\\ 0, & i\neq j\end{cases}\tag{9.9}$$

该记法表示第 j 个位置为 1，其他位置为 0。依据式(9.5)，我们可以容易地确定 $\boldsymbol{q}(0)$的变化量 $\Delta\boldsymbol{q}_j(0)$，

$$\Delta\boldsymbol{q}_j(0)=\boldsymbol{M}^{-1}\Delta\boldsymbol{x}_j(0)\tag{9.10}$$

向量 $\Delta\boldsymbol{q}_j(0)$各部分可表示为$\{\Delta q_{ji}\}$，$i=1,\cdots,n$。每个模态中，初始条件变化如下式：

$$\Delta\boldsymbol{x}_j(0)=\Delta q_{j1}(0)\boldsymbol{v}_1+\Delta q_{j2}(0)\boldsymbol{v}_2+\cdots+\Delta q_{jn}(0)\boldsymbol{v}_n\tag{9.11}$$

式(9.11)所包含的信息可用于敏感性分析。如式(9.11)所示的实际随时间变

化的响应并不包含时间项，故该式可进一步写为

$$\Delta \boldsymbol{x}_j(t)=\Delta q_{j1}(0)\mathrm{e}^{\lambda_1 t}\boldsymbol{v}_1+\Delta q_{j2}(0)\mathrm{e}^{\lambda_2 t}\boldsymbol{v}_2+\cdots+\Delta q_{jn}(0)\mathrm{e}^{\lambda_n t}\boldsymbol{v}_n$$

在式(9.11)中，我们考察向量 $\Delta q_i(0)\boldsymbol{v}_i$ 中第 j 个元素的相对值。例如，如果改变第一个状态($j=1$)的初始条件，则观察每个向量右边的第一项，以确定不同模态是如何被干扰而发生变化的。

敏感性分析实际上并不复杂。由于我们最终仅看第 j 个部分的结果，因此是否将式(9.9)中非 j 位置设置为零并不要紧。这使得我们能够同时分析所有的状态。请注意，式(9.10)将矩阵 $\boldsymbol{M}^{-1}$ 的第 j 列分配为 $\Delta \boldsymbol{q}_j(0)$。在同时分析所有状态时，我们构建矩阵 $\boldsymbol{M}^{-1}$ 并将其每一列视作向量 $\Delta \boldsymbol{q}_j(0)$：

$$\boldsymbol{M}^{-1}=\begin{bmatrix}\Delta \boldsymbol{q}_1(0) & \Delta \boldsymbol{q}_2(0) & \cdots & \Delta \boldsymbol{q}_n(0)\end{bmatrix} \tag{9.12}$$

该模态敏感性分析的方法可以总结如下：

1. 计算系统的特征值和特征向量，利用模态矩阵 $\boldsymbol{M}$，计算 $\boldsymbol{M}^{-1}$。

2. 定义 $\boldsymbol{M}$ 的每一行为 $r_1, r_2, \cdots$，定义 $\boldsymbol{M}^{-1}$ 的每一列为 $c_1, c_2, \cdots$。

$$\boldsymbol{M}=\begin{bmatrix}r_1\\ r_2\\ \vdots\\ r_n\end{bmatrix},\quad \boldsymbol{M}^{-1}=\begin{bmatrix}c_1 & c_2 & \cdots & c_n\end{bmatrix}$$

利用元素 $c_1, c_2, \cdots$ 构建对角矩阵 $\boldsymbol{C}_1, \boldsymbol{C}_2, \cdots$，则有

$$\boldsymbol{c}_i=\begin{bmatrix}c_{1i}\\ c_{2i}\\ \vdots\\ c_{ni}\end{bmatrix},\quad \boldsymbol{C}_i=\begin{bmatrix}c_{1i} & 0 & 0 & \cdots & 0\\ 0 & c_{2i} & 0 & \cdots & 0\\ \vdots & \vdots & \vdots & \ddots & \vdots\\ 0 & 0 & 0 & \cdots & c_{ni}\end{bmatrix}$$

现在我们分析 $n\times n$ 敏感性矩阵 $\boldsymbol{S}$，其定义为

P. 123

$$\boldsymbol{S}=\begin{bmatrix}r_1\boldsymbol{C}_1\\ r_2\boldsymbol{C}_2\\ \vdots\\ r_n\boldsymbol{C}_n\end{bmatrix} \tag{9.13}$$

3. 仅保留 $\boldsymbol{S}$ 中元素的幅值(实数的绝对值，复数的幅值)。将每一列正则化，即每一元素除以元素所在行各元素之和。

4. $\boldsymbol{S}$ 中的每一行相当于状态，每一列相当于模态。模态的顺序对应着特征值的顺序，该顺序与 $\boldsymbol{M}$ 中特征向量的顺序一致。分析 $\boldsymbol{S}$ 的每一列，以评估该列元素的相对幅值。零元素意味着当前状态不响应该模态，可以在分析该模态的过程中忽略。还有一类极端情况，即某列中所有元素相同或几乎一样，则在该模态分析中须保留所有状态。在这两类极端情况之间，则需要作出决策。经验表明，当状态对

应元素不超过最大元素的 10%，则可以安全地忽略。

9.4.2 近似处理

一旦确定忽略某一状态，该状态及其影响可以从运动方程组中去除，从而得到近似简化。从数学角度看，被忽略的变量成为了常量。如果状态 x_i 可以忽略，则认为 $\dot{x}_i=0$。现在，变量以自身乘以某元素的形式出现在相应运动方程组中。剩余的问题是，在其他方程组中，可忽略变量应该取什么常数。

一直以来，在这类研究分析过程中，特别是在研究奇异摄动时，我们定义了“慢”和“快”两类变量。处理思想如下：一方面，由于慢可忽略变量(slow ignorable variable)不能如考察变量一般快速变化，故将其(慢可忽略变量)视为常值，值取其初始值。由于我们正是要处理变量摄动，故常值变化为零。另一方面，我们认为快可忽略变量已经在所关心的问题发生之前完成了其动态过程。此时，我们将其(快可忽略变量)视为常值-稳态响应值。

当涉及慢和快变量时，问题在于难以找到严格的定义(标准)或合适的方法来确定“慢”和“快”。我们的方法是，将模态按照特征值实部，从最快到最慢分级。负实部幅值越大，$e^{\sigma t}$ 越快收敛到零。对于一个给定模态的近似，所有与更快模态相关的状态被视为快变量，所有与更慢模态相关的状态被视为慢变量。

构建给定模态近似模型的方法为

1. 进行敏感性分析，找出该模态的可忽略状态；
2. 基于该模态，确定每个可忽略状态是快变量还是慢变量；
P. 124 3. 如果可忽略变量为慢变量，在近似方程组中将其设为零；
4. 如果可忽略变量为快变量，确定变量在该模态下的稳态值，且估算该值在近似方程组中的影响；
5. 去掉矩阵 **A** 和 **B** 中与可忽略变量相关的行；
6. 去掉矩阵 **A** 中与可忽略变量相关的列；
7. 剩下的非平凡方程组为所研究模态的近似。

现以如下三阶系统为例，来说明这个过程：

$$\begin{bmatrix}\dot{x}_1\\ \dot{x}_2\\ \dot{x}_3\end{bmatrix}=\begin{bmatrix}a_{11} & a_{12} & a_{13}\\ a_{21} & a_{22} & a_{23}\\ a_{31} & a_{32} & a_{33}\end{bmatrix}\begin{bmatrix}x_1\\ x_2\\ x_3\end{bmatrix}$$

假设 x_1 为模态 1 中的主导项，x_2 为模态 2 中的主导项，x_3 为模态 3 中的主导项。进一步假设模态 1 最慢而模态 3 最快，现在求模态 2 的近似。相对于模态 2，x_3 是快变量，x_1 是慢变量。设 $\dot{x}_1=\dot{x}_3=0$。x_1 是慢变量，故设 $x_1=0$。随后求解稳态值 $x_{3_{ss}}$。方程在该点的值为

$$\begin{bmatrix}0\\ \dot{x}_2\\ 0\end{bmatrix}=\begin{bmatrix}a_{11} & a_{12} & a_{13}\\ a_{21} & a_{22} & a_{23}\\ a_{31} & a_{32} & a_{33}\end{bmatrix}\begin{bmatrix}0\\ x_2\\ x_{3_{ss}}\end{bmatrix}$$

通过第三个方程来求解 $x_{3_{ss}}$，得到 $x_{3_{ss}}$ 关于 x_2 的函数，

$$\dot{x}_3=0=a_{32}x_2+a_{33}x_{3_{ss}}\Rightarrow x_{3_{ss}}=-\frac{a_{32}}{a_{33}}x_2$$

该结果应用于模态 2 方程，建立的近似方程为

$$\dot{x}_2=a_{22}x_2+a_{23}x_{3_{ss}}=a_{22}x_2-a_{23}\frac{a_{32}}{a_{33}}x_2=(a_{22}-a_{23}\frac{a_{32}}{a_{33}})x_2$$

故模态 2 近似的方程为

$$\dot{x}_2=\frac{(a_{22}a_{33}-a_{23}a_{32})x_2}{a_{33}}$$

9.5　受迫响应

9.5.1　传递函数

对于受迫响应，取 $\boldsymbol{x}(0)=0$，且

$$\boldsymbol{x}(s)=[s\boldsymbol{I}-\boldsymbol{A}]^{-1}\boldsymbol{Bu}(s)$$

等式右边的逆变换计算显然取决于 $\boldsymbol{u}(t)$，因为 $\boldsymbol{u}(t)$ 决定了 $\boldsymbol{u}(s)$。这里 $\boldsymbol{u}(t)$ 代表飞行员随时间变化的操作控制（输入），解析表达式难以给出。由此，我们考虑寻找 $\boldsymbol{u}(t)$ 的简化解析形式：脉冲、阶跃、斜坡和正弦输入。

矩阵 $[s\boldsymbol{I}-\boldsymbol{A}]^{-1}\boldsymbol{B}$ 由多项式之比构成，且每一项的分母均为特征多项式 $d(s)=|s\boldsymbol{I}-\boldsymbol{A}|=d_0+d_1s+\cdots+d_ns^n$。矩阵中的每个元素代表第 j 个输入到第 i 个状态的传递函数。传递函数矩阵一般写为 P. 125

$$\begin{aligned}&[s\boldsymbol{I}-\boldsymbol{A}]^{-1}\boldsymbol{B}=\boldsymbol{G}(s)=\{g_{ij}(s)\}\\&\boldsymbol{x}(s)=\boldsymbol{G}(s)\boldsymbol{u}(s)\end{aligned}\tag{9.14}$$

其中 $x_i(s)=\sum\limits_j g_{ij}(s)u_j(s)$，每个 $g_{ij}(s)$ 可以表示为

$$g_{ij}(s)=\frac{n_{ij}(s)}{d(s)}$$

将分子多项式和分母多项式因式分解，可得

$$g_{ij}(s)=\frac{n_{ij}(s)}{d(s)}=\frac{k_{ij}(s-z_1)(s-z_2)\cdots(s-z_{nz})}{(s-p_1)(s-p_2)\cdots(s-p_n)}$$

分子的根称为零点。n_z 代表零点在特定传递函数中的个数，每个 $g_{ij}(s)$ 通常不同。分母的根与特征值相同，但在分析传递函数时他们被称为极点。如果一个

极点和零点相同，则它们可以互相消掉；处理完毕后，剩下的极点就不再与特征值相同了。

当 $\boldsymbol{u}(s)$ 已知时，受迫响应可以通过下式计算：

$$\boldsymbol{x}(t)=\mathcal{L}^{-1}[\boldsymbol{G}(s)\boldsymbol{u}(s)] \tag{9.15}$$

9.5.2 稳态响应

通过终值定理可以求出控制输入拉普拉斯逆变换的已知系统的稳态响应（如果存在的话）。对于给定的 $x_i(s)$、$u_j(s)$ 和 $g_{ij}(s)$，

$$\lim_{t\to\infty}x_i(t)=\lim_{s\to 0}[sx_i(s)]=\lim_{s\to 0}[sg_{ij}(s)u_j(s)]$$

给定每个输入的拉普拉斯变换 $u_j(s)$，

$$\lim_{t\to\infty}\boldsymbol{x}(t)=\lim_{s\to 0}[s\boldsymbol{x}(s)]=\lim_{s\to 0}[s\boldsymbol{G}(s)\boldsymbol{u}(s)]$$

注意：终值定理通常都能给出结果，甚至在极限不存在时也是如此。对于极限的存在性，由于缺乏解决办法，通常需要从物理意义上理解。

习题

对于所有的习题，除特别说明外，采用 MATLAB® 或类似软件计算，不要手工解答。

P.126 1. 考虑一个倒立摆（见图 9.3），其包含一个质量块 m，一根质量为零、长度为 l 的刚性杆，假设转动时摩擦力和阻力为零。设 $l=9.81$ m，$m=14.59$ kg，$g=9.81$ m/s^2。设角位移 θ、角速度 $\dot{\theta}$、角加速度 $\ddot{\theta}$ 顺时针为正。两个力作用于质量块：重力和运动阻力 $T=-3.6\dot{\theta}$ kg。

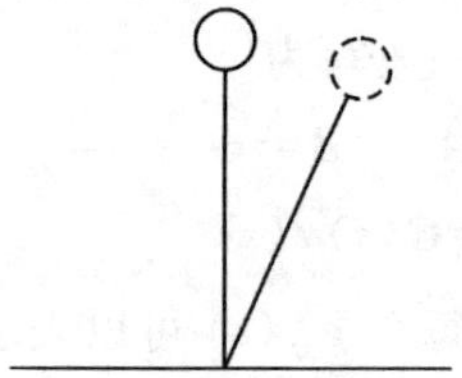

图 9.3 倒立摆

(a)确定系统运动方程，$\ddot{\theta}=f(\theta,\dot{\theta})$。

(b)设 $x_1=\theta$，$x_2=\dot{\theta}$。将系统写为一阶微分方程组的形式：

$$\begin{bmatrix}\dot{x}_1\\\dot{x}_2\end{bmatrix}=\dot{\boldsymbol{x}}=\boldsymbol{f}(\boldsymbol{x})=\begin{bmatrix}f_1(\boldsymbol{x})\\f_2(\boldsymbol{x})\end{bmatrix}$$

(c)在稳态平衡点参考条件附近，线性化系统方程，且写为 $\dot{\boldsymbol{x}}=\boldsymbol{A}\boldsymbol{x}$。

(d)确定线性化系统的特征值和特征向量。

(e)你应该得到两个实特征值，一个稳定，另一个不稳定。利用线性化系统的初始条件响应说明稳定模态是什么。

2. 考虑系统 $\dot{\boldsymbol{x}}=\boldsymbol{A}\boldsymbol{x}+\boldsymbol{B}\boldsymbol{u}$，其中

$$\boldsymbol{A}=\begin{bmatrix}-1&-1&1\\0&-2&1\\0&-2&0\end{bmatrix},\quad \boldsymbol{B}=\begin{bmatrix}1&1\\0&1\\0&1\end{bmatrix}$$

(a)求解状态转移矩阵 $[s\boldsymbol{I}-\boldsymbol{A}]^{-1}$。采用 Fadeeva 算法，并给出所有步骤。

(b)找到系统的特征值 λ_1（虚部为正的复数）、$\lambda_2=\lambda_1^*$、λ_3。特征值应该大约为 $\lambda_1\approx-1+\mathrm{j}1$ 且 $\lambda_3=-4$。找到响应的特征向量，并将向量归一化。给出所有手工计算步骤。

(c)设 $\boldsymbol{M}=[\boldsymbol{v}_1,\boldsymbol{v}_2,\boldsymbol{v}_3]$，且 $\boldsymbol{q}=\boldsymbol{M}^{-1}\boldsymbol{x}$。将系统变换为 $\dot{\boldsymbol{q}}=\boldsymbol{\Lambda}\boldsymbol{q}+\boldsymbol{M}^{-1}\boldsymbol{B}\boldsymbol{u}$。

(d)对于初始条件响应，设 $\boldsymbol{x}(0)$为 $\boldsymbol{v}_1$ 实部。确定 $\boldsymbol{q}(t)$和 $\boldsymbol{x}(t)$。

(e)对该系统进行灵敏度分析。找到一个 2×2 矩阵的近似复模态，并找到一阶系统近似实模态。

第 10 章　飞机飞行动力学

P. 127
10.1　示例:纵向飞行动力学

10.1.1　系统矩阵

如附录 A 所示数据。A-4 天鹰飞机在特定飞行条件下,有以下线性、有量纲纵向系统矩阵和控制矩阵(忽略 Δs):

$$\dot{\boldsymbol{x}}_{\text{long}} = \boldsymbol{A}_{\text{long}}\boldsymbol{x}_{\text{long}} + \boldsymbol{B}_{\text{long}}\boldsymbol{u}_{\text{long}}$$

$$\boldsymbol{x}_{\text{long}}^{\mathrm{T}} = \{u, \alpha, q, \theta\}$$

$$\boldsymbol{u}_{\text{long}}^{\mathrm{T}} = \{\delta_{\mathrm{T}}, \delta_{\mathrm{m}}\}$$

$$\boldsymbol{A}_{\text{long}} = \begin{bmatrix} -1.52\times10^{-2} & -2.26 & 0 & -32.2 \\ -3.16\times10^{-4} & -0.877 & 0.998 & 0 \\ 1.08\times10^{-4} & -9.47 & -1.46 & 0 \\ 0 & 0 & 1 & 0 \end{bmatrix}$$

$$\boldsymbol{B}_{\text{long}} = \begin{bmatrix} 20.5 & 0 \\ 0 & -1.66\times10^{-4} \\ 0 & -12.8 \\ 0 & 0 \end{bmatrix}$$

10.1.2　状态转移矩阵和特征值

利用 Fadeeva 算法(附录 D),我们可以计算状态转移矩阵 $[s\boldsymbol{I}-\boldsymbol{A}_{\text{long}}]^{-1}$,得到

$$[s\boldsymbol{I}-\boldsymbol{A}_{\text{long}}]^{-1} = \frac{\boldsymbol{C}(s)}{d(s)} = \frac{\{C_{ij}(s)\}}{d(s)}, \; i,j=1,2,3,4$$

P. 128 分子中的 $c_{ij}(s)$ 项为

$$c_{11}(s) = s^3 + 2.34s^2 + 10.7s$$

$$c_{12}(s) = -2.26s^2 - 3.29s + 305$$

$$c_{13}(s) = -34.4s - 28.2$$
$$c_{14}(s) = -32.2s^2 - 75.2s - 345$$
$$c_{21}(s) = -3.16\times10^4 s^2 - 3.53\times10^4 s$$
$$c_{22}(s) = s^3 + 1.47s^2 + 2.21\times10c_{21}(s)$$
$$c_{23}(s) = 0.998s^2 + 1.51\times10^{-2}s + 1.02\times10^{-2}$$
$$c_{24}(s) = 1.02\times10^{-2}s + 1.14\times10^{-2}$$
$$c_{31}(s) = 1.08\times10^{-4}s^2 + 3.09\times10^{-3}s$$
$$c_{32}(s) = -9.47s^2 - 0.144s$$
$$c_{33}(s) = s^3 + 0.892s^2 + 1.26\times10^{-2}s$$
$$c_{34}(s) = -3.48\times10^{-3}s - 9.93\times10^{-2}$$
$$c_{41}(s) = 1.08\times10^{-4}s + 3.09\times10^{-3}$$
$$c_{42}(s) = -9.47s - 0.144$$
$$c_{43}(s) = s^2 + 0.892s + 1.26\times10^{-2}$$
$$c_{44}(s) = s^3 + 2.35s^2 + 10.8s + 0.162$$

特征多项式为

$$d(s) = s^4 + 2.35s^3 + 10.76s^2 + 0.1652s + 0.0993$$

其因式分解形式为

$$d(s) = (s+1.17-\mathrm{j}3.06)(s+1.17+\mathrm{j}3.06)(s+0.0067-\mathrm{j}0.096)(s+0.0067+\mathrm{j}0.096)$$

系统特征值为

$$\lambda_{1,2} = -1.17\pm\mathrm{j}3.06$$
$$\lambda_{3,4} = -0.0067\pm\mathrm{j}0.096$$

特征值为 $\lambda=\sigma\pm\mathrm{j}\omega_d$ 的形式，其中 σ 为阻尼，ω_d 为响应的阻尼频率。两个模态都是稳定的(阻尼为负)，但第二个模态实部非常接近零，这意味着该模态稳定裕度较小。在标准二阶形式中，这两个模型为

$$d(s) = (s^2 + 2.34s + 10.7)(s^2 + 0.0134s + 0.00925)$$

每一个振荡模态都可以与 $s^2+2\zeta\omega_n s+\omega_n^2$ 比较，从中我们可以知道第一模态 P.129
的自然频率 $\omega_{n_{1,2}}=3.27$ rad/s、阻尼率 $\zeta_{1,2}=0.357$；第二个模态自然频率 $\omega_{n_{3,4}}=0.0962$ rad/s、阻尼率 $\zeta_{3,4}=0.0696$。该结果反映了典型传统飞机的特点：一个模态有相对较大的自然频率和阻尼，同时另一个模态有较小的自然频率和阻尼。我们可以评估每个响应的半幅时间、周期和半幅振荡周期数，见表 10.1。

表 10.1 纵向运动模态指标

指标	$\lambda_{1,2}=\lambda_{SP}$(短周期)	$\lambda_{3,4}=\lambda_{ph}$(沉浮)
$t_{\frac{1}{2}}=\dfrac{\ln\frac{1}{2}}{\sigma}$	0.592 s	103 s
$T=\dfrac{2\pi}{\omega_d}$	2.05 s	65.4 s
$N_{\frac{1}{2}}=\dfrac{t_{\frac{1}{2}}}{T}$	0.289	1.57

第一个模态与 $\lambda_{1,2}$ 相关,周期相对短,故将该模态命名为短周期模态。另一模态命名更具想象力:沉浮模态(phugoid mode,也称为长周期模态。该名字起源于 F. W. Lanchester 于 *Aerodonetics*(1908)的报告,他认为自己选取了希腊词根“飞翔(to fly)”,其实他错误地选取了词根“逃跑(to flee)”。不管如何起源,phugoid 这个词已经牢牢地被确定为航空工程的术语。

10.1.3 特征向量分析

我们现在分析纵向模态的特征向量。利用 MATLAB®,模态矩阵 $\boldsymbol{M}$ 可以表示为

$$\boldsymbol{M}=[\boldsymbol{v}_1,\boldsymbol{v}_2,\boldsymbol{v}_3,\boldsymbol{v}_4]$$

$$\boldsymbol{v}_1=\begin{bmatrix}3.66\times10^{-2}+\mathrm{j}0.946\\8.01\times10^{-2}+\mathrm{j}5.18\times10^{-2}\\-0.182+\mathrm{j}0.231\\8.56\times10^{-2}+\mathrm{j}2.68\times10^{-2}\end{bmatrix},\quad \boldsymbol{v}_2=\boldsymbol{v}_1^*$$

$$\boldsymbol{v}_3=\begin{bmatrix}4.90\times10^{-2}-\mathrm{j}0.999\\-3.76\times10^{-6}+\mathrm{j}3.27\times10^{-5}\\9.08\times10^{-6}-\mathrm{j}2.88\times10^{-4}\\-2.99\times10^{-3}+\mathrm{j}1.14\times10^{-4}\end{bmatrix},\quad \boldsymbol{v}_4=\boldsymbol{v}_3^*$$

P. 130 矩阵 $\boldsymbol{M}$ 的前面两列($\boldsymbol{v}_1$ 和 $\boldsymbol{v}_2$)对应短周期运动的根,后两列($\boldsymbol{v}_3$ 和 $\boldsymbol{v}_4$)对应沉浮运动的根。在极坐标形式中,短周期特征向量为

$$\boldsymbol{v}_1=\begin{bmatrix}0.947\angle 87.8^\circ\\9.54\times10^{-2}\angle 32.9^\circ\\0.294\angle 128.3^\circ\\8.97\times10^{-2}\angle 17.4^\circ\end{bmatrix}$$

短周期模态的特征向量阿甘特图如图 10.1 所示,虚线表示由于太小而无法画出的状态方向。

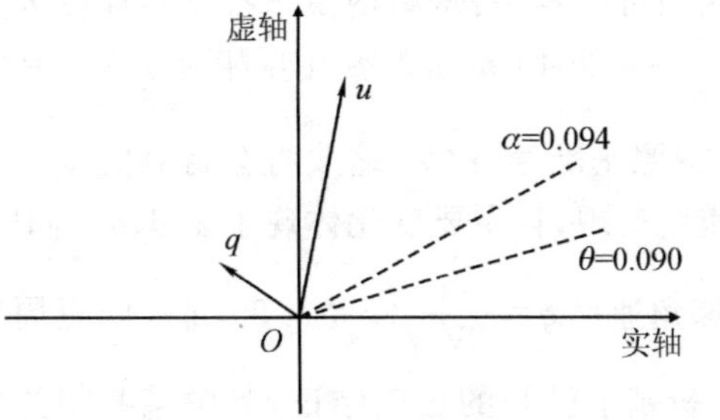

图 10.1　短周期模态的阿甘特图

该图可以用于显示一个状态相对于另一个状态的变化关系。俯仰角速度引领攻角和俯仰角的变化，相位比它们提前大约 90°，在俯仰角速度达到最大和最小值时大约领先攻角和俯仰角四分之一个周期。在攻角和俯仰角无阻尼变化时，变化幅值相同且相位也非常接近。这意味着它们几乎同时达到各自的最小和最大值。α、θ 无阻尼变化过程如图 10.2 所示。

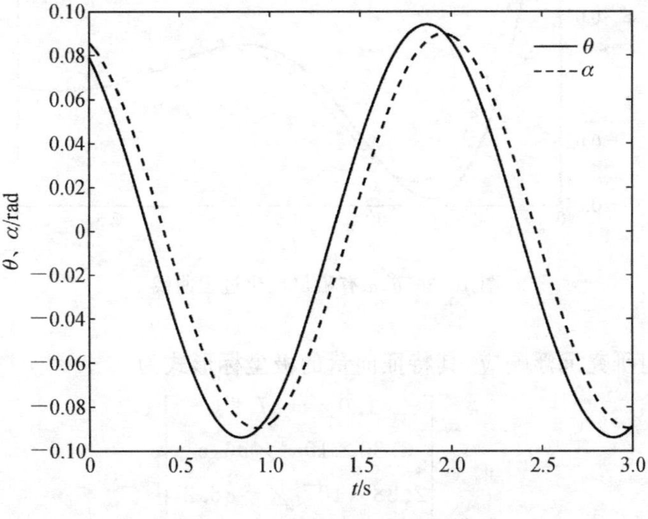

图 10.2　θ、α 无阻尼变化过程曲线

如果我们引入阻尼，且设常值乘数为单位值，可以得到图 10.3 的结果。

有阻尼变化过程表明短周期模态衰减非常快。初始条件的总响应则是短周期运动和沉浮运动的叠加。一方面，在短周期运动衰减过程中，沉浮运动响应几乎没有衰减，这意味着可以将短周期运动看作是从沉浮运动中分离出来。另一方面，在沉浮运动出现较大变化之前，短周期运动就已经衰减消失：在沉浮响应的初始阶段才会出现短时间的曲线褶皱。

从阿甘特图中我们可以得到：短周期模态特点是速度 u 和俯仰角速度 q 的快速变化。但是，速度 $u=0.3048$ m/s 的变化量相对于 $V_{\mathrm{ref}}=136.12$ m/s 来说非常小。请注意，如果 u 按照基准速度($\hat{V}$)缩放将会得到完全不同的图像，图 10.3 中短周期几乎以常值速度出现，且主要变化体现于 α、θ、q。同时需要注意，如果我们采用 $\hat{V}$ 和非量纲俯仰角速度 $\hat{q}=\dfrac{q\bar{c}}{2V_{\mathrm{ref}}}$ ($\bar{c}=3.29$ m)，则短周期运动则主要体现了 α、θ 的变化。此类分析基于已知的正确结论，其中某些相关的估算可以表明结论的正确性。

P. 131

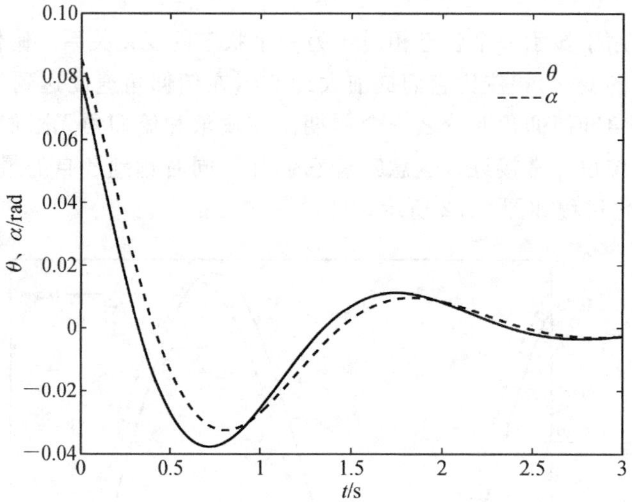

图 10.3 θ、α 有阻尼变化过程曲线

P. 132 现在我们研究沉浮响应，其特征向量的极坐标形式为

$$\boldsymbol{v}_3=\begin{bmatrix}1.0\angle -87.2^\circ\\ 3.30\times 10^{-5}\angle 96.5^\circ\\ 2.88\times 10^{-4}\angle -88.2^\circ\\ 3.00\times 10^{-3}\angle 177.8^\circ\end{bmatrix}$$

利用该式，我们可以画出阿甘特图，如图 10.4 所示。

从图中可以得出沉浮运动模态主要体现为速度 u 的大幅变化。即使 u 按照 $V_{\mathrm{ref}}=136.12$ m/s 来缩放，它依然是一个较大值，远远大于 α、q，仅稍小于 θ。可以证明大多数情况下均是如此。如果我们将高度作为第五个纵向状态，我们可以发现沉浮特征向量的这一部分变化与速度部分变化类似，且相位相差约 180°。沉浮运动模态相当于动能(速度)和势能(高度)的周期性转化运动，且攻角几乎为常数。
P. 133 如图 10.5 所示，速度随时间的变换，部分反映了此类关系。

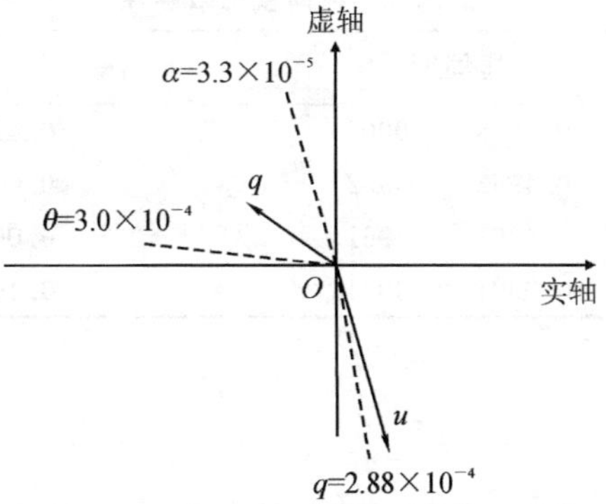

图 10.4　沉浮模态的阿甘特图

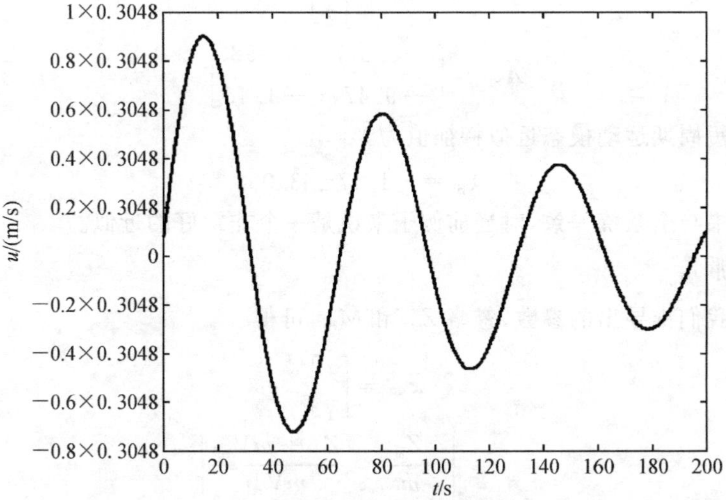

图 10.5　沉浮模态中 u 的变化过程

10.1.4　纵向模态敏感性和近似计算

运用 9.4.1 节论述的步骤推导纵向动态特性敏感性矩阵，如表 10.2 所示。

表 10.2 中的元素是明确的。每个模态有两个支配状态。也就是说，我们能用状态 α 和 q 来近似短周期运动，用状态 u 和 θ 来近似沉浮运动。

敏感性分析的目的是：利用稳定性和控制参数为每个模态都构建一个二阶系统。在此之前，我们将对数值结果进行近似处理，看看会产生什么效果。

表 10.2 纵向模态敏感性

项目	短周期		长周期	
u	0.0005	0.0005	0.4995	0.4995
α	0.4952	0.4952	0.0048	0.0048
q	0.4961	0.4961	0.0039	0.0039
θ	0.0004	0.0004	0.4996	0.4996

短周期运动

数值形式

短周期运动模态显然比沉浮运动模态快很多(短周期实部为−1.17,沉浮运动实部为−0.067)。为了近似短周期运动模态,假设 $\dot{u}=\dot{\theta}=u=\theta=0$,可得

$$\tilde{\boldsymbol{x}}_{SP}=\begin{bmatrix}\alpha\\q\end{bmatrix}$$

$$\tilde{\boldsymbol{A}}_{SP}=\begin{bmatrix}-0.877 & 0.998\\-9.47 & -1.46\end{bmatrix}$$

定义短周期运动模态近似特征值为 $\tilde{\lambda}_{SP}$,

$$\tilde{\lambda}_{SP}=-1.17\pm j3.06$$

该结果与全系统一致,对当前例子来说是一个非常好的近似。

P.134

解析形式

利用我们推导出的参数,忽略 $Z_{\dot{\omega}}$ 和 $M_{\dot{\omega}}$,可得

$$\tilde{\boldsymbol{x}}_{SP}=\begin{bmatrix}\alpha\\q\end{bmatrix} \tag{10.1a}$$

$$\tilde{\boldsymbol{A}}_{SP}=\begin{bmatrix}\dfrac{Z_\omega}{m} & \dfrac{Z_p+mV_{ref}}{mV_{ref}}\\ \dfrac{M_\omega V_{ref}}{I_{yy}} & \dfrac{M_q}{I_{yy}}\end{bmatrix} \tag{10.1b}$$

短周期运动的特征值近似,可从下式得到

$$|s\boldsymbol{I}-\tilde{\boldsymbol{A}}_{SP}|=s^2+c_1s+c_0=0$$

其中

$$|s\boldsymbol{I}-\tilde{\boldsymbol{A}}_{SP}|\cong s^2-\left(\frac{I_{yy}Z_\omega+mM_q}{mI_{yy}}\right)s+\frac{Z_\omega M_q-M_\omega(Z_q+mV_{ref})}{mI_{yy}}$$

在本例中运用该假设,则

$$\tilde{\boldsymbol{A}}_{SP}=\begin{bmatrix}-0.879 & 1.00\\-9.77 & -1.12\end{bmatrix}$$

$$\tilde{\lambda}_{SP}=-1.00\pm j3.12$$

该近似依然较好地符合 $\lambda_{SP}=-1.17\pm j3.06$，而且自然频率（3.28 rad/s 对 3.27 rad/s）和阻尼比（0.307 对 0.357）也比较相称。考虑到很难通过实验确定 $Z_{\dot{\omega}}$ 和 $M_{\dot{\omega}}$，带来相当大的不确定性，故该近似结果也不算坏。

沉浮运动

数值形式

现在考虑沉浮运动近似，设 $\dot{\alpha}=\dot{q}=0$。因为 α 和 q 与快变模态相关，将它们看成快变量。在沉浮运动近似过程中，我们需要求解稳态时的 $\dot{\alpha}$ 和 $\dot{q}$，可得

$$\dot{\alpha}=0=-(3.16\times10^{-4})u-0.877\alpha_{ss}+0.998q_{ss}$$

$$\dot{q}=0=(1.08\times10^{-4})u-9.47\alpha_{ss}-1.46q_{ss}$$

求解系统方程组中 α 和 q 的稳定状态值可得

$$\alpha_{ss}=-(3.295\times10^{-5})u$$

$$q_{ss}=(2.877\times10^{-4})u$$

$\dot{u}$ 和 $\dot{\theta}$ 的方程组化为 P.135

$$\dot{u}=-(1.51\times10^{-2})u-2.26\alpha_{ss}-32.2\theta=-(1.50\times10^{-2})u-32.2\theta$$

$$\dot{\theta}=q_{ss}=(2.877\times10^{-4})u$$

沉浮运动近似为

$$\widetilde{\boldsymbol{X}}_{ph}=\begin{bmatrix}u\\ \theta\end{bmatrix}$$

$$\widetilde{\boldsymbol{A}}_{ph}=\begin{bmatrix}-1.50\times10^{-2} & -32.2\\ 2.877\times10^{-4} & 0\end{bmatrix}$$

系统特征值为

$$\hat{\lambda}_{ph}=-0.0075\pm j0.096$$

与实际特征值 $\lambda_{ph}=-0.0067\pm j0.096$ 相比，上式在阻尼频率上近似程度较好，但过高估计了阻尼，超出了约 15%。

解析形式

在有量纲项的稳定导数中，我们有

$$\dot{\alpha}=0=\frac{Z_u}{mV_{ref}}u+\frac{Z_w}{m}\alpha_{ss}+\left(\frac{Z_q}{mV_{ref}}+1\right)q_{ss}$$

$$\dot{q}=0=\frac{M_u}{I_{yy}}u+\frac{M_wV_{ref}}{I_{yy}}\alpha_{ss}+\frac{M_q}{I_{yy}}q_{ss}$$

导数项 Z_q 和 M_u 通常忽略，使得

$$\begin{bmatrix}\alpha_{ss}\\ q_{ss}\end{bmatrix}=\begin{bmatrix}Z_wV_{ref} & mV_{ref}\\ M_wV_{ref} & M_q\end{bmatrix}^{-1}\begin{bmatrix}-Z_uu\\ 0\end{bmatrix}$$

$$=\begin{bmatrix}-M_q\\M_wV_{\text{ref}}\end{bmatrix}\frac{Z_u u}{V_{\text{ref}}(M_qZ_w-mM_wV_{\text{ref}})}$$

α_{ss} 的贡献仅出现在 $\dot{u}$ 方程中，且通常非常小(见先前的数值例子，其中 u 的因子从 -1.51×10^{-2} 到 -1.53×10^{-2} 变化)。q_{ss} 项则是 $\dot{\theta}$ 的重要部分，没有该项则 $\dot{\theta}=0$，即系统不会振荡。由此，我们忽略 α_{ss} 但保留 q_{ss}，则

$$\dot{u}=\frac{X_u+T_u}{m}u-g\theta$$

$$\dot{\theta}=q_{ss}=\frac{M_wZ_u}{M_qZ_w-mM_wV_{\text{ref}}}u$$

P. 136 我们已经设 $Z_{\dot{w}}=0$(因为已经设 $\dot{\alpha}=0$)，$\gamma_{\text{ref}}=\epsilon_T=0$(通常它们均很小)，则可得沉浮运动近似为

$$\tilde{\boldsymbol{x}}_{\text{ph}}=\begin{bmatrix}u\\\theta\end{bmatrix}\tag{10.2a}$$

$$\tilde{\boldsymbol{A}}_{\text{ph}}=\begin{bmatrix}\dfrac{X_u+T_u}{m} & -g\\\dfrac{M_wZ_u}{M_qZ_w-mM_wV_{\text{ref}}} & 0\end{bmatrix}\tag{10.2b}$$

进一步简化

在沉浮运动近似中，通常认为 $|mM_wV_{\text{ref}}|\gg|M_qZ_w|$，故系统矩阵化为

$$\tilde{\boldsymbol{A}}_{\text{ph}}=\begin{bmatrix}\dfrac{X_u+T_u}{m} & -g\\\dfrac{-Z_u}{mV_{\text{ref}}} & 0\end{bmatrix}\tag{10.2c}$$

导数 X_u 和 Z_u 可以表示为飞机升力和阻力项。此外，由于本例针对喷气式战机，故 $T_u=0$。最后，我们关注亚声速飞行阶段，故忽略马赫数影响。X_u 的估算过程如下：

$$X_u=\left(\frac{\bar{q}_{\text{ref}}S}{V_{\text{ref}}}\right)(2C_W\sin\gamma_{\text{ref}}-2C_{T_{\text{ref}}}\cos\epsilon_T-M_{\text{ref}}C_{D_M})$$

$$=-2\left(\frac{\bar{q}_{\text{ref}}S}{V_{\text{ref}}}\right)C_{T_{\text{ref}}}$$

$$=-2\left(\frac{\bar{q}_{\text{ref}}S}{V_{\text{ref}}}\right)C_{D_{\text{ref}}}$$

$$=-2\left(\frac{\bar{q}_{\text{ref}}S}{V_{\text{ref}}}\right)$$

同理，对 Z_u 进行类似估算：

$$Z_u = \left(\frac{\bar{q}_{\text{ref}} S}{V_{\text{ref}}}\right)(-2C_{L_{\text{ref}}}\sin\gamma_{\text{ref}} - M_{\text{ref}}C_{L_M})$$

$$= -2\left(\frac{\bar{q}_{\text{ref}} S}{V_{\text{ref}}}\right)C_{L_{\text{ref}}}$$

$$= -2\left(\frac{L_{\text{ref}}}{V_{\text{ref}}}\right)$$

沉浮系统矩阵由此近似为 P. 137

$$\widetilde{\boldsymbol{A}}_{\text{ph}} = \begin{bmatrix} -2\dfrac{D_{\text{ref}}}{mV_{\text{ref}}} & -g \\ -2\dfrac{L_{\text{ref}}}{mV_{\text{ref}}^2} & 0 \end{bmatrix} \tag{10.2d}$$

系统的特征多项式为

$$|s\boldsymbol{I} - \widetilde{\boldsymbol{A}}_{\text{ph}}| = s^2 + 2\frac{D_{\text{ref}}}{mV_{\text{ref}}}s + 2\frac{gL_{\text{ref}}}{mV_{\text{ref}}^2}$$

对最后一项用 $\dfrac{mg}{m}$ 代替 g，且注意到 $L_{\text{ref}} = W = mg$，故

$$|s\boldsymbol{I} - \widetilde{\boldsymbol{A}}_{\text{ph}}| = s^2 + 2\frac{D_{\text{ref}}}{mV_{\text{ref}}}s + 2\frac{L_{\text{ref}}^2}{m^2V_{\text{ref}}^2}$$

从该表达式中，可以看出沉浮运动的近似自然频率与配平飞行速度成反比：

$$\widetilde{\omega}_{\text{nph}} = \sqrt{2}\frac{L_{\text{ref}}}{mV_{\text{ref}}} \tag{10.2e}$$

可以证明阻尼比反比于著名的飞机性能参数——升阻比：

$$\widetilde{\zeta}_{\text{ph}} = \frac{D_{\text{ref}}}{\sqrt{2}L_{\text{ref}}} = \frac{1}{\sqrt{2}\left(\dfrac{L}{D}\right)_{\text{ref}}} \tag{10.2f}$$

由此，沉浮运动至少在飞机作战效率最高时，也就是在 $\left(\dfrac{L}{D}\right)_{\max}$ 时，拥有良好的阻尼特性。

由式(10.2c)给出的沉浮近似，可以通过将飞机看成是在升力和阻力特性作用下的质点运动而推导出来的。随后，通过分析系统的动能和势能可得式(10.2c)。请注意，要得到该式，还需要假设 $M_q = 0$。同时当飞机被视为质点时，并没有俯仰动态特性，所以这两种方法是等效的。

沉浮运动近似属于研究相对成熟的问题，已有许多解决方法。如果读者有兴趣，可以比较多种近似方法，参见 Pradeep(1998)的文献。

10.1.5 受迫响应

现在我们转为研究受迫响应。传递函数矩阵很容易通过$[s\boldsymbol{I}-\boldsymbol{A}]^{-1}\boldsymbol{B}=\boldsymbol{G}(s)=\{g_{ij}(s)\}$来评估。

$$\boldsymbol{G}(s)=\frac{\begin{bmatrix}20.5s^3+48.0s^2+220s & 44.2s+363\\ -6.49\times10^{-3}s^2-7.26\times10^{-3}s & -12.8s^2-0.194s-0.131\\ 2.22\times10^{-3}s^2+0.0634s & -12.8s^3-11.5s^2-0.162s\\ 2.22\times10^{-3}s+0.0634 & -12.8s^2-11.5s-0.162\end{bmatrix}}{(s+1.17\pm \mathrm{j}3.06)(s+0.0067\pm \mathrm{j}0.096)} \tag{10.3}$$

P.138 分子的因式分解形式(显示了零点位置)更为有用:

$$\boldsymbol{G}(s)=\frac{\begin{bmatrix}20.5s(s+1.17\pm \mathrm{j}3.06) & 44.2(s+0.820)\\ -6.49\times10^{-3}s(s+1.12) & -12.8(s+0.0076\pm \mathrm{j}0.101)\\ 2.22\times10^{-3}s(s+28.6) & -12.8s(s+0.877)(s+0.0143)\\ 2.22\times10^{-3}(s+28.6) & -12.8(s+0.877)(s+0.0143)\end{bmatrix}}{(s+1.17\pm \mathrm{j}3.06)(s+0.0067\pm \mathrm{j}0.096)}$$

从传递函数矩阵中可以直接观察到两个有趣的结论。

第一,油门对速度变化的影响:

$$\begin{aligned}g_{11}(s)&=\frac{u(s)}{\delta_{\mathrm{T}}(s)}\\&=\frac{20.5s(s+1.17\pm \mathrm{j}3.06)}{(s+1.17\pm \mathrm{j}3.06)(s+0.0067\pm \mathrm{j}0.096)}\\&=\frac{20.5s}{s+0.0067\pm \mathrm{j}0.096}\end{aligned}$$

通过在分子中配置相同的零点对,短周期运动模态已经被消除了。这种消除意味着改变油门位置对短周期运动特性没有影响。这是因为我们在建模过程中已经将推力看作是沿飞机纵轴的矢量,故不会产生俯仰力矩或离轴推力。

第二,从俯仰力矩控制器(升降舵)到攻角的传递函数有类似结果,但在本例中,沉浮运动模态大部分被消除掉了:

$$\begin{aligned}g_{22}(s)&=\frac{\alpha(s)}{\delta_{\mathrm{m}}(s)}\\&=\frac{-12.8(s+0.0067\pm \mathrm{j}0.101)}{(s+1.17\pm \mathrm{j}3.06)(s+0.0067\pm \mathrm{j}0.096)}\\&\approx\frac{-12.8}{s+1.17\pm \mathrm{j}3.06}\end{aligned}$$

传递函数矩阵可以用于评估系统对控制输入的稳态纵向响应。我们必须关注以下三个要点：

1. 输入和响应必须要“小”；
2. 与侧向模态不能存在耦合响应；
3. 稳态条件必须存在。

首先，前两个要求意味着我们希望运动方程组在满足线性化假设条件的范围内。因为方程组是线性的，输入和响应的幅值可以按比例变化，故如果测试输入带来较大响应，就可以简单地将输入和响应减小相同的因数。其次，考虑没有耦合的情况，则在飞机直线、对称飞行条件下满足该条件，这是由于我们已经排除了任何侧向变量——此时没有产生侧滑、滚转或偏航的任何机制。最后，我们将利用常识来确定输入是否存在稳态条件。比如，如果某分析同时给出了俯仰角速度和俯仰角的稳态值，我们就应该摒弃该结果，因为二者不可能同时存在稳态。此外，我们要求系统是稳定的，否则稳态解也不可能存在。

油门输入 P. 139

幅值为 0.1 的阶跃油门输入，纵向状态的稳态响应为

$$\boldsymbol{x}_{\text{long}}(\infty)=\lim_{x\to 0}(s)\frac{\begin{bmatrix}20.5s(s+1.17\pm \mathrm{j}3.06)\\-6.49\times 10^{-3}s(s+1.12)\\2.22\times 10^{-3}s(s+28.6)\\2.22\times 10^{-3}(s+28.6)\end{bmatrix}}{s^4+2.35s^3+10.76s^2+0.1652s+0.0993}\left(\frac{0.1}{s}\right)$$

$$\boldsymbol{x}_{\text{long}}(\infty)=\begin{bmatrix}0\\0\\0\\0.0638\end{bmatrix}=\begin{bmatrix}\Delta u_{\text{ss}}\\\alpha_{\text{ss}}\\q_{\text{ss}}\\\theta_{\text{ss}}\end{bmatrix}$$

稳态值必须在短周期运动和沉浮运动模态都减弱后才能获得。

该结果似乎违反第一直觉。我们可能认为增大油门应该提升飞机的速度，但事实是速度并未增加，取而代之的是速度和攻角恢复到配平值且飞机终止于爬升运动。然而，稳态要求 $M+M_T=0$。俯仰力矩系数可表示为 $C_{\text{m}}(M,\alpha,\hat{\dot{\alpha}},\hat{q},\delta_{\text{m}})$（忽略高度的影响）。在本例中 $M_T=0$，不存在马赫数相关性，没有俯仰力矩控制，且稳态时 $\dot{\alpha}$ 和 q 为零，且直线飞行。故如果基准条件时 $C_{\text{m}}(M,\alpha,\hat{\dot{\alpha}},\hat{q},\delta_{\text{m}})=0$，在稳态条件下，唯一剩下的变量 α 将不会变化。进一步而言，从 $\dot{\alpha}=0\Rightarrow\dot{\omega}=0$，在 $\dot{\omega}$ 方程中，除了 $Z_u\Delta u$ 外，分子的每一项在稳态时都为零，而 $Z_u\Delta u$ 也必会消失，因为

$$Z_u\Delta u=0\Rightarrow\Delta u=0$$

升降舵输入

$-1°$ 升降舵阶跃输入时，纵向状态的稳态响应为

$$\boldsymbol{x}_{\mathrm{long}}(\infty)=\lim_{x\to 0}(s)\frac{\begin{bmatrix}44.2(s+0.820)\\-12.8(s+0.0076\pm \mathrm{j}0.101)\\-12.8s(s+0.877)(s+0.0143)\\-12.8(s+0.877)(s+0.0143)\end{bmatrix}}{s^4+2.35s^3+10.76s^2+0.1652s+0.0993}\left(\frac{-0.01745}{s}\right)$$

$$\boldsymbol{x}_{\mathrm{long}}(\infty)=\begin{bmatrix}\Delta u_{\mathrm{ss}}\\\alpha_{\mathrm{ss}}\\q_{\mathrm{ss}}\\\theta_{\mathrm{ss}}\end{bmatrix}=\begin{bmatrix}-1.94\\0.0231\\0\\0.0282\end{bmatrix}$$

升降舵输入已经引起飞机趋向新的配平速度和攻角。新的 α_{ss} 值与稳定坐标系零值相关。由于在机翼水平飞行时，我们有 $\gamma=\theta-\alpha$，因此飞机将会按照 $\gamma_{\mathrm{ss}}=0.292°$爬升。

P. 140 10.2 示例:侧向飞行动力学

10.2.1 系统矩阵

如附录 A 所示。在特定飞行条件下 A-4 天鹰飞机存在下述线性化、有量纲侧向系统和控制矩阵(忽略 Δs)：

$$\dot{\boldsymbol{x}}_{\mathrm{LD}}=\boldsymbol{A}_{\mathrm{LD}}\boldsymbol{x}_{\mathrm{LD}}+\boldsymbol{B}_{\mathrm{LD}}\boldsymbol{u}_{\mathrm{LD}}$$

$$\boldsymbol{x}_{\mathrm{LD}}=\begin{bmatrix}\beta\\p\\r\\\phi\end{bmatrix},\quad \boldsymbol{u}_{\mathrm{LD}}=\begin{bmatrix}\delta_{\mathrm{l}}\\\delta_{\mathrm{n}}\end{bmatrix}$$

$$\boldsymbol{A}_{\mathrm{LD}}=\begin{bmatrix}-0.248 & 0 & -1 & 0.072\\-23.0 & -1.68 & 0.808 & 0\\13.5 & -0.0356 & -0.589 & 0\\0 & 1 & 0 & 0\end{bmatrix}$$

$$\boldsymbol{B}_{\mathrm{LD}}=\begin{bmatrix}0 & 0.0429\\17.4 & -21.9\\4.26 & 0.884\\0 & 0\end{bmatrix}$$

10.2.2 状态转移矩阵和特征值

采用 Fadeeva 算法(附录 D)计算状态转移矩阵$[s\boldsymbol{I}-\boldsymbol{A}_{\text{long}}]^{-1}$,可得

$$[s\boldsymbol{I}-\boldsymbol{A}_{\text{long}}]^{-1}=\frac{\boldsymbol{C}(s)}{d(s)}=\frac{\{c_{ij}(s)\}}{d(s)},i=1,\cdots,4,j=1,\cdots,4$$

分子中的 $c_{ij}(s)$项为

P. 141

$$c_{11}(s)=s^3+2.27s^2+1.02s$$
$$c_{12}(s)=0.108s+0.0425$$
$$c_{13}(s)=-s^2-1.68s+0.0582$$
$$c_{14}(s)=0.0720s^2+0.164s+0.0735$$
$$c_{21}(s)=-23.0s^2-2.64s$$
$$c_{22}(s)=s^3+0.837s^2+13.6s$$
$$c_{23}(s)=0.808s^2+23.2s$$
$$c_{24}(s)=-1.66s-0.190$$
$$c_{31}(s)=13.5s^2+23.5s$$
$$c_{32}(s)=-0.0356s^2-8.81\times10^{-3}s+0.972$$
$$c_{33}(s)=s^3+1.93s^2+0.417s+1.66$$
$$c_{34}(s)=0.972s+1.69$$
$$c_{41}(s)=-23.0s-2.64$$
$$c_{42}(s)=s^2+0.837s+13.6$$
$$c_{43}(s)=0.808s+23.2$$
$$c_{44}(s)=s^3+25.2s^2+15.1s+23.8$$

特征多项式为

$$\begin{aligned}d(s)&=s^4+2.52s^3+15.s^2+25.s+0.190\\&=(s+0.340\pm\text{j}3.70)^2(s+1.83)(s+7.51\times10^{-3})\\&=(s^2+0.679s+13.8)(s+1.83)(s+7.51\times10^{-3})\end{aligned}$$

系统特征值为

$$\lambda_{1,2}=-0.340\pm\text{j}3.70$$
$$\lambda_3=-1.83$$
$$\lambda_4=-7.51\times10^{-3}$$

复根会引起一个稳定的振荡模态,且 $\omega_n=3.71$ rad/s,$\zeta=0.0914$。两个实数根均为稳定(衰减指数)状态,但 λ_4 非常小且接近不稳定。这类特征值的分布是"传统"飞机的典型特点,且第四个特征值在某些情况下稍微不稳定。基于某些原因(后续模态分析时会详细阐述),振荡模态被称为荷兰滚,幅值大的实根引起的模

态被称为滚转模态，幅值最小的实根引起的模态被称为螺旋模态，相关指标如表 10.3 所示。

表 10.3 侧向运动模态指标

指标	$\lambda_{1,2}=\lambda_{DR}$(荷兰滚)	$\lambda_3=\lambda_R$(滚转)	$\lambda_4=\lambda_S$(螺旋)
$t_{\frac{1}{2}}=\dfrac{\ln\frac{1}{2}}{\sigma}$	2.04 s	0.379 s	92.3 s
$T=\dfrac{2\pi}{\omega_d}$	1.70 s	—	—
$N_{\frac{1}{2}}=\dfrac{t_{\frac{1}{2}}}{T}$	1.2	—	—

P. 142 10.2.3 特征向量分析

与这些模态相关的特征向量如下：

$$\boldsymbol{M}=[\boldsymbol{v}_1 \quad \boldsymbol{v}_1^* \quad \boldsymbol{v}_3 \quad \boldsymbol{v}_4]$$

$$\boldsymbol{v}_1=\begin{bmatrix}-0.0601+\mathrm{j}0.126\\-0.495-\mathrm{j}0.651\\0.450+\mathrm{j}0.245\\-0.162+\mathrm{j}0.149\end{bmatrix},\quad \boldsymbol{v}_3=\begin{bmatrix}-0.00480\\-0.878\\0.0269\\0.479\end{bmatrix},\quad \boldsymbol{v}_4=\begin{bmatrix}0.00305\\-0.00749\\0.0711\\0.997\end{bmatrix}$$

分析侧向模态只需用一个阿甘特图就足够了。对于荷兰滚模态，变量相关性如图 10.6 所示。荷兰滚模态显示出其四个侧向状态都有一个突出的部分，这暗示着(以此来分析)不存在合理的近似。从阿甘特图我们可以看出，相对大的滚转和偏航角速度相位差——该相位差几乎达到了 180°。这意味着，大致上飞机将向一个方向滚转的同时，向另一个方向偏航。由于滚转角大约与滚转角速度和偏航角速度相位差 90°，我们不难推测，当飞机向左偏航时，机翼通过飞机水平位置后将向右滚转，且此时滚转速度大约达到最大。

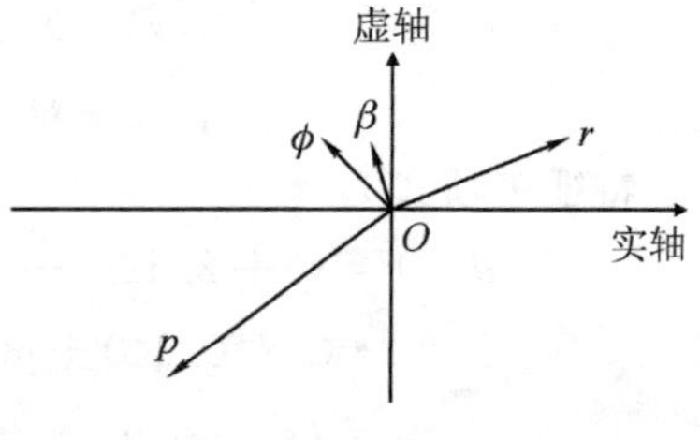

图 10.6 荷兰滚模态阿甘特图

在图 10.7 中(从底部到顶部)，开始时，飞机机翼水平并带有轻微的正侧滑角。同时，偏航角速度为正(机头向右)且滚转角速度为负(左翼向下)。四分之一个周期后，滚转角达到最大值，左翼位于最低位置，侧滑角几乎为最大负值。滚转和偏航角速度在零位附近。半个运动周期以后，飞机重新恢复机翼水平，但此时带有一些负侧滑角、负的偏航角速度（机头向左）和正的滚转角速度（右翼向下）。滚转将持续向右，且偏航持续向左，直到四分之三个周期以后，达到图的顶部。此时，滚转角达到最大，右翼位于最低位置，且侧滑角几乎为其最大的正值。四分之一个周期以后，飞机在此到达图中的底部，不过此时由于阻尼的存在，四个状态量将最终趋于消失。在滑冰过程中，荷兰人通过轮番在两脚边缘施加力来实现曲线前进，飞机运动表现类似于该滑冰动作，故以此来命名侧向运动的这个模态。

P. 143

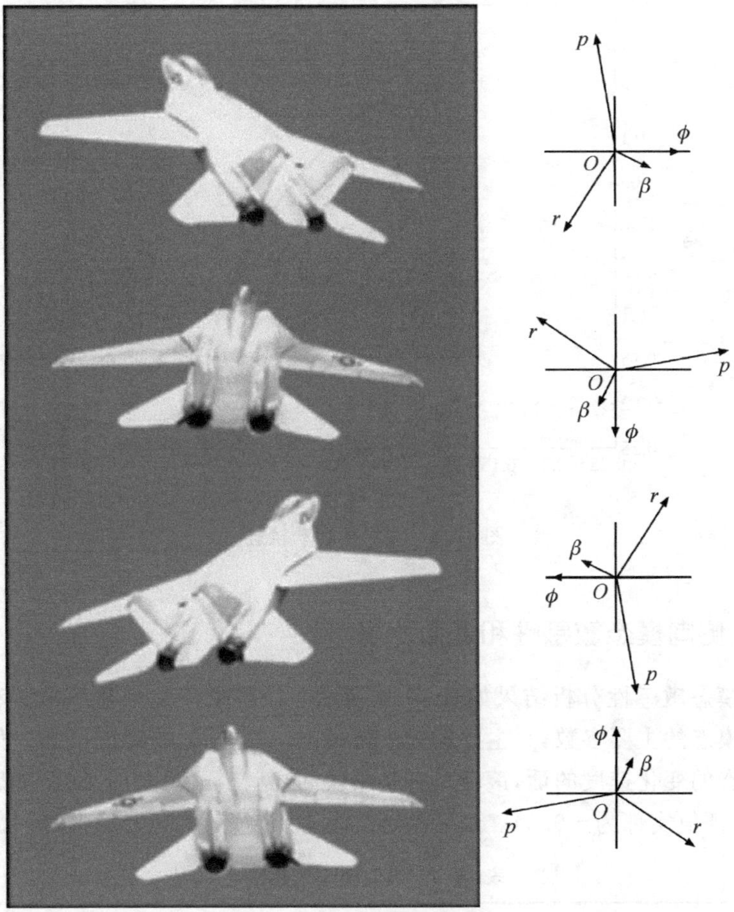

图 10.7　荷兰滚模态（从下至上）与阿甘特图对比

其他有用的信息可以从荷兰滚特征向量中获取。随后我们可以看到，滚转角和侧滑角之比是确定飞机飞行品质的一个重要参数：基本体现了飞机飞行的舒适程度。该比率由特征向量中 ϕ 和 β 分量的幅值确定，对于当前的例子，有

$$\left|\frac{\phi}{\beta}\right|=\frac{0.22}{0.14}=1.57$$

因此，滚转角的幅值比侧滑角幅值的 1.5 倍还多；在超音速飞行中，这一关系通常颠倒，导致出现蛇形飞行轨迹运动。除大后掠翼飞机以外，飞行员比较容易在荷兰滚过程中观察到 ϕ 和 β 的变化关系。在荷兰滚过程中，航向角的变化 $\Delta\psi$ 几乎就是侧滑角 β 的反向变化。例如，当飞机滚转和偏航时，左翼稍将划出如图 10.8 所示的轨迹。

P. 144

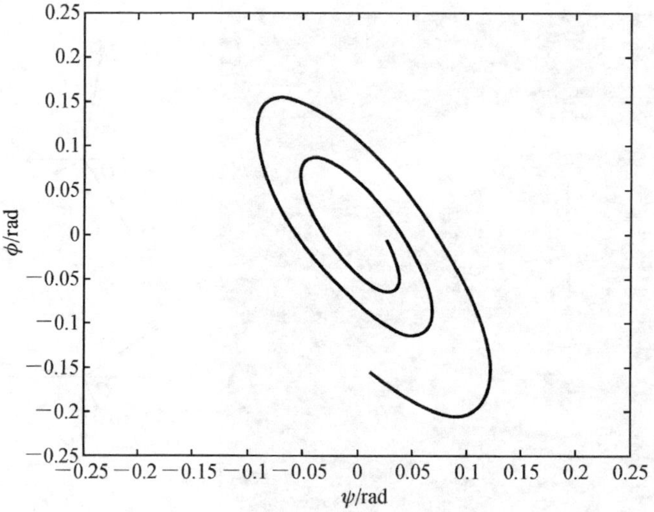

图 10.8 左翼稍运动轨迹

10.2.4 侧向模态敏感性和近似计算

侧向模态敏感性分析结果如表 10.4 所示。该结果清楚地显示出 β 和 r 是影响荷兰滚模态的主要参数，p 主要影响滚转模态，ϕ 主要影响螺旋模态。如果只考虑三个模态的变化速度的话，滚转模态是最快的，其特征值为 −1.83。随后是荷兰滚模态，特征值实部为 −0.34。最后是螺旋模态，特征值为 -7.51×10^{-3}。

表 10.4 纵向模态敏感性

项目	荷兰滚		滚转	螺旋
β	0.4931	0.4931	0.0135	0.0003
p	0.0207	0.0207	0.9545	0.0041
r	0.4506	0.4506	0.0385	0.0604
ϕ	0.0147	0.0127	0.0522	0.9184

滚转模态

数值形式

滚转角速度 p 在滚转模态中起主要作用。滚转模态几乎都是绕机体 x 轴的运动。在侧向运动模态中滚转模态是变化最快的，故我们设 $\dot{\beta}=\dot{r}=\dot{\phi}=\beta=r=\phi=0$，可得

$$\dot{p}=-1.68p$$

这是一个简化的一阶系统，特征值 $\tilde{\lambda}_{R}=-1.68$，且与实际特征值 $\lambda_{R}=-1.83$ 差距不大。

解析形式 P. 145

滚转模态近似可以简化为

$$\tilde{x}_{R}=\{p\} \tag{10.4a}$$

$$\dot{p}=\frac{L_{p}}{I_{xx}}p \tag{10.4b}$$

我们可以在不改变滚转模态特征值的情况下，增加 $\dot{\phi}$ 方程，$\dot{\phi}=p$，

$$\tilde{\boldsymbol{x}}_{R}=\begin{bmatrix}p\\ \phi\end{bmatrix}$$

$$\tilde{\boldsymbol{A}}_{R}=\begin{bmatrix}\frac{L_{p}}{I_{xx}} & 0\\ 1 & 0\end{bmatrix}$$

该滚转模态近似认为飞机仅绕纵轴转动，唯一保留的力矩 L_{p} 由滚转阻尼产生。由于本模态仅包含了飞机的滚转，故常被称为滚转模态，有时也被称为滚转下沉(roll-subsidence)模态。

荷兰滚模态

数值形式

荷兰滚模态主要受 β 和 r 影响，其变化过程慢于滚转模态但快于螺旋模态。对于慢变化模态，我们设 $\dot{\phi}=\phi=0$。滚转模态相对快一些，故我们设 $\dot{p}=0$，但将 p 视为 p_{ss}。这样可以推导出

$$\dot{p}=0=-23.0\beta-1.68p_{ss}+0.808r \Rightarrow p_{ss}=-13.69\beta+0.4810r$$

将该式带入 $\dot{\beta}$ 和 $\dot{r}$ 方程，由于 $\dot{\beta}$ 不受 p 的影响，故 p 只能影响 $\dot{r}$：

$$\dot{r}=13.5\beta-0.0356p_{ss}-0.590r=14.0\beta-0.607r$$

对于本例而言，荷兰滚模态可近似为

$$\tilde{\boldsymbol{x}}_{DR}=\begin{bmatrix}\beta\\ r\end{bmatrix}$$

$$\tilde{\boldsymbol{A}}_{\mathrm{DR}}=\begin{bmatrix}-0.248 & -1\\ 14.0 & -0.607\end{bmatrix}$$

$$\tilde{\lambda}_{\mathrm{DR}}=-0.428\pm \mathrm{j}3.74$$

与实际特征值 $\lambda_{\mathrm{DR}}=-0.340\pm \mathrm{j}3.70$ 相比，本近似也是合理的。估计阻尼比（$\tilde{\zeta}_{\mathrm{DR}}=0.114$）反映了荷兰滚模态较差的阻尼特性（$\zeta_{\mathrm{DR}}=0.0914$）。自然频率和阻尼频率的估计值几乎和实际值完全一致。

P. 146

解析形式

解析表达式非常复杂，除非忽略 I_{xz}。多型飞机稳定性和控制数据的研究表明 I_{xz} 值非常小，故我们假设 $I_{xz}=0$。p_{ss} 可以表示为

$$p_{\mathrm{ss}}=-\frac{L_v}{L_p}v-\frac{L_r}{L_p}r=-\frac{V_{\mathrm{ref}}L_v}{L_p}\beta-\frac{L_r}{L_p}r$$

当该表达式带入 $\dot{\beta}$ 和 $\dot{r}$ 方程时，

$$\dot{\beta}=\left(\frac{Y_vL_p-Y_pL_v}{mL_p}\right)\beta+\left(\frac{Y_rL_p-Y_pL_r}{mV_{\mathrm{ref}}L_p}-1\right)r$$

$$\dot{r}=\left[\frac{V_{\mathrm{ref}}(N_vL_p-N_pL_v)}{I_{zz}L_p}\right]\beta+\left(\frac{N_rL_p-N_pL_r}{I_{zz}L_p}\right)r$$

在多数稳定性和控制数据中，设 $Y_p=Y_r=0$，故

$$\dot{\beta}=\left(\frac{Y_v}{m}\right)\beta-r$$

$$\dot{r}=\left[\frac{V_{\mathrm{ref}}(N_vL_p-N_pL_v)}{I_{zz}L_p}\right]\beta+\left(\frac{N_rL_p-N_pL_r}{I_{zz}L_p}\right)r$$

则荷兰滚模态近似有

$$\tilde{\boldsymbol{x}}_{\mathrm{DR}}=\begin{bmatrix}\beta\\ \gamma\end{bmatrix} \tag{10.5a}$$

$$\tilde{\boldsymbol{A}}_{\mathrm{DR}}=\begin{bmatrix}\dfrac{Y_v}{m} & -1\\ \dfrac{V_{\mathrm{ref}}(L_pN_v-L_vN_p)}{I_{zz}L_p} & \dfrac{L_pN_r-L_rN_p}{I_{zz}L_p}\end{bmatrix} \tag{10.5b}$$

式(10.5b)可以通过假设稳定性导数的相对幅值进一步简化。例如本例采用的飞机，有 $|L_pN_r|\gg|L_rN_p|$ 且 $|L_pN_v|\gg|L_vN_p|$。针对 A－4 天鹰飞机荷兰滚模态，由此可得一种较好的近似：

$$\tilde{\boldsymbol{A}}_{\mathrm{DR}}=\begin{bmatrix}\dfrac{Y_v}{m} & -1\\ \dfrac{V_{\mathrm{ref}}N_v}{I_{zz}} & \dfrac{N_r}{I_{zz}}\end{bmatrix}$$

该近似特征值为 $\lambda_{DR}=-0.419\pm j3.67$，与先前的近似特征值 $\tilde{\lambda}_{DR}=-0.428\pm j3.74$ 相差不大。需要注意当前的近似相当于是在原近似的基础上增加了 $p_{ss}=0$ 的条件。滚转角速度方程受到的影响，可能是由滚转模态仅比荷兰滚模态快 5 倍引起的。

P. 147

螺旋模态

数值形式

螺旋模态特征向量显示了倾斜角的主要影响。不同于滚转模态，本模态没有伴随很大的滚转角速度。当从较长的时间尺度来看本模态时，可以发现飞机带着一定倾斜角，缓慢向着机翼水平位置滚转。如果该特征值为正，则倾斜角将会缓慢增大。

对于螺旋模态近似，我们设 $\dot{\beta}=\dot{p}=\dot{r}=0$。$\beta$、$p$、$r$ 的稳态值通过滚转模态和荷兰滚模态计算：

$$\begin{bmatrix}0\\0\\0\end{bmatrix}=\begin{bmatrix}-0.248 & 0 & -1 & 0.072\\-23.0 & -1.68 & 0.808 & 0\\13.5 & -0.0356 & -0.590 & 0\end{bmatrix}\begin{bmatrix}\beta_{ss}\\p_{ss}\\r_{ss}\\\phi\end{bmatrix}$$

$$\begin{bmatrix}-0.248 & 0 & -1\\-23.0 & -1.68 & 0.808\\13.5 & -0.0356 & -0.590\end{bmatrix}\begin{bmatrix}\beta_{ss}\\p_{ss}\\r_{ss}\end{bmatrix}=\begin{bmatrix}-0.072\\0\\0\end{bmatrix}\phi$$

稳态值中唯一需要确定 p_{ss}，可以用下式求解：

$$p_{ss}=-0.0081\phi$$

螺旋模态则化为

$$\dot{\phi}=-0.0081\phi$$

此方程特征值为 $\tilde{\lambda}_{ss}=-0.0081$，与实际特征值 $\lambda_{ss}=-0.00751$ 非常接近。

解析形式

首先求解 p_{ss}（令 $I_{xz}=0$）：

$$p_{ss}=\frac{-\begin{vmatrix}\dfrac{V_{ref}L_v}{I_{xx}} & \dfrac{L_r}{I_{xx}}\\[2ex]\dfrac{V_{ref}N_v}{I_{zz}} & \dfrac{N_r}{I_{zz}}\end{vmatrix}}{\begin{vmatrix}\dfrac{Y_v}{m} & \dfrac{Y_P}{mV_{ref}} & \left(\dfrac{Y_r}{mV_{ref}}-1\right)\\[2ex]\dfrac{V_{ref}L_v}{I_{xx}} & \dfrac{L_p}{I_{xx}} & \dfrac{L_r}{I_{xx}}\\[2ex]\dfrac{V_{ref}N_v}{I_{zz}} & \dfrac{N_p}{I_{zz}} & \dfrac{N_r}{I_{zz}}\end{vmatrix}}\left(\frac{g}{V_{ref}}\right)\phi$$

再设 $Y_p = Y_r = 0$，则

$$p_{ss} = \frac{-\begin{vmatrix} \dfrac{V_{ref}L_v}{I_{xx}} & \dfrac{L_r}{I_{xx}} \\ \dfrac{V_{ref}N_v}{I_{zz}} & \dfrac{N_r}{I_{zz}} \end{vmatrix}}{\begin{vmatrix} \dfrac{Y_v}{m} & 0 & -1 \\ \dfrac{V_{ref}L_v}{I_{xx}} & \dfrac{L_p}{I_{xx}} & \dfrac{L_r}{I_{xx}} \\ \dfrac{V_{ref}N_v}{I_{zz}} & \dfrac{N_p}{I_{zz}} & \dfrac{N_r}{I_{zz}} \end{vmatrix}} \left(\frac{g}{V_{ref}}\right)\phi$$

P. 148

$$\tilde{\boldsymbol{x}}_S = \{\phi\} \tag{10.6a}$$

$$\dot{\phi} = \frac{g(L_vN_r - L_rN_v)}{\dfrac{Y_v}{m}(L_pN_r - L_rN_p) - V_{ref}(L_vN_p - L_pN_v)}\phi \tag{10.6b}$$

进一步简化

式(10.6b)可以通过假设稳定性导数的相对幅值来进一步简化。例如本例采用的飞机，分母项 $V_{ref}(L_vN_p - L_pN_v)$ 比其他项大 16 倍以上，且 $|L_pN_v| \gg |L_vN_p|$。在给定飞行条件下，针对 A-4 天鹰飞机螺旋模态，由此可得一种较好的近似：

$$\dot{\phi} = \frac{g(L_vN_r - L_rN_v)}{V_{ref}L_pN_v}\phi$$

当求解本近似中的各项时，其特征值为 $\tilde{\lambda}_{ss} = -0.00776$，这与先前的近似特征值 $\lambda_{ss} = -0.00751$ 非常接近。

10.2.5 受迫响应

现在研究力响应。估算传递函数矩阵 $[s\boldsymbol{I} - \boldsymbol{A}_{LD}]^{-1}\boldsymbol{B} = \boldsymbol{G}(s)$，我们有

$$\boldsymbol{x}_{LD} = \begin{bmatrix} \beta \\ p \\ r \\ \phi \end{bmatrix}, \qquad \boldsymbol{u}_{LD} = \begin{bmatrix} \delta_l \\ \delta_n \end{bmatrix}$$

$$\boldsymbol{G}(s) = \frac{\begin{bmatrix} -4.26(s+1.41)(s-0.165) & 0.0429(s-22.3)(s+3.76)(s+0.243) \\ 17.4s(s+0.517 \pm j4.36) & -21.9(s+0.425 \pm j3.54) \\ 4.26(s+2.52)(s+0.368 \pm j1.45) & 0.884(s-1.89)(s+2.68 \pm j2.17) \\ 17.4(s+0.517 \pm j4.36) & -21.9(s+0.425 \pm j3.54) \end{bmatrix}}{(s+0.340 \pm j3.70)(s+1.83)(s+0.00751)}$$

注意：式中没有零极点可以互消（可能存在的例外情况是将分子中单独的 s 看作是滚转模态）。这说明了由于在滚转和偏航力矩控制中存在大量的耦合，运用任一控制将产生所有的三种侧向模态。运用滚转力矩控制（在本例中为副翼）不仅产生滚转模态，还将产生其他两个模态（主要是荷兰滚）。飞行员一般通过学习在操纵副翼的同时蹬脚蹬来适应这类现象。

研究飞机在方向舵和副翼阶跃输入条件下的稳态响应没有意义。任何倾斜角的变化将使得升力向量偏移垂直面，且马上引起纵向运动模态耦合。运用滚转力矩控制器（副翼）将必然改变倾斜角，偏航力矩控制器（方向舵）首先改变侧滑角，同时由于机翼安装反角，还会产生其他影响。从以下例子可以看出研究的重要意义：考虑对飞机副翼施加一个阶跃输入，将立即引起飞机滚转。在滚转过程中，有时升力向量将指向下方，使得飞行轨迹弯曲直到飞机加速下降。 P. 149

习题

对于所有的习题，均采用 MATLAB® 或类似软件计算，不要手工解答。

1. 一架飞机的短周期响应近似为

$$\tilde{\boldsymbol{x}}_{\mathrm{SP}}=\begin{bmatrix}\alpha\\ q\end{bmatrix}$$

$$\tilde{\boldsymbol{A}}_{\mathrm{SP}}=\begin{bmatrix}\dfrac{Z_\omega}{m} & \dfrac{Z_q+mV_{\mathrm{ref}}}{mV_{\mathrm{ref}}}\\ \dfrac{M_\omega V_{\mathrm{ref}}}{I_{yy}} & \dfrac{M_q}{I_{yy}}\end{bmatrix},\quad \tilde{\boldsymbol{B}}_{\mathrm{SP}}=\begin{bmatrix}-\dfrac{Z_{\delta_{\mathrm{m}}}}{m} & \dfrac{Z_{\delta_{\mathrm{F}}}}{m}\\ \dfrac{M_{\delta_{\mathrm{m}}}}{I_{yy}} & 0\end{bmatrix}$$

控制 δ_{F} 表示机翼后缘舵面。飞机处于稳定、直线、对称、水平飞行巡航状态，高度为 3048 m（$\rho=892\ \mathrm{g/m^3}$，$a=328.39$ m/s），$Ma=0.8$。以下数据已知（任意没有列出的导数均为零）：

$$m=14593.9\ \mathrm{kg},\quad S=37.16\ \mathrm{m^2},\quad \bar{c}=3.51\ \mathrm{m}$$
$$I_{yy}=168076\ \mathrm{kg\cdot m^2},\quad C_{L_\alpha}=5.73,\quad C_{L_{\delta_{\mathrm{m}}}}=0.36$$
$$C_{L_{\delta_{\mathrm{F}}}}=1.80,\quad C_{D_{\mathrm{ref}}}=0.0198,\quad C_{D_\alpha}=0.36$$
$$C_{m_q}=-5.69,\quad C_{m_\alpha}=-0.08,\quad C_{m_{\delta_{\mathrm{m}}}}=-0.50$$

(a) 找到近似短周期自然频率、阻尼频率、阻尼比、周期和半幅时间。

(b) 假设在 $t=0$ 时刻，副翼偏转 $+5°$。确定升降舵要同时偏多少度，才能保持俯仰角速度为零？相应的 $\Delta\alpha(\infty)$ 和 $\Delta\theta(\infty)$ 为多少？

2. 分析第 7 章中给出的多发飞机的侧向运动特性。数据对稳定坐标系有效。假设飞机在稳定、直线、对称、滑行飞行（关掉发动机 $T=0$）。

3. A-4 天鹰飞机的荷兰滚模态近似为

$$\tilde{\boldsymbol{x}}_{\mathrm{DR}}=\begin{bmatrix}\beta\\ r\end{bmatrix},\quad \tilde{\boldsymbol{A}}_{\mathrm{DR}}=\begin{bmatrix}-0.248 & -1\\ 14.0 & -0.607\end{bmatrix}$$

P. 150

(a)在荷兰滚近似中应用线性化的 $\dot{\psi}$ 方程，以确定状态为 β、r、ψ 的三阶系统。

(b)计算所得系统的特征值，并且计算与实特征值相关的特征向量。如果计算后得到的特征值不止一个，选取幅值最接近零点的特征值。

(c)解释该特征值和特征向量的物理意义。

(d)在荷兰滚模态中，确定 β 和 ψ 的幅值和相位关系，并解释相位关系。

4. 推导恒定推力(T)时，可得飞机沉浮运动近似自然频率和阻尼频率表达式：

$$\tilde{\omega}_{n_{\mathrm{ph}}}=\sqrt{2}\,\frac{L_{\mathrm{ref}}}{mV_{\mathrm{ref}}},\qquad \tilde{\zeta}_{\mathrm{ph}}=\frac{1}{\sqrt{2}\left(\dfrac{L}{D}\right)_{\mathrm{ref}}}$$

确定推力为 $TV=T_{\mathrm{ref}}V_{\mathrm{ref}}$ 时，求飞机沉浮运动近似自然频率和阻尼频率表达式。

5. 考虑在 SSSLF 及稳定坐标系的条件下，关于飞机线性化侧向运动方程有 $V_{\mathrm{ref}}=223.4184\ \mathrm{m/s}$，且

$$\boldsymbol{x}_{\mathrm{LD}}=\begin{bmatrix}v\\ p\\ r\\ \phi\end{bmatrix}$$

$$\boldsymbol{A}_{\mathrm{LD}}=\begin{bmatrix}-0.0294 & 0 & -731.1882 & 32.1740\\ -0.0033 & -1.5857 & 0.2777 & 0\\ 0.0012 & 0.0423 & -0.1842 & 0\\ 0 & 1.0000 & 0 & 0\end{bmatrix}$$

采用以上荷兰滚近似导数，确定最大侧滑角速度和最大偏航角速度之间的时间间隔。

参考文献

Lanchester, F.W. (1908) *Aerodynamics; Flight; Stability of Airplanes*, A. Constable, London.

Pradeep, S. (1998) A century of phugoid approximations, *Aircraft Design*, **1**(2), 89–104.

第 11 章　飞行品质

11.1　概述

P. 151

本章将简要综述飞机飞行品质问题，并引用前文中的众多例证来定量描述该问题。在有关飞行品质的诸多研究工作中，由 Harper 和 Cooper 取得的研究成果最引人注目，可见 Harper (1986)和 Hodgkinson (1999)的文献。

只有少数人才喜欢在论述过程中采用术语“飞行品质”而非“操纵品质”，但是作者显然是其中之一。这个偏好的形成能够追溯到数年之前，作者完成飞行品质和指标(flying qualities and performance，FQ&P)飞行试验的时候。习惯养成就很难改变。

术语“飞行品质”意为飞机的一类特征或性能，它们影响了飞行员操纵飞机完成飞行任务的难易程度和准确性。飞行任务指标包含对飞机状态的控制：空速、高度、指示角(欧拉角)等。某些任务可能要求非常精确的状态控制，例如，编队飞行、空中加油、着舰。

在运动方程组中，状态和控制存在着较强的耦合与非线性，这意味着控制单一状态时，必然会同时影响其他状态。此外，对于多数状态而言，并不存在直接可得的控制，这意味着它们只能通过其他状态去间接地控制。最明显的例子就是倾斜角控制。倾斜角控制是通过改变滚转角速度实现的，而滚转角速度是通过副翼改变滚转力矩实现的。这个例子中，存在多种方式的耦合：非零倾斜角产生非平衡的侧向重力分量，这将产生侧滑；副翼偏转，增大了非零滚转角速度，这将产生偏航力矩；非零滚转角速度可能在所有轴上产生“陀螺”力和力矩，并出现惯性耦合。

学习飞行就是要学习如何控制以达到期望状态，同时尽量减小其他状态的非期望变化。传统飞机的运动方程组形式大致相同，其动态特性的不同主要体现在空气动力、几何构型、质量和转动惯量上。飞行员在掌握一种飞机的飞行技术后，如果要过渡到另一种机型，除了共同的基础飞行技术外，还需要有能力补偿不同飞机间动态特性的差异。这种补偿差异的能力使飞行员能够驾驶不同特点的飞机，高质量地完成飞行任务，但是飞机的动态特性会极大地增加飞行员为达到特定指
P. 152 标水平而承担的工作负担。一种衡量工作负担的方法是：飞行员必须补偿飞机缺陷的程度。

尽管最终衡量飞机飞行品质的标准是飞行员的评价，但是出于多方面因素的考虑，依然需要制定评价飞行品质的工程标准。

- 制定工程标准的主要目的是指导飞机设计，以保证飞机具备好的飞行品质。
- 其次，此类标准通常在飞机订购和改进时，成为合同条款的基础。

绝大多数飞行品质的研究都是为了确定具体的设计参数，以用于确定飞机是否具有良好的飞行品质。

11.1.1 评估方法

由于飞机的飞行品质与其动态响应有着密切联系，所以在研究飞行品质标准时显然应该从运动学方程开始。很多关于飞机非线性动态特性的信息都可以从其线性化动态特性中得到。短周期运动模态的自然频率和阻尼频率等参数，共同描述了线性化动态特性。一种基本的分析方法是从飞行员对飞机评价的角度，建立并比较不同飞机线性化的动态特性。另一种更为精确的试验方法，可以用来确定动态特性参数值之间的关系，以及在执行某些严格规定任务中，协助飞行员客观地评价关于不同动态响应对工作产生的影响。

试验方法要求：

1. 可以独立改变某一特定参数。
2. 选择恰当的任务。
3. 定义恰当的期望性能指标。
4. 飞行员评估每一个方案(组合)。

在比较现有飞机的飞行品质时，第一个要求就无法实现，这是因为不同的飞机在很多方面存在区别，难以单独比较特定参数变化。解决该问题的办法是使用仿真系统。对于地面仿真系统而言，即使精度非常高，也难以代替一架真正的飞机，因此通常采用精密的空中仿真系统。从 Weingarten (2005)的文献中，你可以获取对该问题的完美综述。这类变稳定性飞机具有利用反馈控制系统人为改变特定参数的能力。反馈控制系统能够人为改变飞机的稳定性，我们将在 13.2 节论述。

选择合适的任务需要考虑以下因素：分析承担任务的飞机，并选取最可能出现较差飞行品质的区域。例如，对于一般飞机而言，普通直线进场着陆较为简单。但是，如果在仪表条件下进近，且在降落之前需要采取较大修正的话，那么如果飞机

具有较差的荷兰滚或滚转特性将导致出现完全不同的评估结果。

定义期望和中等指标是为了帮助飞行员完成定量评估。以着陆修正为例，期 P.153
望指标可以着陆于中心线 3.048 m 范围内，而中等指标则是在 7.62 m 范围内。常用等级表来量化飞行员的评估。运用最广泛的是库珀-哈珀(Cooper-Harper)等级表，如图11.1 所示。按照任务的指标，飞行员从左下底部开始，根据决策树来建立数值等级。该等级通常被称为操纵品质分级(handling qualities rating, HQR)，在某些时候也称为飞行员分级(pilot rating, PR)或库珀-哈珀评定分级(Cooper-Harper rating, CHR)。从等级 1(无飞行员操纵补偿要素)到 4(适度的飞行员操纵

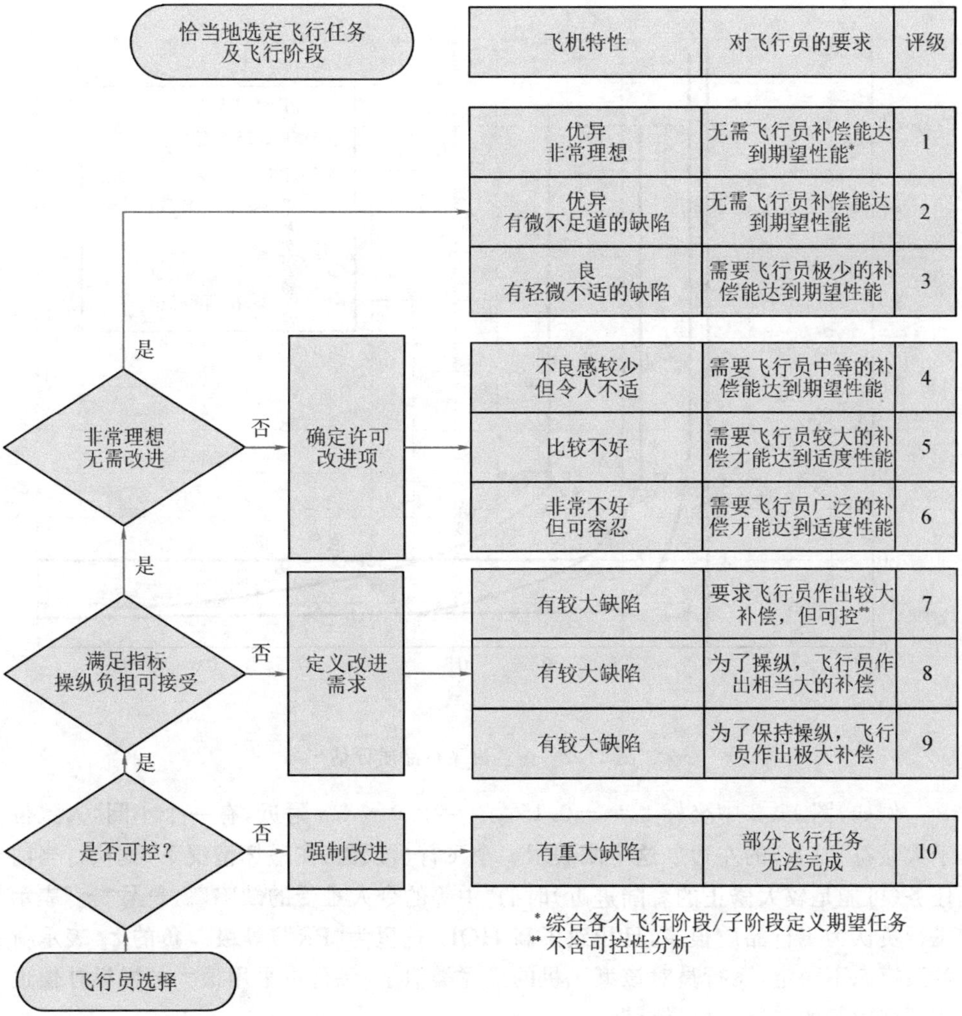

图 11.1　库珀-哈珀评定分级

补偿)为期望指标;随后从等级 5(较大飞行员操纵补偿)到 7(最大可承受的飞行员操纵补偿)为中等指标;最后从等级 8 到 10,则需要研究飞机是否具备可控性。

飞行员的评估显然是一种主观评估。不同飞行员的技术、背景、经验不同,在完成特定任务时,对操作补偿的期望指标也不尽相同。解决该问题的办法是从统计学角度来综合多个飞行员的评估。图 11.2(Chalk et al.,1969)给出一种典型的结果,其中包含荷兰滚频率和阻尼比,评估结果会随着 $\left|\dfrac{\phi}{\beta}\right|$ 的改变而变化。显然,从飞行员的角度看,完成特定任务的工作负担,有着巨大的不同。

P. 154

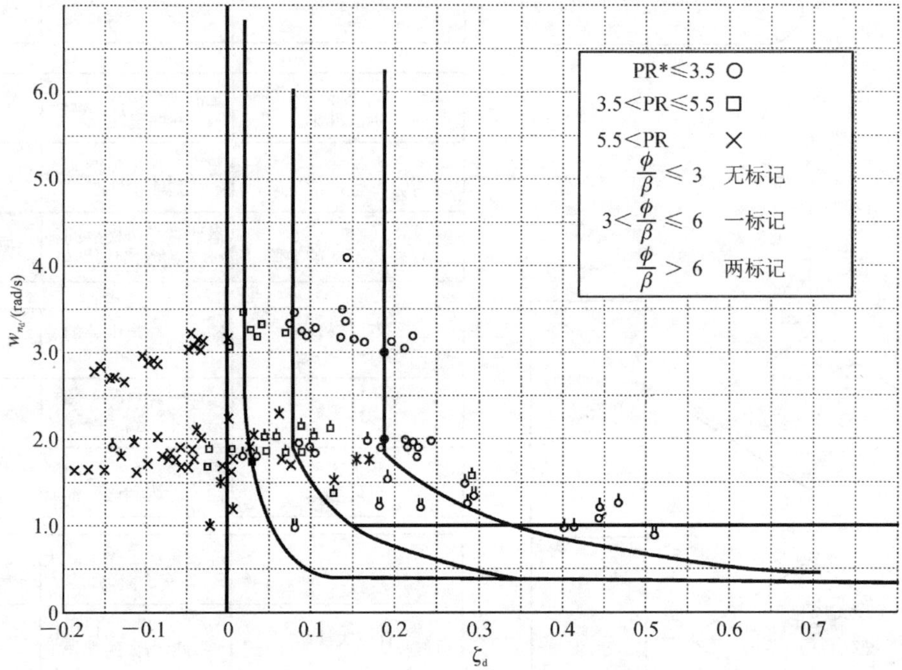

图 11.2 荷兰滚飞行品质评估

例如,图 11.2 中坐标 $\zeta_d=-0.15$,$\omega_{n_d}=2.0$ rad/s 附近,有一个小圈,大致位于大量符号"×"的左边。这个圈表示一个飞行员认为,在最坏情况下,他执行当前任务(可能是较大修正的着陆进近)时的"中等的令人难受的缺陷"。符号"×"表示飞行员认为飞行品质很差,且导致了高 HQR(这里为"PR")等级。负的 ζ_d 表示荷兰滚模态不稳定,飞行员对该型飞机的描述类似于"飞行员采用最大的操纵补偿也达不到中等的飞行品质指标"。

同样如图 11.2 所示,有多条线将结果分为不同区域。这些区域对应着特定类型飞机不同飞行阶段的飞行品质等级。有三个等级的飞行品质对应着飞机能够较

好完成飞行任务，大体对应的飞行品质 HQR 等级为

- 第 1 级——HQR 1～3.5；
- 第 2 级——HQR 3.5～6.5；
- 第 3 级——HQR 6.5～10。

飞机设计不仅是为了达到第 2 级、第 3 级飞行品质。HQR 等级可用于研究失效模态和影响，并基于实际情况，告诉飞机设计者某些系统失效后，飞行品质将会如何恶化。 P.155

在特定区域内，飞机飞行品质必须优于第 1 级，且此时通常伴随着为了达到规定的任务指标而对飞行员有特殊训练和经验要求。例如，与白天着陆相比，某些飞机的夜间着舰，对飞行员就有更为严格的等级要求。

11.1.2 规范与标准

在军用飞机采购领域，最初的规范为 MIL - F - 8785，即"军用规范，有人驾驶飞机飞行品质"。该规范的最新版本为 8785C (MIL - F - 8785C 1980)，于 1980 年发布。新的飞机采购合同均以该规范作为参考，在合同没有作出特殊说明的情况下，规范中所有条款都必须满足。该规范中同时给出了定量指标和主观要求。

该规范建立在广泛的飞行和仿真测试基础上，测试结果被转化为量化指标。MIL - F - 8785B (Chalk et al.， 1969) 和 MIL - F - 8785C (Moorhouse et al.，1982) 附有一个"背景信息和用户手册" (background information and user guide, BIUG)，其中详细地描述了试验过程和指标确定过程。本书读者将会从该规范中发现很多熟悉的术语和传递函数。

8785C 中的量化指标一般以飞机的线性数学表达式形式给出。飞行控制系统的高阶非线性和动态非线性特性等特定因素，能引起飞机产生与线性动态特性差异较大的响应。在那种情况下，需要找出最合适的实际飞机响应的等效经典系统(例如，我们推导的等效线性模型)。随后对量化指标以线性系统参数(如频率、阻尼比、模态相位角)的形式描述，并将其应用于等效系统，而非任何特定的实际高阶系统。

在某些情况下，规范中的主观指标，例如"令人不适的飞行特征""实际时间延迟""一般飞行员技术"和"过多的高度损失或速度累积"，被用于放宽量化指标中可能存在的过于严格的限制。

作为涵盖内容广泛的规范，8785C 通常会导致矛盾的需求。很多矛盾需要在飞机设计过程中予以平衡，部分矛盾问题可能容易克服，但会极大地增大制造成本。正是因为这个原因以及其他因素，规范都被标准所替代。目前，飞行品质标准是 MIL - STD - 1797A (1990)。1797A 要求飞机订购部门和制造商基于该标准附件中的指导，达成关于规范指标的共识。1797A 在指导中重申了 8785C 规范中的

大部分内容,但在表述时将“必须”(shall)改变为“应该”(should)。

P. 156 1797A 在附件中为标准的每一部分都提供了指导,这些指导通常都是基于 8785C 提出的。例如,关于滚转-螺旋耦合振荡标准的指导为:“滚转-螺旋耦合模态仅在具有以下特征时才被允许”,其后是一个针对特定飞机特征有待填写的空白。该标准的指导对 8785C 中的标准做了轻微修改,并标记为“推荐滚转-螺旋阻尼系数的最小值,ζ_{RS}、ω_{RS}”。随后是讨论该结果在 8785C BIUG 中的影响。

1797A 中的指导与 8785C 规范中的要求最大的不同之处在于纵向飞行品质部分,其中增加了很多最新的研究结果。这部分增至 100 页,且描述了多种分析纵向飞行品质的方法。

出于教学目的,对 8785C 中的线性系统标准进行了编号以便采用第 9 章的分析方法来研究。在任何情况下使用 1797A 时,了解并掌握 8785C 都不会是一种浪费。

11.2 MIL-F-8785C

下面将选取 8785C 的部分内容。为了交叉引用章节、图和表格,括号中的标号保留了最初文档中的标号。

11.2.1 概述

(1.3) 飞机分类。本规范的目的是将给定的某型飞机划归到下述某一等级中:

第Ⅰ类:小、轻型飞机。

第Ⅱ类:中型飞机,具有低至中等机动能力的飞机。

第Ⅲ类:大、重型飞机,具有低至中等机动能力的飞机。

第Ⅳ类:高机动能力飞机。

(1.4)飞行阶段分类。大多数军用飞机执行飞行任务的飞行阶段都可以描述为

A 类(战斗阶段):需要快速机动、准确跟踪或精确飞行轨迹控制的非末端飞行阶段。这类飞行阶段中包括空战(air-to-air combat,CO)、对地攻击(ground attack,GA)、空中加油(in-flight refueling receiver, RR),以及紧密编队飞行(close formation flying, FF)。

B 类(巡航阶段):通常采用较缓、机动方式完成,且不需要准确跟踪的非末端飞行阶段,但有可能会需要一定的精确飞行轨迹控制。这类飞行阶段包括爬升(climb, CL)、巡航(cruise, CR)和下降(descent, D)。

C 类(起落阶段):通常采用较缓机动方式完成,且一般要求精确控制飞行轨迹的末端飞行阶段。这类飞行阶段包括起飞(takeoff, TO)、弹射起飞(catapult takeoff, CT)、进近(approach, AP)、复飞/绕场(wave-off/go-around, WO)和着陆(landing, L)。

(1.5)飞行品质等级。在使用时,要求以规范的稳定裕度值或控制参数来表述。每个值表示飞机满足三个可接受等级之一的最低条件,三个可接受等级与所设计飞机的作战任务相关。这些等级为 P. 157

第 1 级:飞行品质完全满足飞行阶段任务要求。

第 2 级:飞行品质能够胜任飞行阶段任务要求,但飞行员的操纵负担有所增加或任务完成效果欠佳,或两者兼而有之。

第 3 级:飞行品质能够满足飞机安全控制要求,但飞行员操纵负担过重或任务难以完成,或两者兼而有之。飞行阶段 A 可以保证安全,飞行阶段 B 和 C 可以保证完成。

这些 8785C 的要求经得起后文线性分析的检验。要获取更完整的要求描述,可以参考相应源文件。

11.2.2　纵向飞行品质

(3.2.1.1) 纵向静稳定性

对于第 1 级和第 2 级,当飞机在配平状态受到扰动,且不对驾驶杆施加控制的情况下,空速状态下不会出现非周期的偏移运动。对于第 3 级,振幅增大一倍的时间必须大于 6 s。

(3.2.1.2)沉浮运动稳定性

在飞机受到扰动后,建立稳定速度的过程中,出现长周期振荡须满足以下要求:

第 1 级——ζ_{ph} 最小为 0.04。

第 2 级——ζ_{ph} 最小为 0。

第 3 级——T_2 最小为 55 s。

(3.2.1.3)飞行轨迹稳定性

油门由机组人员固定,空速仅随俯仰控制改变时,飞行轨迹角随空速变化的特性反映了飞行轨迹的稳定性①。对于着陆近进飞行阶段,飞行轨迹角与真空速的

①轨迹稳定性通常用飞行轨迹角对空气速度变化的曲线斜率来表示。——译者注

关系曲线在 $V_{o_{\min}}$ 的局部斜率或者为负，或者必须小于：

第 1 级——0.06 °/kn

第 2 级——0.15 °/kn

第 3 级——0.25 °/kn

推力设置必须满足以 $V_{o_{\min}}$ 正常进近时下滑轨迹的要求。飞行轨迹角和空速关系曲线在($V_{o_{\min}}$ −5)kn 处的斜率与在 $V_{o_{\min}}$ 处的斜率之差不能超过 0.05 °/kn，如图 11.3 所示。

P. 158

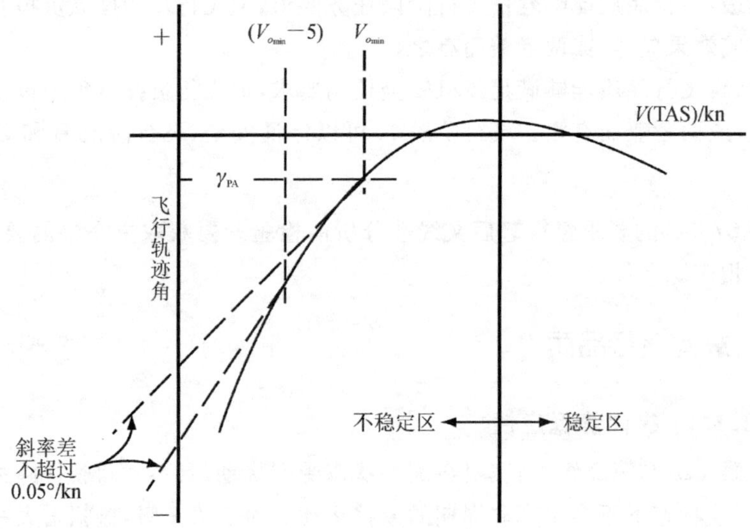

图 11.3　飞行轨迹稳定特性

(3.2.2.1.1) 短周期频率和加速度敏感性

P. 159 等效短周期阻尼自然频率 $\omega_{n_{SP}}$ 须在限制范围内，见图 11.4、图 11.5 和图 11.6。如果有直接控制法向力的方法，则如图 11.6 中的 $\omega_{n_{SP}}$ 和 $\dfrac{n}{\alpha}$ 的下界可以放宽，但需要经过飞机订购部门认可。

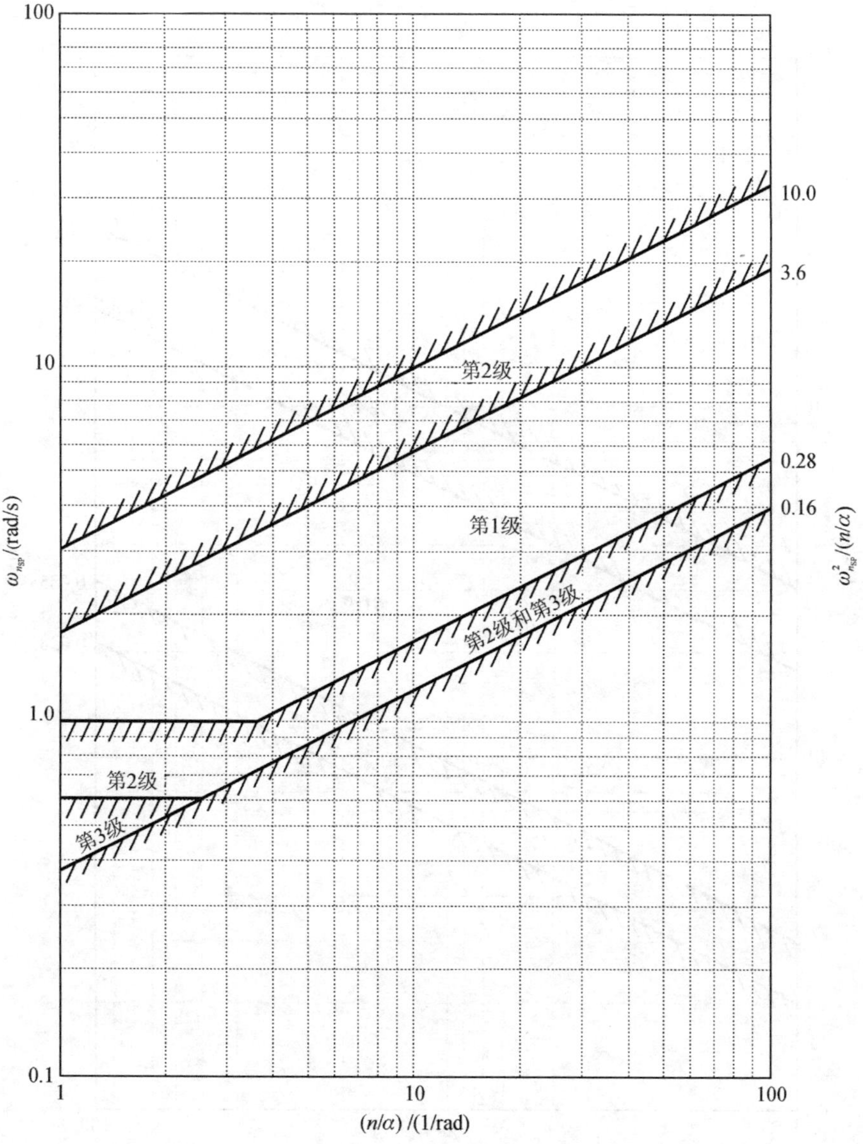

图 11.4　短周期频率要求——A 类飞行阶段

P.160

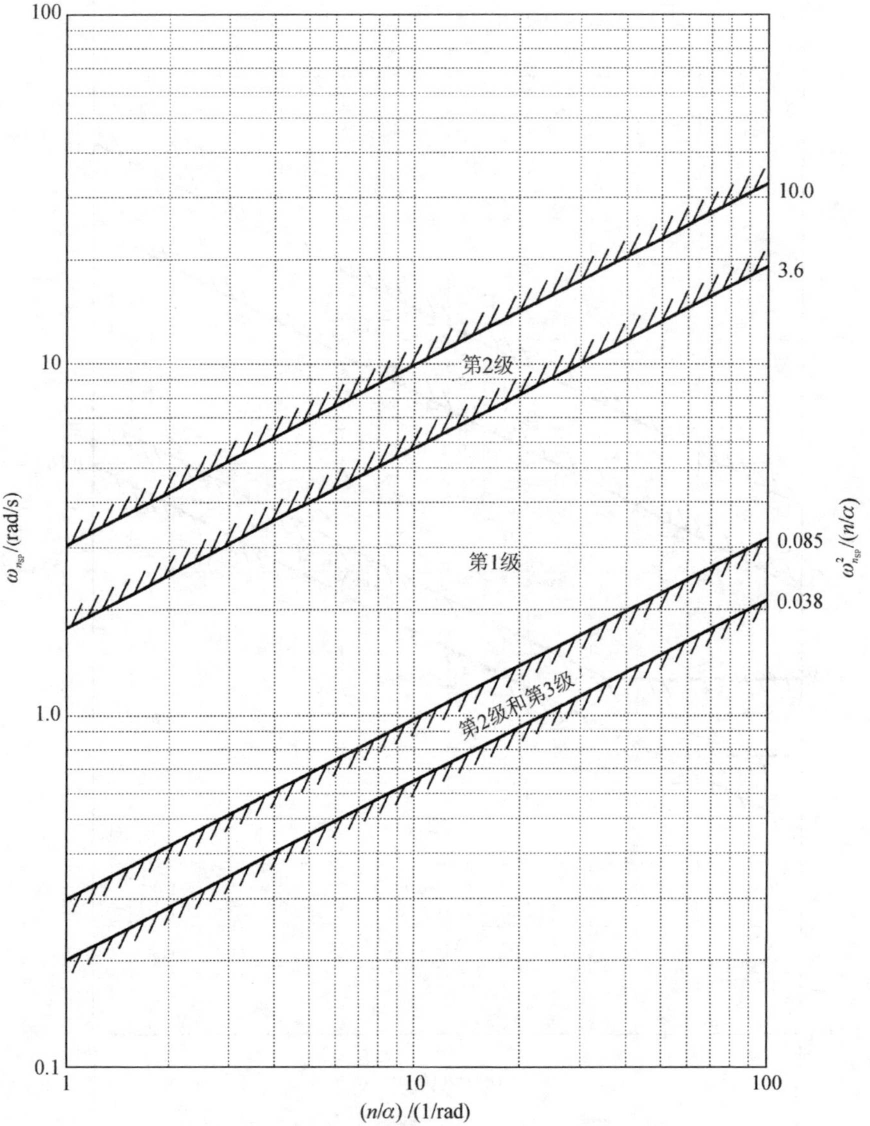

图 11.5 短周期频率要求——B类飞行阶段

P. 161

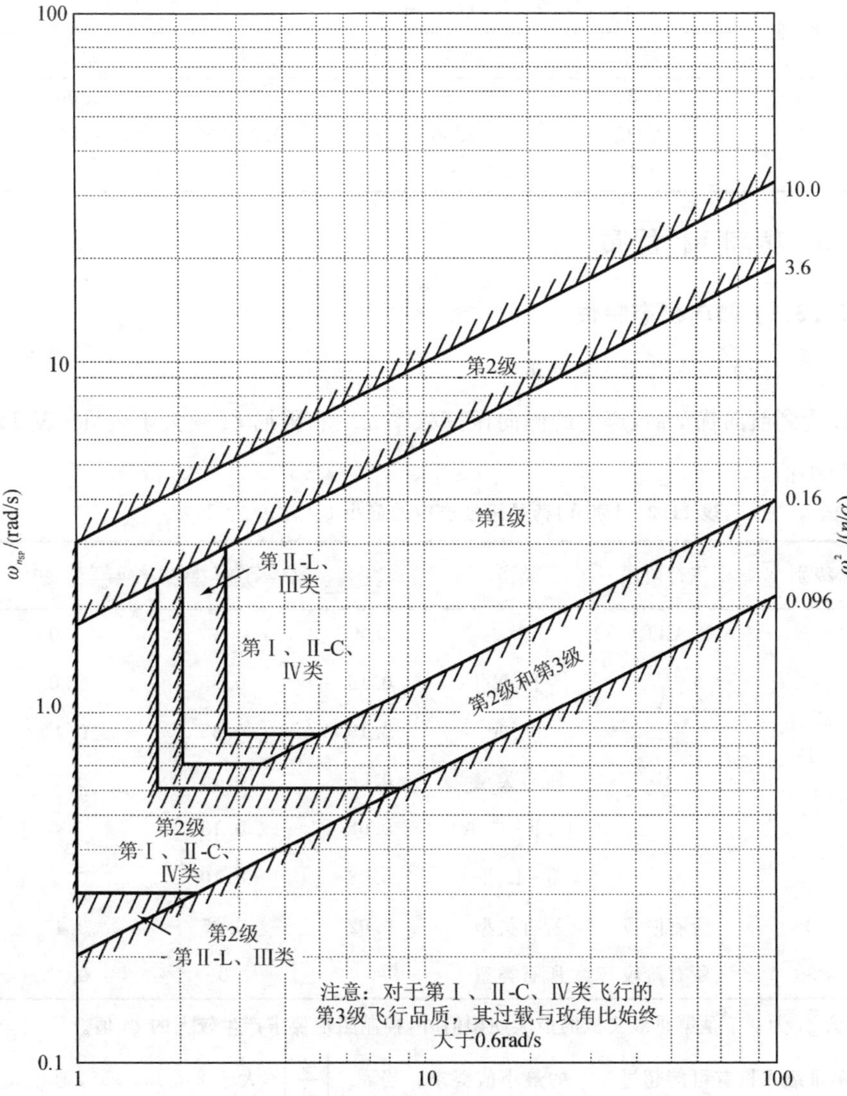

图 11.6　短周期频率要求——C类飞行阶段

(3.2.2.1.2) 短周期阻尼

等效短周期阻尼比 ζ_{SP}，须满足表Ⅳ(表 11.1)限制。

P.162 表 11.1 (表Ⅳ)短周期模态阻尼比限制

级别	A类和C类飞行阶段		B类飞行阶段	
	最小	最大	最小	最大
1	0.35	1.30	0.30	2.00
2	0.25	2.00	0.20	2.00
3	0.15	—	0.15	—

11.2.3 侧向飞行品质

(3.3.1) 侧向模态特性

(3.3.1.1) 侧向振荡(荷兰滚)

在受到航向扰动后,产生的侧向振荡频率 ω_{n_d} 和阻尼 ζ_d 须大于表Ⅵ(表 11.2)中的最小值。

表 11.2 (表Ⅵ)荷兰滚模态中的最小 ζ_d[a]、$\zeta_d\omega_{n_d}$[a] 和 ω_{n_d}[a]

级别	飞行阶段	类型	ζ_d[a]	$\zeta_d\omega_{n_d}$[a]/(rad/s)	ω_{n_d}[a]/(rad/s)
1	A类(CO、GA)	Ⅳ	0.4	—	1.0
	A	Ⅰ、Ⅳ	0.19	0.35	1.0
		Ⅱ、Ⅲ	0.19	0.35	0.4[b]
	B	所有类型	0.08	0.15	0.4[b]
	C	Ⅰ、Ⅱ-C、Ⅳ	0.08	0.15	1.0
		Ⅱ-L、Ⅲ	0.08	0.10	0.4[b]
2	所有阶段	所有类型	0.02	0.05	0.4[b]
3	所有阶段	所有类型	0	0	0.4[b]

[a] 除 ζ_d 为 0.7 是第Ⅲ级飞机的最大期望值外,控制阻尼要求产生较大的 ζ_d 值。

[b]第Ⅲ级飞机有可能超过 ω_{n_d} 的最小值要求。当 $\omega_{n_d}\left|\frac{\phi}{\beta}\right|_d$ 大于 20(rad/s)^2,则 $\zeta_d\omega_{n_d}$ 最小值须在上述 $\zeta_d\omega_{n_d}$ 列表基础上增大,其增加值为

第 1 级——$\Delta\zeta_d\omega_{n_d}=0.014\left(\omega_{n_d}\left|\frac{\phi}{\beta}\right|_d-20\right)$

第 2 级——$\Delta\zeta_d\omega_{n_d}=0.009\left(\omega_{n_d}\left|\frac{\phi}{\beta}\right|_d-20\right)$

第 3 级——$\Delta\zeta_d\omega_{n_d}=0.004\left(\omega_{n_d}\left|\frac{\phi}{\beta}\right|_d-20\right)$

式中,ω_{n_d} 单位为 rad/s。

驾驶杆固定或自由运动时，飞机的机动或配平飞行过程必须满足上述要求；在作战过程中，飞机可能出现振荡过程。如果飞机振荡的幅度是非线性的，则要求振荡的每个周期均满足条件。在无风条件下，只有当幅值足够小，且不会损害任务指标时，才能允许残余振荡存在。对于 A 类飞行阶段，角度偏差应该小于 ±0.0762 mm。

(3.3.1.2) 滚转模态

滚转模态时间常数 τ_R，不能大于表Ⅶ中的允许值(表 11.3)。

表 11.3(表Ⅶ)　滚转模态最大时间常数

飞行阶段	类型	等级		
		1	2	3
A	Ⅰ、Ⅳ	1.0	1.4	10
	Ⅱ、Ⅲ	1.4	3.0	10
B	所有	1.4	3.0	10
C	Ⅰ、Ⅱ-C、Ⅳ	1.0	1.4	10
	Ⅱ-L、Ⅲ	1.4	3.0	10

(3.3.1.3) 螺旋稳定性

螺旋稳定性、飞行控制系统特性和滚转力矩变化对速度的综合影响，须满足：扰动使倾斜角增大到 20°过程中，倾斜角增大一倍的时间不能大于表Ⅷ(表 11.4)中的值。在飞行员不控制驾驶杆，飞机机翼水平配平、零滚转速度飞行时也必须满足该要求。

表 11.4(表Ⅷ)　螺旋稳定性最小倍幅时间 P.163

飞行阶段	第 1 级	第 2 级	第 3 级
A 和 C	12	8	4
B	20	4	4

(3.3.1.4) 滚转-螺旋耦合振荡

对于包含较为激烈机动动作的飞行阶段而言(例如 CO 和 GA)，在响应飞行员滚转控制指令时，飞机特性不能出现滚转-螺旋耦合模态。只有当产生的频率和阻尼比超过以下要求时，才允许滚转-螺旋模态在类别 B 和 C 飞行阶段出现，详见表 11.5。

表 11.5 出现滚转-螺旋模态的条件

等级	$\zeta_{RS}\omega_{n_{RS}}$ /(rad/s)
1	0.5
2	0.3
3	0.15

(3.3.4) 滚转控制有效性

在表Ⅸa(表 11.6)中,详述了针对第Ⅰ类、第Ⅱ类、满足 3.3.4.1 的第Ⅳ类飞机,倾斜角在给定时间变化 ϕ_t 的滚转指标。对倾斜飞行时的飞机滚转控制而言,初始条件必须协调,也就是使得飞机侧向加速度为零。左右滚转指令要求初始位置均是稳态倾斜角和机翼水平飞行位置。须在测量施加初始控制力时快速输入,并在整个机动过程中固定俯仰控制。对于第Ⅳ类飞机的第 1 级、所有舰载飞机在类别 C 飞行阶段的第 1 级和第 2 级而言,须不施加偏航控制影响;但另一方面,如果类似控制输入简单,较容易与滚转控制输入协调,且与飞行员操纵该类型飞机的技术一致的话,则偏航控制可以用于减小滚转角速度的侧滑角(不是增大滚转角速度的侧滑角)。对于飞行阶段 TO,在最大着陆重量范围内,滚转时间要求可正比于起飞时惯性滚转力矩与着陆最大惯性滚转力矩之比。

表 11.6(表Ⅸa) 第Ⅰ类、第Ⅱ类飞机的滚转性能* (单位:s)

类型	等级	阶段 A		阶段 B		阶段 C	
		60°	45°	60°	45°	30°	25°
Ⅰ	1	1.3	—	1.7	—	1.3	—
	2	1.7	—	2.5	—	1.8	—
	3	2.6	—	3.4	—	2.6	—
Ⅱ-L	1	—	1.4	—	1.9	1.8	—
	2	—	1.9	—	2.8	2.5	—
	3	—	2.8	—	3.8	3.6	—
Ⅱ-C	1	—	1.4	—	1.9	—	1.0
	2	—	1.9	—	2.8	—	1.5
	3	—	2.8	—	3.8	—	2.0

* 在各阶段达到表中倾斜角变化的时间。

(3.3.4.1) 第Ⅳ类飞机的滚转指标

P. 164 第Ⅳ类飞机的滚转性能由表 11.7 给出的速度范围确定。以 ϕ_t 形式给出的第

Ⅳ类飞机的滚转指标如表 11.8(表Ⅸb)所示。进一步的滚转性能需求见 3.3.4.1.1 和 3.3.4.1.2,这些需求优于表 11.8(表Ⅸb)。

表 11.7　速度范围表示

速度范围符号	速度范围	
	第 1 级	第 2 级、第 3 级
VL	$V_{0_{min}} \leqslant V \leqslant V_{min}+20$ kn	$V_{min} \leqslant V \leqslant V_{min}+20$ kn
L	$V_{min}+20$ kn[a] $\leqslant V < V+1.4V_{min}$	$V_{min}+20$ kn $\leqslant V < V+1.4V_{min}$
M	$1.4V_{0_{min}} < V \leqslant 0.7V_{max}$[b]	$1.4V_{min} < V \leqslant 0.7V_{max}$
H	$0.7V_{max} \leqslant V \leqslant V_{0_{max}}$	$0.7V_{max} \leqslant V \leqslant V_{max}$

[a] 或 $V_{0_{min}}$,取较大值

[b] 或 $V_{0_{max}}$,取较小值

表 11.8(表Ⅸb)　第 IV 类飞机的滚转性能*　(单位:s)

等级	范围	阶段 A			阶段 B	阶段 C
		30	50	90	90	30
1	VL	1.1	—	—	2.0	1.1
	L	1.1	—	—	1.7	1.1
	M	—	—	1.3	1.7	1.1
	H	—	1.1	—	1.7	1.1
2	VL	1.6	—	—	2.8	1.3
	L	1.5	—	—	2.5	1.3
	M	—	—	1.7	2.5	1.3
	H	—	1.3	—	2.5	1.3
3	VL	2.6	—	—	3.7	2.0
	L	2.0	—	—	3.4	2.0
	M	—	—	2.6	3.4	2.0
	H	—	2.6	—	3.4	2.0

* 在各阶段达到表中倾斜角变化的时间。

(3.3.4.1.1)空战阶段的滚转性能

第Ⅳ类飞机在空战阶段的滚转性能指标,如表Ⅸc(表 11.9)所示。该表表示 P.165
飞机从初始 1 g 开始,以 ϕ_t 滚转 360°,且在表Ⅸd(表 11.10)中,滚转初始载荷因数介于 $0.8n_0$(—) 和 $0.8n_0$(+) 之间。

表 11.9(表Ⅸc) 空战阶段在360°范围内的滚转性能* (单位:s)

等级	速度范围	30°	90°	180°	360°
1	VL	1.0	—	—	—
	L	—	1.4	2.3	4.1
	M	—	1.0	1.6	2.8
	H	—	1.4	2.3	4.1
2	VL	1.6	—	—	—
	L	1.3	—	—	—
	M	—	1.3	2.0	3.4
	H	—	1.7	2.6	4.4
3	VL	2.5	—	—	—
	L	2.0	—	2.3	4.1
	M	—	1.7	3.0	—
	H	—	2.1	—	—

*在各阶段达到表中倾斜角变化的时间。

表 11.10(表Ⅸd) 空战阶段的滚转性能* (单位:s)

等级	速度范围	30°	50°	90°	180°
1	VL	1.0	—	—	—
	L	—	1.1	—	—
	M	—	—	1.1	2.2
	H	—	1.0	—	—
2	VL	1.6	—	—	—
	L	1.3	—	—	—
	M	—	—	1.4	2.8
	H	—	1.4	—	—
3	VL	2.5	—	—	—
	L	2.0	—	—	—
	M	—	—	1.7	3.4
	H	—	1.7	—	—

*在各阶段达到表中倾斜角变化的时间。

P.166 (3.3.4.1.2)对地攻击阶段的滚转性能指标

第Ⅳ类飞机在对地攻击阶段中,若采用大量外部补偿,则表Ⅸb(表 11.8)中滚转性能指标要求可以放宽,但需要得到订购部门的确认。不过,对于任何合同中明确的外载荷，滚转性能指标不能低于表Ⅸe(表 11.11)中的要求，表中滚转性能指标以 ϕ_t 形式表示，初始滚转载荷因数介于 $0.8n_0(-)$ 和 $0.8n_0(+)$ 之间。对任何合同中明确表示的非对称载荷，滚转控制力须总能足以保持在最大载荷因数时的机翼水平，并有足够的控制裕度。

表 11.11(表Ⅸe)　对地攻击阶段的滚转性能*　(单位：s)

等级	速度范围	30°	50°	90°	180°
1	VL	1.5	—	—	—
	L	—	1.7	—	—
	M	—	—	1.7	3.0
	H	—	1.5	—	—
2	VL	2.8	—	—	—
	L	2.2	—	—	—
	M	—	—	2.4	4.2
	H	—	2.4	—	—
3	VL	4.4	—	—	—
	L	3.8	—	—	—
	M	—	—	3.4	6.0
	H	—	3.4	—	—

* 在各阶段达到表中倾斜角变化的时间。

习题

1. 参考 A-4 天鹰飞机的数据(属第Ⅳ类飞机)(附录 A)。尽可能多地评估该机满足 MIL-F-8785C 的部分。假设飞机用于执行对地攻击任务。

参考文献

Anon. (1980) Military Specification, Flying Qualities of Piloted Airplanes, Department of Defense, MIL-F-8785C, Washington, D.C., November 1980.

Anon. (1990) Flying Qualities of Piloted Aircraft, Department of Defense, MIL-STD-1797A, Washington, D.C., January 1990.

Chalk, C.R. *et al.* (1969) *Background Information and User Guide for MIL-F-8785B(ASG), "Military Specification–Flying Qualities of Piloted Airplanes"*, Technical Report AFFDL-TR-69-72, Air Force Flight Dynamics Laboratory, Wright-Patterson Air Force Base, Ohio, August 1969.

Harper, R.P. and Cooper, G.E. (1986) Handling qualities and pilot evaluation. *Journal of Guidance, Control and Dynamics*, **9** (5), 515–529.

Hodgkinson, J. (1999) *Aircraft Handling Qualities*, AIAA Inc. and Blackwell Science Ltd.

Moorhouse, D.J. and Woodcock, R.J. (1982) *Background Information and User Guide for MIL-F-8785C, "Military Specification–Flying Qualities of Piloted Airplanes"*, Technical Report AFWAL-TR-81-3109, Air Force Wright Aeronautical Laboratories, Wright-Patterson Air Force Base, Ohio, July 1982.

Weingarten, N.R. (2005) History of in flight simulation & flying qualities research at Calspan. *AIAA Journal of Aircraft*, **42** (2), March/April.

第 12 章　自动飞行控制

我们将在本章研究如何改善飞机动态响应特性的问题，从而使飞机具备良好的飞行品质。在本章中，当谈到“裸机”的飞行品质时，意味着飞机没有采用任何人工提高动态响应特性的方法。 P. 169

由于设计阶段某些有目的的权衡，造成了某些飞机在一定条件下可能不具备良好的飞行品质。例如，为了提升飞机机动性能指标，将重心向机尾移动以放宽静稳定性，但这将恶化纵向飞行品质。较差的飞行品质也可能是综合其他性能权衡取舍的结果，例如舰载机较差的航向稳定性是因为减小了垂尾大小，以适应驻舰的尺寸要求。

不论什么原因，在设计飞机时都需要尽可能提升飞行品质，常见的解决办法是为飞机设计电气反馈系统（称为增稳系统，stability augmentation system，SAS）。SAS 用于优化影响飞行品质的参数。

SAS 的概念较为简单：SAS 感知飞机状态响应（俯仰角速度、侧滑角等）并控制舵面偏转，以（实时）修正飞机，使其达到期望状态。该系统设计的难点在于，飞行员可能在系统自动修正的同时，试图控制舵面以达到自己的目的，且飞行员不希望出现与自己的控制相悖的指令。目前，已有很多机械和电气的手段用于解决这个问题。

在 SAS 的基础上，进一步综合其他电气元件，从而构成控制增稳系统（control augmentation system，CAS）或自动驾驶仪（自动飞行控制系统）。CAS 改变了飞行员输入的含义，将一个控制指令变成了另外的控制指令。例如，驾驶杆纵向推拉通常控制飞机的俯仰角速度，但也可能看成是对特定过载的指令，或 g 指令。自动驾驶仪能够实现从简单的高度保持到自动着陆，甚至自动着舰等复杂功能，使得飞行员得到解放，以关注其他更重要的任务（如执行作战任务）。在接通自动驾驶仪后感知飞机的状态，并在必要时控制舵面偏转，以达到期望控制目标。

目前，自动飞行控制系统家族中的最后一位是电传（fly by wire，FBW）系统。在 FBW 系统中，飞行员输入的控制指令不是直接传输给作动器，而是传输给飞行控制计算机，由计算机理解飞行员的意图，生成控制指令控制作动器，以实现飞行员的操纵目的。FBW 系统通常也有应急模式，通过直接电气链绕过计算机控制①。

P. 170 本章将作为自动飞行控制系统的导论，且将证明本书先前的分析足够设计出基本的增稳系统。我们还需要一些新的概念，故本章将从非常简单的系统开始。

有关控制系统设计的详细论述，参见 D'Azzo 和 Houpis(1988)的文献。飞行控制系统在飞机上的运用，参见 Stevens 和 Lewis(1992)的文献。

12.1 简单反馈系统

12.1.1 一阶系统

在飞行动力学中很少有一阶系统。通常在建模描述驱动舵面偏转的液压作动器时，可视其为一阶系统。用于电信号的平滑或滤波的简单电气网络，也可能是一阶的。当然，在研究中也常将滚转模态和尾旋模态的近似模型视为一阶系统。故研究一阶系统是非常重要的。

考虑一阶常微分方程：

$$\dot{x}=ax(t)+bu(t) \tag{12.1}$$

该过程原理框图如图 12.1 所示。图中的模块并非真实世界存在的，例如自然界中不存在积分信号器，图中积分模块仅是为了满足式(12.1)形式而加入的。

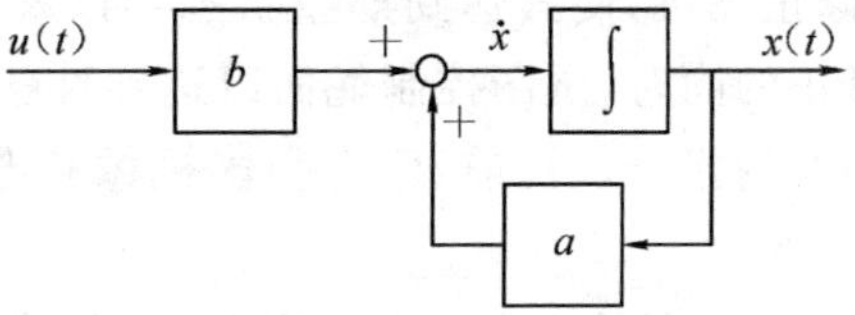

图 12.1 一阶系统

系统的单个特征值(以角标 OL 来表示“开环”)较容易确定，即

$$\lambda_{\mathrm{OL}}=a \tag{12.2}$$

框图可以化为传递函数形式。受迫响应为

$$x(s)=\frac{b}{s-a}u(s) \tag{12.3}$$

P. 171 系统传递函数的框图如图 12.2 所示。

考虑一种反馈方案，其中测量状态为 $x(t)$，测量值乘以增益 k 作为反馈，用于修正输入，即当前输入 $u(t)$ 为 $kx(t)$ 和一个新的(基准)信号 $r(t)$ 之和。用复变量

①在多型战机上，该模式也称为数字直接链模式。——译者注

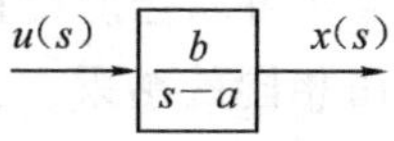

图 12.2　一阶系统传递函数

s 来表示，有 $u(s)=kx(s)+r(s)$，如图 12.3 所示。

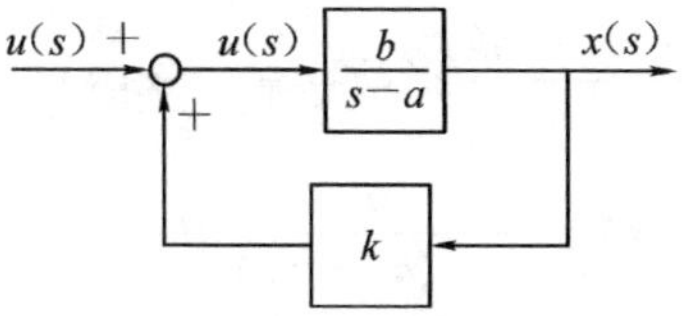

图 12.3　闭环系统

在开始处理以前，牢记图 12.3 告诉我们的信息非常必要。

- 基准 r 可能为电信号，比如与某物理量（如驾驶杆偏移量）成正比的电压信号。
- 状态 x 表示我们对当前状态的测量，如攻角传感器测量的 α。更为严谨的表示方式是：将这个测量信号看作与状态 x 不同，并以 y 表示，称其为输出值。不过，我们暂时简便处理，假设我们已测量了状态 x，并有了一个与其成比例的信号。
- 增益 k 为反馈模块，可以看作为电信号放大器。将放大器状态与基准信号求和，这在电路中相当于加入电压，是一件非常普通的事情。需要注意的是这里我们已经通过"+"表明反馈是叠加在基准信号上的，而不是某些读者习惯的负反馈形式。这也不是问题，因为我们可以改变控制增益 k 的符号来产生负反馈。
- 控制作动器 u 与叠加后的电压之间的联系通常比此处给出的形式复杂一点。例如，利用电信号控制舵机中的线圈，进而控制液压作动筒向正确方向移动。在研究控制作动器时，需要牢记在真实世界中永远存在物理限制。如果你的控制系统导致升降舵超过了其极限的偏转，飞行员就会有大麻烦了。
- 最后，传递函数模块表示一个物理系统。在一定范围内，该物理系统被描述为 P. 172
一阶常微分方程，且 a 和 b 的值已知，该模型将会用于我们的后续研究。

暂将这些分析放在一边，采用传递函数的框图如图 12.3 所示。

闭环（CL）系统的运动方程变为

$$\dot{x}=ax(t)+b[kx(t)+r(t)]=(a+bk)x(t)+br(t) \tag{12.4}$$

闭环特征值则为

$$\lambda_{\mathrm{CL}}=a+bk \tag{12.5}$$

换句话说，合理地选择 k 就可以任意配置系统特征值。请记住先前的讨论：

输入 $u(t)$ 是 $kx(t)$ 和 $r(t)$ 之和，当 k 可以任意设置时，就需要对 u 加以限制。

通过采用传递函数可以推导出相同的结果。我们有

$$
\begin{aligned}
x(s) &= \frac{b}{s-a}u(s) = \frac{b}{s-a}\left[kx(s)+r(s)\right] \\
\left(1-\frac{bk}{s-a}\right)x(s) &= \frac{b}{s-a}r(s) \\
\frac{s-a-bk}{s-a}x(s) &= \frac{b}{s-a}r(s) \\
x(s) &= \frac{b}{s-(a+bk)}r(s)
\end{aligned}
\tag{12.6}
$$

闭环系统的框图如图 12.4 所示。

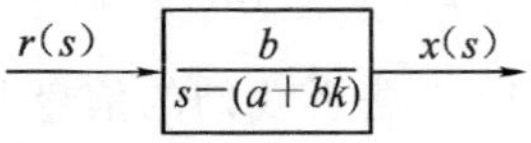

图 12.4　一阶闭环系统传递函数

12.1.2　二阶系统

直接引起我们兴趣的两种二阶系统是能够近似表示飞机短周期和荷兰滚模态的系统。基于数万小时的研究和试验结果，以及已发表的数千页论文都是为了研究飞机如何满足良好纵向飞行品质的要求，而短周期模态是其中让人最感兴趣的研究内容。而对于研究相对较少的侧向飞行品质——荷兰滚模态，同样也非常重要，比如，只需看看图 10.7，再想想飞机座舱中容易反胃的乘员，就会立刻明白对飞机的荷兰滚模态的研究有多么重要。

P. 173 **开环特征值**

现用一个简单的质量-弹簧-阻尼器系统（见图 12.5）来说明二阶系统的闭环控制。

这里，x_1 为位置，x_2 为速度，且 $\dot{x}_1=x_2$。系统可表示为式(12.7)：

$$
\begin{aligned}
\dot{x}_1 &= x_2(t) \\
\dot{x}_2 &= a_{21}x_1(t)+a_{22}x_2(t)+bu(t)
\end{aligned}
\tag{12.7}
$$

参数 a_{21} 与系统中的弹簧有关（正比于位移 x_1），而参数 a_{22} 与阻尼相关（正比于速度 x_2）。

我们假设系统复特征值为 $\lambda_{OL}=\sigma\pm j\omega$，则该特征值对应响应应为振荡形式。系统特征方程为 $s^2-a_{22}s-a_{21}=0$。我们可以建立 a_{21} 和 a_{22} 与系统自然频率 ω_n 和阻尼比 ζ 的关系，如式(12.8)和式(12.9)所示：

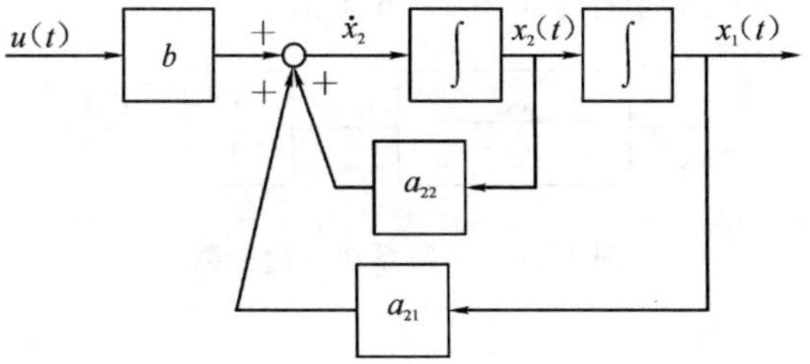

图 12.5　二阶系统

$$s^2 - a_{22}s - a_{21} = s^2 + 2\zeta\omega_n s + \omega_n^2 = 0 \tag{12.8}$$

$$\omega_n = \sqrt{-a_{21}}$$
$$\zeta = \frac{-a_{22}}{2\sqrt{-a_{21}}} \tag{12.9}$$

通过简单的代数变换，则系统特征值的实部和虚部 σ、ω 与自然频率、阻尼比和系统参数的关系为

$$\lambda_{\mathrm{OL}} = \sigma \pm \mathrm{j}\omega = -\zeta\omega_n \pm \mathrm{j}\omega_n\sqrt{1-\zeta^2} \tag{12.10}$$

$$\sigma = -\zeta\omega_n = \frac{a_{22}}{2}$$
$$\omega = \omega_n\sqrt{1-\zeta^2} = \frac{1}{2}\sqrt{-a_{22}^2 - 4a_{21}} \tag{12.11}$$

用传递函数来表示状态转移矩阵为 P. 174

$$[s\boldsymbol{I} - \boldsymbol{A}]^{-1}\boldsymbol{B} = \begin{bmatrix} s & -1 \\ -a_{21} & s-a_{22} \end{bmatrix}^{-1} \begin{bmatrix} 0 \\ b \end{bmatrix}$$
$$= \frac{1}{s^2 - a_{22}s - a_{21}} \begin{bmatrix} s-a_{22} & 1 \\ a_{21} & s \end{bmatrix} \begin{bmatrix} 0 \\ b \end{bmatrix}$$
$$= \frac{1}{s^2 - a_{22}s - a_{21}} \begin{bmatrix} b \\ bs \end{bmatrix}$$

传递函数为

$$\frac{x_1(s)}{u(s)} = \frac{b}{s^2 - a_{22}s - a_{21}}$$
$$\frac{x_2(s)}{u(s)} = \frac{bs}{s^2 - a_{22}s - a_{21}}$$

依据上述等式和 $\dot{x}_1 = x_2$，可得

$$\frac{x_1(s)}{x_2(s)} = \frac{x_1(s)u(s)}{u(s)x_2(s)} = \frac{1}{s}$$

拉普拉斯域下的框图则化为如图 12.6 形式。

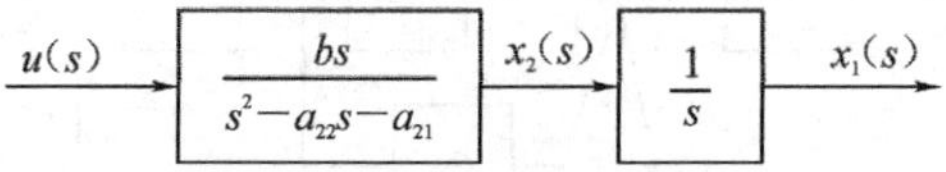

图 12.6 二阶系统传递函数

传递函数$\dfrac{x_1(s)}{u(s)}$的零极点如图 12.7 所示。

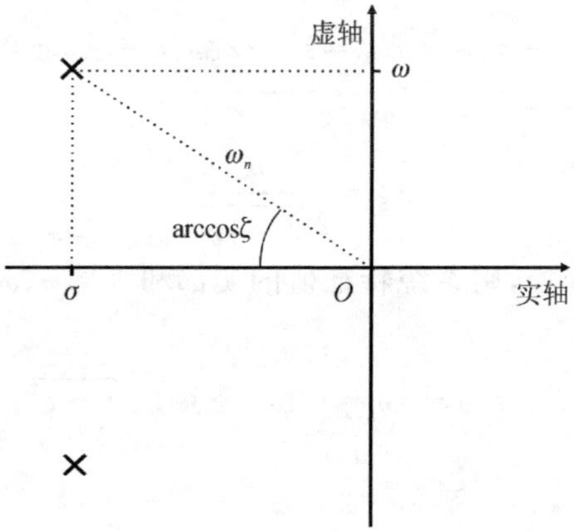

图 12.7 $\dfrac{x_1(s)}{u(s)}$零极点图

P. 175 **位置反馈**

现考虑位置变量反馈，$u(t)=k_1x_1(t)+r(t)$。该反馈并不影响动态方程 $\dot{x}_1=x_2$，但会通过下式对加速度 $\dot{x}_2$ 产生影响：

$$\begin{aligned}\dot{x}_2&=a_{21}x_1(t)+a_{22}x_2(t)+b[k_1x_1(t)+r(t)]\\&=(bk_1+a_{21})x_1(t)+a_{22}x_2(t)+br(t)\end{aligned}$$

由此可得，位置反馈仅影响弹簧参数。特征多项式化为 $s^2-a_{22}s-(a_{21}+bk_1)$。

在拉普拉斯域中，我们有 $u(s)=k_1x_1(s)+r(s)$，框图如图 12.8 所示。

可以较容易确定闭环传递函数为

$$\begin{aligned}x_1(s)&=\frac{b}{s^2-a_{22}s-a_{21}}u(s)\\&=\frac{b}{s^2-a_{22}s-a_{21}}[k_1x_1(s)+r(s)]\end{aligned}$$

化简为

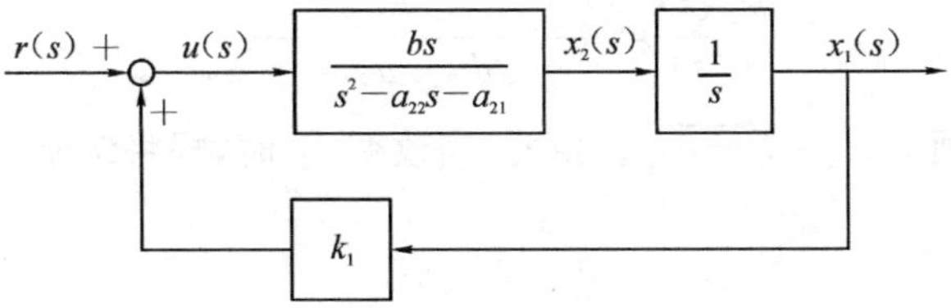

图 12.8　位置反馈框图

$$\frac{x_1}{r(s)}=\frac{b}{s^2-a_{22}s-(bk_1+a_{21})}$$

由于$\sigma=\frac{a_{22}}{2}$,且系统为开环系统,位置反馈不能改变质量-弹簧-阻尼器系统的阻尼项(特征值的实部)。所以,当k_1改变时,根(特征值)将在复平面内垂直于实轴移动,如图 12.9 所示。

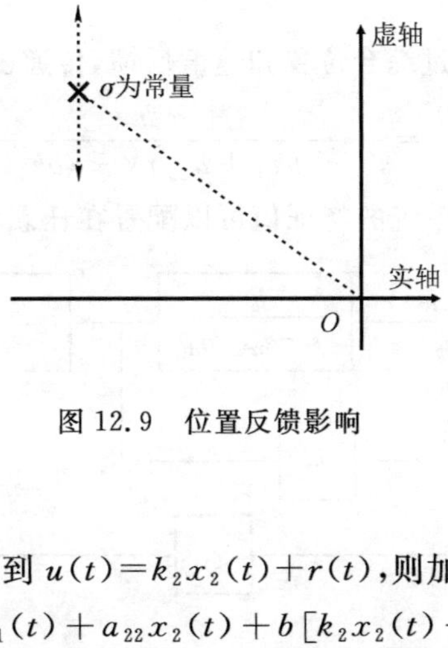

图 12.9　位置反馈影响

速度反馈

利用速度反馈,可以得到$u(t)=k_2x_2(t)+r(t)$,则加速度$\dot{x}_2$变为

$$\begin{aligned}\dot{x}_2&=a_{21}x_1(t)+a_{22}x_2(t)+b[k_2x_2(t)+r(t)]\\&=a_{21}x_1(t)+(bk_2+a_{22})x_2(t)+br(t)\end{aligned}\tag{12.12}$$

由此可知,速度反馈仅影响阻尼参数。而特征多项式变为$s^2-(bk_1+a_{21})s-a_{21}$。传递函数和系统框图由式(12.13)和图 12.10 给出。

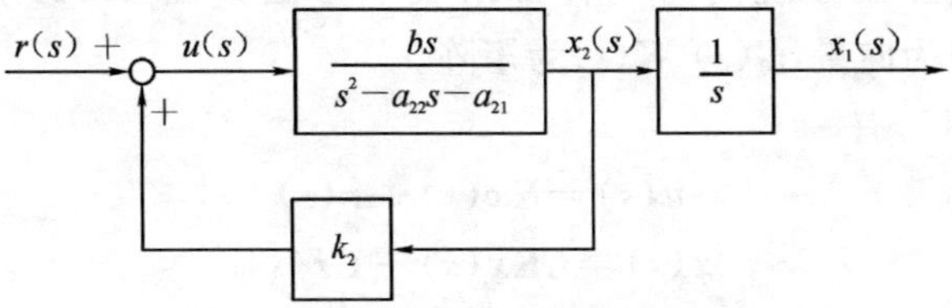

图 12.10　速度反馈框图

$$\frac{x_1(s)}{r(s)}=\frac{b}{s^2-(bk_2+a_{22})s-a_{21}} \tag{12.13}$$

现在，不变项为 $\omega_n=\sqrt{-a_{21}}$。由此，当改变 k_2 时，根将绕原点做圆周运动，如图 12.11 所示。

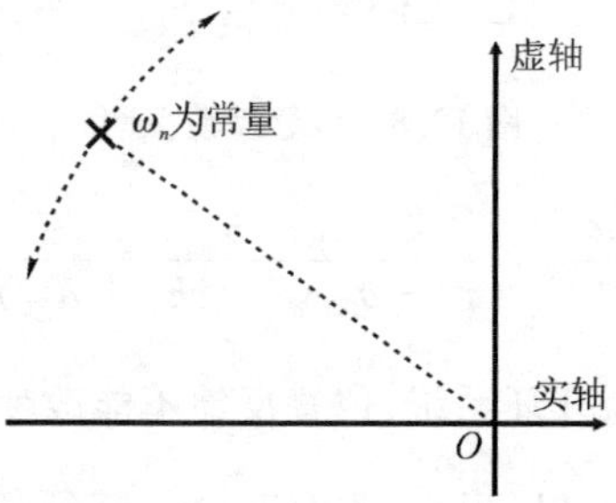

图 12.11 速度反馈影响

P. 177 如图 12.12 所示，通过综合位置和速度反馈，传递函数化为

$$\frac{x_1(s)}{r(s)}=\frac{b}{s^2-(bk_2+a_{22})s-(bk_1+a_{21})} \tag{12.14}$$

因此，质量-弹簧-阻尼器系统的特征值可以配置在任意位置。

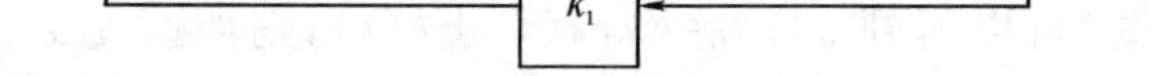

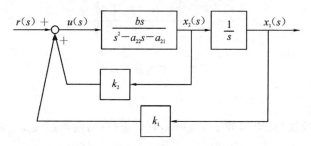

图 12.12 位置和速度的反馈框图

12.1.3 一般表示

多变量反馈控制系统的另一种常用表示方法如图 12.13 所示。在图中，$\boldsymbol{x}(s)$、$\boldsymbol{u}(s)$、$\boldsymbol{r}(s)$为向量，$\boldsymbol{G}(s)$、$\boldsymbol{K}(s)$为矩阵。

对于图 12.13，有

$$\boldsymbol{u}(s)=\boldsymbol{Kx}(s)+\boldsymbol{r}(s)$$

$$\boldsymbol{x}(s)=\boldsymbol{GKx}(s)+\boldsymbol{Gr}(s) \tag{12.15}$$

$$\boldsymbol{x}(s)=[\boldsymbol{I}-\boldsymbol{GK}(s)]^{-1}\boldsymbol{Gr}(s) \tag{12.16}$$

$\boldsymbol{G}(s)$是传递函数矩阵，与第 9.5.1 节的推导一致。

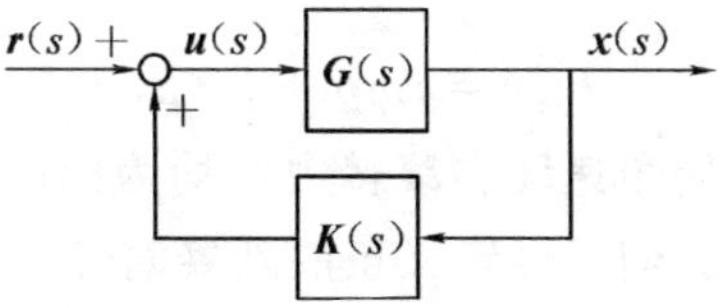

图 12.13　多输入多输出系统

在质量-弹簧-阻尼器系统中的应用 P. 178

如图 12.13 所示，在质量-弹簧-阻尼器系统中，有如下结果：

$$\boldsymbol{x}(s)=\begin{bmatrix} x_1(s) \\ x_2(s) \end{bmatrix}$$

$$\boldsymbol{u}(s)=\{u(s)\}$$

$$\boldsymbol{r}(s)=\{r(s)\}$$

$$\boldsymbol{G}(s)=\begin{bmatrix} \dfrac{b}{s^2-a_{22}s-a_{21}} \\ \dfrac{bs}{s^2-a_{22}s-a_{21}} \end{bmatrix} \tag{12.17}$$

$$\boldsymbol{K}(s)=\begin{bmatrix} k_1(s) & k_2(s) \end{bmatrix}$$

基于以上结果，我们有

$$\boldsymbol{x}(s)=\begin{bmatrix} \dfrac{b}{s^2-(bk_2+a_{22})s-(bk_1+a_{21})} \\ \dfrac{bs}{s^2-(bk_2+a_{22})s-(bk_1+a_{21})} \end{bmatrix}\boldsymbol{r}(s) \tag{12.18}$$

12.2　反馈控制应用实例

除非特别说明，在下文分析过程中，飞机角度单位为弧度(rad)，距离单位为米(m)，时间单位为秒(s)。

12.2.1　滚转模态

我们在第 8.7.2 节中推导并提出了有量纲侧向运动方程组，然后在第 10.2.4 中推导出了滚转模态动态特性的一阶近似形式。将式(8.17d)进一步拓展，使其包含输入 δ_1 和 δ_n，可得

$$I_{xx}\dot{p}=L_p p+L_{\delta_1}\delta_1+L_{\delta_n}\delta_n$$

我们仅需要滚转控制器 δ_1，且将其看作是飞机副翼。由此设 $\delta_n=0$，故飞机的滚转模态近似为

$$I_{xx}\dot{p}=L_p p+L_{\delta_a}\delta_a \tag{12.19}$$

由于我们已经定义滚转角速度和滚转力矩均为同向为正，且速度阻尼阻碍运动，即 $L_p<0$。同样，由于我们已经定义正的副翼偏转，即右副翼向下、左翼向上为正，正的副翼偏转将产生负的滚转力矩。

$$L_p<0,L_{\delta_a}<0$$

利用下式：

$$x=p,\ u=\delta_a,\ a=\frac{L_p}{I_{xx}},\ b=\frac{L_{\delta_a}}{I_{xx}} \tag{12.20}$$

P. 179 则滚转模态近似满足一般的一阶系统方程：

$$\dot{x}=ax(t)+bu(t)$$

从 $u(s)$ 到 $x(s)$ 的传递函数为

$$\frac{x(s)}{u(s)}=\frac{b}{s-a} \tag{12.21}$$

如果 $u(t)$ 是幅值为 m_a 的阶跃输入，则 $u(s)=\frac{m_a}{s}$，且

$$\begin{aligned} x(s)&=\frac{m_a b}{s(s-a)} \\ x(t)&=-\frac{m_a b}{a}(1-e^{at}) \end{aligned} \tag{12.22}$$

带入式(12.20)，滚转模态时间常数定义为

$$\tau_r=-\frac{1}{a}=-\frac{I_{xx}}{L_p} \tag{12.23}$$

正阶跃副翼输入信号的滚转角速度响应为

$$p(t)=-\frac{m_a L_{\delta_a}}{L_p}(1-e^{-\frac{t}{\tau_r}}) \tag{12.24}$$

从式(12.24)中看出，稳态滚转角速度为

$$p_{ss}=-\frac{m_a L_{\delta_a}}{L_p} \tag{12.25}$$

我们注意到当前的符号约定已经使得 $\tau_r>0$，如果 m_a 为正，则 $p_{ss}<0$(正的副翼偏转产生负的滚转力矩)。

这里需要强调两个与滚转模态相关的飞行品质规范。

滚转模态时间常数

一般情况下，滚转模态时间常数对于飞行员轻松、准确地控制飞机的重要性并

不明显。但在必须准确控制飞机倾斜角的机动过程中，如编队飞行时（每个动作都要精确控制），它便会起到重要作用；又如在着陆近进过程中，飞行员可能需要多次调整航向以对准跑道，这个过程需要通过设置特定倾斜角，同时等待航向变化，并随后实现逐步消除倾斜角，此时该常数也非常重要。

滚转模态时间常数意味着当 $t=\tau_r$ 时，$p=0.632p_{ss}$；当 $t=2\tau_r$ 时，$p=0.865p_{ss}$，等等。如此，滚转模态时间常数反映了滚转角速度达到其稳定值的快慢程度。

飞行品质研究（或许也是常识）得出：飞行员将横杆理解为滚转角速度控制器，他们通常喜欢较小的滚转时间常数，以便较快控制飞机达到稳态。换句话说，飞行 P.180
员期望一旦施加控制，飞机立即达到稳态滚转；一旦停止控制，飞机滚转立即停止。

图 12.14 是从美国海军试飞员学校的飞行测验手册（USNTPS，1997）中截取

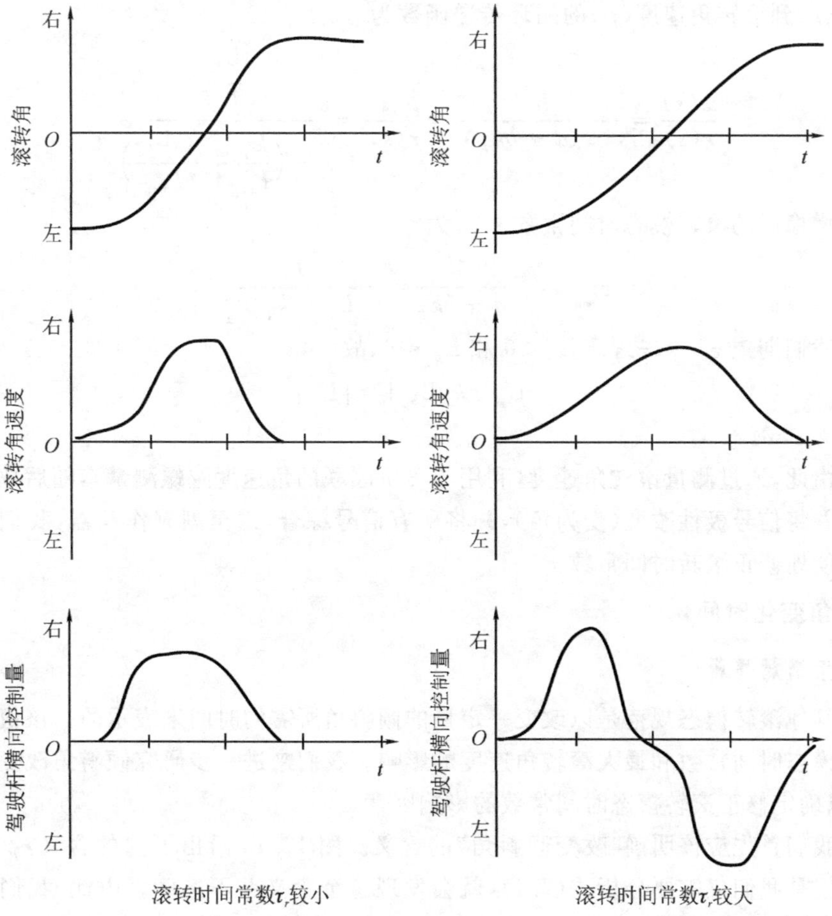

图 12.14　滚转模态时间常数对滚转角控制的影响

的。该图说明了较小的 τ_r 允许飞行员快速控制滚转角速度，从而实现精确的倾斜角控制。

右图下部表明当 τ_r 较大(慢)时，飞行员必须在达到期望倾斜角之前提前采取(反向)控制，不仅仅是向一个方向压驾驶杆，而是应该反向压驾驶杆，使得飞机达到期望倾斜角时滚转角速度降低为零。要注意飞行员的输入消失时，滚转角速度将持续增加，使得飞行员必须反向压杆。

P. 181 现在利用滚转角速度反馈来改进(减少) τ_r。我们选取图 12.3 所示系统，将变量代入 $u(t)=kx(t)+r(t)$，得到控制律：

$$\begin{aligned}\delta_a(t)&=k_p p(t)+r(t)\\ \delta_a(s)&=k_p p(s)+r(s)\end{aligned}\tag{12.26}$$

这里，我们认为基准信号 $r(t)$ 为飞行员的输入(如驾驶杆、脚蹬信号)。从飞行员输入(r)到滚转角速度(p)的闭环传递函数为

$$\frac{x(s)}{r(s)}=\frac{b}{s-(a+bk_p)}=\frac{p(s)}{r(s)}=\frac{\dfrac{L_{\delta_a}}{I_{xx}}}{s-\left(\dfrac{L_p}{I_{xx}}+\dfrac{k_pL_{\delta_a}}{I_{xx}}\right)}$$

增稳后的滚转模态时间常数 $\tau_{r_{\text{aug}}}$ 为

$$\tau_{r_{\text{aug}}}=-\frac{1}{a+bk_p}=-\frac{I_{xx}}{L_p+k_pL_{\delta_a}}$$

由于我们期望 $\tau_{r_{\text{aug}}}<\tau_r$，且 $L_p<0$ 和 $L_{\delta_a}<0$，故

$$|L_p+k_pL_{\delta_a}|>|L_p|$$

因此 $k_p>0$。

由此，通过测量滚转角速度(利用与飞机固联的角速度陀螺测量)，随后放大该信号并将信号极性改变(变为负)，并将所有信号综合，送至副翼作动器，我们便可以方便地修正滚转时间常数。

倾斜角变化时间

未增稳飞机

其他滚转模态规范是以改变一定量的倾斜角所需的时间来表示的。该值受到滚转模态时间常数和最大滚转角速度的影响。我们来进一步研究倾斜角改变的要求，以确定修正滚转模态时间常数的影响因素。

我们首先应该明确“改变倾斜角”的含义。图 12.14 给出了它的含义：ϕ 的改变。但是我们仅需要分析式(7.4)，就会发现这个含义并不准确。由此，我们量化了改变倾斜角的含义，认为它意味着在 $\theta\approx 0$ 的情况下，改变 ϕ 角时，有

$$\dot{\phi}=p(t)$$

我们还需要明确如何实现改变倾斜角。在改变倾斜角时，能够跳过中间的变化过程吗？可以在滚转角速度开始变化一段时间以后才开始计时吗？如何确定倾斜角达到了变化量呢？如何确定我们已经滚转过头，超过所需的倾斜角变化量呢？如何停止滚转使飞机保持在一个新的倾斜角呢？

以上问题都没有确切的答案。（飞机滚转性能）测试是从固定倾斜角开始的， P.182
通常是从机翼水平位置开始，但也可以从非零倾斜角（也就是在转弯飞行时）开始。首先，飞行员使用驾驶杆尽最大可能近似施加一个阶跃控制，如果有必要可以双手一起用力，此时开始计时。当飞机滚转发生特定变化时，停止计时，并在新的滚转角度下不再主动采取措施停止滚转。（进一步说，这类试飞就是要在每个方向都寻找最差情况。对于螺旋桨飞机而言，最差情况取决于飞机是英国造的还是美国造的，因为它们的螺旋桨旋转方向是相反的。）

在描述倾斜角滚转时间测试性能时，可以利用带有阶跃输入的 $\dot{p}$ 方程（式 12.22～12.24）。由于我们希望尽可能快速地改变倾斜角，故假设 $m_a = m_{a\max}$，也就是说在任意方向的舵面操纵均偏转最大值。$\dot{\phi}$ 的拉普拉斯变换为 $s(\phi(s)-\phi(0))$，经代换可得

$$s(\phi(s)-\phi(0)) = p(s) = \frac{\dfrac{m_{a_{\max}} L_{\delta_a}}{I_{xx}}}{s\left(s-\dfrac{L_p}{I_{xx}}\right)} = \frac{\dfrac{p_{ss}}{\tau_r}}{s\left(s+\dfrac{1}{\tau_r}\right)}$$

$$\phi(s) = \phi(0) + \frac{\dfrac{p_{ss}}{\tau_r}}{s^2\left(s+\dfrac{1}{\tau_r}\right)}$$

$$\phi(t) = \phi(0) + p_{ss}\tau_r\left(\frac{t}{\tau_r} - 1 + e^{-\frac{t}{\tau_r}}\right)$$

有了这个结果，我们可以计算在副翼的最大阶跃响应幅度 $m_{a_{\max}}$，作用时间 t_{spec} 条件下，倾斜角的变化 $\Delta\phi$ 为

$$\Delta\phi = p_{ss}\tau_r\left(\frac{t_{spec}}{\tau_r} - 1 + e^{-\frac{t_{spec}}{\tau_r}}\right) \tag{12.27}$$

在式(12.27)中，$p_{ss} = -\dfrac{m_a L_{\delta_a}}{L_p}$（式(12.25)）。如果 $\Delta\phi$ 大于规范中在 t_{spec} 时间内滚转角变化应达到的角度，飞机滚转特性就满足要求。

滚转角速度反馈影响

现在我们回顾滚转模态时间常数修正的结果。当研究未增稳飞机时，我们并不严格区分飞行员控制输入与飞机副翼偏转，并假设二者之间有一个固有关系。

也就是说，在副翼偏转 δ_a 和飞行员输入 r 中有一个固定因子，为了不失一般性，假设二者一一对应，且将它们同时等比例缩放，并将最大副翼偏转视为 1，则有

$$\delta_a(t)=r(t),\ -1\leqslant r\leqslant 1$$

我们的符号约定是正的副翼偏转产生负的滚转力矩，故正的飞行员操纵也将产生一样的效果。考虑一个中间构型驾驶杆，定义左压杆为正、右压杆为负①。

我们已经构造了反馈控制器：

$$\delta_a(t)=r(t)+k_p p(t),\ -1\leqslant r\leqslant 1$$

在精确分析滚转角速度反馈的影响以前，让我们来思考解决此问题的办法。从固定倾斜角的改变开始计时测试，此时 $p(0)=0$，$\delta_a(0)=r(0)$。随后飞行员在驾驶
P. 183 杆上施加了一个阶跃输入，故 $r(0^+)=1$。正的副翼偏转生成负的滚转力矩和滚转角速度。由于 $k_p>0$，故乘积 $k_p p(t)$ 为负值。也就是说，即使杆一直保持在最大极限位置，副翼也不会固定在极限位置，而是会随着负滚转角速度的增大而减小。

进一步考虑我们已经完成的工作。前文已推导了增稳后的滚转模态时间常数表达式：

$$\tau_{r_{\text{aug}}}=-\frac{I_{xx}}{L_p+k_p L_{\delta_a}}$$

取 $k_p>0$，使得 $\tau_{r_{\text{aug}}}<\tau_r$。同样，我们先前推导的滚转角速度反馈传递函数为

$$\frac{p(s)}{r(s)}=\frac{\dfrac{L_{\delta_a}}{I_{xx}}}{s-\left(\dfrac{L_p}{I_{xx}}+\dfrac{k_p L_{\delta_a}}{I_{xx}}\right)}$$

且

$$\left|\frac{L_{\delta_a}}{L_p+k_p L_{\delta_a}}\right|<\left|\frac{L_{\delta_a}}{L_p}\right|$$

$$|p_{\text{ss}_{\text{aug}}}|<|p_{\text{ss}}| \tag{12.28}$$

$$\Delta\phi_{\text{aug}}=p_{\text{ss}_{\text{aug}}}\tau_{r_{\text{aug}}}\left(\frac{t_{\text{spec}}}{\tau_{r_{\text{aug}}}}-1+\mathrm{e}^{-\frac{t_{\text{spec}}}{\tau_{r_{\text{aug}}}}}\right) \tag{12.29}$$

由于稳态滚转角速度和时间常数较小，则在特定时间长度下，最大阶跃输入带来的倾斜角改变将永远小于非增稳飞机。

通过观察系统在反馈前后的表现，便能够更好地理解这个问题。我们常用的例子是 A-4 天鹰飞机，由于它的滚转模态时间常数是 0.55 s，满足 1.0 s 的品质规

---

①更为直观的定义是飞行员操纵的左压杆为负、右压杆为正，从而使得杆的极性与滚转力矩极性一致，也是常见的定义方式。——译者注

范要求，所以它不太适用于说明这个问题。我们将采用一个非常简单的系统 $\dot{x}=-x(t)+u(t)$来说明。初始输入为 $u(t)=r(t)$，经增稳后变为 $u(t)=r(t)+kx(t)$，$k<0$，其中输入 $r(t)$是 $t=0$ 时的单位阶跃响应。

$$x(t)=1-e^{-t}\text{（非增稳）}$$

$$x(t)=\frac{1}{1-k}(1-e^{-t(1-k)})\text{（增稳）}$$

利用 MATLAB® 画出状态随时间变化的轨迹，见图 12.15。位于图中上部的曲线是未增稳状态，下部的曲线是采用 $k=-1$ 的增稳状态。增稳后，响应达到稳态更快，但缩短的时间是通过减小稳态值实现的。换句话说，之所以稳定得更快，是因为稳态值较小的缘故。

P. 184

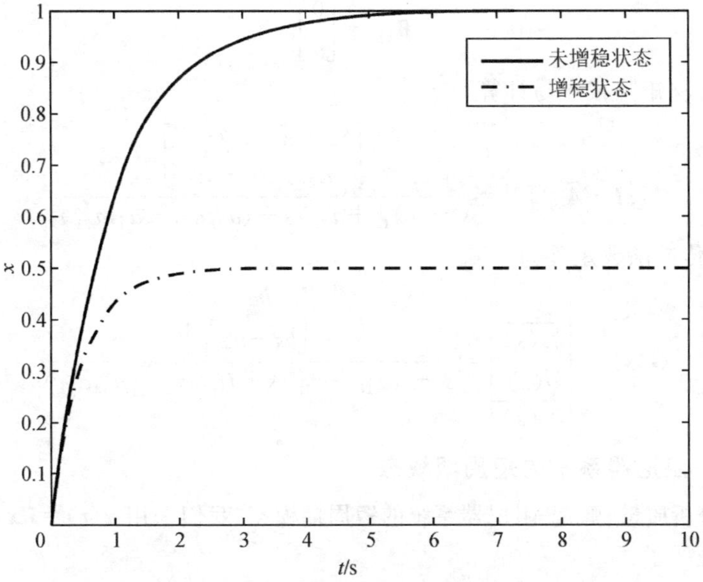

图 12.15　增稳与未增稳状态对比

12.2.2　短周期运动模态

公式

短周期近似基于状态 α 和 q，俯仰力矩控制 δ_e（升降舵）：

$$\tilde{\boldsymbol{x}}_{SP}=\begin{bmatrix}\alpha\\q\end{bmatrix}$$

采用量纲导数的形式，同时忽略 $\dot{\alpha}$ 的相关性，以及由升降舵偏差改变的升力（$Z_{\delta_m}=0$），则系统矩阵为

$$\widetilde{\boldsymbol{A}}_{SP}=\begin{bmatrix}\dfrac{Z_{\omega}}{m} & \dfrac{Z_q+mV_{ref}}{mV_{ref}}\\ \dfrac{M_{\omega}V_{ref}}{I_{yy}} & \dfrac{M_q}{I_{yy}}\end{bmatrix}$$

$$\widetilde{\boldsymbol{B}}_{SP}=\begin{bmatrix}0\\ \dfrac{M_{\delta_m}}{I_{yy}}\end{bmatrix}$$

$\widetilde{\boldsymbol{A}}_{SP}$ 或 $\widetilde{\boldsymbol{B}}_{SP}$ 中的项一般表示为

$$\widetilde{\boldsymbol{A}}_{SP}=\begin{bmatrix}a_{11} & a_{12}\\ a_{21} & a_{22}\end{bmatrix}$$

$$\widetilde{\boldsymbol{B}}_{SP}=\begin{bmatrix}0\\ b\end{bmatrix}$$

P. 185 状态转移矩阵很容易计算,

$$[s\boldsymbol{I}-\widetilde{\boldsymbol{A}}_{SP}]^{-1}=\frac{\begin{bmatrix}s-a_{22} & a_{12}\\ a_{21} & s-a_{11}\end{bmatrix}}{s^2-(a_{11}+a_{22})s+(a_{11}a_{22}-a_{12}a_{21})}$$

由此,开环传递函数矩阵为

$$\boldsymbol{G}(s)=\begin{bmatrix}\dfrac{\alpha(s)}{\delta_e(s)}\\ \dfrac{q(s)}{\delta_e(s)}\end{bmatrix}=\frac{\begin{bmatrix}ba_{12}\\ bs-ba_{11}\end{bmatrix}}{s^2-(a_{11}+a_{12})s+(a_{11}a_{22}-a_{12}a_{21})}$$

质量-弹簧-阻尼器系统的短周期模态

为了分析质量-弹簧-阻尼器系统的短周期模态,我们采用 $\boldsymbol{u}(t)=\boldsymbol{Kx}(t)+\boldsymbol{r}(t)$,其中我们证明了:

$$\boldsymbol{x}(s)=[\boldsymbol{I}-\boldsymbol{GK}(s)]^{-1}\boldsymbol{Gr}(s)$$

设 $\boldsymbol{K}=[k_1 \quad k_2]$,则

$$\boldsymbol{G}(s)=\frac{\begin{bmatrix}ba_{12}\\ bs-ba_{11}\end{bmatrix}}{d(s)}$$

式中,

$$d(s)=s^2-(a_{11}+a_{22}-k_2b)s+(a_{11}a_{22}-a_{12}a_{21}-k_1ba_{12}+k_2ba_{11})$$

如果 $k_1\neq0$ 且 $k_2=0$(仅有 α 反馈),则闭环特征多项式变为

$$d(s)=s^2-(a_{11}+a_{22})s+(a_{11}a_{22}-a_{12}a_{21}-k_1ba_{12}) \tag{12.30}$$

在这个例子中,σ 不变,并作为质量-弹簧-阻尼器系统的位置反馈。

但是,如果 $k_2\neq0$ 且 $k_1=0$(仅有俯仰角速度反馈),则闭环特征多项式变为

$$d(s)=s^2-(a_{11}+a_{22}-k_2b)s+(a_{11}a_{22}-a_{12}a_{21}+k_2ba_{11}) \quad (12.31)$$

现在 σ 和 ω_n 都受到影响，这与质量-弹簧-阻尼器系统的速度反馈不同。即便如此，多数飞机对俯仰角速度反馈的响应都与质量-弹簧-阻尼器系统非常类似。我们可以利用 A-4 天鹰飞机的数据来说明这一点。短周期近似的数值满足：

$$\widetilde{\boldsymbol{A}}_{SP}=\begin{bmatrix}-0.877 & 0.9978\\ -9.464 & -1.46\end{bmatrix},\quad \widetilde{\boldsymbol{B}}_{SP}=\begin{bmatrix}0\\ -12.85\end{bmatrix} \quad (12.32)$$

式中，状态为 α、q；控制为油门(其中我们忽略 $\widetilde{\boldsymbol{B}}_{SP}$ 矩阵中的 0)和 δ_e。

利用俯仰反馈(式(12.31))， P.186

$$d(s)=s^2+(2.34-12.9k_2)s+(10.7+11.3k_2)$$

用 MATLAB® 画出系统根轨迹如图 12.16 的(a)所示(反馈的增益规定为

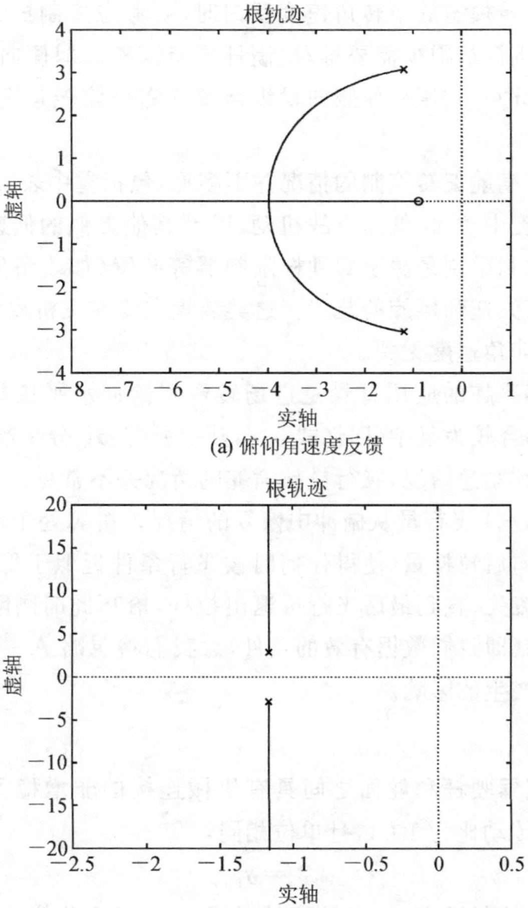

(a) 俯仰角速度反馈

(b) 迎角反馈

图 12.16　俯仰角速度和迎角反馈根轨迹

负)。当自然频率显著减少时,显然俯仰角速度反馈成为改变阻尼比 ζ 的主要原因。

下面再来看看 A-4 天鹰飞机的 α 反馈响应。利用式(12.30),我们有

$$d(s)=s^2+2.34s+(10.7+12.8k_1)$$

同样采用 MATLAB®来生成根轨迹图,如图 12.16(b)所示。不出所料,A-4 飞机对 α 反馈的响应与采用位置反馈的质量-弹簧-阻尼器系统基本相同。综合利用 α 和 q 反馈,短周期根可以任意配置。如果短周期近似用于确定增益,则选定增益带来的影响应该在整个纵向运动方程中去检验。当然,还应该确定反馈方案对控制操纵装置的影响。

P. 187

对控制操纵装置(舵面)的考虑

在我们研究滚转模态的滚转角速度反馈时,要考虑控制操纵装置限制。除了少数特殊情况外,飞行员很少需要推/拉满杆或蹬满舵。但侧向机动就不同了,在战术机动中,飞行员左/右压杆使侧向操纵装置。完全偏转是很常见的现象,比如副翼就会偏转。

需要用到纵向满舵偏转控制的情况并不多见,包括空中表演时的机动,有意的失速,从失速和尾旋中改出,低速空战机动,以及其他类似的低速飞行的场合。此类飞行中的最大控制限制是源于驾驶杆限制器等装置(如攻角保护装置),以及其他预防飞行员进入失速和尾旋的装置。这类装置主要在飞机攻角接近失速攻角时发挥作用,而与俯仰角速度无关。

我们最可能感兴趣的应用背景是进场转弯和俯冲水平拉起。分析进场转弯时,横-航向状态耦合较为复杂(回忆式 5.7,其中所有 $\boldsymbol{\omega}_B$ 分量都不为零)。俯仰水平拉起时,除非遇到紧急情况,飞行员拉满舵的情况并不常见。

我们将考虑 A-4 飞行员从俯冲中恢复的情况。机翼处于水平且飞行员开始缓慢、平滑地增大向后拉杆量(使得任何时候飞行条件近似于稳定)。由于诱导阻力较大,空速逐渐流失,直到最后飞行员退出拉杆,恰巧此时刚刚在海平面附近达到 $M=0.4$ 的状态(即我们数据有效的条件)。我们将忽略 A-4 飞机气动前缘缝翼,同时忽略它们产生的影响。

非增稳飞机

我们首先研究驾驶杆和舵面之间具有机械连接的非增稳飞机。假设纵向杆 δ_{LS} 和升降舵之间传动比为 1:1,且单位相同,

$$\delta_{\mathrm{e}}=\delta_{\mathrm{LS}}$$

由于我们考虑拉起操纵,使得升降舵后缘向上(TEU)偏转,根据符号定义这将产生负的舵面偏转。故拉杆将引起负的舵面偏转。

采用短周期近似传递函数:

$$\frac{q(s)}{\delta_e(s)}=\frac{-12.85s-11.27}{s^2+2.337s+10.72}$$

传递函数为负值是由符号定义所致。对于 $\delta_{LS}=-\delta_{LS_{max}}$， P. 188

$$q_{ss}=1.05\delta_{LS_{max}}s^{-1}$$

增稳飞机

将 A-4 天鹰飞机短周期运动的根与第Ⅳ类飞机对地攻击任务中(GA，类别 A)的第 1 级飞行品质要求做对比。在表 11.1 中短周期阻尼比限制为 $0.35\leqslant\zeta_{SP}\leqslant 1.30$。对$\frac{n}{\alpha}$进行如下近似计算：

$$\frac{n}{\alpha}=\frac{\frac{L}{W}}{\alpha}=\frac{\bar{q}SC_{L\alpha}\alpha}{W\alpha}=\frac{\bar{q}SC_{L\alpha}}{W}$$

下面采用给定的飞机性能，$\frac{n}{\alpha}=12.1$ g/rad。参考表 11.4，满足 $1.8\leqslant\omega_{n_{SP}}\leqslant 6.6$ rad/s。飞机的实际短周期特性被预先确定为 $\omega_{n_{SP}}=3.27$ rad/s，$\zeta_{SP}=0.357$。其中，自然频率在规范要求以内，但阻尼非常接近第 1 级的最低限制。让我们应用俯仰角速度反馈来改进短周期运动阻尼。

利用式(12.32)和 MATLAB® 中的函数 rlocus 和 rlocfind，找到反馈增益 $k_q=0.222$，满足根 $\tilde{\lambda}_{SP}=-2.59\pm j2.55$，或 $\tilde{\zeta}_{SP}=0.72$。

基准信号为 δ_{LS}，且控制律为

$$\delta_e(t)=\delta_{LS}(t)-0.222q(t)$$

闭环传递函数为

$$\frac{q(s)}{\delta_{LS}(s)}=\frac{-12.85s-11.27}{s^2+5.189s+13.22}$$

$$q_{ss}=0.852\delta_{LS_{max}}$$

也就是说，在这个简单的例子中，速度反馈将稳态俯仰角速度减小了近 20%。稳态俯仰角速度降低后是否合适，取决于规范对飞机性能的要求，当然也取决于飞行员的偏好。

12.2.3 沉浮运动

利用推力实现飞行轨迹控制

在本例中，我们将会遇到控制系统设计中的理想动态元件。到目前为止，我们仅考虑了增益不变的情况，即反馈信号乘以一个框图中的数字环节。动态元件可以由动力学方程表示，描述了设备、计算机算法或者电气网络。我们将要研究的特

定动态元件是积分器,其输出是(或大约是)输入信号的积分。积分网络或滤波器用于去掉系统稳态误差——误差持续时间越长,积分器输出就将越大。如果读者具备一定的电气工程知识背景,就会知道我们描述的积分网络就是充电电容。

P. 189 本例中的特殊设计来源于多起真实的严重飞行事故。曾有多起飞行事故由主飞行控制操纵面部分或全部失效引起,导致机毁人亡。有一个著名的例子,一架 DC-10 飞机遭遇了俯仰控制失效的情况,但飞行员成功地通过改变发动机推力控制了飞行轨迹角,引导飞机飞向美国爱达荷州机场。飞机在随后的着陆碰撞中解体,但是超过半数的飞机乘客得以生还。

对于沉浮运动反馈控制,我们尝试提出一种仅使用推力来控制飞机的方法。Burken 等人(1996)指出:受 DC-10 和其他飞行事故启发,设计人员设计了推力调节控制的纵向紧急控制系统,并在 MD-11 飞机上完成设计和试飞。这类控制器的控制对象是沉浮运动模态的气动特性,主要控制装置是油门。

Burken 等人(2000)随后将该想法申请了专利。该专利包含了两个构型。图 12.17 复现了主要的设计,其符号表示有一些变化。我们会验证该系统的某些特点,并将其简化以用于 A-4 天鹰飞机。

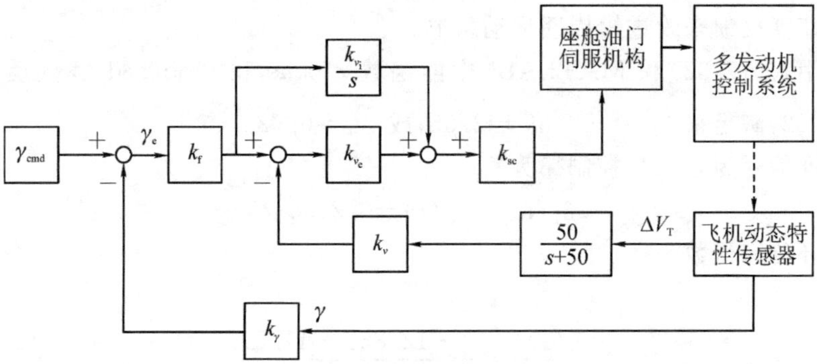

图 12.17 采用推力调整控制的纵向紧急控制系统

A-4 飞机(附录 A)发动机具有其本身的动态特性。这里简化条件包括油门变化从零到一,而推力按比例响应且没有延迟,推力大小从 0 N 到 49820 N。故图中的三个方框"k_{sc}""座舱油门伺服机构"和"多发动机控制系统"将由 B_{long} 和 δ_T 中对应的元素代替。同样,我们并没有对飞机传感器建模,所以假设所有状态均可以测量。

在图 12.17 中用于感知 ΔV_T 的方框是低通或简单超前滤波器。它是一个电气网络或数字滤波器,用以消除高频信号。在本例中它将 50 rad/s 的信号削弱了约 3 dB,高频部分则削弱更多,从而平滑了信号。由于我们假设完全能够测量速度,故不存在噪声,也不需要滤波器。

图 12.17 的方框"k_v"是速度反馈增益,通过调整增益可以确定内回路动态特

性。方框“k_γ”是飞行轨迹角反馈增益，由于它与指令飞行轨迹角 γ_{cmd} 成比例，通常设 $k_\gamma=1$，故通过节点综合输出实际偏差 γ_e。与 γ 反馈相关的闭环增益被看作反馈前向增益。 P.190

因此，我们去掉方框“k_γ”，保留并确定 k_v 和 k_f。

通过简化飞行轨迹角油门控制框图，可以得到如图 12.18 所示的结果。

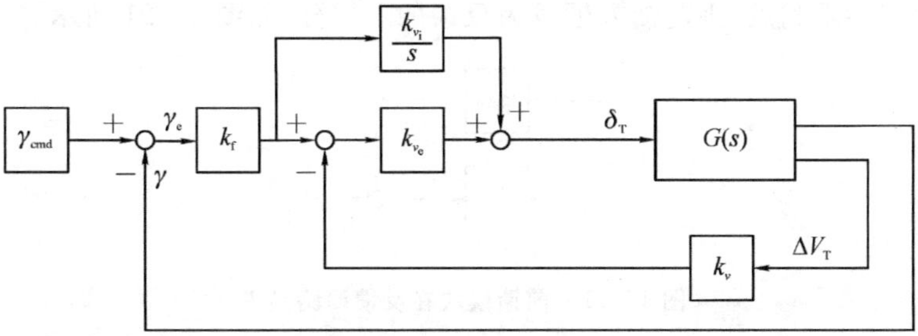

图 12.18　采用推力调整控制的纵向紧急控制系统的简化

方框 $\boldsymbol{G}(s)$ 表示三个传递函数：

$$\boldsymbol{G}(s)=\begin{bmatrix}\dfrac{u(s)}{\delta_T(s)}\\[2mm]\dfrac{\alpha(s)}{\delta_T(s)}\\[2mm]\dfrac{\theta(s)}{\delta_T(s)}\end{bmatrix}$$

在着手研究之前，我们简单看看如何通过 MATLAB® 来选取前向增益。在 MATLAB® 命令 rlocus 中，假设第一个参数为单输入单输出系统，且绘制如图 12.19 所示系统输出和输入之间负反馈回路增益 k_{fb} 的根轨迹。

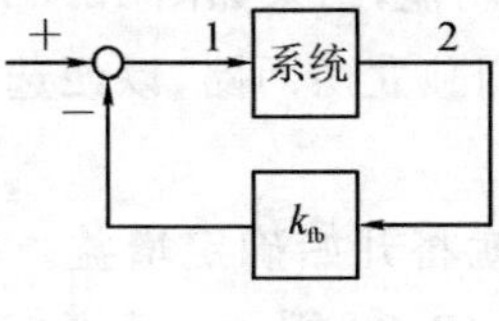

图 12.19　MATLAB® 反馈系统的期望构型

在图 12.19 中，方框“系统”可以由许多部件组成，在实际问题中的每一个部件都位于图中数字 1 和 2 之间。我们没有在左边标记输入，这是因为这不影响 MATLAB® 求解问题，它仅是在 MATLAB® 仿真了 k_{fb} 的作用和影响以后，再加入设计的。 P.191

前馈的简化形式如图 12.20 所示。

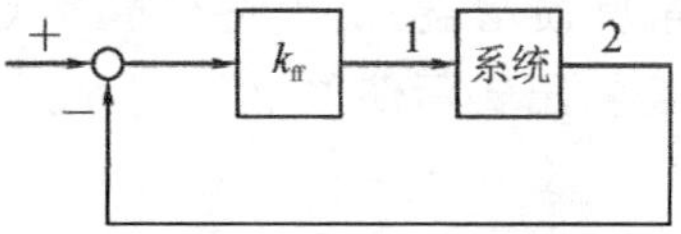

图 12.20 前馈系统形式

简单移动求和点，则前馈方框成为反馈的一部分，如图 12.21 所示。

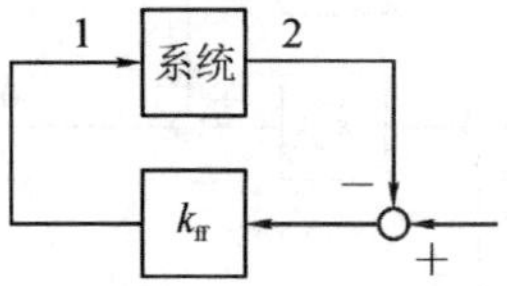

图 12.21 前馈模块在反馈回路当中

虽然在 k_{ff} 和点 1 之间没有负求和方框，但 k_{ff} 的符号是相反的。换句话说，MATLAB®没有明确要求负号在哪里出现，只要它在回路中就行。需要注意的是必须保证在 1 和 2 之间的所有部分正确。

有了这个基础，我们继续本问题。方框"$\frac{k_{v_i}}{s}$"是一个积分器。积分器在控制系统设计中非常常见，且通常作为比例积分微分(PID)控制器的一部分。关于 PID 控制器可以参考 Langton(2006)的文献，该书也是"Wiley 航空系列丛书"中的一本。这里我们仅有比例和积分部分，所以该网络是 PI 控制器，其中 k_{v_e} 是比例增益，k_{v_i} 是积分增益。

现在，将图 12.18 中内回路反馈 ΔV_T 放大两次，第一次通过 k_v，随后第二次通过 k_{v_e}，我们将两部分合二为一。同样，γ 同时受到增益 k_f 和 PI 滤波器比例部分的影响，故设 k_{v_e} 包含了 k_f 的功能，结果如图 12.22 所示。这些变化简化了问题，且没有丢失主要信息，允许我们独立内回路，以便选择 k_v 时不需要担心其他增益的影响。

再进行最后的变换，我们就将开始确定增益。在图 12.22 中将两个方框"PI 滤波器"用三个方框代替，如图 12.23 所示。读者应该能证明 PI 的传递函数并没有发生变化。

P. 192 改变 PI 滤波器的原因是在图 12.22 中需要选择两个增益。在图 12.23 中，选择$\frac{k_{v_e}}{k_{v_i}}$值(实际上是选取$\frac{k_{v_i}}{k_{v_e}}$值)，随后利用根轨迹选取 k_{v_i}。比值$\frac{k_{v_i}}{k_{v_e}}$有非常重要的意义，图中传递函数$\frac{k_{v_e}}{k_{v_i}}$和$\frac{1}{s}$合并后，为

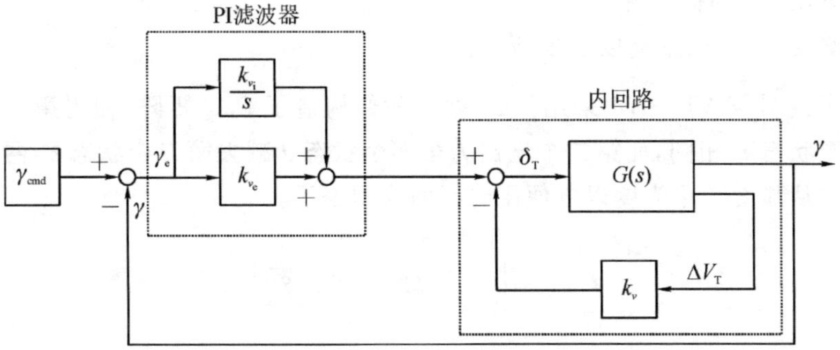

图 12.22　内回路分离(忽略 k_f)

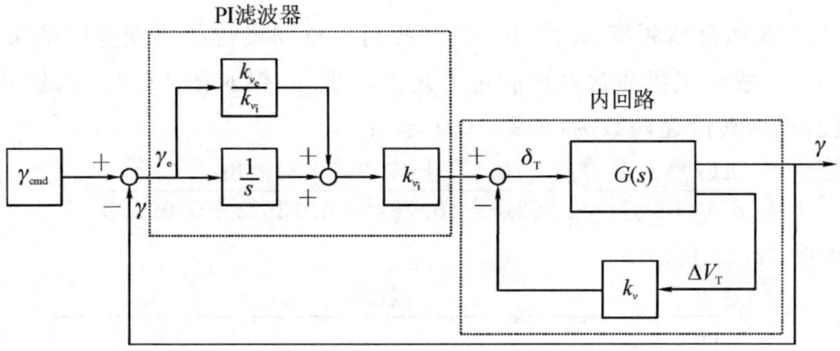

图 12.23　航迹控制框图

$$\frac{1}{s}+\frac{k_{v_e}}{k_{v_i}}=\frac{1+s\,\frac{k_{v_e}}{k_{v_i}}}{k_{v_i}}$$

故在回路中引入了一个零点：

$$s=-\frac{k_{v_i}}{k_{v_e}}$$

这一项容易产生混淆。$\frac{k_{v_e}}{k_{v_i}}$是图 12.23 方框中的增益。复平面上，增益在$-\frac{k_{v_i}}{k_{v_e}}$点产生了零点。也就是，当我们说零点配置在－0.025 时，有$\frac{k_{v_e}}{k_{v_i}}=40$。

该设计将按如下过程进行：

1. 画出 k_v 的根轨迹。

2. 选取传输零点 $s=-\frac{k_{v_i}}{k_{v_e}}$。

3. 画出 k_{v_i} 的根轨迹。

4. 必要时，可以重复以上步骤。

P. 193　为了说明 MATLAB®采用什么输出，我们构造了 $\boldsymbol{C}_{\text{long}}$ 矩阵，使得第一个输出与第一个状态 u 相同，而第二个输出为第四个状态 θ 减去第二个状态 α，两个输出的单位均从弧度转化为度以方便用时间曲线图表示。

$$\boldsymbol{C}_{\text{long}} = \begin{bmatrix} 1 & 0 & 0 & 0 \\ 0 & -\dfrac{180}{\pi} & 0 & \dfrac{180}{\pi} \end{bmatrix}$$

内回路

A－4 飞机沉浮运动的根预先确定为 $\hat{\lambda}_{\text{ph}} = -0.0067 \pm \text{j}0.096$，该机满足阻尼比 $\zeta_{\text{ph}} = 0.078$ 和自然频率 $\omega_{n_{\text{ph}}} = 0.096$。我们注意到飞行品质规范中的第 1 级要求 $\zeta_{\text{ph}} \geqslant 0.04$，故该飞机非常好地满足了规范。现在，仅对图 12.23 中的“内回路”建模，我们找到其传递函数为(如第 10.1 节)：

$$\frac{u(s)}{\delta_{\text{T}}(s)} = \frac{20.5s^3 + 47.9s^2 + 219.8s}{s^4 + 2.352s^3 + 10.76s^2 + 0.1652s + 0.09928}$$

根轨迹如图 12.24 所示。

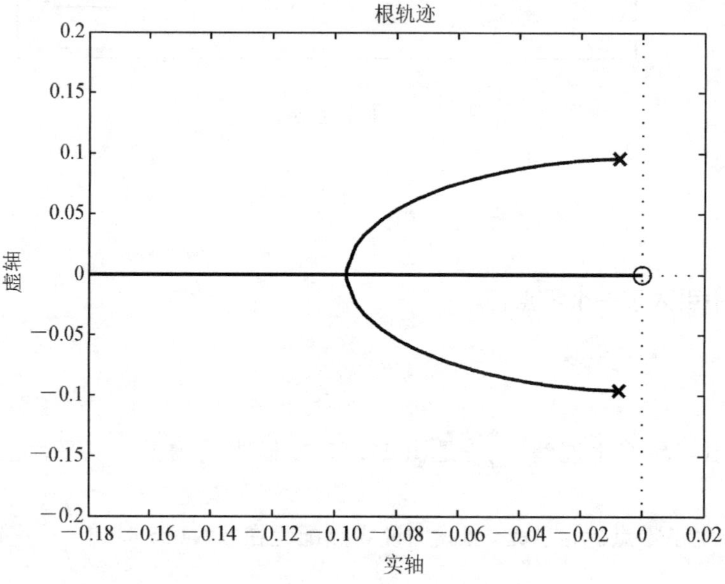

图 12.24　速度反馈根轨迹

从根轨迹中，我们选取 $k_v = 6.09 \times 10^{-3}$ 时的根为 $-0.060 \pm \text{j}0.066$。此时，沉浮运动阻尼比为 $\zeta = 0.727$ 和自然频率为 $\omega = 0.0962$ rad/s。

外回路

在选取局部传输零点之前，我们将分析内回路给定时(利用内回路设计结果)，闭合外回路会产生什么影响。随后我们将增加 PI 滤波器，来观察传输零点的影响。

我们首先利用 MATLAB® 指令 feedback 闭合内回路。系统由此构建为图 12.23 中虚线内的部分，即“内回路”。这里有两个传递函数，一个与 u 对应，另一 P.194
个需要我们选取，与 γ 对应。

$$\frac{\gamma(s)}{\gamma_e(s)}=\frac{0.3712s^2+0.542s+3.624}{s^4+2.352s^3+10.76s^2+0.1652s+0.09928}$$

对于 $k_v=6.09\times10^{-3}$ 时的内回路，该传递函数是有效的。

画出该传递函数的根轨迹，并忽略了 PI 滤波器，结果如图 12.25 所示，局部放大后见图 12.26。图 12.25 表明，我们把外回路增益增加太高的话，将会导致系统不稳定。放大后的图 12.26 表明，外回路增益增大自然频率的同时减小了阻尼。

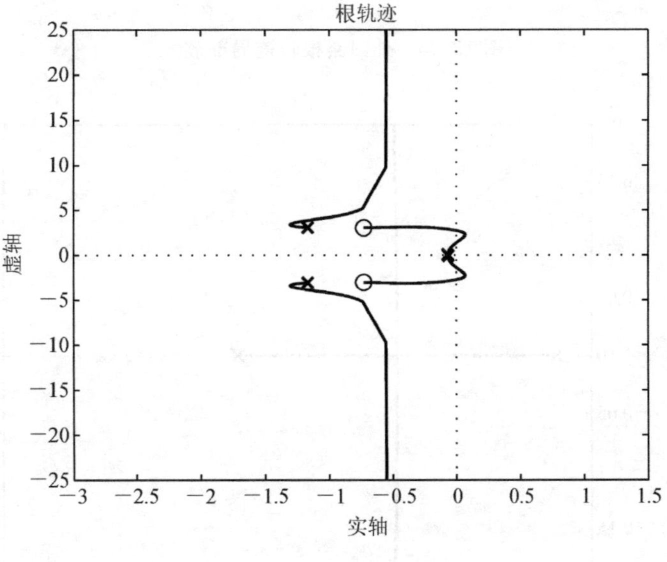

图 12.25　外回路根轨迹

为了观察内回路增益减小带来的影响，我们再重复该步骤，选择在实轴上的根 −0.185 和 −0.050(增益 $k_v=0.0108$)。随后，重复画外回路根轨迹，如图 12.27 P.195
所示。

现在，随着外回路增益变化，内回路根移动，回到了它们初始点的中间位置附近，在那里它们分开且变为共轭复数根。共轭复数根的位置看似有利于选取较理想的自然频率和阻尼。

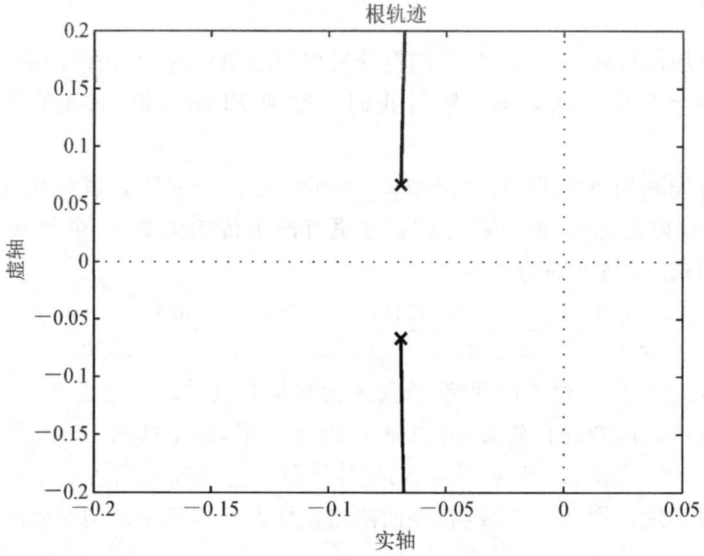

图 12.26 外回路根轨迹局部放大

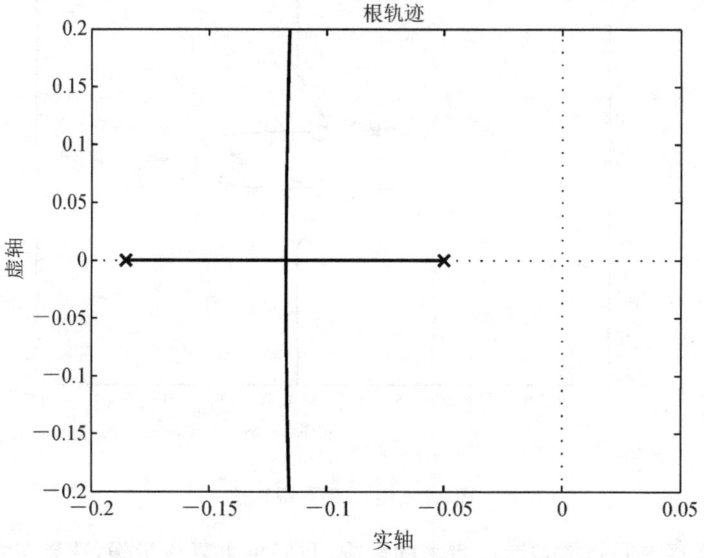

图 12.27 外回路根轨迹

传输零点

我们从 $k_v=0.0108$ 开始。从该增益到 γ 的内回路传递函数(输入没有标注，它是图 12.23 中 k_{v_i} 的输出)为

$$g_{\text{inner}}=\frac{0.3712s^2+0.542s+3.624}{s^4+2.573s^3+11.28s^2+2.543s+0.09928} \tag{12.33}$$

为了观察配置 PI 滤波器零点对外回路的影响，我们尝试使用了不同的值：一个是－0.25（在内回路极点－0.185 的左边），一个是－0.025（在内回路极点－0.05 的右边），还有一个在－0.12（在两个内回路极点的中间）。对于每个所选取的零点，前向路径定义为从图 12.23 中 k_{v_i} 方框的右边开始到其左边终止。

P.196

例如，零点在$\dfrac{k_{v_i}}{k_{v_e}}=0.120$，

$$\frac{1}{s}+\frac{k_{v_e}}{k_{v_i}}=\frac{8.333s+1}{s} \tag{12.34}$$

选取的 k_{v_i} 的前馈回路是式(12.33)和(12.34)的乘积，有

$$g_{\text{fwd}}=\frac{3.093s^3+4.888s^2+30.74s+3.624}{s^5+2.573s^4+11.28s^3+2.543s^2+0.09928s}$$

在内回路极点－0.05 左侧任意配置零点，都将引起在初始位置附近，极点与 PI 极点组成共轭复根。由零点－0.25 和－0.12 引起的根轨迹分别如图 12.28 和图 12.29 所示。

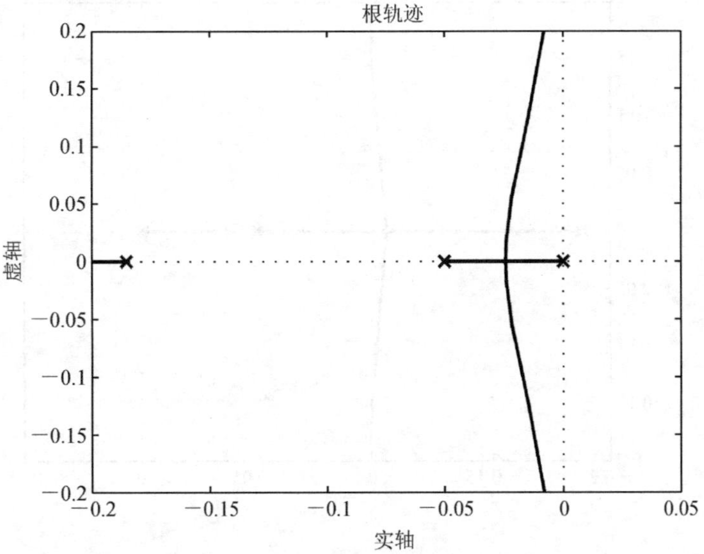

图 12.28　零点为－0.25 的根轨迹

在内回路极点右侧配置零点－0.05，使我们能够从外回路近似地重新获得极点，而无须 PI 滤波器。选取一个零点配置在－0.040，其根轨迹用于确定 k_{v_i}。最终配置如图 12.30 所示。 P.197

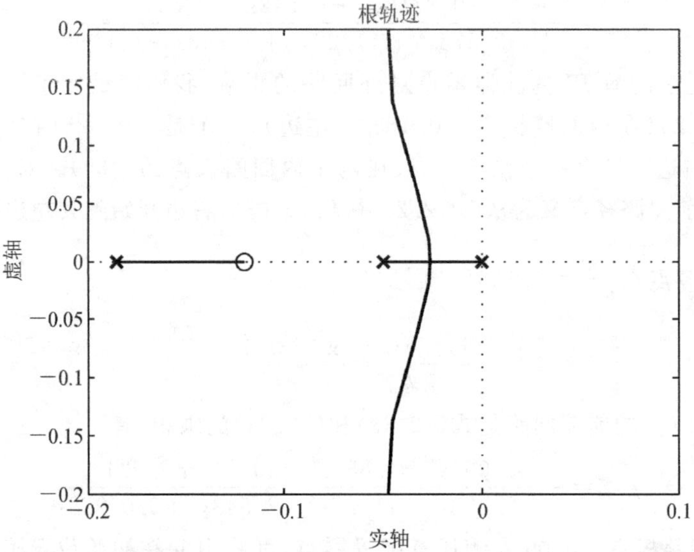

图 12.29 零点为−0.12 的根轨迹

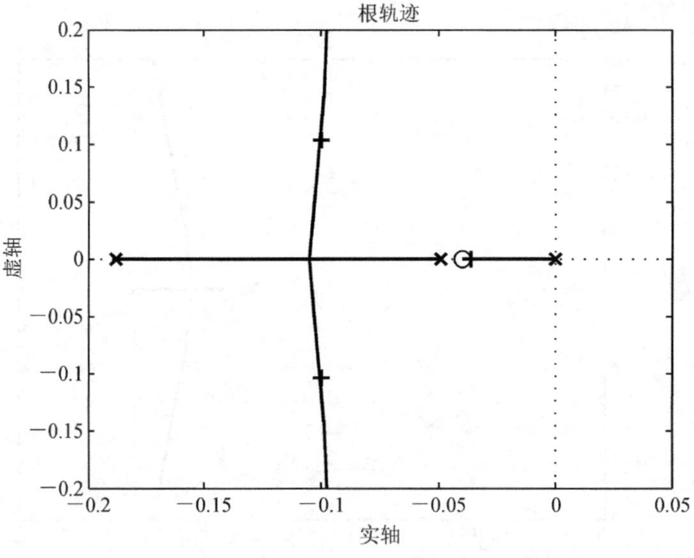

图 12.30 k_{v_i} 最终选取值的根轨迹

增益结果为

$$k_v=5.08,\quad k_{v_i}=0.00222,\quad k_{v_e}=0.0555$$

荷兰滚模态的根不变，为 $\lambda_{DR}=-1.17\pm j3.06$。沉浮运动则为 $\lambda_{ph}=-0.099\pm j0.102$。由 PI 滤波器产生的根为−0.0358。

利用这些增益，通过将各部分联合成单个传递函数，生成 γ_{cmd} 中 1°的阶跃输入响应，并采用 MATLAB® 指令 step 来实现。其结果如图 12.31 所示。

P. 198

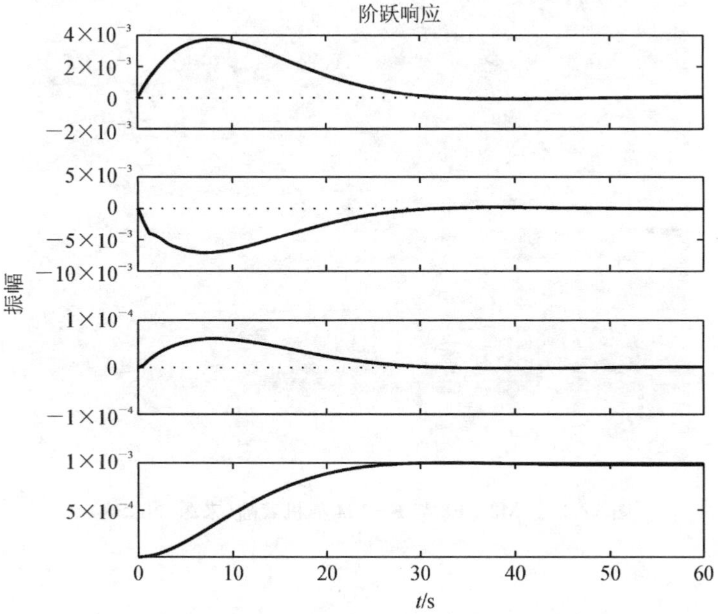

图 12.31　γ_{cmd} 指令 1°阶跃输入响应曲线

飞行轨迹角 γ 的时间常数约为 15 s。飞行员在给出不同的航迹角指令时需要慎重考虑。这种设计也不太可能应用于航母舰载机着舰。

12.2.4　滚转-螺旋耦合振荡

对于最后一个反馈控制设计问题，我们将借助一种不寻常的飞机 M2 - F2（见图 12.32）展开介绍，它的历史很有趣。M2 - F2 飞机是机身升力技术验证机，用于再入飞行器研究。M2 - F2 的构型来自于针对能够从地球轨道再入水平着陆飞行器的理论计算和风洞试验，参见 Pyle 和 Swanson(1967)的文献。

M2 - F2 于 1966 年 7 月首飞，不到一年便坠毁了（坠毁的电影片段被用于电视电影《六百万美元先生》(*The Six-Million Dollar Man*)的片头）。在该机多个恶劣的飞行品质中，横-航向动态特性尤其恶劣，需要飞行员大量的操纵补偿。该机侧向存在飞行员诱发振荡的趋势，虽然该现象可能由很多原因造成，但多数情况与对飞行员控制输入响应延迟或缓慢有关。飞行员控制输入与飞机响应相位差 180°，从而导致了振荡幅度不断增大。

来自不同数据源的数据被用于近似 M2 - F2 的侧向动态特性。线性化后，得到了式(12.35)，其中状态为 β、p、r、ϕ，控制为 δ_a、δ_r。所有角度单位均为°(度)。 P. 199

图 12.32　M2－F2 与 F－104 战机着陆(来源:NASA)

$$\boldsymbol{A}_{\mathrm{LD}}=\begin{bmatrix}-0.4183 & 0 & -1.0 & 0.0919\\ -115.0 & -0.885 & 1.18 & 0\\ 8.50 & 0.136 & -0.794 & 0\\ 0 & 1.0 & 0 & 0\end{bmatrix},\quad \boldsymbol{B}_{\mathrm{LD}}=\begin{bmatrix}0.0214 & 0.0306\\ 13.0 & 9.0\\ -2.17 & -5.13\\ 0 & 0\end{bmatrix} \tag{12.35}$$

$$\begin{aligned}\lambda_{\mathrm{DR}}&=-0.993\pm \mathrm{j}2.77(\zeta_{\mathrm{DR}}=0.337,\omega_{\mathrm{DR}}=2.94)\\ \lambda_{\mathrm{RS}}&=-0.0559\pm \mathrm{j}0.927(\zeta_{\mathrm{RS}}=0.0601,\omega_{\mathrm{DR}}=0.929)\end{aligned} \tag{12.36}$$

请注意 M2－F2 采用的符号约定中正的副翼偏转与我们之前的约定相反,在 $\boldsymbol{B}_{\mathrm{LD}}(2,1)$中表示为正数。

该系统特征值很有趣。荷兰滚模态出现了,但滚转和螺旋模态却耦合成了新的振荡模态“滚转-螺旋耦合振荡”(角标 RS),该模态在 11.2.3 节中我们已经提到了。滚转-螺旋耦合模态有时也被称为“侧向沉浮运动”。在此,再次给出该模态的规范:

P. 200

等级	$\zeta_{\mathrm{RS}}\omega_{n_{\mathrm{RS}}}$/(rad/s)
1	0.5
2	0.3
3	0.15

M2 - F2 飞机的 $\zeta_{RS}\omega_{n_{RS}} = 0.0559$ rad/s 没有达到飞行品质规范中任意级别的要求，这可以帮助我们理解为什么该机有飞行员诱发振荡的趋势。

正如历史上的记录，滚转-螺旋耦合模态规范的明确是在驾驶包括 M2 - F2 在内的再入飞行器时完成的(Chalk et al.，1969)。该性能分析是由 Cornell 航空实验室负责完成。随后变成了 Calspan 公司，该公司有很多著名的事迹，包括设计了用以确定飞行品质判据的可变稳定性飞机。

在开始研究以前，我们首先来分析 M2 - F2 飞机的 $\boldsymbol{A}_{LD}$ 敏感性 (式(12.35))。我们引入敏感性分析作为工具来近似各种模态，同时此类分析也能显示出：在反馈时，哪一个状态对模态产生了较大影响。利用附录 E.6.2 中的 m 文件，可得

$$\boldsymbol{S}_{M2F2LD} = \begin{bmatrix} 0.4233 & 0.4233 & 0.0767 & 0.0767 \\ 0.1186 & 0.1186 & 0.3814 & 0.3814 \\ 0.2567 & 0.2567 & 0.2433 & 0.2433 \\ 0.1031 & 0.1031 & 0.3969 & 0.3969 \end{bmatrix} \tag{13.37}$$

前两列 $\boldsymbol{S}_{M2F2LD}$ 对应荷兰滚模态，而第三、四列对应滚转-螺旋耦合模态。第一行显示了 β 对模态的相对影响，第二、三、四行则分别对应 p、r、ϕ 的相对影响。

这里没有单一状态，也没有能够支配这两个模态的状态。任何反馈系统都可能包含两个或三个状态的反馈。

在滚转-螺旋耦合模态中，ϕ 起着相对大的影响，这是从 ϕ 对螺旋运动模态的影响继承下来的，暗示着 ϕ 是潜在的反馈候选对象。ϕ 对飞机动态特性的唯一影响发生在重力矢量方向。ϕ 作用于螺旋模态，将重力矢量配置到飞机对称面的一侧，这将导致该方向出现加速度。一般而言，该加速度将会产生侧向速度，从而出现侧滑角，随后二面效应产生了滚转力矩。问题是这样两个动作(先侧滑再产生滚转力矩)可能会在传递函数中引入零点，且零点并不一定都在恰当的位置。我们将简要研究该问题。

通过 MATLAB® 可以构建该系统的传递函数矩阵。一般我们并不采用倾斜角反馈来修正侧向运动模态，但考虑到 M2 - F2 的特殊构型，具有滚转-螺旋耦合模态，因此我们将考虑所有的可能性。

多个传递函数在右半平面均有零点；两个开环根非常接近虚轴，似乎任意反馈都将使得这些根向零点运动，同时阻尼减小且在增益较小时变为不稳定。

例如，副翼到偏航角速度的传递函数的零极点图如图 12.33 所示。 P.201

图 12.34 为方向舵到偏航角速度(负传递函数)的根轨迹。该图表明增益增大时的情况。从图 12.34 可见，任何增益的增加都将导致系统不稳定。

两个 ϕ 传递函数均达到了预期：式(12.38)表示副翼 δ_a，式(12.39)表示方向舵 δ_r。

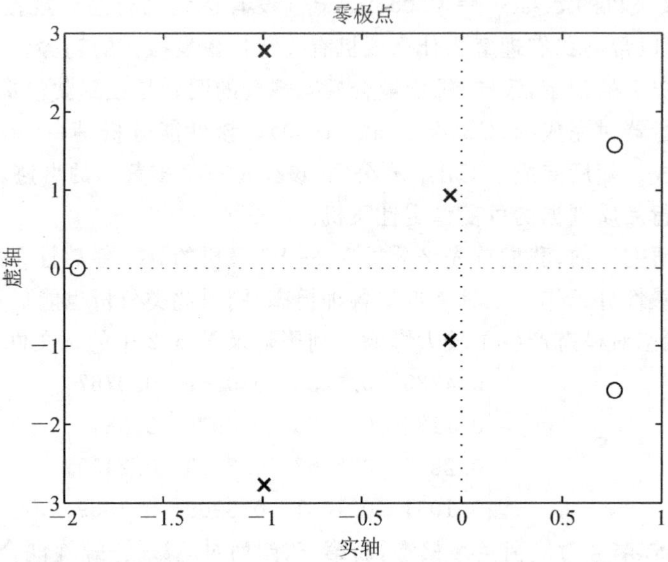

图 12.33 $\frac{r(s)}{\delta_a(s)}$的零极点

P. 202

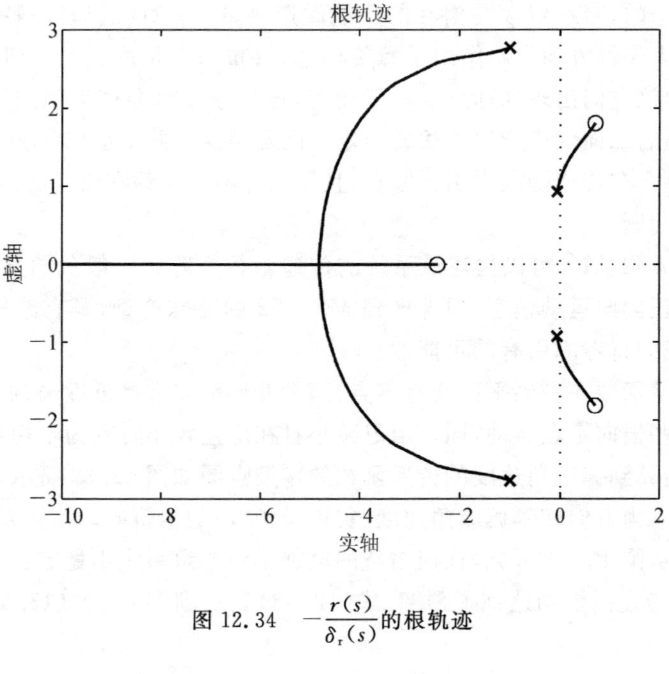

图 12.34 $-\frac{r(s)}{\delta_r(s)}$的根轨迹

$$\frac{\phi(s)}{\delta_a(s)}=\frac{13s^2+10.74s-137.5}{s^4+2.097s^3+9.745s^2+2.681s+7.472} \tag{12.38}$$

$$\frac{\phi(s)}{\delta_r(s)}=\frac{9s^2+1.338s-515.5}{s^4+2.097s^3+9.745s^2+2.681s+7.472} \tag{12.39}$$

通过观察，我们知道每个传递函数都有一个零点在复平面的左边，一个零点在复平面的右边。此时可以利用一个非常有用的多项式理论。

按照笛卡儿符号规则：对于多项式按照降序排列变量（此时为 s），多项式正根的数量要么等于符号不同的连续非零系数的数量，要么少于该数的两倍。通过用 $-s$ 取代 s，负根数量是正负符号的变化数量，或小于该数量乘以 2 的结果。

每一个分子多项式有一次 $+s$ 符号变化，故有一个正根，且由于仅有两个根，故另一根必为负。对于第一式，带入负的 s 满足 $13s^2-10.7s-137.5$；第二式为 $9s^2-1.338s-515.5$，仅有一个符号变化。这就证实了我们之前的结论，一个根为负，另一根为正。

传递函数 $\frac{\phi(s)}{\delta_a(s)}$（式(12.38)）的根轨迹如图 12.35 所示。根轨迹 $\frac{\phi(s)}{\delta_r(s)}$ 与之类似。

P. 203

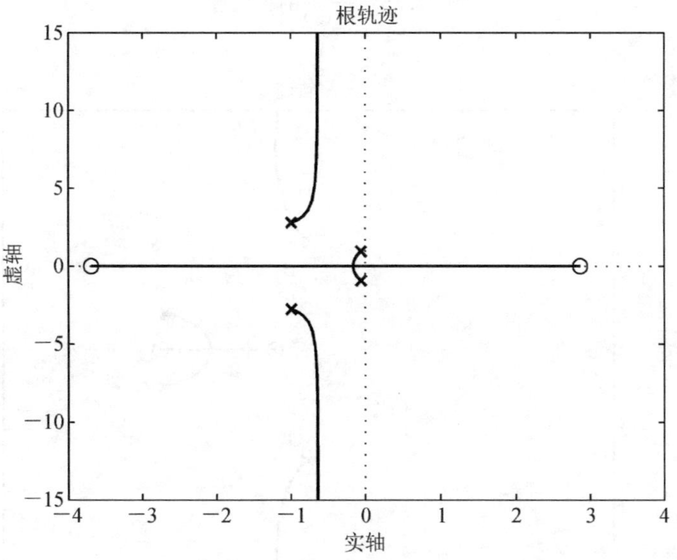

图 12.35　$\frac{\phi(s)}{\delta_a(s)}$ 的根轨迹

这两个滚转角速度传递函数都有三阶符号变化的分子，且有零点位于左半平面、原点、右半平面。即便非常小的增益也会导致这些传递函数不稳定。

两个侧滑传递函数均没有右半平面零点。副翼到侧滑角的根轨迹见图 12.36，方向舵到侧滑角的根轨迹见图 12.37。

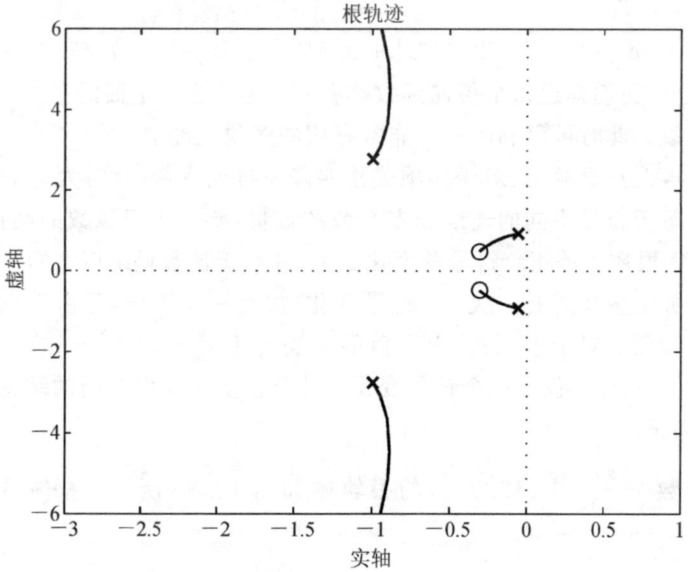

图 12.36 $\dfrac{\beta(s)}{\delta_a(s)}$的根轨迹

P. 204

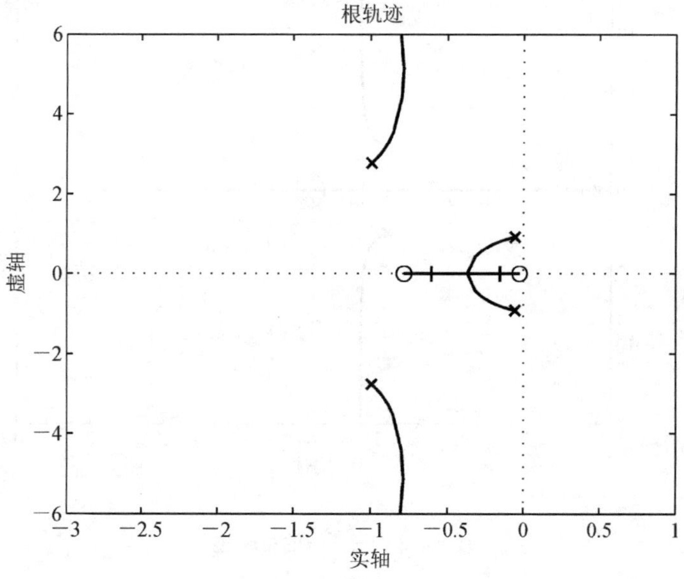

图 12.37 $\dfrac{\beta(s)}{\delta_r(s)}$的根轨迹

副翼显然不会帮助滚转-螺旋耦合模态返回到解耦模态，因为根轨迹在到达实轴前被两个零点拦截了。

仅有方向舵到侧滑角的传递函数似乎存在希望。增益为 18.8 时，滚转模态根为 −0.488，螺旋模态根为 −0.254，荷兰滚模态根为 −0.859±8.32。荷兰滚阻尼为 0.103，对任何级别飞机而言都太小了。

增益值是重点考虑因素，其单位为方向舵偏转的单位“°(度)”除以侧滑角的单位“°(度)”。也就是说，1°侧滑角将产生 18.8°的方向舵偏转。1°侧滑角不算大，在轻微扰动中就很容易遇到更大的侧滑角。这对方向舵系统提出了很高的要求，类似于不断地进行大范围切换操纵。也就是说，我们否定了用任何传统反馈方案来解决滚转-螺旋耦合模态。

副翼-方向舵连接器

实际上 M2 - F2 确实有一个滚转增稳系统，但不是基于式(12.35)所示的控制效用矩阵。该机用一个副翼-方向舵连接器(aileron-rudder interconnect，ARI)，使得副翼偏转时通过机械连接自动带动方向舵偏转。ARI 的目的是抵消由副翼偏转引起的负偏航角。称该偏航角为“负”，是因为正的副翼偏转产生负的滚转，但产生正的偏航加速度。使用 ARI 是普遍的飞机设计方法；在 F - 18 大黄蜂战机中，称它为滚转(控制)面方向舵连接器(rolling-surface rudder interconnect, RSRI)。

对于 M2 - F2 飞机，通过代数方法构造适当的传动比，就可以利用方向舵偏转量(B_{LD} 中的 3、2 元素)来抵消副翼对 $\dot{r}$ 的影响(B_{LD} 中的 3、1 元素)。也就是说，M2 - F2 的工程师可以选择

$$\delta_r = -\frac{2.17}{5.13}\delta_a = -0.423\delta_a$$

利用这一传动装置，假设驾驶飞行员并未试图在 ARI 的基础上去额外偏转方向舵，在侧向压杆是唯一控制的情况下，控制效用矩阵为

$$\boldsymbol{B}_{LD} = \begin{bmatrix} 8.416\times 10^{-3} \\ 9.19 \\ 0 \\ 0 \end{bmatrix}$$

新的控制 δ_{ARI} 能够自动处理偏航角速度，此时滚转角速度传递函数如式(12.40)所示。 P.205

$$\frac{p(s)}{\delta_{ARI}(s)} = \frac{9.193s^3 + 10.17s^2 + 80.51s}{s^4 + 2.097s^3 + 9.745s^2 + 2.681s + 7.472} \tag{12.40}$$

该结果导致在荷兰滚模态根附近有两个零点，这两个零点吸引着极点，此时一

个零点位于原点，另一个在$-\infty$吸引着滚转螺旋根向实轴运动，在那里分裂为传统滚转模态和螺旋模态。用于确定反馈增益的根轨迹图，如图 12.38 所示。

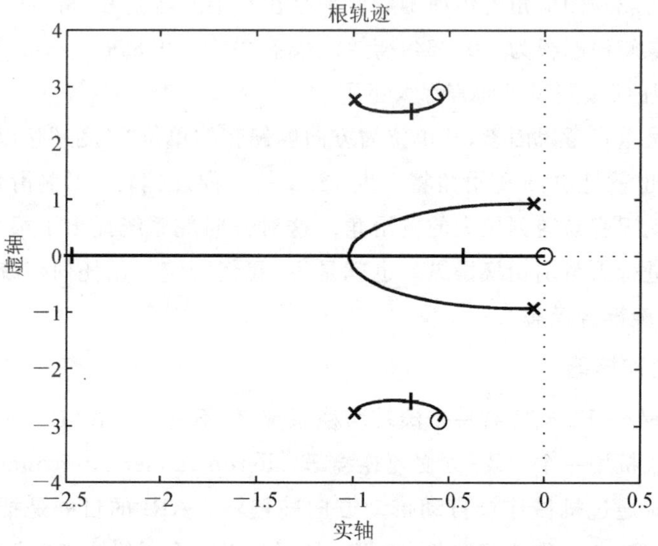

图 12.38 M2 - F2 的 ARI 滚转角速度反馈

最终确定的增益为 $k_{ARI}=0.240$。此时，螺旋模态根为 $\lambda_S=-0.428$，滚转模态根为 $\lambda_R=-2.47$，荷兰滚模态根为 $\lambda_{DR}=-0.7\pm j2.56$。从 ARI 控制滚转角速度情况看，该增益似乎是合理的——M2 - F2 飞行员不需要去完成特技机动表演时才使用的快速滚转。从特征值来看，目前依然存在比 M2 - F2 侧向特性更差的飞机。

虽然设计人员在 M2 - F2 上采用了类似滚转增稳系统的设计，且飞机侧向动态特性已经满足可接受的飞行品质，但该飞机依然容易产生飞行员诱发振荡现象。事实上，飞行员已经在着陆前的最后飞行阶段，短暂感受到了侧向飞行员诱发振荡。

此外，令人感兴趣的是，在 M2 - F2 上的 ARI 传动装置能够在飞行中由飞行
P. 206 员调整，以满足不同的飞行条件。由于传动装置能影响滚转增稳系统，故飞行员也能自行改变反馈增益。

习题

1. 在本问题和问题 2 中的飞机是放宽其静稳定性后得到的（Stevens et al.，

1992)。短周期和沉浮运动根已经联合产生了两个实根和一对共轭复根。考虑系统：

$$\boldsymbol{A}_{\text{long}}=\begin{bmatrix}-1.93\times10^{-2} & 8.82 & -5.75 & -32.2\\ -2.54\times10^{-4} & -1.02 & 0.905 & 0\\ 2.95\times10^{-12} & 0.822 & -1.08 & 0\\ 0 & 0 & 1 & 0\end{bmatrix}$$

$$\boldsymbol{B}_{\text{long}}=\begin{bmatrix}0.174\\ -2.15\times10^{-3}\\ -0.176\\ 0\end{bmatrix}$$

其状态为 V、α、q、θ，唯一的控制量为升降舵 δ_e。速度单位为 ft/s（1 ft＝0.3048 m)，角度单位为 rad，升降舵单位为°(度)。

(a)本构型与什么飞行品质规范相关？

(b)利用 α、q 反馈将短周期根配置在 $\lambda_{SP}=-2\pm j2$ 附近，给出所有步骤，并画出根轨迹图。

2. 考虑系统：

$$\boldsymbol{A}_{\text{LD}}=\begin{bmatrix}0.332 & 0.0364 & -0.992 & 0.064\\ -30.6 & -3.68 & 0.665 & 0\\ 8.54 & -0.0254 & -0.476 & 0\\ 0 & 1 & 0 & 0\end{bmatrix}$$

$$\boldsymbol{B}_{\text{LD}}=\begin{bmatrix}0.000295 & 0.000806\\ 0.733 & 0.132\\ 0.0319 & -0.062\\ 0 & 0\end{bmatrix}$$

其状态为 β、p、r、ϕ；控制量为副翼 δ_a 和方向舵 δ_r。角度单位为 rad，控制舵面偏转单位为°(度)。

(a)本构型与什么飞行品质规范相关？

(b)采用近似状态反馈到一个或两个控制舵面来配置荷兰滚模态根，使得荷兰滚阻尼 $\zeta_{DR}\approx0.7$。给出所有步骤，画出根轨迹图。

(c)当采用如 M2 - F2 的副翼-方向舵连接时，检查设计过程。

3. 飞行轨迹控制器设计专利中提到了两个构型。另一个如图 12.39 所示。

请注意，该设计是针对无飞行轨迹反馈提出的。考虑将其应用于示例飞机。 P. 207

(a)专利将 γ_e 作为“沉浮运动阻尼飞行轨迹角偏差信号”。γ_e 真是偏差信号吗？

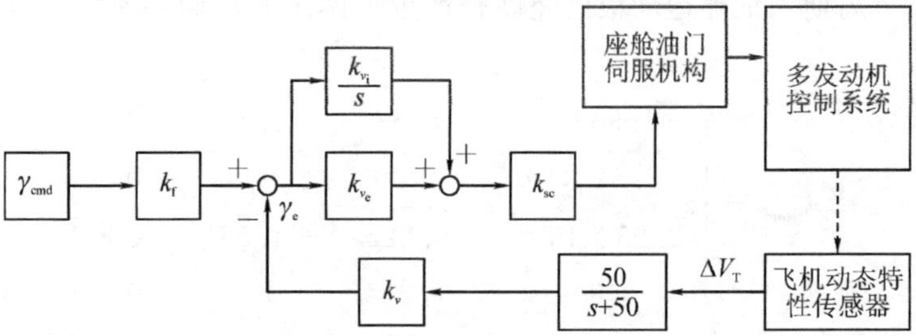

图 12.39 采用推力调整控制的纵向紧急控制系统(构型 2)

在什么条件下 γ_e 为零?

(b)考虑积分器在"沉浮运动阻尼飞行轨迹角偏差信号"的下游:如果 γ_e 没有消失或者至少改变符号,你期望油门如何运动?

(c)回顾 10.1.5 节,特别是关于飞机响应油门阶跃输入的部分。这样的设计能起作用吗?如果不能,请说明原因。

参考文献

Burken, J.J., Maine, T.A., Burcham, F.W., Jr.,, and Kahler, J.A. (1996) *Longitudinal Emergency Control System Using Thrust Modulation Demonstration on an MD-11 Airplane*, NASA Technical Memorandum NASA TM-104318, July 1996.

Burken, J.J. *et al.* (2000), *Thrust-Control System for Emergency Control of an Airplane*. U.S. Patent 6,041,273.

Chalk, C.R. *et al.* (1969) *Background Information and User Guide for MIL-F-8785B(ASG), "Military Specification–Flying Qualities of Piloted Airplanes"*, Technical Report AFFDL-TR-69-72, Air Force Flight Dynamics Laboratory, Wright-Patterson Air Force Base, Ohio, August 1969.

D'Azzo, J.J. and Houpis, C.H., (1988) *Linear Control System Analysis and Design: Conventional and Modern*, McGraw-Hill, New York.

Langton, R. (2006) *Stability and Control of Aircraft Systems*, John Wiley & Sons, Ltd, Chichester.

Pyle, J.S. and Swanson, R.H. (1967) *Lift and Drag Characteristics of the M2-F2 Lifting Body During Subsonic Gliding Flight*, NASA Technical Memorandum TM-X1431, August 1967.

Stevens, B.L. and Lewis, F.L. (1992) *Aircraft Control and Simulation*, 1st edn, John Wiley & Sons, Inc., New York, pp. 255–259.

U.S. Naval Test Pilot School Flight Test Manual USNTPS-FTM-No. 103 (1997) *Fixed Wing Stability And Control–Theory and Flight Test Techniques*, figure 5.86.

第 13 章　自动飞行控制的发展趋势[①]

13.1　概述

P. 209

很多现代飞机都采用了一种特殊的自动飞行控制技术——动态逆。该技术在 F－15 敏捷鹰(先进控制技术综合飞行器)项目中得到成功验证,并成为 X－35 飞机飞行控制系统设计的基础(Walker et al., 2002),该机后来发展成为联合攻击战机——F－35 战机。

动态逆的概念较为简单。动态逆可以理解为抵消原有(或本体)的动态特性并增加期望的特性。该方法的成功应用取决于以下几个方面:大量的气动数据(描述原有动态特性),计算机快速存取、处理数据的计算能力,以及将数据转变为动态逆能够使用的形式。

大体可以将动态逆的输出过程视为控制作动器生成期望力矩向量的过程。传统飞机简单地将三个力矩分配到三通道控制作动器,分别产生期望力矩。现代飞机上可能有多于三个的独立控制作动器。比如,F－15 敏捷鹰(见图 13.1)就是一个相对极端的例子。下列所有控制都能独立地发挥作用:两个方向舵、左右平尾、左右鸭翼,以及左右轴对称矢量推力。

一般而言,飞行控制系统(尤其是电传飞行控制)都会采用冗余设计,并且飞行控制系统各部分均具有一定的类似功能,它们共同工作时会产生相应的冗余效应。例如,滚转力矩可以通过副翼、差动平尾或其他控制组合来生成。当独立的控制作动器数量多于有待生成的操纵力矩时,一个问题就产生了:如何最优地使用控制器来生成期望力矩,即所谓的控制分配问题。

控制分配问题包含了控制器本身位置限制等约束条件。最优控制分配并非想象的那么简单,其中包含的某些数学问题极具挑战性。但是,某些产生近似最优解的方法则相对容易,随后我们将详细阐释。在这些方法中,我们将重点介绍 Bor-

---

① 本章所涉及的关于控制分配的部分内容来源于作者先前发表的期刊论文,主要参考 Durham (1994)的文献。

dignon 和 Bessolo (2002)提出的方法,该方法已经成功用于 X-35 飞行控制系统的设计。

P.210

图 13.1 F-15 敏捷鹰(来源:NASA)

13.2 动态逆

动态逆包含的基本思想非常简单。考虑一个方程:

$$\dot{x} = ax(t) + bu(t) \tag{13.1}$$

现在我们需要设计一个控制律(就像我们在反馈控制中做的一样)来自动解算控制输入,从而产生某些期望(角标 d)的动态响应 $\dot{x}_d(t)$。假设 a、b 已知,并且可以测量 $x(t)$,考虑以下控制律:

$$u(t) = \frac{1}{b}(\dot{x}_d - ax(t)) \tag{13.2}$$

将式(13.2)中的 $u(t)$ 带入到式(13.1)中,得到

$$\dot{x} = \dot{x}_d \tag{13.3}$$

P.211 请注意,我们并没有详述如何得到 $\dot{x}_d(t)$。它可以帮助我们思考飞行控制系统的设计过程。将飞行员输入反馈给计算机,用于建模具备良好飞行品质的飞机,此时计算机还要计算随时间变化的 $\dot{x}_d$。计算机将 $\dot{x}_d$ 用于实际飞机(如式 13.2)的逆动态模型,以求解控制作动器偏差,从而使得飞机按照期望方式(如式 13.3)响应。

同时也要注意,当我们确定一个线性方程式(13.1)时,哪些动态并不是必需的。我们唯一需要已知的是能够“求解”u 的方程，并且能够计算剩余的动态特性。

拓展该标量到飞机运动方程时，最大的问题之一是式(13.2)中的$\frac{1}{b}$。由于我们有很多方程，但仅有较少的实现控制，求取任何矩阵的逆似乎都会存在问题。

最早在飞行控制中应用动态逆的解决办法是由 Elgersma(1988)提出的，下文将采用他提出的表示符号。我们将给出该理论的一般形式，随后将以 M2 - F2 飞机为例(式 12.35)来说明要点。

下面考虑两种不同类型的飞机运动方程：用于描述飞机位置的运动学方程，以及用于描述力和力矩的方程。

在力和力矩方程中，可能存在另一种分组方式：一类直接由控制作动器控制，另一类不是。

在传统飞机中，飞机所受的力矩主要由副翼、升降舵和方向舵，或者由其他等效部件产生。这些控制作动器主要用于操纵飞机的滚转、俯仰和偏航。由此，我们将滚转、俯仰和偏航运动方程视为控制方程。

唯一一个例外的控制器，此前已经提到过，那就是发动机，它主要用于产生纵向推力。但是，在我们已经讨论过的飞行品质规范中，没有一条是关注飞机速度控制的。进一步讲，可以这样理解：滚转、俯仰和偏航控制相较于飞机速度控制，是一种更频繁的控制。而飞机速度控制的时间尺度相对慢。为了便于讨论分析，我们不将 $\dot{u}$ 方程作为控制方程。我们将油门孤立，单独研究①。

力学方程组由此转化为独立的状态，称为补充方程组。当副翼、升降舵和方向舵出现在补充方程组中时，它们不直接用于控制力。也就是说，方向舵产生侧力，但不用于控制 $\dot{v}$。我们控制方向舵产生侧力，进而产生偏航力矩。

由此我们在向量方程组中加入上标，以对应这三类方程组。

$$\begin{aligned}\dot{\boldsymbol{x}}^{\text{kine}} &= \boldsymbol{f}^{\text{kine}}(\boldsymbol{x}) \\ \dot{\boldsymbol{x}}^{\text{comp}} &= \boldsymbol{f}^{\text{comp}}(\boldsymbol{x},\boldsymbol{\eta}) \\ \dot{\boldsymbol{x}}^{\text{cont}} &= \boldsymbol{f}^{\text{cont}}(\boldsymbol{x},\boldsymbol{u})\end{aligned} \tag{13.4}$$

在式(13.4)中，由于没有控制影响，运动学方程组仅与 $\boldsymbol{x}$ 相关。我们将它们视为 $\dot{\phi}$、$\dot{\theta}$、$\dot{\psi}$ 方程组。被控方程组与状态和控制 $\boldsymbol{u}$ 有关，控制由副翼、升降舵和方向舵组成。我们将它们视为 $\dot{p}$、$\dot{q}$、$\dot{r}$ 方程组。在补充方程组中，η 表示 $\boldsymbol{u}$ 的某些子集，利用不同的符号表示来提醒我们控制的存在，它们将产生某些潜在(且可能非期望)的影响。 P. 212

①速度(大小和方向)控制也非常重要，特别是速度对迎角有着较大影响，所以这里认为狭义的速度控制是对速率(切向速度)的控制。——译者注

13.2.1 被控方程组

概述

动态逆依赖于对某些可控状态的求逆方法和对控制向量 $\boldsymbol{u}$ 的有效“求解”。我们用函数 $\boldsymbol{g}_1$ 表示该逆，如

$$\boldsymbol{u}^* = \boldsymbol{g}_1(\dot{\boldsymbol{x}}^{\text{cont}}, \boldsymbol{x}) \tag{13.5}$$

从式(13.5)可知，控制律可用期望动态特性 $\dot{\boldsymbol{x}}_{\text{d}}^{\text{cont}}$ 代替 $\dot{\boldsymbol{x}}^{\text{cont}}$ 获得。

因为控制作动器通过力和力矩加入到动态特性当中，且它们的效果一般仅能从风洞试验结果和飞行测试数据中获得，我们通常基于线性化动态特性来研究这些影响。因此，$\boldsymbol{g}$ 是线性化过程中产生的控制导数(即矩阵 $\boldsymbol{B}$ 的元素)矩阵的逆。

动态逆被控状态最简单的形式是给定期望动态特性 $\dot{\boldsymbol{x}}_{\text{d}}^{\text{cont}}$，该期望动态特性根据控制律求解，对状态 $\boldsymbol{x}_{\text{c}}^{\text{cont}}$ 指令值产生响应。

$$\dot{\boldsymbol{x}}_{\text{d}}^{\text{cont}} = \boldsymbol{\Omega}_1(\boldsymbol{x}_{\text{c}}^{\text{cont}} - \boldsymbol{x}^{\text{cont}}) \tag{13.6}$$

在式(13.6)中，矩阵 $\boldsymbol{\Omega}_1$ 是对角矩阵，其对角线元素决定了响应指令值时的被控状态动态特性。在飞行动态特性中，一般将滚转角速度 p、俯仰角速度 q 和偏航角速度 r 看作是可控状态，故式(13.6)化为

$$\begin{bmatrix} \dot{p}_{\text{d}} \\ \dot{q}_{\text{d}} \\ \dot{r}_{\text{d}} \end{bmatrix} = \boldsymbol{\Omega}_1 \begin{bmatrix} p_{\text{c}} - p \\ q_{\text{c}} - q \\ r_{\text{c}} - r \end{bmatrix} \tag{13.7}$$

由此，可控动态特性控制律为

$$\boldsymbol{u}^* = \boldsymbol{g}_1(\dot{\boldsymbol{x}}^{\text{cont}}, \boldsymbol{x}) \tag{13.8}$$

概括 $\boldsymbol{g}_1$ 的形式较为困难。如果可控方程组已被线性化，我们就有了矩阵和矩阵逆。如果某些特定问题有非线性控制效应，能以某种方式求逆，那么该种方式也可以采用。否则，除了控制效用以外，没有必要线性化任何部分的方程组，以免 $\boldsymbol{g}_1$ 变为矩阵逆和向量值函数。为了实现我们的研究目标，这里仅处理线性化的动态特性。

P. 213 **M2 - F2 飞机**

在第 12 章我们介绍了 M2 - F2 飞机，这里再复习一下。以下所有角度单位为°(度)。

$$\boldsymbol{A}_{\text{LD}} = \begin{bmatrix} -0.4183 & 0 & -1.0 & 0.0919 \\ -115.0 & -0.885 & 1.18 & 0 \\ 8.50 & 0.136 & -0.794 & 0 \\ 0 & 1.0 & 0 & 0 \end{bmatrix}, \quad \boldsymbol{B}_{\text{LD}} = \begin{bmatrix} 0.0214 & 0.0306 \\ 13.0 & 9.0 \\ -2.17 & -5.13 \\ 0 & 0 \end{bmatrix} \tag{13.9}$$

对于 M2 - F2 飞机而言，运动学方程是 $\dot{\phi}$ 方程，补充方程是 $\dot{\beta}$ 方程，被控方程是 $\dot{p}$ 和 $\dot{r}$ 方程。状态量和控制量分别为

$$\boldsymbol{x}=\begin{bmatrix}\beta\\p\\r\\\phi\end{bmatrix},\quad \boldsymbol{u}=\begin{bmatrix}\delta_{\mathrm{a}}\\\delta_{\mathrm{r}}\end{bmatrix}$$

对于被控方程 $\dot{\boldsymbol{x}}^{\mathrm{cont}}=\boldsymbol{f}^{\mathrm{cont}}(\boldsymbol{x},\boldsymbol{u})$，M2 - F2 动态特性响应部分为

$$\begin{bmatrix}\dot{p}\\\dot{r}\end{bmatrix}=\begin{bmatrix}-115.0 & -0.885 & 1.18 & 0\\8.50 & 0.136 & -0.794 & 0\end{bmatrix}\boldsymbol{x}+\begin{bmatrix}13.0 & 9.0\\-2.17 & -5.13\end{bmatrix}\boldsymbol{u} \tag{13.10}$$

动态逆的第一步是找到控制表达式。从式(13.10)中，我们对 2×2 阶控制效用矩阵求逆，可得

$$\boldsymbol{u}=\begin{bmatrix}0.109 & 0.191\\-0.0460 & -0.276\end{bmatrix}\begin{bmatrix}\dot{p}\\\dot{r}\end{bmatrix}-\begin{bmatrix}-10.89 & -0.0703 & -0.0203 & 0\\2.95 & 3.23\times 10^{-3} & 0.0165 & 0\end{bmatrix}\boldsymbol{x}$$

现在我们需要通过选择 $\boldsymbol{\Omega}_1$ 来指定动态特性。将式(13.7)应用于 M2 - F2 的标量形式为(p_{c} 响应侧杆且 r_{c} 响应脚蹬输入)

$$\begin{aligned}\dot{P}_{\mathrm{d}}&=\Omega_{1_{11}}(p_{\mathrm{c}}-p)\\\dot{r}_{\mathrm{d}}&=\Omega_{1_{22}}(r_{\mathrm{c}}-r)\end{aligned} \tag{13.11}$$

因此，当控制律作用于这些期望动态特性时，$\Omega_{1_{11}}$ 将变为滚转模态时间常数的倒数，$\frac{1}{\tau_{\mathrm{R}}}$。另一个元素 $\Omega_{1_{22}}$，将在偏航角速度控制中起到相应作用。

因为 $\boldsymbol{\Omega}_1$ 是对角矩阵，飞机的滚转指令和偏航指令将完全解耦：侧杆将仅产生滚转，脚蹬仅产生偏航。滚转和偏航角速度将单独或共同影响其他动态特性，β 和 ϕ。

为了简化问题，我们假设 $\boldsymbol{\Omega}_1$ 为单位矩阵。控制律变为 P. 214

$$\boldsymbol{u}^{*}=\begin{bmatrix}0.109 & 0.191\\-0.0460 & -0.276\end{bmatrix}\begin{bmatrix}p_{\mathrm{c}}-p\\r_{\mathrm{c}}-r\end{bmatrix}-\begin{bmatrix}-10.89 & -0.0703 & -0.0203 & 0\\2.95 & 3.23\times 10^{-3} & 0.0165 & 0\end{bmatrix}\boldsymbol{x} \tag{13.12}$$

将式(13.12)带入式(13.10)，可得

$$\begin{aligned}\dot{p}&=-p+p_{\mathrm{c}}\\\dot{r}&=-r+r_{\mathrm{c}}\end{aligned}$$

为了研究该控制律如何影响其他侧向动态特性，将 $\boldsymbol{A}_{\mathrm{LD}}$ 和 $\boldsymbol{B}_{\mathrm{LD}}$ 分割为三个子矩阵：

$$\boldsymbol{A}_{\mathrm{LD}}=\begin{bmatrix}\boldsymbol{A}_1^{1\times 4}\\ \boldsymbol{A}_2^{2\times 4}\\ \boldsymbol{A}_3^{1\times 4}\end{bmatrix},\quad \boldsymbol{B}_{\mathrm{LD}}=\begin{bmatrix}\boldsymbol{B}_1^{1\times 2}\\ \boldsymbol{B}_2^{2\times 2}\\ \boldsymbol{0}^{1\times 2}\end{bmatrix}$$

就这些子部分而言,我们的控制律为

$$\boldsymbol{u}^*=\begin{bmatrix}\boldsymbol{0}^{2\times 1} & \boldsymbol{B}_2^{-1} & \boldsymbol{0}^{2\times 1}\end{bmatrix}\begin{bmatrix}\beta\\ p_{\mathrm{c}}-p\\ r_{\mathrm{c}}-r\\ \phi\end{bmatrix}-\boldsymbol{B}_2^{-1}\boldsymbol{A}_2\boldsymbol{x} \tag{13.13}$$

$\boldsymbol{B}_{\mathrm{LD}}\boldsymbol{u}^*$项化为

$$\begin{aligned}\boldsymbol{B}_{\mathrm{LD}}\boldsymbol{u}^* &= \begin{bmatrix}\boldsymbol{0} & \boldsymbol{B}_1\boldsymbol{B}_2^{-1} & \boldsymbol{0}\\ \boldsymbol{0} & \boldsymbol{I} & \boldsymbol{0}\\ \boldsymbol{0} & \boldsymbol{0} & \boldsymbol{0}\end{bmatrix}\begin{bmatrix}\beta\\ p_{\mathrm{c}}-p\\ r_{\mathrm{c}}-r\\ \phi\end{bmatrix}-\begin{bmatrix}\boldsymbol{B}_1\boldsymbol{B}_2^{-1}\boldsymbol{A}_2\\ \boldsymbol{A}_2\\ \boldsymbol{0}\end{bmatrix}\boldsymbol{x}\\ &= \begin{bmatrix}\boldsymbol{0} & -\boldsymbol{B}_1\boldsymbol{B}_2^{-1} & \boldsymbol{0}\\ \boldsymbol{0} & -\boldsymbol{I} & \boldsymbol{0}\\ \boldsymbol{0} & \boldsymbol{0} & \boldsymbol{0}\end{bmatrix}\boldsymbol{x}-\begin{bmatrix}\boldsymbol{B}_1\boldsymbol{B}_2^{-1}\boldsymbol{A}_2\\ \boldsymbol{A}_2\\ \boldsymbol{0}\end{bmatrix}\boldsymbol{x}+\begin{bmatrix}\boldsymbol{B}_1\boldsymbol{B}_2^{-1}\\ \boldsymbol{I}\\ \boldsymbol{0}\end{bmatrix}\begin{bmatrix}p_{\mathrm{c}}\\ r_{\mathrm{c}}\end{bmatrix}\end{aligned} \tag{13.14}$$

对之前的 $\boldsymbol{A}_{\mathrm{LD}}$,我们增加 $\boldsymbol{B}_{\mathrm{LD}}\boldsymbol{u}^*$ 乘以 $\boldsymbol{x}$。

系统动态特性(式(13.9))化为

$$\boldsymbol{A}_{p_{\mathrm{c}}r_{\mathrm{c}}}=\begin{bmatrix}-0.276 & 4.88\times 10^{-4} & -1.00 & 0.0919\\ 0 & -1.0 & 0 & 0\\ 0 & 0 & -1.0 & 0\\ 0 & 1.0 & 0 & 0\end{bmatrix} \tag{13.15}$$

$$\boldsymbol{B}_{p_{\mathrm{c}}r_{\mathrm{c}}}=\begin{bmatrix}9.15\times 10^{-4} & -4.36\times 10^{-3}\\ 1.0 & 0\\ 0 & 1.0\\ 0 & 0\end{bmatrix} \tag{13.16}$$

P.215 新的系统矩阵有两个根,一个在 $\lambda=-1$ 处与 $\dot{p}$、$\dot{r}$ 的动态特性相关,同时另一个在 $\lambda=0$ 处与 $\dot{\phi}$ 的动态特性相关。这三个状态与 $\dot{\beta}$ 完全独立,$\dot{\beta}$ 的动态特性促成了在 $\lambda=-0.276$ 处的根。

该控制律的框图如图 13.2 所示。

在图 13.2 中,粗线包含多个信号,如标注所示。方框 $\boldsymbol{\Omega}_1$ 在当前例子中已经

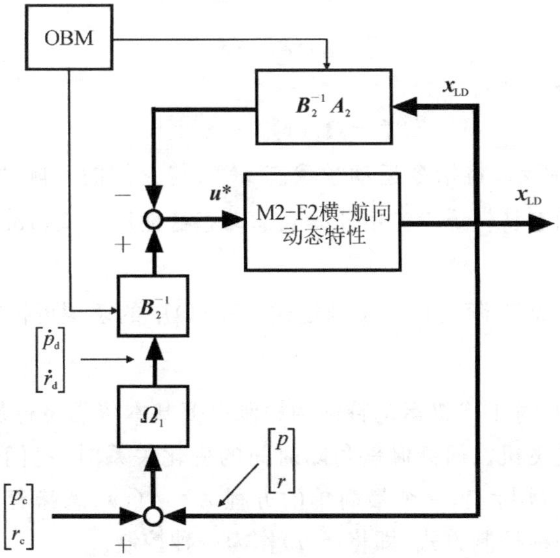

图 13.2　横-航向被控状态动态逆

被置为单位矩阵。模块 $\boldsymbol{B}_2^{-1}$ 和模块 $\boldsymbol{B}_2^{-1}\boldsymbol{A}_2$ 需要机载模型提供数据，即“OBM”①。飞行控制计算机调用该模型且根据需要的速度重新执行所有矩阵运算来适应飞行条件的变化。

式(13.14)中，$\boldsymbol{B}_{LD}$ 和 $\boldsymbol{B}_1$ 的积在“M2 - F2 横-航向动态特性”模块内部。

注意每个在模块“M2 - F2 横-航向动态特性”内部的每一部分都表示了实际的动态特性；机载模型模块表示该模块中已知的内容。如果在线控制和实际动态特性接近程度不够，则会降低控制的性能，这些问题非常重要，但超出了本书的讨论范畴。

13.2.2　运动学方程组

在动态逆中，通过将可控状态视为控制，实现了对运动学方程组的控制。首先需要指定它们的动态特性，且运动学方程组被视为

$$\dot{\boldsymbol{x}}^{\text{kine}}=\boldsymbol{f}^{\text{kine}}(\boldsymbol{x}^{\text{other}},\boldsymbol{x}^{\text{cont}})$$

所有这些符号表示我们将 $\boldsymbol{x}$ 视为由可控状态 $\boldsymbol{x}^{\text{cont}}$ 和其他 $\boldsymbol{x}^{\text{other}}$ 组成。现在运动学方程组的形式与可控方程组类似，不同之处在于 $\boldsymbol{x}^{\text{other}}$ 代替了 $\boldsymbol{x}$，且 $\boldsymbol{x}^{\text{cont}}$ 代替了 $\boldsymbol{u}$。其他项的处理方法与可控方程组相同。 P. 216

①由于 $\boldsymbol{B}_2^{-1}$、$\boldsymbol{B}_2^{-1}\boldsymbol{A}_2$ 和飞机动力学特性相关，而动力学特性受具体飞行状态、飞行条件影响，因此必须在线提供。——译者注

首先,求逆为

$$\boldsymbol{x}_{\mathrm{c}}^{\mathrm{cont}}=\boldsymbol{g}_{2}(\dot{\boldsymbol{x}}_{\mathrm{d}}^{\mathrm{kine}},\boldsymbol{x}^{\mathrm{other}}) \tag{13.17}$$

然后指定动态特性:

$$\dot{\boldsymbol{x}}_{\mathrm{d}}^{\mathrm{kine}}=\boldsymbol{\Omega}_{2}(\boldsymbol{x}_{\mathrm{c}}^{\mathrm{kine}}-\boldsymbol{x}^{\mathrm{kine}}) \tag{13.18}$$

如式(13.18)所示,将指令运动学状态 $\boldsymbol{x}_{\mathrm{c}}^{\mathrm{kine}}$,与它们的实际值 $\boldsymbol{x}^{\mathrm{kine}}$ 相比较,以确定期望运动学动态特性 $\dot{\boldsymbol{x}}_{\mathrm{d}}^{\mathrm{kine}}$。由此得到的动态特性用于式(13.17),从而确定指令可控状态 $\boldsymbol{x}_{\mathrm{c}}^{\mathrm{cont}}$。

指令可控状态 $\boldsymbol{x}_{\mathrm{c}}^{\mathrm{cont}}$ 随后被用于确定式(13.11)中的期望可控状态速度 $\dot{\boldsymbol{x}}_{\mathrm{d}}^{\mathrm{cont}}$。

飞行动力学应用

在飞行过程中,对于飞机运动特性的控制一度基本依靠飞行员的直觉,即取决于飞行员如何驾驶飞机。研究倾斜角随时间的变化关系时,我们曾简要讨论此类方法(第 12.2.1)。实际上,一个最简单的方程 $\dot{\phi}=p(t)$,意味着这个特定的运动学方程中仅存在一种控制方式,即将 $p(t)$ 作为一种控制。

在该过程中,先求解运动学方程可控状态。在飞行动力学中,已经将滚转角速度 p、俯仰角速度 q 和偏航角速度 r 视为可控状态;运动学状态(用欧拉角表示)则为倾斜角 ϕ、俯仰角 θ 和航向角 ψ。

在式(4.5)中,我们已经有了 p、q、r 关于 $\dot{\phi}$、$\dot{\theta}$、$\dot{\psi}$ 的表达式。代入在飞行动力学中惯用的角度和角速度后,可得

$$\begin{bmatrix}p\\q\\r\end{bmatrix}=\begin{bmatrix}1&0&-\sin\theta\\0&\cos\phi&\sin\phi\cos\theta\\0&-\sin\phi&\cos\phi\cos\theta\end{bmatrix}\begin{bmatrix}\dot{\phi}\\\dot{\theta}\\\dot{\psi}\end{bmatrix} \tag{13.19}$$

按照 Etkin 的表示方法,有

$$\begin{bmatrix}p\\q\\r\end{bmatrix}=\boldsymbol{R}(\phi,\theta,\psi)\begin{bmatrix}\dot{\phi}\\\dot{\theta}\\\dot{\psi}\end{bmatrix}$$

进一步推导有

$$\begin{bmatrix}p_{\mathrm{c}}\\q_{\mathrm{c}}\\r_{\mathrm{c}}\end{bmatrix}=\boldsymbol{R}\begin{bmatrix}\dot{\phi}_{\mathrm{d}}\\\dot{\theta}_{\mathrm{d}}\\\dot{\psi}_{\mathrm{d}}\end{bmatrix} \tag{13.20}$$

P. 217 式(13.18)化为

$$\begin{bmatrix}\dot{\phi}_{\mathrm{d}}\\ \dot{\theta}_{\mathrm{d}}\\ \dot{\psi}_{\mathrm{d}}\end{bmatrix}=\boldsymbol{\Omega}_2\begin{bmatrix}\phi_{\mathrm{c}}-\phi\\ \theta_{\mathrm{c}}-\theta\\ \psi_{\mathrm{c}}-\psi\end{bmatrix}\tag{13.21}$$

式(13.8)、(13.11)、(13.20)和(13.21)足够用于控制律，但是综合这些元素让我们能够回代获得关于 $\dot{\boldsymbol{x}}_{\mathrm{d}}^{\mathrm{cont}}$ 的闭合形式方程。

首先，将式(13.21)代入式(13.20)，可得

$$\begin{bmatrix}p_{\mathrm{c}}\\ q_{\mathrm{c}}\\ r_{\mathrm{c}}\end{bmatrix}=\boldsymbol{R}\boldsymbol{\Omega}_2\begin{bmatrix}\phi_{\mathrm{c}}-\phi\\ \theta_{\mathrm{c}}-\theta\\ \psi_{\mathrm{c}}-\psi\end{bmatrix}\tag{13.22}$$

然后，将式(13.22)代入式(13.11)，可得

$$\begin{bmatrix}\dot{p}_{\mathrm{d}}\\ \dot{q}_{\mathrm{d}}\\ \dot{r}_{\mathrm{d}}\end{bmatrix}=\boldsymbol{\Omega}_1\boldsymbol{R}\boldsymbol{\Omega}_2\begin{bmatrix}\phi_{\mathrm{c}}-\phi\\ \theta_{\mathrm{c}}-\theta\\ \psi_{\mathrm{c}}-\psi\end{bmatrix}-\boldsymbol{\Omega}_1\begin{bmatrix}p\\ q\\ r\end{bmatrix}\tag{13.23}$$

最后，一旦函数 $\boldsymbol{g}_1$ 被确定，将期望速度代入式(13.8)，使得控制律变为

$$\boldsymbol{u}^*=\boldsymbol{g}_1(\dot{\boldsymbol{x}}_{\mathrm{d}}^{\mathrm{cont}},\boldsymbol{x})$$

虽然我们已经给出了用动态逆来控制运动状态的方法，但要注意该方法在实际飞行控制中几乎不起作用。

最明显的是，航向角 ψ 并不是通过特定机体坐标系下的角速度来控制的。为了改变航向角，要使飞机倾斜且向后充分拉杆，从而产生足够的附加升力，使得升力的垂直分量等于飞机重力。升力的水平分量产生侧向加速度，使得飞行轨迹弯曲。在转弯过程中，机体坐标系下相互之间的角速度确实体现出了特定关系，但该关系是航向角控制方式产生的结果，并不作为控制机动的方法。

对于俯仰角 θ 而言，不如俯仰轨迹角 γ 受关注，γ 取决于攻角 α，并且构成了补充方程。

滚转角 ϕ 是飞行员关心的角度，但飞行员会发现由侧杆指令来控制倾斜角的控制系统非常奇怪，如前所述，飞行员实际期望的是通过侧压杆产生滚转角速度。

控制和保持倾斜角是自动驾驶仪的常见功能，不过倾斜角不是通过侧杆控制的。例如，F-8 自动驾驶仪控制面板如图 13.3 所示。将倾斜角控制旋钮左转或右转，副翼满偏，飞机滚转到一个正负 30°的常值倾斜角。如果飞行员人工向一侧压杆，在驾驶杆中的力传感器将感受到操纵力，并中断自动驾驶仪倾斜角保持模态。

如果自动驾驶仪接通，且同时使用高度保持功能，则飞行员能够选择一个倾斜角，进行盘旋飞行。但是，如果飞行员不施加控制，飞机依然会受到盛行风的影响。

比如，作者就曾在执行任务时打瞌睡，被吹到海南岛上空，直到被地空导弹尖厉的告警惊醒。

P. 218

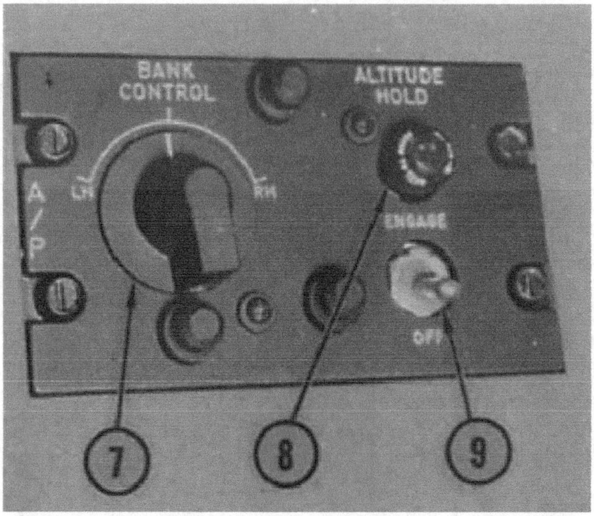

图 13.3　F－8 飞机自动驾驶仪面板(来源：美国海军)

M2－F2 飞机

我们从 M2－F2 飞机开始分析。正如之前的讨论，我们不期望直接控制偏航角速度，故我们通过设计限制倾斜角指令系统，使其受某些座舱辅助设备控制。

在式(13.15)和(13.16)中，唯一有趣的动态特性是关于 $\dot{\phi}$ 的标量方程。指令可控状态为 p_c，且逆函数为 1 乘以 $\dot{\phi}$，则该滚转角速度指令响应期望倾斜角动态特性变为

$$p_c=\dot{\phi}_d$$

应用式(13.18)得

$$\dot{\phi}_d=\Omega_2(\phi_c-\phi)$$①

代入式(13.11)，则有

$$\dot{p}_d=\Omega_2(\phi_c-\phi)-p=-p-\Omega_2\phi+\Omega_2\phi_c \tag{13.24}$$

p 和 ϕ 的动态特性与 r 和 β 无关，故他们构成自身的系统：

$$\begin{bmatrix}\dot{p}\\ \dot{\phi}\end{bmatrix}=\begin{bmatrix}-1 & -\Omega_2\\ 0 & -\Omega_2\end{bmatrix}\begin{bmatrix}p\\ \phi\end{bmatrix}+\begin{bmatrix}\Omega_2\\ \Omega_2\end{bmatrix}\phi_c$$

P. 219　系统传递函数容易确定为

①这里 Ω 代表一个集合，Ω_2 表示集合中的第 2 个元素。——译者注

$$\frac{p(s)}{\phi(s)}=\frac{\Omega_2 s}{(s+1)(s+\Omega_2)}$$

$$\frac{\phi(s)}{\phi_c(s)}=\frac{\Omega_2}{s+\Omega_2}$$

第二个传递函数$\frac{\phi(s)}{\phi_c(s)}$，是我们已经明确的，且倾斜角可以在$\frac{1}{2}$时间常数内达到指令值。不过，滚转角速度传递函数在原点处有一个零点，$s=0$。

为了检查$\frac{p(s)}{\phi_c(s)}$的时域响应，我们利用部分分式展开法，如果 $\Omega_2\neq 1$，则有

$$\frac{p(s)}{\phi_c(s)}=\frac{\Omega_2}{1-\Omega_2}\left[\frac{1}{s+1}-\frac{\Omega_2}{s+\Omega_2}\right]$$

从该式中可知，阶跃响应将是两部分之和，且一部分具有负的稳态响应，而另一部分具有正的稳态响应。该式同时表明如果 $\Omega_2<1$(更慢的 ϕ 响应)，则第一项将是正的，且是两项中幅值更大的项。如果 $\Omega_2>1$，则情况相反。

图 13.4 和图 13.5 给出了在 $\Omega_2=2.0$ 和 $\Omega_2=0.5$ 处的分项响应和总响应(各分项响应之和)。这些都非常有趣，但并未揭示如何选取 Ω_2。

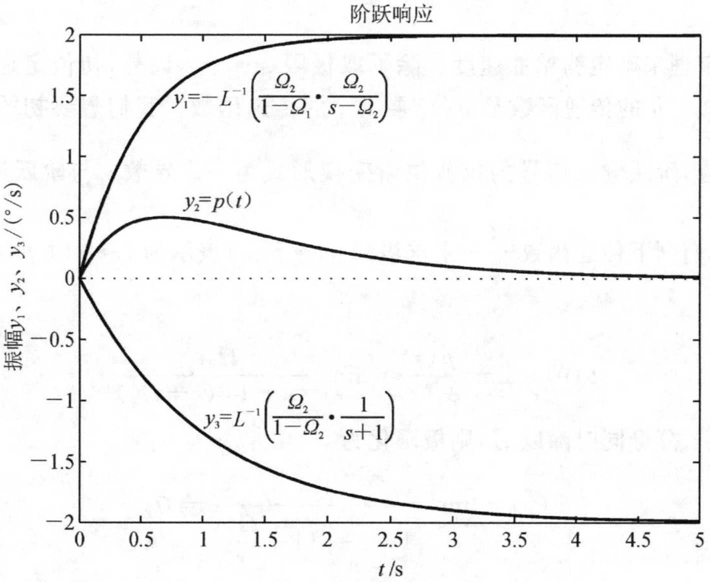

图 13.4　$\Omega_2=2.0$

现在考虑控制作动器(副翼和方向舵)需求。我们知道 $\dot{p}$ 与控制产生的力矩成正比。同时，当利用阶跃输入时，最大滚转加速度出现在 $t=0$ 时刻。我们可以 P. 220

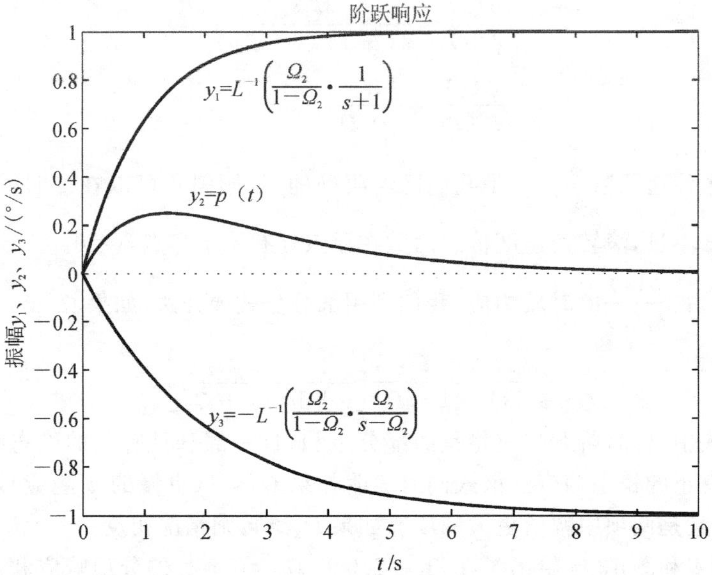

图 13.5 $\Omega_2=0.5$

利用初值定理来确定初始加速度。除了取极限 $s\to+\infty$ 以外，初值定理与终值定理非常类似。$\dot{p}$ 的传递函数是 $p(t)$ 乘以 s 的传递函数。我们想要初始响应为单位阶跃响应，阶跃输入信号的拉普拉斯变换形式为 $\frac{1}{s}$。导数 s 与阶跃输入中的 s 抵消，故我们剩下传递函数 $\frac{p(s)}{\phi_c}$ 来求极限。将 $\dot{p}(0)$ 表示为 $t\to 0$ 时 $\dot{p}(t)$ 的极限，可得

$$\dot{p}(0)=\lim_{s\to+\infty}\frac{p(s)}{\phi_c(s)}=\lim_{s\to+\infty}\frac{\Omega_2 s^2}{(s+1)(s+\Omega_2)}$$

将分子、分母同时除以 s^2，则极限化为

$$\dot{p}(0)=\lim_{s\to+\infty}\frac{\Omega_2}{\left(1+\frac{1}{s}\right)\left(1+\frac{\Omega_2}{s}\right)}=\Omega_2$$

由此可见，Ω_2 越大，初值滚转加速度越大，且所需的控制作动器控制量越大。这告诉我们一个显而易见的道理，如果想要更快地获得期望倾斜角，则需要更大的控制量。为了随后的设计目的，下面研究 ϕ_c 的较慢响应：

$$\Omega_2=0.5$$

P. 221 在该点的系统矩阵为

$$\boldsymbol{A}_{\phi_c r_c}=\begin{bmatrix}-0.276 & 4.8597\times10^4 & -1.00 & 0.0919\\ 0 & -1.0 & 0 & -0.5\\ 0 & 0 & -1.0 & 0\\ 0 & 0 & 0 & -0.5\end{bmatrix} \tag{13.25}$$

$$\boldsymbol{B}_{\phi_c r_c}=\begin{bmatrix}9.1985\times10^{-4} & -4.3511\times10^{-3}\\ 0.5 & 0\\ 0 & 1.0\\ 0.5 & 0\end{bmatrix} \tag{13.26}$$

该系统存在两个期望的特征值，一个在-1，另一个在-0.5。第四个特征值在-0.276，该值与侧滑角动态特性 $\dot{\beta}$ 相关。当该值稳定时，我们可以利用 r_c 来改进系统动态特性。

在上述步骤之后，系统框图如图 13.6 所示。图 13.2 唯一改变的部分是 p_c 的意义，故我们仅给出改变的这一部分。

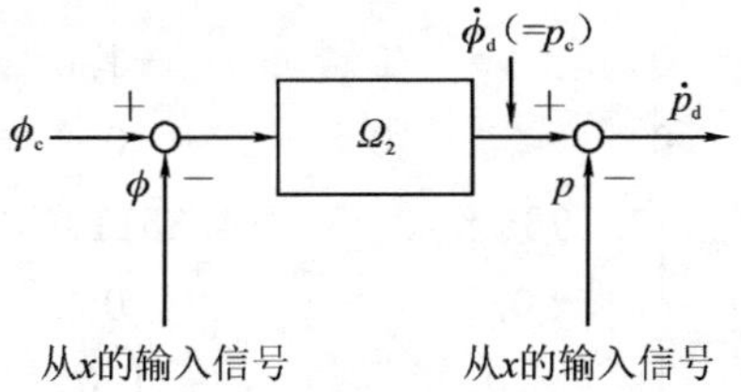

图 13.6　运动控制

13.2.3　补充方程

将可控状态作为补充方程中的控制是可行的，但实际应用效果不如在运动学方程中显著。我们已经将该控制方法应用于 M2 - F2 飞机的倾斜角指令系统中，用于控制滚转角速度。故这里我们将利用该功能来生成偏航角指令。在 M2 - F2 飞机的动态特性控制中，唯一有待处理的问题就是侧滑角的补充方程，下文将解决这一问题。

下面，我们研究是否能够通过倒置补充方程来求解控制量 r。考虑 $\dot{v}$ 表达式：

$$\dot{v}=\frac{Y}{m}+g\sin\phi\cos\theta+pw-ru$$

r 似乎比较容易求解，因为速度分量 u 在正常飞行中不太可能为零。就算考虑到侧力可能对 r 产生影响，我们依然可以给出表达式：

$$r_c=\frac{m}{mu-Y_r}\left(\frac{Y}{m}+g\sin\phi\cos\theta+pw-\dot{v}_d\right)$$

P.222 这种在补充方程中求逆的方法已经实现，或至少在理论层面得到了证明。补充变量的控制可以并入求逆过程中，这允许多种控制变量的组合。Azam 和 Singh (1994)采用三力矩方程(假设独立控制速度)，开发了 ϕ、α、β 的控制器和 p、α、β 的控制器；而 Snell 等人(1992)开发了 α、β、ϕ_w 控制器。(在 Snell 等人的工作中，在气流坐标系下的倾斜角期望动态特性分配，并不完全满足先前描述的开发过程，在他们的设计中还综合了滤波器来减少系统对飞行员输入产生的敏感性。)

在现代工业实践过程中，处理补充方程的方式似乎不同。洛克希德·马丁公司的 X-35 飞机首先解耦可控状态，随后将它们应用在常规机动动作的控制中，就像控制器控制其他飞机模型一样。详细过程可以参见 Walker 和 Allen (2002)的文献。

我们将采用传统方法处理剩下的补充方程，将偏航角速度看作是控制，且继续利用根轨迹法来设计。我们感兴趣的系统如式(13.25)和(13.26)所示：

$$\boldsymbol{A}_{\phi_c r_c}=\begin{bmatrix}-0.276 & 4.8597\times10^4 & -1.00 & 0.0919\\ 0 & -1.0 & 0 & -0.5\\ 0 & 0 & -1.0 & 0\\ 0 & 0 & 0 & -0.5\end{bmatrix}$$

$$\boldsymbol{B}_{\phi_c r_c}=\begin{bmatrix}9.1985\times10^{-4} & -4.3511\times10^{-3}\\ 0.5 & 0\\ 0 & 1.0\\ 0.5 & 0\end{bmatrix}$$

我们的控制向量包含 ϕ_c 和 r_c，而感兴趣的动态特性在第一行，$\dot{\beta}$。利用 MATLAB®，我们将传递函数 $\frac{x_1(s)}{u_2(s)}$ 构造为 $\frac{\beta(s)}{r_c(s)}$，

$$\frac{\beta(s)}{r_c(s)}=\frac{-0.004351s-1.005}{s^2+1.276s+0.2755} \tag{13.27}$$

二阶特征多项式由滚转模态零极点互相消去后得出。

请注意该传递函数是负的，且由于 MATLAB®假设在其根轨迹图中存在负反馈，因此我们需要提供 $-\frac{\beta(s)}{r_c(s)}$，然后可以得到根轨迹如图 13.7。

显然，我们需要改变比例尺，从而得到图 13.8。-1 和 -0.276 处的两个根互相靠近，并在相遇后分开成为复根(持续变成为图 13.7 中的大弧线)。

MATLAB®命令 `rlocfind` 用于选择根。选择反馈增益 $k_\beta=0.520$(牢记在将其放入系统前要改变其符号，这是因为我们改变了传递函数的符号)。该增益对应的根为 $\lambda=-0.639\pm j0.624$。该增益使得上升时间满足要求，且超调较小。自然频率被增大了，但阻尼比减小了(同时控制量更大)。

P. 223

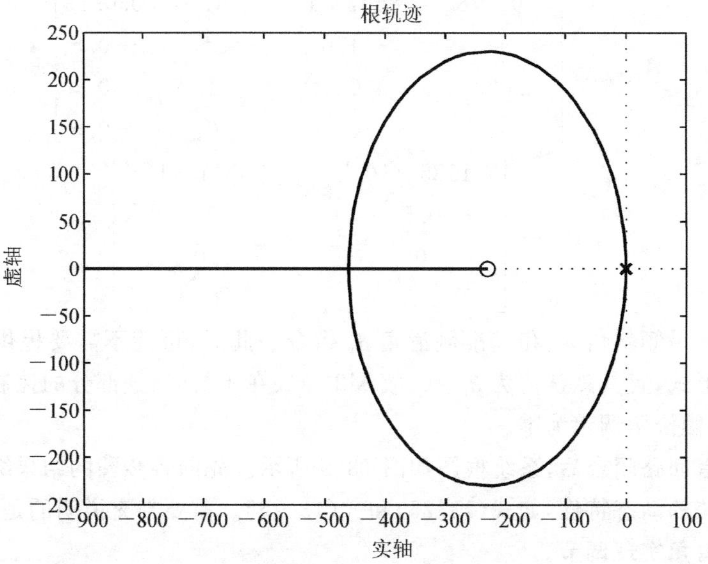

图 13.7　β 反馈的根轨迹

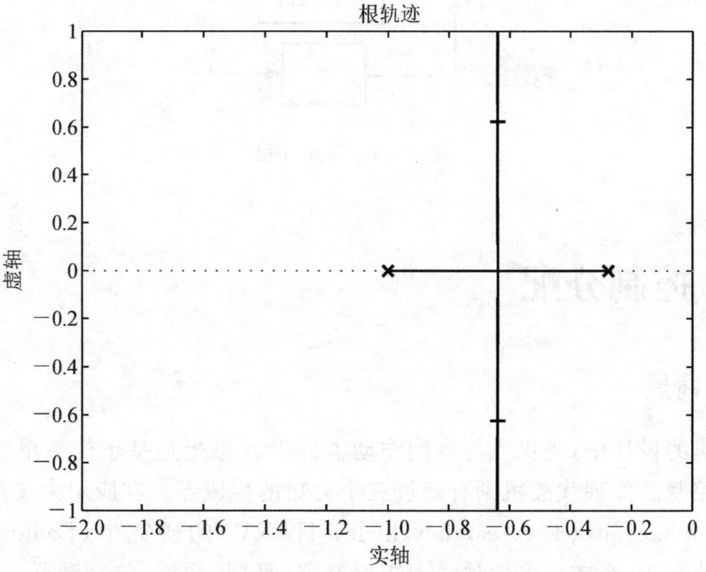

图 13.8　图 13.7 的闭环根轨迹

P.224 最终系统为

$$\boldsymbol{A}_{\phi_c r_c}=\begin{bmatrix}-0.278 & 4.8597\times10^4 & -1.00 & 0.0919\\ 0 & -1.0 & 0 & -0.5\\ 0.520 & 0 & -1.0 & 0\\ 0 & 0 & 0 & -0.5\end{bmatrix} \tag{13.28}$$

$$\boldsymbol{B}_{\phi_c r_c}=\begin{bmatrix}9.1985\times10^{-4} & -4.3511\times10^{-3}\\ 0.5 & 0\\ 0 & 1.0\\ 0.5 & 0\end{bmatrix} \tag{13.29}$$

控制量是倾斜角 ϕ_c 和基准侧滑角 β_r 指令。此时,可能不需要提供基准侧滑角的显式形式,置其默认值为 $\beta_r=0$,故 M2 - F2 在飞行时,这部分的控制系统会持续工作,将侧滑角调整为零。

当所有回路闭合后,系统框图如图 13.9 所示。先前各步骤的结果综合在一起来表示系统的动态特性,如式(13.25)和式(13.26)。需要补充说明的是,传统根轨迹法以侧滑角实现调节。

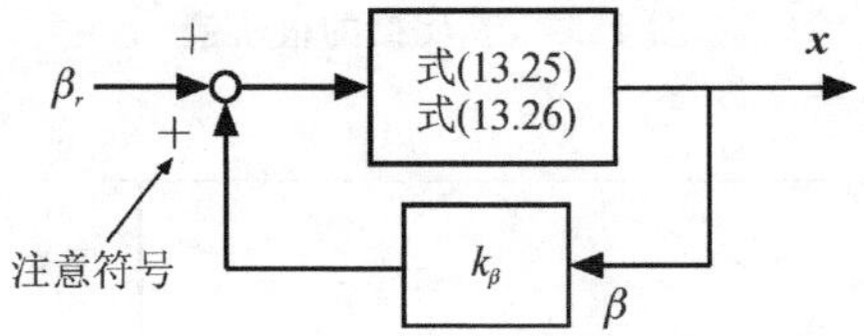

图 13.9 补充方程

13.3 控制分配

13.3.1 背景

在经典的设计中,飞机飞行控制作动器的设计思想是基于产生单一转动自由度的力矩控制。而现代战机则有超过三个力矩的生成器。在应用大攻角验证飞行器(high angle-of-attack research vehicle, HARV)的研究中(Davidson et al., 1992),一共有 13 个或更多的独立力矩控制器:平尾、副翼、前缘襟翼、襟翼和方向舵,且舵面都左右对称,同时还有推力向量力矩生成器。本书增加了气流偏导器、涡流升力和侧力生成器,总共控制器数量接近 20。这些控制作动器都满足特定限制,由控制舵机或其他形式的物理规律确定。为达到特定目标,分配或综合使用这些控制作动器就是所谓的控制分配问题。

控制分配问题在飞行控制系统设计中非常重要。在复杂的机动过程中，飞行控制律如果不能以最有效的方式利用所有可能的飞行控制作动器的话，那么飞机就相当于携带了额外的重量，并增加了不必要的系统复杂度。也就是说，如果存在 P. 225
一套使用效率较低的控制作动器，那么它们就应该被一组更小或更少但效率更高的作动器代替，从而达到相同甚至更优的控制效果。

从动态逆的角度来看，我们在寻找式(13.5)中的 $\boldsymbol{g}_1$。我们通常设法求解这样一类问题，在该类问题中控制已经被线性化，且可以表示为矩阵乘以控制向量的形式，$\boldsymbol{Bu}$。困难在于矩阵 $\boldsymbol{B}$ 不是方阵，即不存在通常意义上的 $\boldsymbol{B}^{-1}$。例如，工程师为 M2 - F2 增加差动平尾，使得式(13.10)中与控制相乘的矩阵不再是 2×2 而是 2×3。下一步怎么办呢？

让我们首先正式描述该类问题。随后我们将分析一些非最优的求解方法，最后我们将讨论更好的求解策略。

13.3.2　问题描述

三力矩问题(The three-moment problem)

假设我们有控制作动器产生的期望三力矩向量 $\boldsymbol{m}_d$，可能与动态逆可控方程中的期望加速度相关。再假设控制作动器为 m，则先前用 $\boldsymbol{u}$ 表示的控制作动器向量为 $m\times1$ 维。我们同样有线性化过程中的控制效用矩阵 $\boldsymbol{B}$，它目前是 $3\times m$ 维，且 $m>3$。我们希望找到一个向量 $\boldsymbol{u}$ 满足下式：

$$\boldsymbol{Bu}=\boldsymbol{m}_d \tag{13.30}$$

我们不可能得到 $\boldsymbol{B}^{-1}$ 作为解，故用 $\boldsymbol{B}^{\dagger}$ 来表示解。请注意 $\boldsymbol{B}^{\dagger}$ 可能为一个矩阵，也可能是先前已定义的某个记号。

$$\boldsymbol{u}=\boldsymbol{B}^{\dagger}\boldsymbol{m}_d \tag{13.31}$$

此外，我们知道每一个 $\boldsymbol{u}$ 中的 u_i 都有特定的限制，即容许的最大和最小值。我们将所有最小值组成向量 $\boldsymbol{u}_{\min}$，最大值组成向量 $\boldsymbol{u}_{\max}$，可得

$$\boldsymbol{u}_{\min}\leqslant\boldsymbol{u}\leqslant\boldsymbol{u}_{\max} \tag{13.32}$$

式(13.32)意味着对于 $u_i, i=1,\cdots,m$，有 $u_{i_{\min}}\leqslant u_i\leqslant u_{i_{\max}}$。

对该问题有一个常用的数学记号：表达式 $\boldsymbol{x}\in\mathbf{R}^n$ 的含义为向量 $\boldsymbol{x}$ 是 n 维实数向量。类似地，$\boldsymbol{B}\in\mathbf{R}^{m\times n}$ 表示 $\boldsymbol{B}$ 是 $m\times n$ 维实数矩阵。故有

$$\boldsymbol{u}\in\mathbf{R}^m,\ \boldsymbol{m}_d\in\mathbf{R}^3,\ \boldsymbol{B}\in\mathbf{R}^{3\times m} \tag{13.33}$$

每个控制作动器被限制为特定约束，进而定义一个容许控制集 Ω。Ω 的边界表示：在一个或多个最低或最高限制处，作动器的控制组合也就是所谓的饱和控制集合。u_i 表示实数集合 Ω 中的元素，也就是

$$\Omega=\{u_i\,|\,u_{i_{\min}}\leqslant u_i\leqslant u_{i_{\max}}\}\subset\mathbf{R} \tag{13.34}$$

P. 226 我们记该集合边界为$\partial(\Omega)$，在该处任何控制组合都不能进一步变化。如果控制向量在该边界处，则称之为$\boldsymbol{u}^*$：

$$\boldsymbol{u}^* \in \partial(\Omega) \tag{13.35}$$

我们的作动器根据矩阵$\boldsymbol{B}$中的数值产生力矩。矩阵$\boldsymbol{B}$将$\mathbf{R}^m$中的向量（控制作动器）映射到$\mathbf{R}^3$（力矩）中。

$$\boldsymbol{B}:\mathbf{R}^m \to \mathbf{R}^3 \tag{13.36}$$

换句话说，$\boldsymbol{m}=\boldsymbol{Bu}$。因为$\boldsymbol{u}$被限制为$\Omega$，故$\boldsymbol{m}$被限制为可达有限集，即可达力矩子集(attainable moment subset ,AMS)。我们将该集表示为

$$\Phi = \{\boldsymbol{m} \mid \boldsymbol{m} = \boldsymbol{Bu},\ \boldsymbol{u} \subset \Omega\} \tag{13.37}$$

也许某些内容需要证明，但在此处我们仅说明显而易见的问题：Φ的边界（或$\partial(\Phi)$）是从Ω边界到力矩的映射。换句话说，通过极限容许控制可以获得最大可达力矩。

$$\partial(\Phi) = \{\boldsymbol{m} \mid \boldsymbol{m} = \boldsymbol{Bu}^*\} \tag{13.38}$$

可达控制

对于两个控制作动器而言，很容易看出容许控制集的形状是矩形。图13.10描述了M2－F2的容许控制集，该集合包含了两个初始控制作动器。副翼和方向舵可以分别从最小到最大偏角变化，互不影响。矩形的上界和下界表示在方向舵饱和（极限位置）时的副翼力矩，矩形的左边界和右边界表示副翼饱和（极限位置）时的方向舵力矩。四个顶点描述了两个控制作动器均饱和的四种条件：最小-最小、最小-最大、最大-最小、最大-最大。

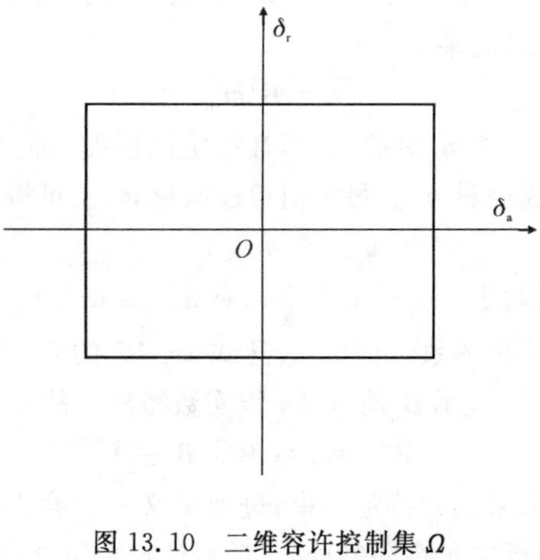

图13.10 二维容许控制集Ω

P. 227 如果M2－F2存在额外的差动平尾，则它的Ω将会是一个像火柴盒一般的直角棱镜。棱镜的每条棱边表示仅有一个控制作动器变化，且其他两个控制作动器

固定在其饱和位置的状态。棱镜的每个面表示两个控制作动器变化，且第三个控制作动器固定在其饱和位置的状态。各顶点表示三个作动器均饱和的八种情况。图 13.11 给出了这类 Ω 集合。不过限于书面是二维的，所以边界可能不准确。图 13.11 实际给出了直角棱镜在二维平面的投影，我们需要依靠想象来增加额外的纵深。

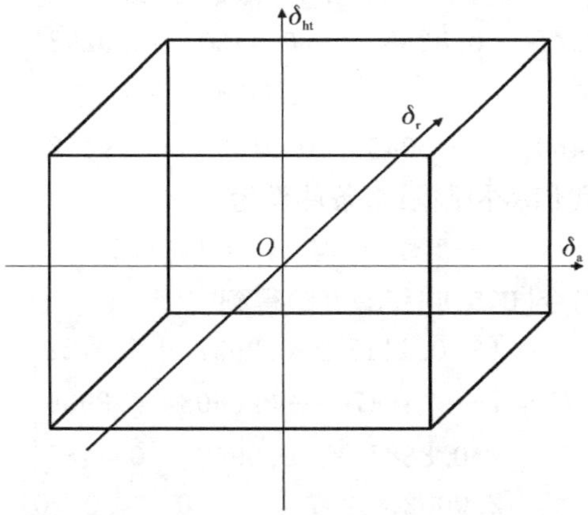

图 13.11　三维容许控制集 Ω

更高维度的 Ω 也可以画出来，但我们并不能由此获得更多的信息。最大的问题是当画出更高维的直角棱镜时，该棱镜的边界就是比它低一个维度的棱镜。也就是说，一个四维棱镜边界是三维棱镜。五维棱镜的容许控制集由一个四维集限制，依此类推。

我们将不再继续绘出这类对象的图像，并相信数学不会将我们引入歧途。

可达力矩

现在，给定可达控制，我们可以描述可达力矩，即通过考虑 Ω 的所有关键点（比如顶点和棱边）来可视化，将它们乘以 $\boldsymbol{B}$ 后画在坐标系中，从而表示了力矩。

我们将采用奇异值分解(SVD)来辅助该过程。对于一个给定矩阵，奇异值分解将其化为三个特殊性质矩阵之积。也就是，我们的 $n\times m$ 维矩阵 $\boldsymbol{B}$ 可以分解为 P.228

$$\boldsymbol{B}=\boldsymbol{USV}^{\mathrm{T}} \tag{13.39}$$

式中，$\boldsymbol{U}$ 是 $n\times n$ 的酉矩阵；$\boldsymbol{S}$ 是 $n\times m$ 的对角矩形矩阵，且其对角线上元素非负；$\boldsymbol{V}^{\mathrm{T}}$($\boldsymbol{V}$ 的转置)是一个 $m\times m$ 酉矩阵。$\boldsymbol{S}$ 的对角元素是 $\boldsymbol{B}$ 的奇异值。$\boldsymbol{U}$ 的第 n 列和 $\boldsymbol{V}$ 的第 m 列分别被称为 $\boldsymbol{B}$ 的左奇异向量和右奇异向量。在多数情况下，该定义也适用于复数，此时用 $\boldsymbol{V}^*$ 表示共轭转置。

为了方便研究，这里的酉矩阵是旋转矩阵，与我们在第 3 章推导的变换矩阵有着相同的特性。在 $\boldsymbol{V}^{\mathrm{T}}$ 转置 m 维向量(控制向量)的同时，矩阵在其构成向量的基础上旋转。

矩阵 $\boldsymbol{S}$ 不是方阵，且对角元素($m>n$)在 $\boldsymbol{S}$ 的前 n 列构成了该矩阵的方阵部分，其他部分均为零。通过对该矩阵中的向量运行 $\boldsymbol{V}^{\mathrm{T}}$ 的转置、奇异值的拉伸(或压缩)，完成矩阵向量的运算，并将结果投影到一个 n 维空间。投影源于这样一个事实：每一个 m 维控制向量的 $m-n$ 分量都没有与之相乘。

下面来看一个例子。利用 MATLAB® 函数 rand 来产生 3×5 随机数矩阵：

$$\boldsymbol{B}=\begin{bmatrix}0.6294 & 0.8268 & -0.4430 & 0.9298 & 0.9143\\ 0.8116 & 0.2647 & 0.0938 & -0.6848 & -0.0292\\ -0.7460 & -0.8049 & 0.9150 & 0.9412 & 0.6006\end{bmatrix} \tag{13.40}$$

为了方便研究，我们将控制限制条件设为

$$-1\leqslant u_i\leqslant 1, i=1,\cdots,5 \tag{13.41}$$

用 MATLAB® 指令[U,S,V]=svd(B)得到

$$\boldsymbol{U}=\begin{bmatrix}-0.1115 & 0.9937 & 0.0122\\ -0.4447 & -0.0608 & 0.8936\\ 0.8887 & 0.0942 & 0.4487\end{bmatrix}$$

$$\boldsymbol{S}=\begin{bmatrix}2.0002 & 0 & 0 & 0 & 0\\ 0 & 1.7216 & 0 & 0 & 0\\ 0 & 0 & 0.7123 & 0 & 0\end{bmatrix}$$

$$\boldsymbol{V}=\begin{bmatrix}-0.5470 & 0.2938 & 0.5590 & 0.5125 & -0.1984\\ -0.4626 & 0.4238 & -0.1608 & -0.6880 & -0.3275\\ 0.4104 & -0.2089 & 0.6865 & -0.3588 & -0.4335\\ 0.5186 & 0.6124 & -0.2503 & 0.3013 & -0.4501\\ 0.2224 & 0.5616 & 0.3573 & -0.2110 & 0.6804\end{bmatrix}$$

P.229 为了方便问题处理，假设控制 $\boldsymbol{u}$ 为

$$\boldsymbol{u}=\begin{bmatrix}1\\0\\0\\0\\0\end{bmatrix}$$

则 $\boldsymbol{Bu}=\boldsymbol{USVu}$。首先 $\boldsymbol{Vu}$ 得到的就是 $\boldsymbol{V}$ 的第一列。再用 $\boldsymbol{S}$ 乘以该向量，可得

$$\boldsymbol{SVu}=\begin{bmatrix}2.0002 & 0 & 0 & 0 & 0\\ 0 & 1.7216 & 0 & 0 & 0\\ 0 & 0 & 0.7123 & 0 & 0\end{bmatrix}\begin{bmatrix}-0.5470\\ -0.4626\\ 0.4104\\ 0.5186\\ 0.2224\end{bmatrix}=\begin{bmatrix}-1.0941\\ -0.7963\\ 0.2923\end{bmatrix}$$

实际上 $\boldsymbol{Vu}$ 的最后两个元素在与 $\boldsymbol{S}$ 相乘时被舍弃了。这个过程本质是从五维到三维的投影。

一般来说，我们在低维空间中看到过对该过程的解释。考虑图 13.11，该投影就是将三维图投影到二维平面。消失的维度垂直于二维平面。在三维图中的那部分分量被简单去掉了。

总体而言，直角棱镜表示的 m 维容许控制集合 Ω 转动后，投影到三维空间当中，随后再次转动，从而得到可达力矩集 Φ。我们无法画出任何一个 Φ 的轮廓，因为我们被局限在了二维平面。借助软件能够画出 Φ 的图形，可以看成是图 13.11 的一个复杂版本，不过我们从中并不能获得什么信息。

尽管如此，我们可以利用边界限制，来描述可达力矩子集 Φ 的结构。

- 二力矩问题的 Φ 边界包含一维边界，该边界表示 $\boldsymbol{B}$ 乘以相应 Ω 的边界。沿着这类边界，在所有控制中的一种达到饱和。
- 三维力矩问题的边界包含表示 $\boldsymbol{B}$ 乘以相应 Ω 的二维平面。在这类边界平面上，在所有控制中的两种达到饱和。

控制失效重构

在理想情况下，我们希望控制分配问题的任意解都可以在飞行控制计算机中实时解算。有两种求解方式：(1)利用机载气动数据实时解算；(2)预先解算出结果，并用于对应飞行条件下的补偿。

预先解算的方法并非最优选择，其原因在于：在控制失效或其他降级控制时，很难通过简单重构来补偿控制效益的降低。如果控制分配问题的解可以在飞行中 P. 230
实时解算，则一个失效控制可以被简单地隔离，也就是从矩阵 $\boldsymbol{B}$ 中去掉该控制对应的列，并继续控制。

二力矩问题(The two-moment problem)

本部分将通过引入若干例子来帮助读者画出可达力矩边界图，因此我们将不时举出二力矩的例子。问题的描述与先前三力矩问题一致，只是用数字“二”代替了“三”而已。

二力矩问题是有其实际应用背景的。在处理 M2 - F2 飞机的侧向运动特性时就包含二力矩，即滚转和偏航力矩。实际上，作者已经拜访过军队负责采购评估的高层飞行控制设计团队，他们也包含两组：一组负责纵向控制律评估，另一组负责侧向控制律评估。

注意图 13.11 能够表示一个包含三种控制和两种力矩的简单控制分配问题。如果我们将该图看成是一个三维对象，它就是 Ω，而如果我们将其看成是一个二维对象，并重新标注坐标，它就是 Φ，如图 13.12 所示。

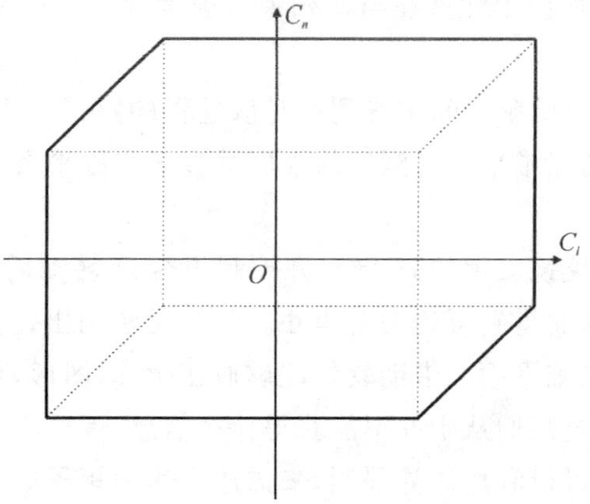

图 13.12 与图 13.11 对应的二维可达力矩集 Φ

从图 13.12 中可以得到一些有意思的知识点。我们已经留下了关于六个边界和两个顶点投影到 Φ 的一些线索。从这些信息中，可以立刻得出结论：所有控制达到最大可达边界并不是达到最大可达力矩的充分条件。显然存在某点，在该点处虽然所有控制饱和，但力矩还未达到其边界。

P. 231 就在 Φ 边界产生力矩控制集的必要条件而言，在二力矩问题中，顶点和 Φ 的二维边界都是 Ω 的顶点和边界的投影。在一个 m 控制顶点 Ω 处，所有的 m 控制都处于极限位置，$m-1$ 控制在边界上饱和。

三力矩问题最优解的必要条件也是类似的，不过某些解可以位于 Φ 的二维平面，其中只有两种控制未饱和。该条件仅仅是必要条件，满足该条件并不能保证得到最优解。

对于图 13.12，考虑一条线从直角处穿过，通过力矩的原点。现在将该线还原到三维图 13.11 中，在其中该线具有某些意义。在该线上的每一点是三种控制作动器的组合，但在图 13.12 中它们均投影到了原点。也就是说，在某些组合中，三种控制影响作用相互抵消，使得合力矩为零。该方向位于矩阵 $\boldsymbol{B}$ 的零空间，且可以通过 MATLAB® 指令 `null` 来计算。

13.3.3 最优性

我们将控制分配问题的最优解定义为能够满足整个容许控制集的解。也就是，对于可达力矩子集 Φ 中的所有力矩，该解都将确定控制组合来生成期望的力矩。对于子集 Φ 内部的力矩，控制分配解不是唯一的（比如 $\boldsymbol{B}$ 的零空间）。但是，对于 Φ 边界的力矩，该解是唯一的，且与容许控制集 Ω 中的控制组合一一对应。

考虑以下问题：给定矩阵 $\boldsymbol{B}$，确定控制极限，什么形式的舵面偏转将产生最大可达滚转力矩(通过矩阵 $\boldsymbol{B}$ 的第一行)？这一问题的答案在式(13.40)和(13.41)中。请注意这里并没有谈及滚转和偏航力矩，它们可能会在某些地方下降。

不通过计算，仅通过研究矩阵 $\boldsymbol{B}$ 和考虑控制极限，就可以找到本问题的答案。如果没有意识到这一点，思考包含一种力矩和一种控制的任意构型的矩阵 $\boldsymbol{B}$，通过同样的方式可以获得答案。

若你已经回答了该问题，你就会发现可以通过观察矩阵 $\boldsymbol{B}$ 和考虑控制极限来确定：最大、最小滚转力矩，最大、最小俯仰力矩，以及最大、最小偏航力矩。

现在，改变问题，使得矩阵 $\boldsymbol{B}$ 的第一列的两个元素 u_1 和 u_2 为零：

$$\boldsymbol{B}=\begin{bmatrix} 0 & 0 & -0.4430 & 0.9298 & 0.9143 \\ 0.8116 & 0.2647 & 0.0938 & -0.6848 & -0.0292 \\ -0.7460 & -0.8049 & 0.9150 & 0.9412 & 0.6006 \end{bmatrix} \tag{13.42}$$

现在又是什么描述了关于平面边界 Φ 以及对应 Ω 的最大可达滚转力矩呢？

13.3.4　次优解 P.232

广义逆

我们首先假设控制效用矩阵 $\boldsymbol{B}$ 是 $n\times m$ 维，其中对于三力矩问题 $n=3$，二力矩问题 $n=2$，且 $m>n$。矩阵 $\boldsymbol{B}$ 满秩，也就是说，取 $\boldsymbol{B}$ 中的列构成的任意方阵为非奇异阵，可以求逆。这类矩阵的广义逆为 $\boldsymbol{B}^{\dagger}$，且

$$\boldsymbol{B}\boldsymbol{B}^{\dagger}=\boldsymbol{I} \tag{13.43}$$

伪逆

有一类特殊的广义逆，当求解控制分配问题时，它将最小化 2 范数控制向量 $\boldsymbol{u}$。向量的 2 范数是其长度，即单个控制平方和的平方根。我们称这类广义逆为伪逆，也称为“Moore-Penrose 广义逆”，用 $\boldsymbol{P}$ 表示。

在优化问题中，推导 $\boldsymbol{P}$ 并不困难。优化的目的是最小化 $\boldsymbol{u}^{\mathrm{T}}\boldsymbol{u}$(控制的平方和)，且对于任意 $\boldsymbol{m}$ 满足 $\boldsymbol{B}\boldsymbol{u}=\boldsymbol{m}$ 的约束。我们不需要求 $\boldsymbol{u}^{\mathrm{T}}\boldsymbol{u}$ 的平方根，这是因为如果 $\boldsymbol{u}^{\mathrm{T}}\boldsymbol{u}$ 最小，它的平方根也最小。

利用拉格朗日乘数，我们定义标量函数：

$$\mathcal{H}(\boldsymbol{u},\boldsymbol{\lambda})=\frac{1}{2}\boldsymbol{u}^{\mathrm{T}}\boldsymbol{u}+\boldsymbol{\lambda}^{\mathrm{T}}(\boldsymbol{m}-\boldsymbol{B}\boldsymbol{u})$$

式中，$\boldsymbol{\lambda}$ 是 n 维拉格朗日乘数。前面的因子 $\frac{1}{2}$ 将会被 2 约掉。当满足以下条件时，$\mathcal{H}$ 达到极值。

$$\frac{\partial\mathcal{H}}{\partial\boldsymbol{u}}=0,\quad \frac{\partial\mathcal{H}}{\partial\boldsymbol{\lambda}}=0$$

即

$$\frac{\partial \mathcal{H}}{\partial \boldsymbol{u}}=\boldsymbol{u}^{\mathrm{T}}-\boldsymbol{\lambda}^{\mathrm{T}}\boldsymbol{B}=0$$

此时我们要求 $\boldsymbol{u}^{\mathrm{T}}=\boldsymbol{\lambda}^{\mathrm{T}}\boldsymbol{B}$，或 $\boldsymbol{u}=\boldsymbol{B}^{\mathrm{T}}\boldsymbol{\lambda}$。

故 $\boldsymbol{m}=\boldsymbol{B}\boldsymbol{u}$。现联立已有的结果，可得

$$\boldsymbol{m}=\boldsymbol{B}\boldsymbol{u}=\boldsymbol{B}\boldsymbol{B}^{\mathrm{T}}\boldsymbol{\lambda}$$

由于 $\boldsymbol{B}$ 满秩，$\boldsymbol{B}\boldsymbol{B}^{\mathrm{T}}$ 也满秩，且 $\boldsymbol{B}\boldsymbol{B}^{\mathrm{T}}$ 为可逆方阵。故

$$\boldsymbol{\lambda}=[\boldsymbol{B}\boldsymbol{B}^{\mathrm{T}}]^{-1}\boldsymbol{m}$$

P.233 由于 $\boldsymbol{u}=\boldsymbol{B}^{\mathrm{T}}\boldsymbol{\lambda}$，可得 $\boldsymbol{u}=\boldsymbol{B}^{\mathrm{T}}[\boldsymbol{B}\boldsymbol{B}^{\mathrm{T}}]^{-1}\boldsymbol{m}$，且

$$\boldsymbol{P}=\boldsymbol{B}^{\mathrm{T}}[\boldsymbol{B}\boldsymbol{B}^{\mathrm{T}}]^{-1} \tag{13.44}$$

该结果看起来是控制分配问题的一个较好的解。对于飞行控制计算机而言，最难的求解任务是矩阵乘积运算，以及计算 3×3 矩阵的逆。

读者此时可能会疑惑：到底在何处考虑控制限制以得到该解的呢？答案是：在求解时并没有考虑限制，而且这一事实导致了得到的解并非最优解。如果控制限制不是问题解的一部分，则没有理由认为解将满足限制的要求。伪逆的非最优性是可以证明的，下面说明这个问题。我们将利用随机元矩阵 $\boldsymbol{B}$ 构成问题，并假设控制限制为±1。如果我们能确定 Φ 中的一个点，使得该点处伪逆解不能满足容许控制，则该点构造成功。

首先采用 3×5 随机数矩阵，

$$\boldsymbol{B}=\begin{bmatrix} 0.6294 & 0.8268 & -0.4430 & 0.9298 & 0.9143 \\ 0.8116 & 0.2647 & 0.0938 & -0.6848 & -0.0292 \\ -0.7460 & -0.8049 & 0.9150 & 0.9412 & 0.6006 \end{bmatrix}$$

再利用 MATLAB® 函数 pinv 生成伪逆，

$$\boldsymbol{P}=\begin{bmatrix} 0.2096 & 0.8126 & 0.1252 \\ 0.2676 & -0.1139 & -0.2837 \\ -0.1317 & 0.7775 & 0.6034 \\ 0.3203 & -0.4510 & 0.1062 \\ 0.3179 & 0.3790 & 0.3546 \end{bmatrix}$$

现在我们采用一个显然符合要求的控制向量，

$$\boldsymbol{u}=\begin{bmatrix} 1 \\ 1 \\ 1 \\ 1 \\ 1 \end{bmatrix}$$

该控制向量产生的力矩为

$$m = Bu = \begin{bmatrix} 2.8573 \\ 0.4560 \\ 0.9085 \end{bmatrix}$$

但是，如果我们被告知该力矩为 $\boldsymbol{m}_{\mathrm{d}}$，而不知道它是如何构造的，那么采用伪逆来求解控制，我们就可以发现

$$u = Pm_{\mathrm{d}} \begin{bmatrix} 1.0829 \\ 0.4558 \\ 0.5247 \\ 0.8057 \\ 1.4023 \end{bmatrix}$$

第一和第五项控制超过其限制，且第五项超出量相当大。由于控制存在物理限制，P.234
飞机对控制系统解的响应将在第一项和第五项控制中饱和，故

$$u_{\mathrm{sat}} = \begin{bmatrix} 1.0 \\ 0.4458 \\ 0.5247 \\ 0.8057 \\ 1.0 \end{bmatrix}$$

该控制集合产生的实际力矩为

$$m_{\mathrm{sat}} = Bu_{\mathrm{sat}} = \begin{bmatrix} 2.4372 \\ 0.4005 \\ 0.7261 \end{bmatrix}$$

该结果与 $\boldsymbol{m}_{\mathrm{d}}$ 的大小和方向均不同。虽然存在某种程度的相似，但设计的控制律中不应存在不可预知的结果。

其他闭型广义逆

伪逆仅是无数闭型逆之一。这类解的元素可以从最小化 $\boldsymbol{u}$ 的范数或加权 2 范数的优化问题中得到。加权 2 范数经常能够看到，且该问题就是最小化 $\boldsymbol{u}^{\mathrm{T}}\boldsymbol{W}\boldsymbol{u}$，其中 $\boldsymbol{W}$ 是对角矩阵。对角项为正，表示以牺牲其他控制需求为代价，产生的某些控制余量。

优化过程如前，其结果是

$$P_W = W^{-1}B^{\mathrm{T}}[BW^{-1}B^{\mathrm{T}}]^{-1} \tag{13.45}$$

但请注意，式(13.45)对于任意满秩 $\boldsymbol{W}$ 都适用。虽然有无数种方法来选取 $\boldsymbol{W}$，但非对角矩阵、含负元素项的对角矩阵并无物理意义。

此外，在 Φ 的少数方向上可以通过“裁剪”伪逆来得到最优解。“裁剪”的伪逆

需要 AMS Φ 的更详细的信息，我们发现此类信息极难计算。出于这个原因，“裁剪”伪逆运算必须在离线完成后，存贮在飞控计算机中以便使用。伪逆可以在“飞行中”计算，且可以比较容易地适应变化的飞行条件。

可以证明：单一广义逆不可能产生满足任意时刻要求的解，对这一问题感兴趣的读者可以阅读 Bordignon(1996)的学位论文。

其他方法

除了广泛运用的广义逆求解方法，还有其他有趣的求解技术，称为“伪控制”(Lallman, 1985)和“菊花链”。伪控制技术是一种将广义逆嵌入到动态逆控制律中的应用。

P. 235 在 1992 年的美国国家航空航天局德莱登(NASA Dryden)飞行研究中心大迎角项目和技术会议中，介绍了菊花链。其主要思想是使用传统控制，直到一个或更多控制超过其极限，随后将其他控制引入到解决方案当中。菊花链同样不能在每一处均产生最大可达力矩，且与其他方法相比，对控制作动器速度要求更高。

采用其他方法求解控制分配问题也非常有趣，但在当前飞行控制系统设计中应用的并不多。

13.3.5 最优解

我们在 13.3.3 节中定义了最优解。本节直接给出不存在封闭形式的最优解，略去证明。寻找最优解的方式很多，但至今仍然没有发现一种能够用于设置实时飞行控制的方式。尽管如此，最优解依然非常重要，因为它可以让我们分析采用其他方法时舍弃的飞机性能。

本节中，确定最优解的方法分为两部分。首先，我们确定整个可达力矩集 Φ。其次，我们考虑任意期望力矩 $\boldsymbol{m}_{\mathrm{d}}$，并确定在期望力矩方向上的最大可达力矩向量。该解在 Φ 的边界处得到。如果最大值大于期望值，则通过均匀缩小最大值来产生期望值。

确定 $\boldsymbol{\Phi}$

早在 13.3.3 节中，我们就提出了若干关于滚转、俯仰和偏航力矩极值点的问题。答案是：极值力矩对应的控制由 $\boldsymbol{B}$ 矩阵元素的符号决定。因此，$\boldsymbol{B}$ 矩阵第一行乘以控制向量 $\boldsymbol{u}$ 产生滚转力矩。如果我们希望得到最大滚转力矩，则需要元素与控制偏转的多个乘积之和达到最大。如果一个元素为正，则相应控制应该设置为上限；如果该元素为负，则控制应该设置为下限。因此，

$$\boldsymbol{B}=\begin{bmatrix} 0.6294 & 0.8268 & -0.4430 & 0.9298 & 0.9143 \\ 0.8116 & 0.2647 & 0.0938 & -0.6848 & -0.0292 \\ -0.7460 & -0.8049 & 0.9150 & 0.9412 & 0.6006 \end{bmatrix}$$

$$\boldsymbol{u}_{C_{1_{\max}}} = \begin{bmatrix} 1 \\ 1 \\ -1 \\ 1 \\ 1 \end{bmatrix}$$

随后我们变换问题，使得矩阵 $\boldsymbol{B}$ 的第一行有两个元素为零。所有其他控制应 P. 236
该设置为其上限或下限，但是零元素的存在意味着相应的控制与滚转力矩无关，且可以自由变化。该条件，也就是仅有两个控制不饱和，描述了 Φ 的一种二维平面，同时由于它与原点距离最大，因此它位于 Φ 的边界上。

通常我们并不寻找拥有两个零点的矩阵 $\boldsymbol{B}$，不过我们很容易通过转动坐标系使其出现两个期望的零元素。简而言之，我们希望找到一个转换矩阵 $\boldsymbol{T}_f$，使得 $\boldsymbol{T}_f\boldsymbol{B}$ 的第一行恰好出现两个零元素。

我们已经任意选择了第一行；还可以是三行中的任意一个。也请注意，我们并不真正关心矩阵 $\boldsymbol{B}$ 的其他两行，因为它们不包含有用的信息。所以我们仅需要 $\boldsymbol{T}_f$ 的第一行。

当我们有一种寻找矩阵 $\boldsymbol{T}_f$ 的算法时，就可以通过一次选取两个控制完成变换，同时确定非零元素的符号，并由此确定在该平面(边界)该新方向上的最大饱和控制。此外，我们可以设置饱和控制为其下限，正元素为其上限，同时确定该新方向。

用 $\boldsymbol{t}=[t_{11} \quad t_{12} \quad t_{13}]$表示第一行。假设我们选择第一个控制为 n，第二个控制为 $n-1$，则这两个元素值为零，对应着 u_1 和 u_2。求解该问题就是要在给定 $\boldsymbol{B}$ 的条件下，确定 t_{11}、t_{12}、t_{13} 使得

$$[t_{11} \quad t_{12} \quad t_{13}] \begin{bmatrix} b_{11} & b_{12} \\ b_{21} & b_{22} \\ b_{31} & b_{32} \end{bmatrix} = [0 \quad 0] \tag{13.46}$$

该问题是超定的，故我们应能分配 $\boldsymbol{t}$ 中的任意元素。我们选择 t_{13} 并求解其他两个元素。首先变换式(13.46)，得

$$\begin{bmatrix} b_{11} & b_{21} & b_{31} \\ b_{12} & b_{22} & b_{32} \end{bmatrix} \begin{bmatrix} t_{11} \\ t_{12} \\ t_{13} \end{bmatrix} = \begin{bmatrix} 0 \\ 0 \end{bmatrix} \tag{13.47}$$

现将式(13.47)写为

$$\begin{bmatrix} b_{11} & b_{21} \\ b_{12} & b_{22} \end{bmatrix} \begin{bmatrix} t_{11} \\ t_{12} \end{bmatrix} + t_{13} \begin{bmatrix} b_{31} \\ b_{32} \end{bmatrix} = \begin{bmatrix} 0 \\ 0 \end{bmatrix} \tag{13.48}$$

现在，如果式(13.48)中的方阵是奇异的，则意味着 $t_{13}=0$，故我们必须选择 $\boldsymbol{t}$

中另外的元素。通过假设矩阵 $\boldsymbol{B}$ 满秩保证了方程(13.46)的解存在。为了不失一般性,假设矩阵是非奇异的,故

$$\begin{bmatrix} t_{11} \\ t_{12} \end{bmatrix} = -t_{13} \begin{bmatrix} b_{11} & b_{21} \\ b_{12} & b_{22} \end{bmatrix}^{-1} \begin{bmatrix} b_{31} \\ b_{32} \end{bmatrix} \tag{13.49}$$

P. 237 在式(13.49)中 t_{13} 是任意的,故我们设 $t_{13}=1$,并求解 t_{11} 和 t_{12}。可以在该点将 $\boldsymbol{t}$ 规范化,故其长度为 1。由于它在转动矩阵中,故不会影响矩阵 $\boldsymbol{B}$ 中第一行其他元素的符号,而仅仅影响它们的大小。

随后该行向量 $\boldsymbol{t}=[t_{11} \quad t_{12} \quad 1]$乘以 $\boldsymbol{B}$ 将产生一个在 u_1 和 u_2 位置为零的行向量。其余元素的符号确定了期望(边界)平面。

把该结果应用到随机生成的 $\boldsymbol{B}$ 矩阵,式(13.40),则

$$\boldsymbol{B} = \begin{bmatrix} 0.6294 & 0.8268 & -0.4430 & 0.9298 & 0.9143 \\ 0.8116 & 0.2647 & 0.0938 & -0.6848 & -0.0292 \\ -0.7460 & -0.8049 & 0.9150 & 0.9412 & 0.6006 \end{bmatrix} \tag{13.50}$$

对于 u_1 和 u_2 对应的平面 Φ(如上例所示)而言,

$$\begin{bmatrix} t_{11} \\ t_{12} \end{bmatrix} = -\begin{bmatrix} 0.6294 & 0.8116 \\ 0.8268 & 0.2647 \end{bmatrix}^{-1} \begin{bmatrix} -0.7460 \\ -0.8049 \end{bmatrix} = \begin{bmatrix} 0.9036 \\ 0.2184 \end{bmatrix} \tag{13.51}$$

从中我们得到 $\boldsymbol{t}=[0.9036 \quad 0.2184 \quad 1]$,则

$$\boldsymbol{tB} = [0 \quad 0 \quad 0.5352 \quad 1.6318 \quad 1.4204] \tag{13.52}$$

式(13.52)中我们唯一关心的信息是

$$\boldsymbol{tB} = [0 \quad 0 \quad + \quad + \quad +]$$

从中我们可以得出:对于分配问题(式(13.40)和(13.41)),可达力矩 Φ 的一个(边界)平面子集位于 u_3、u_4 和 u_5 最大值处,且此时 u_1、u_2 可任意变化。

给定 $\boldsymbol{B}$、$\boldsymbol{u}_{\min}$、$\boldsymbol{u}_{\max}$,对于 $i=1,\cdots,n-1$ 且 $j=i+1,\cdots,n$,则确定 Φ 的平面步骤为

1. 求解

$$\begin{bmatrix} t_{11} \\ t_{12} \end{bmatrix} = -\begin{bmatrix} \boldsymbol{B}(1,i) & \boldsymbol{B}(2,i) \\ \boldsymbol{B}(1,j) & \boldsymbol{B}(2,j) \end{bmatrix}^{-1} \begin{bmatrix} \boldsymbol{B}(3,i) \\ \boldsymbol{B}(3,j) \end{bmatrix}$$

2. 构造行向量 $\boldsymbol{t}=[t_{11} \quad t_{12} \quad 1]$;
3. 估计 $\boldsymbol{r}=\boldsymbol{tB}$;
4. $\boldsymbol{r}$ 中的第 i 个、第 j 个位置应该为零。其余元素的符号确定了在所定义的平面上,对应的控制应该是最大值还是最小值。

通过设置 $\boldsymbol{r}$ 中元素对应的控制,即符号为正设置为最大值,负设置为最小值,可以确定一个平面。定义该向量为 $\boldsymbol{u}^*$ 控制。现在通过将第 i 个和第 j 个控制分

别设置为其上下极限，从 $\boldsymbol{u}^*$ 构造四个控制向量。这里，第一个角标表示 u_i，第二个角标表示 u_j，且 0 表示下限，1 表示上限。

$$\boldsymbol{u}_{00}^* \quad \boldsymbol{u}_{01}^* \quad \boldsymbol{u}_{10}^* \quad \boldsymbol{u}_{11}^*$$

则由该四顶点确定的面为 P.238

$$\boldsymbol{m}_{00}^* = \boldsymbol{B}\boldsymbol{u}_{00}^*$$
$$\boldsymbol{m}_{01}^* = \boldsymbol{B}\boldsymbol{u}_{01}^*$$
$$\boldsymbol{m}_{10}^* = \boldsymbol{B}\boldsymbol{u}_{10}^*$$
$$\boldsymbol{m}_{11}^* = \boldsymbol{B}\boldsymbol{u}_{11}^*$$

5. 另一个面通过设置 $\boldsymbol{r}$ 中元素符号为正时置相应控制为最小值，符号为负时置相应控制为最大值来确定。确定平面顶点处力矩的过程类似于步骤 4。

最后，我们要注意每个面都可以看作是原点 $\Phi(\boldsymbol{m}=0)$ 为顶点的梯形椎体。由此，给定每个 Φ 平面的坐标，每个椎体的体积也可以计算。这些体积之和就是 Φ 的体积，且衡量了控制分配问题的最大控制能力，由其他方法求得的解也可以与其进行比较。

最后，对于一个三力矩、n 个控制的控制分配问题，它共有 $2n(n-1)$ 个面。这意味着确定所有 Φ 的运算复杂度与 n^2 成比例。

确定最优解

考虑到我们可以找到确定可达力矩集的所有边界平面组合，我们希望找到解 $\boldsymbol{u}=\boldsymbol{B}\boldsymbol{m}_{\mathrm{d}}$，使得如果 $\boldsymbol{m}_{\mathrm{d}}$ 在 Φ 中，那么就可以确定一个容许控制集。如果我们能够找到力矩边界的唯一容许控制，则可以较容易地确定可达力矩集内部对应的控制。

由此我们将期望力矩 $\boldsymbol{m}_{\mathrm{d}}$ 作为三维力矩空间的一个方向，并在该方向上寻找与边界 Φ 的相交线。如果边界处产生的力矩大于 $\boldsymbol{m}_{\mathrm{d}}$，则我们将其规范化，直到二者一致。这将确保能够产生较大的期望力矩，解将持续增大到其最大值，而不需要改变求解的过程。

我们并不需要关注期望力矩 $\boldsymbol{m}_{\mathrm{d}}$ 大于该方向上的最大可达值时该怎么做。有多种方法可以解决此类情况，但这类情况绝不能出现，因为一个精心设计的控制律将保持控制作动器在容件范围内工作。一旦期望力矩在任何条件下都难以达到，则所设计的控制律就是无效的。

假设已确定某 Φ 边界平面包含期望力矩方向的相交线，如何评估该处对应的控制呢？图 13.13 表示了在平面上该处的几何位置。

图 13.13 的特征为

- Φ 的初始状态，$\boldsymbol{m}=0$。
- $\boldsymbol{m}_{\mathrm{d}}$，期望力矩。

P. 239

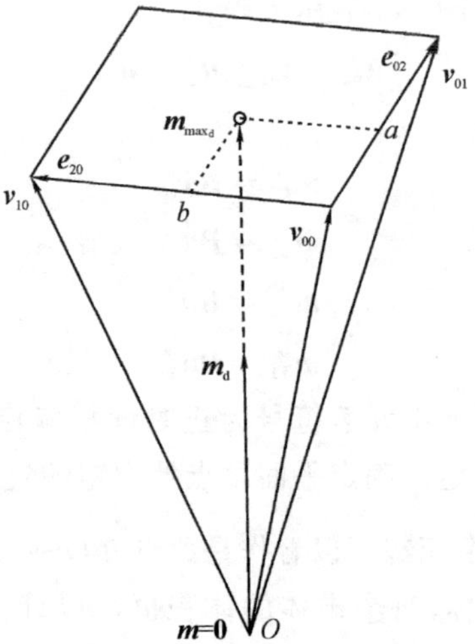

图 13.13　Φ 的边界平面

- 向量与该面的交点，也就是 $\boldsymbol{m}_{\max_d}$，在期望方向具有最大力矩。这里显示为延长到 $\boldsymbol{m}_d$ 的虚线。该向量是某些标量乘以 $\boldsymbol{m}_d$，也就是

$$\boldsymbol{m}_{\max_d} = c\boldsymbol{m}_d$$

要注意对于平面上的可达 $\boldsymbol{m}_d$，$c \geqslant 1$。

- $\boldsymbol{v}_{00}$、$\boldsymbol{v}_{01}$ 和 $\boldsymbol{v}_{10}$，是从原点到平面顶点的三个向量。下角标缩写 0 和 1 表示两个确定平面的控制，其中(0)表示下限，(1)表示上限，也与先前定义一致。
- $\boldsymbol{e}_{20}$ 和 $\boldsymbol{e}_{02}$，是分别由 $\boldsymbol{v}_{00}$、$\boldsymbol{v}_{01}$ 和 $\boldsymbol{v}_{10}$ 各自合成的向量。角标 0 和 1 的定义同上，额外的角标 2 意味着控制在最小和最大之间变化，故它开始是 0，在变化过程中变成 2，然后是 1(反之亦然)。
- a 和 b 两个标量表示到边界的距离 $\boldsymbol{e}_{20}$ 和 $\boldsymbol{e}_{02}$。

采用简单的向量加法，则

$$\begin{aligned} \boldsymbol{e}_{20} &= \boldsymbol{v}_{10} - \boldsymbol{v}_{00} \\ \boldsymbol{e}_{02} &= \boldsymbol{v}_{01} - \boldsymbol{v}_{00} \end{aligned} \tag{13.53}$$

比较方程左右两边的角标，某些角标表示是有优势的。

最重要的向量和为

$$\boldsymbol{m}_{\max_d} = \boldsymbol{v}_{00} + a\boldsymbol{e}_{02} + b\boldsymbol{e}_{20} = c\boldsymbol{m}_d \tag{13.54}$$

P. 240 式(13.54)给出了一种检验平面中是否包含拓展 $\boldsymbol{m}_d$ 的方法。我们构造系统方程为

$$-a\boldsymbol{e}_{02}-b\boldsymbol{e}_{20}+c\boldsymbol{m}_{\mathrm{d}}=[-\boldsymbol{e}_{02}\quad -\boldsymbol{e}_{20}\quad \boldsymbol{m}_{\mathrm{d}}]\begin{bmatrix}a\\b\\c\end{bmatrix}=\boldsymbol{v}_{00} \tag{13.55}$$

式(13.55)中可以容易地解出 a、b、c：

$$\begin{bmatrix}a\\b\\c\end{bmatrix}=[-\boldsymbol{e}_{02}\quad -\boldsymbol{e}_{20}\quad \boldsymbol{m}_{\mathrm{d}}]^{-1}\boldsymbol{v}_{00} \tag{13.56}$$

如果特定平面中包含相交线，则存在充分必要条件：

$$\begin{aligned}&c\geqslant 1\\&0\leqslant a\leqslant 1\\&0\leqslant b\leqslant 1\end{aligned} \tag{13.57}$$

- 如果因为奇点而使得矩阵求逆失败，则意味着期望力矩平行于该平面而没有相交。
- 如果 a 或 b，或者二者同时都不在(0,1)区间，则期望力矩 $\boldsymbol{m}_{\mathrm{d}}$ 指向另一个平面，并不指向该平面。c 值在这种情况下没有物理意义。
- 如果 $0\leqslant a\leqslant 1$ 且 $0\leqslant b\leqslant 1$，但 $c\leqslant -1$，则正确的平面在该平面的反方向(见步骤 5 确定平面的过程)。
- 如果 $0\leqslant a\leqslant 1$ 且 $0\leqslant b\leqslant 1$，但 $|c|<1$，则期望力矩无法在该平面或其他平面上得到。
- 如果 $0\leqslant a\leqslant 1$ 且 $0\leqslant b\leqslant 1$，且 $|c|\geqslant 1$，则该平面是正确的平面。用于确定 a、b、c 时的力矩所对应的控制是唯一的，且该控制和该力矩一一对应。图 13.13 表示该控制产生三个顶点，即 $\boldsymbol{u}_{00}$、$\boldsymbol{u}_{01}$、$\boldsymbol{u}_{10}$，其含义与前面确定该平面时一致。

由此，产生力矩 $\boldsymbol{m}_{\mathrm{d}}$ 的控制为

$$\boldsymbol{u}=\frac{1}{c}[\boldsymbol{u}_{00}+a(\boldsymbol{u}_{01}-\boldsymbol{u}_{00})+b(\boldsymbol{u}_{10}-\boldsymbol{u}_{00})] \tag{13.58}$$

要注意该解位于边界平面乘以因子 $\frac{1}{c}$ 的位置。

直接解法

综合运用先前两部分的算法就是控制分配问题的直接解法。在任意时刻，飞控计算机执行动态逆算法，直到产生当前时刻的期望力矩 $\boldsymbol{m}_{\mathrm{d}}$。依次检查可达力矩集平面直到确定恰当平面为止。

该直接解法的优势是如果控制分配问题的解存在，则一定能够求出控制分配解；最大的不足是需要检查所有平面，即使第一次就找到了正确平面，也无法立即给出正确的结果，而必须假定当前为最坏的结果。 P. 241

在这里给出直接法是因为该方法给出了控制分配问题的几何内涵。这一观察

视角能极大地帮助我们评估其他方法，且确定其他方法的疏漏之处。

13.3.6 近似最优解

直接算法可以求得控制分配问题的最优解。正如上文所述，在确定可达力矩集的过程中，有足够的信息来确定 Φ 的体积，以便以此为基础比较其他方法。我们希望找到从解析解（广义逆）到尽可能多的期望的有效解，并包括尽可能多的 $\boldsymbol{m}_{\mathrm{d}}$ 的方向和幅值，从而确定非最优方法解算的体积，随后拟合出这些点周围的数值边界。

目前，有一种较好的非直接控制分配方法，相对于直接分配而言，其速度较快且容易实施。该方法被称为级联广义逆（cascaded generalized inverse，CGI）且该方法用在 X－35 飞机的控制律设计当中（Bordignon et al.，2002）。

最简形式的 CGI 为单广义逆——在一个或多个控制作动器出现饱和之前，假设仅有未加权唯一伪逆。控制在任意极限位置饱和时，就将该控制从问题分析中去除：将控制对应的列从矩阵 $\boldsymbol{B}$ 中删除。接下来的情况取决于剩余控制作动器的三种情况。

1. 剩余系统超定。该种情况在控制分配过程中我们已经讨论过：控制数超过了力矩数。在这种情况下，可以计算系统伪逆，并应用于由饱和控制产生的任意剩余期望力矩。
2. 剩余系统为方阵，即有三种控制对应三种力矩。此时计算逆矩阵，并应用于剩余力矩。
3. 剩余系统为欠定的，即其控制数少于力矩数。求解方法是另一种形式的伪逆，使得期望值与实际值之间的误差方阵最小。称欠定的矩阵 $\boldsymbol{B}$ 为 $\boldsymbol{B}_u$，则伪逆 $\boldsymbol{P}_u$ 为

$$\boldsymbol{P}_u=[\boldsymbol{B}_u^{\mathrm{T}}\boldsymbol{B}_u]^{-1}\boldsymbol{B}_u^{\mathrm{T}} \tag{13.59}$$

如果利用传统伪逆不会导致任何控制饱和，就不需要增加额外的控制。一旦任意控制饱和，则去掉饱和控制，剩下的新问题依然适用于前述所列的情况。如果该步骤产生了更多的饱和控制，则同样移除这些控制，直到期望达到力矩或者本方法失效为止。

P. 242 在上文中，我们已经讨论了一个简单的级联广义逆问题，还证明了单纯使用伪逆并不能得到最优解。我们有：

$$\boldsymbol{B}=\begin{bmatrix} 0.6294 & 0.8268 & -0.4430 & 0.9298 & 0.9143 \\ 0.8116 & 0.2647 & 0.0938 & -0.6848 & -0.0292 \\ -0.7460 & -0.8049 & 0.9150 & 0.9412 & 0.6006 \end{bmatrix} \tag{13.60}$$

$$-1\leqslant u_i\leqslant 1,i=1,\cdots,5$$

期望力矩为

$$m_d=\begin{bmatrix}2.8573\\0.4560\\0.9058\end{bmatrix}$$

将伪逆用于该问题,得到

$$u=Pm=\begin{bmatrix}1.0829\\0.4558\\0.5247\\0.8057\\1.4023\end{bmatrix}$$

我们现在去掉两个饱和控制,即去掉矩阵 **B** 中的对应项(第一和第五项)。剩下的矩阵 **B** 称为 B_1,

$$B_1=\begin{bmatrix}0.8268 & -0.4430 & 0.9298\\0.2647 & 0.0938 & -0.6848\\-0.8049 & 0.9150 & 0.9412\end{bmatrix}$$

将 **B** 中已去掉的饱和项乘以饱和控制的饱和值,可以得到两个饱和控制产生的力矩 m',

$$m'=\begin{bmatrix}0.6294 & 0.9143\\0.8116 & -0.0292\\-0.7460 & 0.6006\end{bmatrix}\begin{bmatrix}1\\1\end{bmatrix}=\begin{bmatrix}1.5437\\0.7824\\-0.1454\end{bmatrix}$$

剩余力矩是初始期望力矩减去 m',

$$m_{d_1}=\begin{bmatrix}2.8573\\0.4560\\0.9058\end{bmatrix}-\begin{bmatrix}1.5437\\0.7824\\-0.1454\end{bmatrix}=\begin{bmatrix}1.3136\\-0.3263\\1.0513\end{bmatrix}$$

我们求 B_1 的逆,并将其乘以 m_{d_1},其结果为

$$u_1=B_1^{-1}m_{d_1}=\begin{bmatrix}1\\1\\1\end{bmatrix}$$

将该结果和两个饱和控制组合在一起,总的结果为 P.243

$$u=\begin{bmatrix}1\\1\\1\\1\\1\end{bmatrix}$$

由于本例子已经过人为的修正,我们知道正是控制向量产生了期望力矩。当期望力矩明显不在可达力矩集的边界上时,在这种情况下至少级联广义逆方法能

产生一个最优解。

在涉及大量随机生成问题的实际飞机故障测试中，级联广义逆方法很少失效，一般均能得到最优或非常接近最优的解。

习题

1. 采用 MATLAB® 产生式(13.15)和式(13.16)的动态逆传递函数矩阵($\boldsymbol{C}_{\mathrm{LD}}=\boldsymbol{I}$，$\boldsymbol{D}_{\mathrm{LD}}=0$)，所有传递函数的分母多项式为二阶多项式，而系统为四阶，请解释之。
2. 如果式(13.10)奇异，则控制效用矩阵的物理意义是什么？
3. 航母舰载机进近时，通常保持攻角不变，一般通过控制油门和升降舵来实现。本设计问题简化为仅考虑如何确定驾驶杆的攻角控制指令，而将油门控制留给飞行员自己完成。

   我们再次采用第 12 章习题 1 中的放宽静稳定性战机(Stevens et al.，1992)，考虑系统：

$$\boldsymbol{A}=\begin{bmatrix}-1.93\times10^{-2} & 8.82 & -0.575 & -32.2\\ -2.54\times10^{-4} & -1.02 & 0.905 & 0\\ 2.95\times10^{-12} & 0.822 & -1.08 & 0\\ 0 & 0 & 1 & 0\end{bmatrix}$$

$$\boldsymbol{B}=\begin{bmatrix}0.174\\ -2.15\times10^{-3}\\ -0.176\\ 0\end{bmatrix}$$

   状态量为 V、α、q 和 θ，且控制为 δ_{e}。速度单位为 ft/s(1 ft＝0.3048 m)且角度单位为 rad，唯有升降舵单位为°(度)。

   P. 244 设计一个动态逆控制律，以便驾驶杆指令控制攻角。将短周期根配置在 $\lambda_{\mathrm{SP}}=-2\pm \mathrm{j}2$ 附近。给出所有步骤。本问题与第 12 章习题 1 有什么关系？两个问题的答案有何异同？
4. 通过增加偏航角 ψ 的动态特性拓展 M2－F2 方程，并考虑动态逆控制律。

   (a)在不倾斜的前提下能够改变航向吗？

   (b)如果可以，其他状态会发生什么变化？如果不能，请说明为何不能。
5. 速度向量滚转是指在无侧滑角的情况下，以不变的攻角绕气流轴转动。

   (a)确定恰当的方程来设计动态逆控制律，使得侧杆完成期望的机动。

   (b)确定方程组中的运动学、控制和补偿方程，并声明任意必要的假设条件。

   (c)给出设计和确定参数过程的详细步骤。

6. 证明式(13.45)。
7. 假设图 13.11 和 13.12 各表示了某些控制分配问题。在矩阵 $\boldsymbol{B}$ 的六个数中，有多少为零，各在什么位置？请说明。
8. 将控制分配问题的最优解确定方法应用于二力矩问题。
9. 应用 CGI 方法求解式(13.40)和式(13.41)问题，采用以下期望力矩，并确定该力矩是否是最优力矩(在可达力矩的边界上)：

$$\boldsymbol{m}_{\mathrm{d}}=\begin{bmatrix}-0.6559\\1.2963\\0.6333\end{bmatrix}$$

你应该需要一个初始超定伪逆、一个更为超定的伪逆和一个欠定的伪逆。

参考文献

Azam, M. and Singh, Sahjendra S.N. (1994) Invertibility and trajectory control for nonlinear maneuvers of aircraft. *Journal of Guidance, Control, and Dynamics*, **17**(1), 192–200.

Bordignon, K. and Bessolo, J. (2002) Control Allocation for the X-35B, Proceedings of the 2002 Biennial International Powered Lift Conference and Exhibit 5-7 November 2002, Paper number 2002-6020.

Bordignon, K.A. (1996) *Constrained control allocation for systems with redundant control effectors*, Ph.D. dissertation URN etd-08082007-161936, Virginia Polytechnic Institute & State University.

Davidson, J.B., *et al.* (1992) Development of a Control Law Design Process Utilizing Advanced Synthesis Methods With Application to the NASA F-18 HARV, High-Angle-of-Attack Projects and Technology Conference, NASA Dryden Flight Research Facility, 21-23 April 1992.

Durham, W. (1994) Attainable moments for the constrained control allocation problem. *Journal of Guidance, Control, and Dynamics*, **17**(6), 1371–1373.

Elgersma, M.R. (1988) *Control of nonlinear systems using partial dynamic inversion*, Ph.D. Thesis, Control Sciences Department, University of Minnesota.

Lallman, F.J. (1985) Relative Control Effectiveness Technique With Application to Airplane Control Coordination, NASA Technical Paper 2416, April, 1985.

Snell, S.A., Enns, D.F., and Garrard, W.L., Jr., (1992) Nonlinear inversion flight control for a supermaneuverable aircraft. *Journal of Guidance, Control, and Dynamics,* **15**(4, July–August), 976984.

Stevens, B.L. and Lewis, F.L. (1992) *Aircraft Control and Simulation*, 1st edn, John Wiley & Sons, Inc., pp. 255–259.

Walker, G.P., and Allen, D.A. (2002) X-35B Stovl Flight Control Law Design and Flying Qualities, Proceedings of the 2002 Biennial International Powered Lift Conference and Exhibit 5-7, November 2002, Paper number AIAA 2002-6018.

附录 A　飞机模型

本书用于建立飞机模型的数据主要源于 Nelson (1998)的文献，用到的其他相关数据见表 A.1 和 A.2，它们是飞机在海平面、马赫数为 0.4 时的飞行数据。为 P.247
生成分析过程中的四个矩阵，首先需要准备一个 MATLAB® M 文件，即使用 Lin 函数来估计之前章节确定的量。尽管这里采用 MATLAB® 并非必要，但其相比于采用计算尺还是具有明显优势的。此外，我们还可以在后续操作中引用 MATLAB® 函数在工作空间中生成的矩阵。

表 A.1　A-4 天鹰飞机的气动数据

纵向		侧向	
$C_{L_{\mathrm{ref}}}$	0.28	C_{Y_β}	−0.98
$C_{D_{\mathrm{ref}}}$	0.03	C_{l_β}	−0.12
C_{L_α}	3.45	C_{n_β}	0.25
C_{D_α}	0.30	C_{l_p}	−0.26
C_{m_α}	−0.38	C_{n_p}	0.022
$C_{L_{\dot{\alpha}}}$	0.72	C_{l_r}	0.14
$C_{m_{\dot{\alpha}}}$	−1.1	C_{n_r}	−0.35
C_{L_q}	0.0	$C_{l_{\delta_a}}$	0.08
C_{m_q}	−3.60	$C_{n_{\delta_a}}$	0.06
C_{L_M}	0.0	$C_{Y_{\delta_r}}$	0.17
C_{D_M}	0.0	$C_{l_{\delta_r}}$	−0.105
C_{m_M}	0.0	$C_{n_{\delta_r}}$	0.032
$C_{L_{\delta_e}}$	0.36	—	—
$C_{m_{\delta_e}}$	−0.50	—	—
C_{T_V}	−0.06	—	—

P. 248 **表 A.2 A-4 天鹰飞机的物理数据**

物理量	数值
W	7973.24 kg
I_{xx}	10965.27 kg · m^2
I_{yy}	35105.14 kg · m^2
I_{zz}	39578.00 kg · m^2
I_{xz}	1762.03 kg · m^2
S	24.15 m^2
b	8.38 m
$\bar{c}$	3.29 m

调用和返回自变量如下：

function [aLong,bLong,aLD,bLD] = Lin(Ref,Phys,D)

```
% function [aLong,bLong,aLD,bLD] = Lin(Ref,Phys,D)
%
% Lin Takes reference flight conditions,
% aircraft physical characteristics,
% nondimensional derivatives; and returns
% dimensional a and b matrices.
%
% Inputs:
% Ref is a 6-vector of reference flight conditions,
% Ref(1) = density (slugs/ft^3)
% Ref(2) = TAS (ft/s)
% Ref(3) = Mach
% Ref(4) = CL (trim)
% Ref(5) = CD (trim)
% Ref(6) = Gamma, flight path angle (radians)
% Phys is an 9-vector of physical characteristics,
% Phys(1)  =  Weight (pounds)
% Phys(2)  =  Ixx (slug-ft^2)
% Phys(3)  =  Iyy (slug-ft^2)
% Phys(4)  =  Izz (slug-ft^2)
% Phys(5)  =  Ixz (slug-ft^2)
```

```
% Phys(6)  =  Area (ft^2)
% Phys(7)  =  Span (ft)
% Phys(8)  =  Chord (ft)
% Phys(9)  =  Thrust angle (radians)
% D is a 29-vector of nondimensional derivatives
% D(1) = CLAlpha
% D(2) = CDAlpha
% D(3) = CmAlpha
% D(4) = CLAlphaDot
% D(5) = CmAlphaDot
% D(6) = CLq
% D(7) = Cmq
% D(8) = CLM
% D(9) = CDM
% D(10) = CmM
% D(11) = CLDeltaM
% D(12) = CDDeltaM
% D(13) = CMDeltaM
% D(14) = CTV
% D(15) = CTDeltaT
% D(16) = CyBeta
% D(17) = ClBeta
% D(18) = CnBeta
% D(19) = Clp
% D(20) = Cnp
% D(21) = Cyp
% D(22) = Clr
% D(23) = Cnr
% D(24) = Cyr
% D(25) = ClDeltaL
% D(26) = CnDeltaL
% D(27) = ClDeltaN
% D(28) = CnDeltaN
% D(29) = CyDeltaN
%
```

P. 249

```
% Outputs
% aLong and aLD are 4x4 longitudinal
% and lateral/directional system matrices
% bLong and bLD are 4x2 longitudinal
% and lateral/directional control matrices
```

其余代码只需要执行乘法和加法操作,并在必要时进行正弦和反余弦变换即可:

```
gee = 32.174;
mass = Phys(1)/gee;
q = 0.5 * Ref(1) * Ref(2)^2;
qS = q * Phys(6);
qSb = qS * Phys(7);
qSc = qS * Phys(8);
V = Ref(2);
mV = mass * V;
qSoV = qS/V;
qSoM = qS/mass;
CW = Phys(1)/qS;
P. 250 CosEps = cos(Phys(9));
SinEps = sin(Phys(9));
CosGam = cos(Ref(6));
SinGam = sin(Ref(6));
CT = CW * sin(Ref(6) - Phys(9)) + Ref(5) * CosGam + Ref(4) * SinGam;

aLong(4,1) = 0;
aLong(4,2) = 0;
aLong(4,3) = 1;
aLong(4,4) = 0;

Xu = qSoV * (2 * CW * SinGam - 2 * CT * CosEps - Ref(3) * D(9));
Tu = qSoV * (2 * CT + D(14));
Tu = 0;
aLong(1,1) = Xu + Tu * CosEps;
Xw = qSoV * (Ref(4) - D(2));
aLong(1,2) = Xw;
```

```
aLong(1,3) = 0;
aLong(1,4) = - Phys(1) * CosGam;
aLong(1,:) = aLong(1,:)/mass;

Zu = - qSoV * (2 * Ref(4) + Ref(3) * D(8));
aLong(2,1) = Zu + Tu * SinEps;
Zw = - qSoV * (Ref(5) + D(1));
aLong(2,2) = Zw;
Zq = - qSc * D(6)/(2 * V);
aLong(2,3) = Zq + mass * V;
aLong(2,4) = - Phys(1) * SinGam;
m_ZwDot = mass + qSc * D(4)/(2 * V^2);
aLong(2,:) = aLong(2,:)/m_ZwDot;

MwDot = qSc * Phys(8) * D(5)/(2 * V^2);
Mu = Ref(3) * qSc * D(10)/V;
aLong(3,1) = Mu + MwDot * aLong(2,1);
Mw = qSc * D(3)/V;
aLong(3,2) = Mw + MwDot * aLong(2,2);
Mq = qSc * Phys(8) * D(7)/(2 * V);
aLong(3,3) = Mq + MwDot * aLong(2,3);
aLong(3,4) = MwDot * aLong(2,4);
aLong(3,:) = aLong(3,:)/Phys(3);

bLong(1,1) = qSoM * D(15) * CosEps;
bLong(1,2) = - qSoM * D(12);
bLong(2,1) = qS * D(15) * SinEps/m_ZwDot;
bLong(2,2) = - qSoM * D(11)/m_ZwDot;
bLong(3,1) = 0;
MDeltaM = qSc * D(13);
bLong(3,2) = (MDeltaM + MwDot * bLong(2,2))/Phys(3);
bLong(4,1) = 0;
bLong(4,2) = 0;

qSboV = qSoV * Phys(7);
```

P. 251

```
Yv = qSoV * D(16);
Yp = qSboV * D(21)/2;
Yr = qSboV * D(24)/2;
aLD(1,1) = Yv;
aLD(1,2) = Yp;
aLD(1,3) = Yr - mass * Ref(2);
aLD(1,4) = Phys(1) * CosGam;
aLD(1,:) = aLD(1,:)/mass;

Lv = qSboV * D(17);
Lp = qSboV * Phys(7) * D(19)/2;
Lr = qSboV * Phys(7) * D(22)/2;
Nv = qSboV * D(18);
Np = qSboV * Phys(7) * D(20)/2;
Nr = qSboV * Phys(7) * D(23)/2;
aLD(2,1) = Phys(4) * Lv + Phys(5) * Nv;
aLD(2,2) = Phys(4) * Lp + Phys(5) * Np;
aLD(2,3) = Phys(4) * Lr + Phys(5) * Nr;
aLD(2,4) = 0;
aLD(3,1) = Phys(5) * Lv + Phys(2) * Nv;
aLD(3,2) = Phys(5) * Lp + Phys(2) * Np;
aLD(3,3) = Phys(5) * Lr + Phys(2) * Nr;
aLD(3,4) = 0;
aLD(2:3,:) = aLD(2:3,:)/(Phys(2) * Phys(4) - Phys(5)^2);

aLD(4,1) = 0;
aLD(4,2) = 1;
aLD(4,3) = SinGam/CosGam;
aLD(4,4) = 0;

bLD(1,1) = 0;
bLD(1,2) = qSoM * D(29);
LdL = qSb * D(25);
NdL = qSb * D(26);
LdN = qSb * D(27);
```

NdN = qSb * D(28);

bLD(2,1) = Phys(4) * LdL + Phys(5) * NdL;

bLD(2,2) = Phys(4) * LdN + Phys(5) * NdN;

bLD(3,1) = Phys(5) * LdL + Phys(2) * NdL;

bLD(3,2) = Phys(5) * LdN + Phys(2) * NdN;

bLD(2:3,1:2) = bLD(2:3,1:2)/(Phys(2) * Phys(4) - Phys(5)^2);　P. 252

bLD(4,1) = 0;

bLD(4,2) = 0;

状态和控制向量为

$$\boldsymbol{x}_{\text{long}}=\begin{bmatrix}u\\w\\q\\\theta\end{bmatrix},\quad \boldsymbol{u}_{\text{long}}=\begin{bmatrix}\delta_{\text{T}}\\\delta_{\text{e}}\end{bmatrix}$$

$$\boldsymbol{x}_{\text{LD}}=\begin{bmatrix}v\\p\\r\\\phi\end{bmatrix},\boldsymbol{u}_{\text{LD}}=\begin{bmatrix}\delta_{\alpha}\\\delta_{\text{r}}\end{bmatrix}$$

函数中所需的 6 个参数，在数据表中并未给出：

Ref(1) = density(slugs/ft 3)

Ref(2) = TAS(ft/s)

利用标准大气表可以获取大气密度 ρ 和当地海平面声速 a。真空速是马赫数乘以声速。

Ref(6) = Gamma, flight path angle (radians)

若无特殊说明，假设为零。

Phys(9) = Thrust angle (radians)

若无特殊说明，假设为零。

D(14) = CTV

推力采用喷气发动机的常值推力 $C_{T_V}=-2C_{T_{\text{ref}}}$。由于我们已经假设水平飞行和零推力角，因此有 $C_{T_V}=-2C_{D_{\text{ref}}}$。

D(15) = CTDeltaT

采用 CTDeltaT 作为修正值。A-4D 飞机采用 J-52 发动机，可产生 49820 N 的水平推力。油门被建模为从 0 到 1 的之间的控制量，并且与从最小推力到最大推力之间的控制量一一对应。也就是，

$$C_{T_{\delta_{\mathrm{T}}}}=\frac{\partial C_{\mathrm{T}}}{\partial \delta_{\mathrm{T}}}=\frac{\dfrac{\partial T}{\partial \delta_{\mathrm{T}}}}{\bar{q}S}=\frac{49820}{\bar{q}S}$$

P. 253 Lin 函数的输出值是基于状态量 v 和 ω 的。将这些状态量转化为 β 和 α 的形式以方便分析。对于 β 和 α 的小扰动表达式，利用 $\beta=\dfrac{v}{V_{\mathrm{ref}}}$ 和 $\alpha=\dfrac{w}{V_{\mathrm{ref}}}$ 进行线性化，其中变换函数为

$$\begin{bmatrix} u \\ \alpha \\ q \\ \theta \end{bmatrix}=\begin{bmatrix} 1 & 0 & 0 & 0 \\ 0 & \dfrac{1}{V_{\mathrm{ref}}} & 0 & 0 \\ 0 & 0 & 1 & 0 \\ 0 & 0 & 0 & 1 \end{bmatrix}\begin{bmatrix} u \\ w \\ q \\ \theta \end{bmatrix}$$

$$\begin{bmatrix} \beta \\ p \\ r \\ \phi \end{bmatrix}=\begin{bmatrix} \dfrac{1}{V_{\mathrm{ref}}} & 0 & 0 & 0 \\ 0 & 1 & 0 & 0 \\ 0 & 0 & 1 & 0 \\ 0 & 0 & 0 & 1 \end{bmatrix}\begin{bmatrix} v \\ p \\ r \\ \phi \end{bmatrix}$$

参考文献

Nelson, R.C. (1998) *Flight Stability and Automatic Control*, 2nd edn, WCB/McGraw-Hill.

附录 B 线性化

本节所有结果适用于稳定机体中的水平、对称飞行状态。 P. 255

B.1 常用求导公式

$$\frac{\partial V}{\partial u}\bigg|_{\text{ref}}=\frac{\partial(u^2+v^2+w^2)^{\frac{1}{2}}}{\partial u}\bigg|_{\text{ref}}=\frac{u}{(u^2+v^2+w^2)^{\frac{1}{2}}}\bigg|_{\text{ref}}=\frac{u_{\text{ref}}}{V_{\text{ref}}}=1$$

$$\frac{\partial V}{\partial v}\bigg|_{\text{ref}}=\frac{u_{\text{ref}}}{V_{\text{ref}}}=0,\quad \frac{\partial V}{\partial w}\bigg|_{\text{ref}}=\frac{w_{\text{ref}}}{V_{\text{ref}}}=0$$

$$\frac{\partial \bar{q}}{\partial u}\bigg|_{\text{ref}}=\frac{\rho}{2}\cdot\frac{\partial(u^2+v^2+w^2)^{\frac{1}{2}}}{\partial u}\bigg|_{\text{ref}}=\rho_{\text{ref}}V_{\text{ref}}$$

$$\frac{\partial \bar{q}}{\partial v}\bigg|_{\text{ref}}=\rho_{\text{ref}}v_{\text{ref}}=0,\frac{\partial \bar{q}}{\partial w}\bigg|_{\text{ref}}=\rho_{\text{ref}}w_{\text{ref}}=0$$

$$\frac{\partial \hat{p}}{\partial v}\bigg|_{\text{ref}}=p_{\text{ref}}\frac{\partial\left(\frac{b}{2V}\right)}{\partial u}\bigg|_{\text{ref}}=0$$

由于 $p_{\text{ref}}=0$,所以无须继续推导。类似地,有

$$\frac{\partial \hat{p}}{\partial v}\bigg|_{\text{ref}}=\frac{\partial \hat{p}}{\partial w}\bigg|_{\text{ref}}=\frac{\partial \hat{q}}{\partial u}\bigg|_{\text{ref}}=\frac{\partial \hat{q}}{\partial v}\bigg|_{\text{ref}}=\frac{\partial \hat{q}}{\partial w}\bigg|_{\text{ref}}=\frac{\partial \hat{r}}{\partial u}\bigg|_{\text{ref}}=\frac{\partial \hat{r}}{\partial v}\bigg|_{\text{ref}}=\frac{\partial \hat{r}}{\partial w}\bigg|_{\text{ref}}=0$$

$$\frac{\partial \hat{p}}{\partial p}\bigg|_{\text{ref}}=\frac{\partial\left(\frac{pb}{2V}\right)}{\partial p}\bigg|_{\text{ref}}=\frac{b}{2V}\bigg|_{\text{ref}}=\frac{b}{2V_{\text{ref}}}$$

$$\frac{\partial \hat{q}}{\partial q}\bigg|_{\text{ref}}=\frac{\bar{c}}{2V_{\text{ref}}},\frac{\partial \hat{r}}{\partial r}\bigg|_{\text{ref}}=\frac{b}{2V_{\text{ref}}}$$

$$\frac{\partial \alpha}{\partial u}\bigg|_{\text{ref}}=\frac{\partial \arctan\frac{w}{u}}{\partial u}\bigg|_{\text{ref}}=\frac{-w}{u^2\sec^2\alpha}\bigg|_{\text{ref}}=0$$ P. 256

$$\frac{\partial \alpha}{\partial v}\Big|_{\text{ref}}=\frac{\partial \arctan \dfrac{w}{u}}{\partial v}\Big|_{\text{ref}}=0$$

$$\frac{\partial \alpha}{\partial w}\Big|_{\text{ref}}=\frac{\partial \arctan \dfrac{w}{u}}{\partial w}\Big|_{\text{ref}}=\frac{1}{u\sec^2\alpha}\Big|_{\text{ref}}=\frac{1}{V_{\text{ref}}}$$

$$\frac{\partial \beta}{\partial v}\Big|_{\text{ref}}=\frac{\partial \arcsin \dfrac{v}{V}}{\partial v}\Big|_{\text{ref}}=\frac{V-v\dfrac{\partial V}{\partial v}}{V^2\cos\beta}\Big|_{\text{ref}}=\frac{1}{V_{\text{ref}}}$$

$$\frac{\partial \beta}{\partial u}\Big|_{\text{ref}}=\frac{\partial \beta}{\partial w}\Big|_{\text{ref}}=0$$

推力导数，$C_T(\hat{V},\delta_{\text{T}})=\dfrac{T}{\bar{q}S}$为

$$\begin{aligned}\frac{\partial C_T}{\partial \hat{V}}\equiv C_{T_V}&=\frac{1}{\bar{q}S}\frac{\partial T}{\partial V}\frac{\partial V}{\partial \hat{V}}+\frac{T}{S}\frac{\partial\left(\dfrac{1}{\bar{q}}\right)}{\partial V}\frac{\partial V}{\partial \hat{V}}\Big|_{\text{ref}}\\&=\frac{V}{\bar{q}S}\frac{\partial T}{\partial V}-\frac{\rho VT}{2\bar{q}^2S}\frac{\partial(V^2)}{\partial \hat{V}}\Big|_{\text{ref}}\\&=\frac{V}{\bar{q}S}\frac{\partial T}{\partial V}-2T\frac{\dfrac{\rho V^2}{2}}{\bar{q}^2S}\Big|_{\text{ref}}\\&=\frac{1}{\bar{q}_{\text{ref}}S}\left(V_{\text{ref}}\frac{\partial T}{\partial V}\Big|_{\text{ref}}-2T_{\text{ref}}\right)\end{aligned}$$

若为火箭发动机，推力在速度变化时保持稳定，喷气式发动机的推力与之类似。由此可以推导出

$$C_{T_V}=-\frac{2T_{\text{ref}}}{\bar{q}_{\text{ref}}S}=-2C_{T_{\text{ref}}}\text{（常值推力）}$$

对于螺旋桨发动机而言，在转速一定的条件下，推力通常假设为常值（$TV=T_{\text{ref}}V_{\text{ref}}$），故

$$T=\frac{T_{\text{ref}}V_{\text{ref}}}{V}$$

$$\frac{\partial T}{\partial V}\Big|_{\text{ref}}=-\frac{T_{\text{ref}}}{V_{\text{ref}}}$$

$$C_{T_V}=-3C_{T_{\text{ref}}}\text{（常值推力）}$$

B.2　无量纲滚转力矩方程 P. 257

量纲形式：

$$\dot{p}=\frac{1}{I_D}[(I_{zz}L_v+I_{xz}N_v)v+(I_{zz}L_p+I_{xz}N_p)p+(I_{zz}L_r+I_{xz}N_r)r+(I_{zz}L_{\delta_1}+I_{xz}N_{\delta_1})\Delta\delta_1+(I_{zz}L_{\delta_n}+I_{xz}N_{\delta_n})\Delta\delta_n]$$

式中，对 L 和 N 的偏微分计算见表 B.1。

表 B.1　运用链式法则计算 L 和 N 的偏微分

$\frac{\partial\rightarrow}{\partial\downarrow}$	L	N
v	$(\frac{\bar{q}_{\text{ref}}Sb}{V_{\text{ref}}})C_{1_\beta}$	$(\frac{\bar{q}_{\text{ref}}Sb}{V_{\text{ref}}})C_{n_\beta}$
p	$(\frac{\bar{q}_{\text{ref}}Sb^2}{V_{\text{ref}}})C_{1_p}$	$(\frac{\bar{q}_{\text{ref}}Sb^2}{V_{\text{ref}}})C_{n_p}$
r	$(\frac{\bar{q}_{\text{ref}}Sb^2}{V_{\text{ref}}})C_{1_r}$	$(\frac{\bar{q}_{\text{ref}}Sb^2}{V_{\text{ref}}})C_{n_r}$
δ_1	$(\bar{q}_{\text{ref}}Sb)C_{1_{\delta_1}}$	$(\bar{q}_{\text{ref}}Sb)C_{n_{\delta_1}}$
δ_n	$(\bar{q}_{\text{ref}}Sb)C_{1_{\delta_n}}$	$(\bar{q}_{\text{ref}}Sb)C_{n_{\delta_n}}$

$$\dot{p}=\frac{\bar{q}_{\text{ref}}Sb}{I_D}\Big[(I_{zz}C_{1_\beta}+I_{xz}C_{n_\beta})\frac{v}{V_{\text{ref}}}+(I_{zz}C_{1_p}+I_{xz}C_{n_p})\frac{pb}{2V_{\text{ref}}}+(I_{zz}C_{1_r}+I_{xz}C_{n_r})\frac{rb}{2V_{\text{ref}}}+(I_{zz}C_{1_{\delta_1}}+I_{xz}C_{n_{\delta_1}})\Delta\delta_1+(I_{zz}C_{1_{\delta_n}}+I_{xz}C_{n_{\delta_n}})\Delta\delta_n\Big]$$

当 v 变化较小时，$\frac{v}{V_{\text{ref}}}\approx\beta$。同时，$\frac{pb}{2V_{\text{ref}}}=\hat{p}$ 且 $\frac{rb}{2V_{\text{ref}}}=\hat{r}$。接着代入下式：$I_{xx}=\hat{I}_{xx}\rho S\left(\frac{b}{2}\right)^3$，$I_{zz}=\hat{I}_{zz}\rho S\left(\frac{b}{2}\right)^3$，$I_{xz}=\hat{I}_{xz}\rho S\left(\frac{b}{2}\right)^3$，则有

$$I_D=I_{xx}I_{zz}-I_{xz}^2=\left[\rho S\left(\frac{b}{2}\right)^3\right]^2(\hat{I}_{xx}\hat{I}_{zz}-\hat{I}_{xz}^2)\equiv\left[\rho S\left(\frac{b}{2}\right)^3\right]^2\hat{I}_D$$

现在利用近似代换来求 $\dot{p}$：

$$\dot{p}=\frac{(\bar{q}_{\text{ref}}Sb)}{\hat{I}_D\left[\rho S\left(\frac{b}{2}\right)^3\right]}[(\hat{I}_{zz}C_{l_\beta}+\hat{I}_{xz}C_{n_\beta})\beta+$$

$$(\hat{I}_{zz}C_{l_p}+\hat{I}_{xz}C_{n_p})\hat{p}+(\hat{I}_{zz}C_{l_r}+\hat{I}_{xz}C_{n_r})\hat{r}+$$

$$(\hat{I}_{zz}C_{l_{\delta_l}}+\hat{I}_{xz}C_{n_{\delta_l}})\Delta\delta_l+(\hat{I}_{zz}C_{l_{\delta_n}}+\hat{I}_{xz}C_{n_{\delta_n}})\Delta\delta_n]$$

P. 258 右侧因子简化为

$$\frac{\bar{q}_{\text{ref}}Sb}{\rho S\left(\frac{b}{2}\right)^3}=\frac{V_{\text{ref}}^2}{\left(\frac{b}{2}\right)^2}$$

用该因子的倒数乘以等式左侧，则有

$$\frac{\left(\frac{b}{2}\right)^2}{V_{\text{ref}}^2}\dot{p}=\left(\frac{b}{\bar{c}}\right)\left(\frac{\bar{c}}{2V_{\text{ref}}}\frac{\mathrm{d}}{\mathrm{d}t}\right)\left(\frac{pb}{2V_{\text{ref}}}\right)=AD\hat{p}$$

故完整的非量纲滚转力矩方程为

$$D\hat{p}=\frac{1}{A\hat{I}_D}[(\hat{I}_{zz}C_{l_\beta}+\hat{I}_{xz}C_{n_\beta})\beta+(\hat{I}_{zz}C_{l_p}+\hat{I}_{xz}C_{n_p})\hat{p}+$$

$$(\hat{I}_{zz}C_{l_r}+\hat{I}_{xz}C_{n_r})\hat{r}+(\hat{I}_{zz}C_{l_{\delta_l}}+\hat{I}_{xz}C_{n_{\delta_l}})\Delta\delta_l+(\hat{I}_{zz}C_{l_{\delta_n}}+\hat{I}_{xz}C_{n_{\delta_n}})\Delta\delta_n$$

B.3 机体坐标系 Z 向力和推力导数

Z 的导数可从 $Z=C_Z\bar{q}S$ 推导而得。利用式(6.1)，有

$$C_Z=-C_D(M,\alpha,\delta_m)\sin\alpha\sec\beta-C_Y(\beta,\hat{p},\hat{r},\delta_n)\sin\alpha\tan\beta-$$

$$C_L(M,\alpha,\hat{\dot{\alpha}},\hat{q},\delta_m)\cos\alpha$$

则有

$$Z_u=\frac{\partial(\bar{q}SC_Z)}{\partial u}\Big|_{\text{ref}}=SC_{Z_{\text{ref}}}\frac{\partial\bar{q}}{\partial u}\Big|_{\text{ref}}+S\bar{q}_{\text{ref}}\frac{\partial C_Z}{\partial u}\Big|_{\text{ref}}$$

$$=\rho_{\text{ref}}V_{\text{ref}}SC_{Z_{\text{ref}}}+S\bar{q}_{\text{ref}}\frac{\partial C_Z}{\partial u}\Big|_{\text{ref}}$$

在第一项中，

$$C_{Z_{\text{ref}}}=-C_{D_{\text{ref}}}\sin\alpha_{\text{ref}}\sec\beta_{\text{ref}}-C_{Y_{\text{ref}}}\sin\alpha_{\text{ref}}\tan\beta_{\text{ref}}-C_{L_{\text{ref}}}\cos\alpha_{\text{ref}}$$

$$C_{Z_{\text{ref}}}=-C_{L_{\text{ref}}}$$

故 P.259

$$\rho_{\text{ref}}V_{\text{ref}}SC_{Z_{\text{ref}}}=-2\left(\frac{\rho_{\text{ref}}V_{\text{ref}}^2S}{2V_{\text{ref}}}\right)C_{L_{\text{ref}}}=-\left(\frac{\bar{q}S}{V_{\text{ref}}}\right)(2C_{L_{\text{ref}}})$$

为了得到$\frac{\partial C_Z}{\partial u}|_{\text{ref}}$，考察下式中的每一项：

$$C_Z=-C_D\sin\alpha\sec\beta-C_Y\sin\alpha\tan\beta-C_L\cos\alpha$$

由于$\alpha_{\text{ref}}=0$或（正如B.1中的证明）$\frac{\partial\alpha}{\partial u}|_{\text{ref}}$和$\frac{\partial\beta}{\partial u}|_{\text{ref}}$均为零，如果代入初始条件，则前两项中的导数项将不存在。与之类似，最后一项中无须保留关于α的导数，由此可得

$$\begin{aligned}\frac{\partial C_Z}{\partial u}\Big|_{\text{ref}}&=-\cos\alpha_{\text{ref}}\left[\frac{\partial C_L}{\partial M}\frac{\partial M}{\partial V}\frac{\partial V}{\partial u}+\frac{\partial C_L}{\partial\hat{\dot\alpha}}\frac{\partial\hat{\dot\alpha}}{\partial\dot\alpha}\frac{\partial\dot\alpha}{\partial u}\right]_{\text{ref}}\\&=-\frac{1}{a_{\text{ref}}}C_{L_M}\\&=-\frac{M_{\text{ref}}}{V_{\text{ref}}}C_{L_M}\end{aligned}$$

在该表达式中，我们采用$\frac{\partial\dot\alpha}{\partial u}|_{\text{ref}}=0$，且$a_{\text{ref}}$为特定海拔的声速，故

$$Z_u=-\frac{\bar{q}_{\text{ref}}S}{V_{\text{ref}}}(2C_{L_{\text{ref}}}+M_{\text{ref}}C_{L_M})$$

Z_v和Z_w项的推导过程作为练习留给大家。与Z_u的推导类似，最终可得

$$Z_v=0$$

$$Z_w=-\frac{\bar{q}_{\text{ref}}S}{V_{\text{ref}}}(C_{D_{\text{ref}}}+C_{L_\alpha})$$

得到推力导数的期望形式有一个小技巧，对于u的导数，我们有

$$\begin{aligned}\frac{\partial T}{\partial u}\Big|_{\text{ref}}&=\frac{\partial(\bar{q}SC_T)}{\partial u}\Big|_{\text{ref}}\\&=SC_{T_{\text{ref}}}\frac{\partial\bar{q}}{\partial u}\Big|_{\text{ref}}+S\bar{q}_{\text{ref}}\frac{\partial C_T}{\partial u}\Big|_{\text{ref}}\\&=\rho_{\text{ref}}V_{\text{ref}}SC_{T_{\text{ref}}}+\bar{q}_{\text{ref}}S\frac{\partial C_T}{\partial\hat{V}}\frac{\partial\hat{V}}{\partial V}\frac{\partial V}{\partial u}\Big|_{\text{ref}}\\&=\frac{\bar{q}_{\text{ref}}S}{V_{\text{ref}}}(2C_{T_{\text{ref}}}+C_{T_V})\end{aligned}$$

这是一个非常理想的结果，不过我们通常可以得到C_W、$C_{L_{\text{ref}}}$和$C_{D_{\text{ref}}}$，但很难 P.260
得到$C_{T_{\text{ref}}}$。推力项在机体坐标系力学方程中出现了两次，即$X+T\cos\epsilon_T$和$Z+T\sin\epsilon_T$，他们之间的相互关系可以从气流坐标系力学方程中得到。由于我们正在

处理 Z 向力学方程，故希望气流坐标系力学方程包含升力 L。对于稳定、直线飞行而言，要求

$$L_{\text{ref}} - T_{\text{ref}}\sin(\epsilon_T - \alpha_{\text{ref}}) = mg\cos\mu_{\text{ref}}\cos\gamma_{\text{ref}}$$

$$L_{\text{ref}} - T_{\text{ref}}\sin\epsilon_T = mg\cos\gamma_{\text{ref}}$$

两边同时除以 $\bar{q}S$ 后可得

$$C_{T_{\text{ref}}}\sin\epsilon_T = C_{L_{\text{ref}}} - C_W\cos\gamma_{\text{ref}}$$

现在，利用 Z_u 和 T_u 的结果来计算 $Z_u + T_u\sin\epsilon_T$，

$$Z_u + T_u\sin\epsilon_T = \frac{\bar{q}_{\text{ref}}S}{V_{\text{ref}}}[(-2C_{L_{\text{ref}}} - M_{\text{ref}}C_{L_M}) + (2C_{T_{\text{ref}}} + C_{T_V})\sin\epsilon_T]$$

$$= \frac{\bar{q}_{\text{ref}}S}{V_{\text{ref}}}(-M_{\text{ref}}C_{L_M} - 2C_W\cos\gamma_{\text{ref}} + C_{T_V}\sin\epsilon_T) \tag{B.1}$$

当然，如果发动机是火箭或喷气式发动机，则 $T_u = 0$，可以利用前述 Z_u 的计算结果。最后三个推力导数也非常简单，

$$T_v = 0$$

$$T_w = 0$$

$$T_{\delta_T} = \bar{q}_{\text{ref}}SC_{T_{\delta_T}}$$

B.4 非量纲 Z 向力学方程

量纲形式：

$$(m - Z_{\dot{w}})\dot{w} = (Z_u + T_u\sin\epsilon_T)\Delta u + Z_w w + (Z_q + mV_{\text{ref}})q$$

$$= -mg\sin\gamma_{\text{ref}}\Delta\theta + T_{\delta_T}\sin\epsilon_T\Delta\delta_T + Z_{\delta_m}\Delta\delta_m$$

式中，对 Z 和 T 的偏微分计算见表 B.2。

表 B.2 运用链式法则计算 Z 和 T 的偏微分

$\left.\frac{\partial\rightarrow}{\partial\downarrow}\right\vert_{\text{ref}}$	Z	T
$\dot{w}$	$-(\frac{\bar{q}_{\text{ref}}S\bar{c}}{2V_{\text{ref}}^2})C_{L_{\dot{\alpha}}}$	0
u	$(\frac{\bar{q}_{\text{ref}}S}{V_{\text{ref}}})(-2C_{L_{\text{ref}}} - M_{\text{ref}}C_{L_M})$	$(\frac{\bar{q}_{\text{ref}}S}{V_{\text{ref}}})(2C_{T_{\text{ref}}} + C_{T_V})$
w	$-(\frac{\bar{q}_{\text{ref}}S}{V_{\text{ref}}})(C_{D_{\text{ref}}} + C_{L_\alpha})$	0
q	$-(\frac{\bar{q}_{\text{ref}}S\bar{c}}{2V_{\text{ref}}})C_{L_q}$	0
δ_m	$-(\bar{q}_{\text{ref}}S)C_{L_{\delta_m}}$	0
δ_T	0	$(\bar{q}_{\text{ref}}S)C_{T_{\delta_T}}$

代入前述结果可得

P. 261

$$\left[m+(\frac{\bar{q}_{\text{ref}}S\bar{c}}{2V_{\text{ref}}^2})C_{L_{\dot{\alpha}}}\right]\dot{\omega}=\frac{\bar{q}_{\text{ref}}S}{V_{\text{ref}}}(-M_{\text{ref}}C_{L_M}-2C_W\cos\gamma_{\text{ref}}+C_{T_V}\sin\epsilon_T)\Delta u-$$

$$\frac{\bar{q}_{\text{ref}}S}{V_{\text{ref}}}(C_{D_{\text{ref}}}+C_{L_\alpha})w-\left[\left(\frac{\bar{q}_{\text{ref}}S\bar{c}}{2V_{\text{ref}}}\right)C_{L_q}-mV_{\text{ref}}\right]q-mg\sin\gamma_{\text{ref}}\Delta\theta+$$

$$\sin\epsilon_T(\bar{q}_{\text{ref}}S)C_{T_{\delta_T}}\Delta\delta_T-(\bar{q}_{\text{ref}}S)C_{L_{\delta_m}}\Delta\delta_m$$

从两边提出因子 $\bar{q}_{\text{ref}}S$ 后重排，

$$\left[\frac{m}{\bar{q}_{\text{ref}}S}+\left(\frac{\bar{c}}{2V_{\text{ref}}^2}\right)C_{L_{\dot{\alpha}}}\right]\dot{\omega}=(-M_{\text{ref}}C_{L_M}-2C_W\cos\gamma_{\text{ref}}+C_{T_V}\sin\epsilon_T)\frac{\Delta u}{V_{\text{ref}}}-$$

$$(C_{D_{\text{ref}}}+C_{L_\alpha})\frac{w}{V_{\text{ref}}}-\left[C_{L_q}-\frac{2mV_{\text{ref}}^2}{\bar{q}_{\text{ref}}S\bar{c}}\right]\frac{q\bar{c}}{2V_{\text{ref}}}-\frac{mg}{\bar{q}_{\text{ref}}S}\sin\gamma_{\text{ref}}\Delta\theta+$$

$$\sin\epsilon_T C_{T_{\delta_T}}\Delta\delta_T-C_{L_{\delta_m}}\Delta\delta_m$$

左边为

$$\left[\frac{m}{\bar{q}_{\text{ref}}S}+\left(\frac{\bar{c}}{2V_{\text{ref}}^2}\right)C_{L_{\dot{\alpha}}}\right]\dot{\omega}=\left(\frac{2V_{\text{ref}}^2m}{\bar{q}_{\text{ref}}S\bar{c}}+C_{L_{\dot{\alpha}}}\right)\frac{\bar{c}\dot{w}}{2V_{\text{ref}}^2}$$

$$=\left(\frac{4m}{\rho_{\text{ref}}S\bar{c}}+C_{L_{\dot{\alpha}}}\right)\left(\frac{\bar{c}}{2V_{\text{ref}}}\right)\frac{w}{V_{\text{ref}}}$$

$$=(2\hat{m}+C_{L_{\dot{\alpha}}})D\alpha$$

右边的 mV_{ref} 项变为

$$\frac{2mV_{\text{ref}}^2}{\bar{q}S\bar{c}}=2\hat{m}$$

$$(2\hat{m}+C_{L_{\dot{\alpha}}})D_\alpha=(-M_{\text{ref}}C_{L_M}-2C_W\cos\gamma_{\text{ref}}+C_{T_V}\sin\epsilon_T)\Delta\hat{V}-$$

$$(C_{D_{\text{ref}}}+C_{L_\alpha})\alpha+(2\hat{m}-C_{L_q})\hat{q}-C_W\sin\gamma_{\text{ref}}\Delta\theta+$$

$$\sin\epsilon_T C_{T_{\delta_T}}\Delta\delta_T-C_{L_{\delta_m}}\Delta\delta_m$$

附录C 欧拉参数的推导

P. 263 为推导欧拉参数,我们首先来讨论方向余弦矩阵及其特征值与特征向量的某些属性。这里我们用不带下标的矩阵 $\boldsymbol{T}$ 统一表示向量在两个正交坐标系之间的转换矩阵的行列式 $|\lambda\boldsymbol{I}-\boldsymbol{T}|$。由于采用方向余弦或欧拉参数表示法将行列式展开,然后再求解 $|\lambda\boldsymbol{I}-\boldsymbol{T}|=0$ 中的 λ_i,$i=1,\cdots,n$ 会比较棘手,因此,下文给出一种间接求解方法。

首先,我们来看矩阵在线性代数中的一些基本性质:

1. 两个矩阵乘积的行列式等于这两个矩阵行列式的乘积,即 $|\boldsymbol{AB}|=|\boldsymbol{A}||\boldsymbol{B}|$。
2. 矩阵转置的行列式等于该矩阵的行列式,即 $|\boldsymbol{A}^{\mathrm{T}}|=|\boldsymbol{A}|$。
3. 矩阵求负后的行列式,等于该矩阵的行列式(矩阵的阶数为偶数),或者等于对该矩阵的行列式求负(矩阵的阶数为奇数),即 $|-\boldsymbol{A}|=(-1)^n|\boldsymbol{A}|$,其中 $\boldsymbol{A}$ 为 $n\times n$ 的方阵。
4. 两个矩阵的转置之和等于和的转置,即 $\boldsymbol{A}^{\mathrm{T}}+\boldsymbol{B}^{\mathrm{T}}=[\boldsymbol{A}+\boldsymbol{B}]^{\mathrm{T}}$。
5. 矩阵的行列式等于它的特征值之积。例如,对于一个 3×3 的矩阵 $\boldsymbol{A}$,有 $|\boldsymbol{A}|=\lambda_1\lambda_2\lambda_3$,其中 λ_i,$i=1,2,3$ 满足 $|\lambda_i\boldsymbol{I}_3-\boldsymbol{A}|=0$。
6. 矩阵的迹(主对角线元素之和)等于矩阵的特征值之和。对于 3×3 的矩阵 $\boldsymbol{A}$,$\mathrm{trace}(\boldsymbol{A})=a_{11}+a_{22}+a_{33}=\lambda_1+\lambda_2+\lambda_3$。
7. 只有在复共轭对中,实矩阵才存在复数特征值。

现在,将表达式 $[\boldsymbol{T}-\boldsymbol{I}_3]\boldsymbol{T}^{\mathrm{T}}$ 展开,可得

$$[\boldsymbol{T}-\boldsymbol{I}_3]\boldsymbol{T}^{\mathrm{T}}=[\boldsymbol{T}\boldsymbol{T}^{\mathrm{T}}-\boldsymbol{T}^{\mathrm{T}}]=[\boldsymbol{I}_3-\boldsymbol{T}^{\mathrm{T}}]$$

对等式两边求行列式,

$$|\boldsymbol{T}-\boldsymbol{I}_3||\boldsymbol{T}^{\mathrm{T}}|=|\boldsymbol{I}_3-\boldsymbol{T}^{\mathrm{T}}|$$

P. 264 利用特性 $|\boldsymbol{T}^{\mathrm{T}}|=|\boldsymbol{T}|=1$,可以得到

$$|\boldsymbol{T}-\boldsymbol{I}_3|=|\boldsymbol{I}_3-\boldsymbol{T}^{\mathrm{T}}|=|\boldsymbol{I}_3^{\mathrm{T}}-\boldsymbol{T}^{\mathrm{T}}|=|\boldsymbol{I}_3-\boldsymbol{T}|^{\mathrm{T}}=|\boldsymbol{I}_3-\boldsymbol{T}|$$

对 $|\boldsymbol{T}-\boldsymbol{I}_3|=|\boldsymbol{I}_3-\boldsymbol{T}|$,作如下换算:

$$\begin{aligned}|\boldsymbol{T}-\boldsymbol{I}_3|&=|\boldsymbol{I}_3-\boldsymbol{T}|\\&=|-(\boldsymbol{T}-\boldsymbol{I}_3)|\\&=(-1)^n|\boldsymbol{T}-\boldsymbol{I}_3|\end{aligned}$$

$$=(-1)^3|\boldsymbol{T}-\boldsymbol{I}_3|$$
$$=-|\boldsymbol{T}-\boldsymbol{I}_3|$$

结论表明$|\boldsymbol{T}-\boldsymbol{I}_3|=-|\boldsymbol{T}-\boldsymbol{I}_3|$。由于等于其负数的数只有零，因此必须使得$|\boldsymbol{T}-\boldsymbol{I}_3|=|\boldsymbol{I}_3-\boldsymbol{T}|=0$。当$|\boldsymbol{I}_3-\boldsymbol{T}|=0$时，$\boldsymbol{T}$必然有一个特征值为1，因此，可以令$\lambda_3=1$。

当求解λ_1和λ_2时，我们知道$\lambda_3=1$和$|\boldsymbol{T}|=\lambda_1\lambda_2\lambda_3$，因此有$\lambda_1\lambda_2=1$。首先，如果$\lambda_1$为复数，则$\lambda_2$必然为它的共轭复数，即$\lambda_1=\lambda_2^*$且$\lambda_1\lambda_2^*=1$。对于复数来说，乘积$\lambda_1\lambda_1^*$即为$\lambda_1$的长度，所以有$\lambda_1\lambda_1^*=|\lambda_1|=|\lambda_2|=1$。由此我们可以得到$\lambda_1=\cos\eta+\mathrm{j}\sin\eta$，$\lambda_2=\cos\eta-\mathrm{j}\sin\eta$，二者也可以表示为极坐标形式，即$\lambda_1=\mathrm{e}^{\mathrm{j}\eta}$，$\lambda_2=\mathrm{e}^{-\mathrm{j}\eta}$。

此外，如果λ_1为实数，那么λ_2同样为实数。利用性质$\mathrm{trace}(\boldsymbol{T})=\lambda_1+\lambda_2+\lambda_3$，同时注意到矩阵$\boldsymbol{T}$中的所有元素都在1和$-1$之间(因为矩阵中的元素均为夹角余弦)，因此必然有$-2\leqslant\lambda_1+\lambda_2\leqslant 2$。同样，由$\lambda_1\lambda_2=1$可得$\lambda_2=\dfrac{1}{\lambda_1}$，因此有$-2\leqslant\lambda_1+\dfrac{1}{\lambda_1}\leqslant 2$。如果$\lambda_1$为正，那么有$-2\lambda_1\leqslant\lambda_1^2+1\leqslant 2\lambda_1$，此时，我们必须同时满足$0\leqslant\lambda_1^2+2\lambda_1+1$和$0\leqslant\lambda_1^2-2\lambda_1+1$。很显然，任意实数$\lambda_1$都可以满足前述两个不等式，而只有当$\lambda_1=1$时(此时$\lambda_2=1$)，$\lambda_1^2-2\lambda_1+1=0$。如果$\lambda_1$为负，可以采用类似的分析方法得到$\lambda_1=-1$(此时$\lambda_2=-1$)。当然，上述两种情况是$\lambda_1=\cos\eta-\mathrm{j}\sin\eta$在0°和180°处的两个特例。总之，我们证明了方向余弦矩阵的特征值是：

$$\lambda_1=\cos\eta+\mathrm{j}\sin\eta$$
$$\lambda_2=\cos\eta-\mathrm{j}\sin\eta$$
$$\lambda_3=1$$

返回来讨论欧拉参数。回顾一下$\boldsymbol{T}$的特征矢量$\boldsymbol{v}$的定义，它应该满足，$\lambda_i\boldsymbol{v}_{\lambda_i}=\boldsymbol{T}\boldsymbol{v}_{\lambda_i}$，$\boldsymbol{v}_{\lambda_i}\neq 0$。因此，对于$\lambda_3=1$，有$\boldsymbol{v}_{\lambda_3}=\boldsymbol{T}\boldsymbol{v}_{\lambda_3}$。这意味着存在一个在变换$\boldsymbol{T}$作用下不变的向量$\boldsymbol{v}_{\lambda_3}$。如果$\boldsymbol{T}$是从$F_1$到$F_2$的变换$\boldsymbol{T}_{2,1}$，那么$\boldsymbol{v}_{\lambda_3}$在$F_1$和$F_2$中具有完全相同的分量。这种情况只有在$F_1$和$F_2$的变换过程为围绕与$\boldsymbol{v}_{\lambda_3}$同向(或相反)的公共轴的转动时，才有可能发生。图C.1给出了一个这样的转动。其中，不变向量定义了特征轴，$\boldsymbol{e}_\eta$代表$\boldsymbol{v}_{\lambda_3}$方向上的单位向量。现在我们不难理解，为什么使得$F_1$围绕$\boldsymbol{e}_\eta$转动角度$\eta$后各坐标轴与$F_2$重合，该角度定义了其他两个特征值$\lambda_1$和$\lambda_2$的角度。

现在我们再来看如何基于$\boldsymbol{e}_\eta$和η来计算转换矩阵$\boldsymbol{T}_{2,1}$。总体思路是首先找出在转动中相对于$\boldsymbol{e}_\eta$(并发生角度为η的转动)固定的任一向量，然后将该结果应用于$\boldsymbol{i}_1$、$\boldsymbol{j}_1$和$\boldsymbol{k}_1$，并看它们是如何变为$\boldsymbol{i}_2$、$\boldsymbol{j}_2$和$\boldsymbol{k}_2$的。图片中的转动是F_1围绕$\boldsymbol{e}_\eta$进行的，所以最终的方向与F_2相同。 P.265

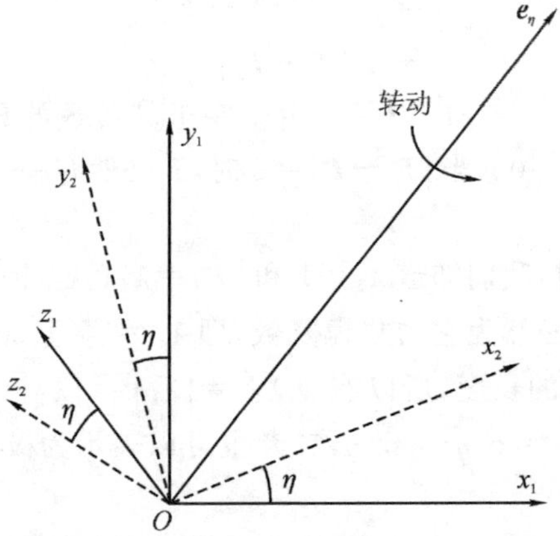

图 C.1 从 F_1 到 F_2 的围绕 $\boldsymbol{e}_\eta$ 进行角度为 η 的单次转动

在 F_1 中，我们用方向余弦来表示 $\boldsymbol{e}_\eta$，即

$$\boldsymbol{e}_{\eta_1}=\xi\boldsymbol{i}_1+\zeta\boldsymbol{j}_1+\chi\boldsymbol{k}_1$$

在 F_2 中，由于方向余弦不变，故有

$$\boldsymbol{e}_{\eta_2}=\xi\boldsymbol{i}_2+\zeta\boldsymbol{j}_2+\chi\boldsymbol{k}_2$$

因为它们是方向余弦，故有 $\xi^2+\zeta^2+\chi^2=1$。

当角度 ϕ 相对于 $\boldsymbol{e}_\eta$ 固定时，现在考虑转动对任意向量的影响（见图 C.2）。这个向量在转动前后分别用 $\boldsymbol{u}$ 和 $\boldsymbol{v}$ 来表示。角度 ϕ 显然不变，因为任意向量尖端的运动轨迹是围绕 $\boldsymbol{e}_\eta$ 转过角度为 η 的圆弧。

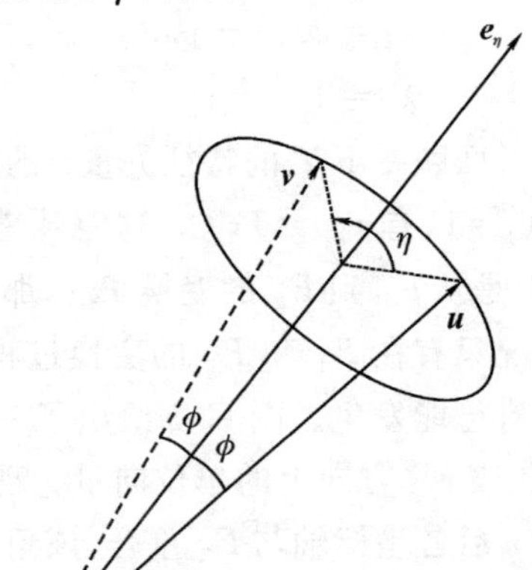

图 C.2 相对于 $\boldsymbol{e}_\eta$ 固定的向量

现在我们来建立一个与向量一起转动的局部坐标系(见图 C.3)。在该坐标系中,单位矢量 $\boldsymbol{e}_x$ 在向外的径向方向上,同时 $\boldsymbol{e}_y$ 在正转动的切线方向上,它们加上 $\boldsymbol{e}_\eta$ 就构成了正交坐标系。

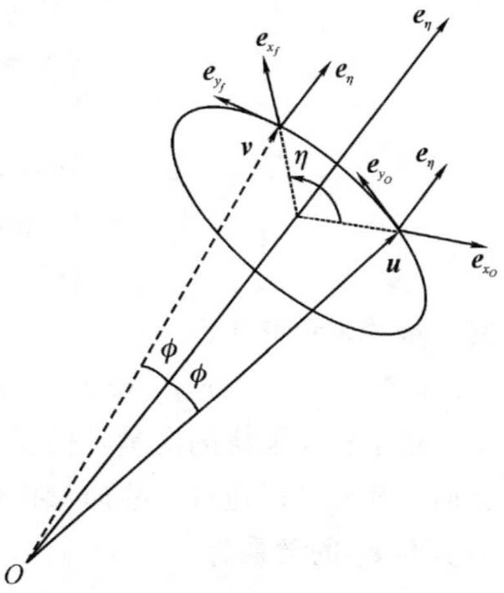

图 C.3 坐标系 F_O 与 F_f

在讨论欧拉角时,坐标系 F_O 以完全类似于 θ_z 转动的方式转动到坐标系 F_f 中。因此,容易写出

$$\{\boldsymbol{w}\}_f=\begin{bmatrix}\cos\eta & \sin\eta & 0\\ -\sin\eta & \cos\eta & 0\\ 0 & 0 & 1\end{bmatrix}\{\boldsymbol{w}\}_O$$

或

$$\{\boldsymbol{w}\}_O=\begin{bmatrix}\cos\eta & -\sin\eta & 0\\ \sin\eta & \cos\eta & 0\\ 0 & 0 & 1\end{bmatrix}\{\boldsymbol{w}\}_f$$

这里我们使用 $\boldsymbol{w}$ 来表示任意向量,前面介绍过 $\boldsymbol{u}$ 和 $\boldsymbol{v}$ 是不同的向量,都可以 P. 266
在 F_O、F_f 坐标系中表示。为方便解释,$\boldsymbol{w}$ 也可以换成 $\boldsymbol{u}$ 或 $\boldsymbol{v}$。我们希望根据其长度 v 和角度 ϕ 来确定 $\boldsymbol{v}_f$,然后再使用变换来得到 $\boldsymbol{v}_O$。结合 $\boldsymbol{v}$ 在 F_f 中的几何结构(见图 C.4),我们可以写出如下的 $\boldsymbol{v}_f$ 的表达式:

$$\{\boldsymbol{v}\}_f=\begin{bmatrix}v\sin\phi\\ 0\\ v\cos\phi\end{bmatrix}$$ P. 267

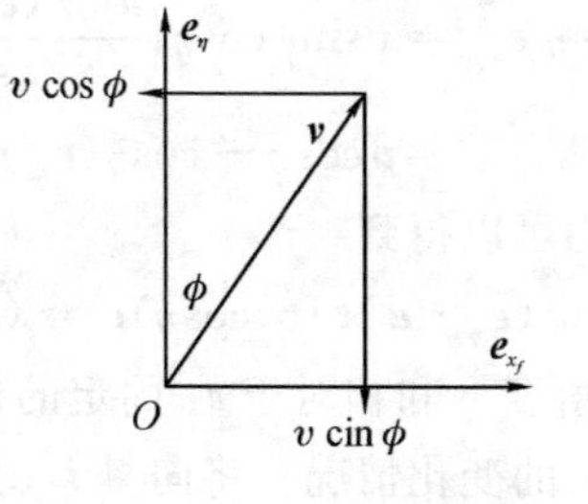

图 C.4 $\boldsymbol{v}$ 在 F_f 的几何结构

因此,有

$$\{\boldsymbol{v}\}_O=\begin{bmatrix}\cos\eta & -\sin\eta & 0\\ \sin\eta & \cos\eta & 0\\ 0 & 0 & 1\end{bmatrix}\{\boldsymbol{v}\}_f$$

$$=\begin{bmatrix}\cos\eta & -\sin\eta & 0\\ \sin\eta & \cos\eta & 0\\ 0 & 0 & 1\end{bmatrix}\begin{bmatrix}v\sin\phi\\ 0\\ v\cos\phi\end{bmatrix}$$

$$=\begin{bmatrix}v\sin\phi\cos\eta\\ v\sin\phi\sin\eta\\ v\cos\phi\end{bmatrix}$$

其分量的表示形式为

$$\{\boldsymbol{v}\}_O=v\sin\phi\cos\eta\boldsymbol{e}_{x_O}+v\sin\phi\sin\eta\boldsymbol{e}_{y_O}+v\cos\phi\boldsymbol{e}_\eta$$

由于转动围绕的向量是任意的，因此转动结果不应该依赖于角度 ϕ 或 F_O 的方向。我们可以通过一些向量代数来消除这种依赖关系。首先注意到，对于向量 $\boldsymbol{u}$，其与 $\boldsymbol{e}_\eta$ 的叉乘为

$$\boldsymbol{e}_\eta\times\boldsymbol{u}=v\sin\phi\boldsymbol{e}_{y_O}$$

所以 $\{\boldsymbol{v}\}_O$ 中的第二项就变成了：

$$v\sin\phi\sin\eta\,\boldsymbol{e}_{y_O}=(\boldsymbol{e}_\eta\times\boldsymbol{u})\sin\eta$$

类似地，由于 $\boldsymbol{e}_{x_O}=\boldsymbol{e}_{y_O}\times\boldsymbol{e}_\eta$，并且我们能够求解 $\boldsymbol{e}_\eta\times\boldsymbol{u}=v\sin\phi\boldsymbol{e}_{y_O}$ 中的 $\boldsymbol{e}_{y_O}$，可以得到

$$\boldsymbol{e}_{x_O}=\frac{(\boldsymbol{e}_\eta\times\boldsymbol{u})\times\boldsymbol{e}_\eta}{v\sin\phi}$$

将向量的叉乘展开，可得

$$\boldsymbol{e}_{x_O}=\frac{\boldsymbol{u}(\boldsymbol{e}_\eta\cdot\boldsymbol{e}_\eta)-(\boldsymbol{e}_\eta\cdot\boldsymbol{u})\boldsymbol{e}_\eta}{v\sin\phi}=\frac{\boldsymbol{u}-(\boldsymbol{e}_\eta\cdot\boldsymbol{u})\boldsymbol{e}_\eta}{v\sin\phi}$$

P. 268 使用上述关系，$\{\boldsymbol{v}\}_O$ 中的第一项就变成了

$$v\sin\phi\cos\eta\,\boldsymbol{e}_{x_O}=v\sin\phi\cos\eta\left(\frac{\boldsymbol{u}-(\boldsymbol{e}_\eta\cdot\boldsymbol{u})\boldsymbol{e}_\eta}{v\sin\phi}\right)$$

$$=\boldsymbol{u}\cos\eta-\cos\eta(\boldsymbol{e}_\eta\cdot\boldsymbol{u})\boldsymbol{e}_\eta$$

整理同类项后最终我们可以得到

$$\boldsymbol{v}=\boldsymbol{u}\cos\eta+(\boldsymbol{e}_\eta\cdot\boldsymbol{u})(1-\cos\eta)\boldsymbol{e}_\eta+(\boldsymbol{e}_\eta\times\boldsymbol{u})\sin\eta$$

现在，给定特征轴 $\boldsymbol{e}_\eta$、角度 η 和相对于 $\boldsymbol{e}_\eta$ 固定的任意向量 $\boldsymbol{u}$，我们可以使用上述方程来观察向量转动前后的变化情况。将向量 $\boldsymbol{i}_1$、$\boldsymbol{j}_1$ 和 $\boldsymbol{k}_1$ 依次代入上式，在转动后，这些向量将与 $\boldsymbol{i}_2$、$\boldsymbol{j}_2$ 和 $\boldsymbol{k}_2$ 对齐。所以首先代入 $\boldsymbol{u}=\boldsymbol{i}_1$ 和 $\boldsymbol{v}=\boldsymbol{i}_2$ 可得

$$\boldsymbol{i}_2=\cos\eta\boldsymbol{i}_1+(\boldsymbol{e}_\eta\cdot\boldsymbol{i}_1)(1-\cos\eta)\boldsymbol{e}_\eta+(\boldsymbol{e}_\eta\times\boldsymbol{i}_1)\sin\eta$$

在这里我们插入 $\boldsymbol{e}_\eta=\xi\boldsymbol{i}_1+\zeta\boldsymbol{j}_1+\chi\boldsymbol{k}_1$，使得 $\boldsymbol{e}_\eta\times\boldsymbol{i}_1=\chi\boldsymbol{j}_1+\zeta\boldsymbol{k}_1$ 和 $(\boldsymbol{e}_\eta\cdot\boldsymbol{i}_1)=\xi$。整理并合并同类项后可以得到

$$\boldsymbol{i}_2=[\cos\eta+\xi^2(1-\cos\eta)]\boldsymbol{i}_1+$$
$$[\xi\zeta(1-\cos\eta)+\chi\sin\eta]\boldsymbol{j}_1+$$

$$[\xi\chi(1-\cos\eta)+\zeta\sin\eta]\boldsymbol{k}_1$$

这就是方向余弦矩阵 $\boldsymbol{T}_{2,1}$ 的第一行。第二和第三行也可以用类似的方法获得。最后还可以进一步化简表达式。我们可以使用常用的三角恒等式来表示半角的三角函数：

$$\cos\eta=2\cos^2\frac{\eta}{2}-1$$

$$1-\cos\eta=2\sin^2\frac{\eta}{2}$$

$$\sin\eta=2\sin\frac{\eta}{2}\cos\frac{\eta}{2}$$

同样定义四个欧拉参数为

$$q_0\doteq\cos\frac{\eta}{2}$$

$$q_1\doteq\xi\sin\frac{\eta}{2}$$

$$q_2\doteq\zeta\sin\frac{\eta}{2}$$

$$q_3\doteq\chi\sin\frac{\eta}{2}$$

注意 $q_0^2+q_1^2+q_2^2+q_3^2=1$。现在我们可以依次计算 $\boldsymbol{T}_{2,1}$ 中的其他表达式。例如，上述 $\boldsymbol{i}_2$ 的表达式(与 t_{11} 相同)中的第一项变为

$$\begin{aligned}\cos\eta+\xi^2(1-\cos\eta)&=\left[2\cos^2\frac{\eta}{2}-1\right]+\xi^2\left[2\sin^2\frac{\eta}{2}-1\right]\\&=2q_0^2-1+2q_1^2\\&=2q_0^2-(q_0^2+q_1^2+q_2^2+q_3^2)+2q_1^2\\&=q_0^2+q_1^2-q_2^2-q_3^2\end{aligned}$$

最终结果是

$$\boldsymbol{T}_{2,1}=\begin{bmatrix}q_0^2+q_1^2-q_2^2-q_3^2 & 2(q_1q_2+q_0q_3) & 2(q_1q_3+q_0q_2)\\ 2(q_1q_2+q_0q_3) & q_0^2-q_1^2+q_2^2-q_3^2 & 2(q_2q_3+q_0q_1)\\ 2(q_1q_3+q_0q_2) & 2(q_2q_3-q_0q_1) & q_0^2-q_1^2-q_2^2+q_3^2\end{bmatrix}$$

附录 D　Fadeeva 算法

P. 269　Fadeeva 算法是一种递归算法，用于求解$[s\boldsymbol{I}-\boldsymbol{A}]^{-1}$。回顾：

$$[s\boldsymbol{I}-\boldsymbol{A}]^{-1}=\frac{\boldsymbol{C}(s)}{d(s)}=\frac{\text{adj}[s\boldsymbol{I}-\boldsymbol{A}]}{d(s)}$$

分子$\boldsymbol{C}(s)$是$[s\boldsymbol{I}-\boldsymbol{A}]$的伴随矩阵，且是关于 s 的 $n-1$ 次多项式矩阵，可以表示为

$$\boldsymbol{C}(s)=\boldsymbol{C}_1 s^{n-1}+\boldsymbol{C}_2 s^{n-2}+\boldsymbol{C}_3 s^{n-3}+\cdots+\boldsymbol{C}_{n-2} s^2+\boldsymbol{C}_{n-1} s+\boldsymbol{C}_n$$

分母为特征多项式，即

$$d(s)=s^n+d_1 s^{n-1}+d_2 s^{n-2}+d_3 s^{n-3}+\cdots+d_{n-2} s^2+d_{n-1} s+d_n$$

注意：

$$[s\boldsymbol{I}-\boldsymbol{A}]^{-1}[s\boldsymbol{I}-\boldsymbol{A}]=\frac{\text{adj}[s\boldsymbol{I}-\boldsymbol{A}]}{|s\boldsymbol{I}-\boldsymbol{A}|}[s\boldsymbol{I}-\boldsymbol{A}]=\boldsymbol{I}_n$$

$$\text{adj}[s\boldsymbol{I}-\boldsymbol{A}][s\boldsymbol{I}-\boldsymbol{A}]=|s\boldsymbol{I}-\boldsymbol{A}|\boldsymbol{I}_n$$

现将两边展开。左边为

$$\begin{aligned}&[\boldsymbol{C}_1 s^{n-1}+\boldsymbol{C}_2 s^{n-2}+\boldsymbol{C}_3 s^{n-3}+\cdots+\boldsymbol{C}_{n-2} s^2+\boldsymbol{C}_{n-1} s+\boldsymbol{C}_n]\\ =&[\boldsymbol{C}_1 s^{n}+\boldsymbol{C}_2 s^{n-1}+\boldsymbol{C}_3 s^{n-2}+\cdots+\boldsymbol{C}_{n-2} s^3+\boldsymbol{C}_{n-1} s^2+\boldsymbol{C}_n s]-\\ &[\boldsymbol{C}_1\boldsymbol{A} s^{n-1}+\boldsymbol{C}_2\boldsymbol{A} s^{n-2}+\boldsymbol{C}_3\boldsymbol{A} s^{n-3}+\cdots+\boldsymbol{C}_{n-2}\boldsymbol{A} s^2+\boldsymbol{C}_{n-1}\boldsymbol{A} s+\boldsymbol{C}_n\boldsymbol{A}]\end{aligned}$$

右边为

$$|s\boldsymbol{I}-\boldsymbol{A}|\boldsymbol{I}_n=\boldsymbol{I}_n s^n+d_1\boldsymbol{I}_n s^{n-1}+d_2\boldsymbol{I}_n s^{n-2}+\cdots+d_{n-2}\boldsymbol{I}_n s^2+d_{n-1}\boldsymbol{I}_n s+d_n\boldsymbol{I}_n$$

重排合并后，

$$\begin{aligned}|s\boldsymbol{I}-\boldsymbol{A}|\boldsymbol{I}_n&=\boldsymbol{I}_n s^n+d_1\boldsymbol{I}_n s^{n-1}+d_2\boldsymbol{I}_n s^{n-2}+\cdots+d_{n-2}\boldsymbol{I}_n s^2+d_{n-1}\boldsymbol{I}_n s+d_n\boldsymbol{I}_n\\ &=\boldsymbol{C}_1 s^n+[\boldsymbol{C}_2-\boldsymbol{C}_1\boldsymbol{A}]s^{n-1}+[\boldsymbol{C}_3-\boldsymbol{C}_2\boldsymbol{A}]s^{n-2}+\cdots+\\ &\quad[\boldsymbol{C}_{n-1}-\boldsymbol{C}_{n-2}\boldsymbol{A}]s^2+[\boldsymbol{C}_n-\boldsymbol{C}_{n-1}\boldsymbol{A}]s^2-\boldsymbol{C}_n\boldsymbol{A}\end{aligned}$$

P. 270　现将 s 的幂指数相同的各项等同看待，

$$
\begin{aligned}
\boldsymbol{C}_1 s^n &= \boldsymbol{I}_n s^n & &\Rightarrow & \boldsymbol{C}_1 &= \boldsymbol{I}_n \\
[\boldsymbol{C}_2 - \boldsymbol{C}_1\boldsymbol{A}]s^{n-1} &= d_1 \boldsymbol{I}_n s^{n-1} & &\Rightarrow & [\boldsymbol{C}_2 - \boldsymbol{C}_1\boldsymbol{A}] &= d_1 \boldsymbol{I}_n \\
[\boldsymbol{C}_3 - \boldsymbol{C}_2\boldsymbol{A}]s^{n-2} &= d_2 \boldsymbol{I}_n s^{n-2} & &\Rightarrow & [\boldsymbol{C}_3 - \boldsymbol{C}_2\boldsymbol{A}] &= d_2 \boldsymbol{I}_n \\
& & &\vdots & & \\
[\boldsymbol{C}_{n-1} - \boldsymbol{C}_{n-2}\boldsymbol{A}]s^2 &= d_{n-2} \boldsymbol{I}_n s^2 & &\Rightarrow & [\boldsymbol{C}_{n-1} - \boldsymbol{C}_{n-2}\boldsymbol{A}] &= d_{n-2} \boldsymbol{I}_n \\
[\boldsymbol{C}_n - \boldsymbol{C}_{n-1}\boldsymbol{A}]s &= d_{n-1} \boldsymbol{I}_n s & &\Rightarrow & [\boldsymbol{C}_n - \boldsymbol{C}_{n-1}\boldsymbol{A}] &= d_{n-1} \boldsymbol{I}_n \\
[-\boldsymbol{C}_{n-1}\boldsymbol{A}] &= d_n \boldsymbol{I}_n & & & &
\end{aligned}
$$

也就是，如果已知系数 $d_1, \cdots, d_n$，就可以得到递归公式：

$$
\begin{aligned}
\boldsymbol{C}_1 &= \boldsymbol{I}_n \\
\boldsymbol{C}_2 &= \boldsymbol{C}_1\boldsymbol{A} + d_1 \boldsymbol{I}_n \\
\boldsymbol{C}_3 &= \boldsymbol{C}_2\boldsymbol{A} + d_2 \boldsymbol{I}_n \\
&\vdots \\
\boldsymbol{C}_{n-1} &= \boldsymbol{C}_{n-2}\boldsymbol{A} + d_{n-2} \boldsymbol{I}_n \\
\boldsymbol{C}_n &= \boldsymbol{C}_{n-1}\boldsymbol{A} + d_{n-1} \boldsymbol{I}_n \\
0 &= \boldsymbol{C}_n\boldsymbol{A} + d_n \boldsymbol{I}_n
\end{aligned}
$$

注意该公式还可以写为

$$
\begin{aligned}
\boldsymbol{C}_1 &= \boldsymbol{I}_n \\
\boldsymbol{C}_2 &= \boldsymbol{A} + d_1 \boldsymbol{I}_n \\
\boldsymbol{C}_3 &= \boldsymbol{A}^2 + d_1\boldsymbol{A} + d_2 \boldsymbol{I}_n \\
&\vdots \\
\boldsymbol{C}_k &= \boldsymbol{A}^{k-1} + d_1\boldsymbol{A}^{k-2} + \cdots + d_{k-2}\boldsymbol{A} + d_{k-1} \boldsymbol{I}_n \\
&\vdots \\
\boldsymbol{C}_{n-1} &= \boldsymbol{A}^{n-2} + d_1\boldsymbol{A}^{n-3} + \cdots + d_{n-3}\boldsymbol{A} + d_{n-2} \boldsymbol{I}_n \\
\boldsymbol{C}_n &= \boldsymbol{A}^{n-1} + d_1\boldsymbol{A}^{n-2} + \cdots + d_{n-2}\boldsymbol{A} + d_{n-1} \boldsymbol{I}_n \\
\boldsymbol{0} &= \boldsymbol{A}^n + d_1\boldsymbol{A}^{n-1} + \cdots + d_{n-1}\boldsymbol{A} + d_n \boldsymbol{I}_n
\end{aligned}
$$

其中，最后一个等式是众所周知的凯莱-汉密尔顿定理，即任一方阵均满足其自身的特征方程。也就是，如果给定特征方程，那么有

$$s^n + d_1 s^{n-1} + d_2 s^{n-2} + d_3 s^{n-3} + \cdots + d_{n-2} s^2 + d_{n-1} s + d_n = 0$$

用 $\boldsymbol{A}$ 代替 s（且用 $d_n \boldsymbol{I}_n$ 代替 d_n），得到关于 $\boldsymbol{A}$ 的特征方程为 P. 271

$$\boldsymbol{A}^n + d_1\boldsymbol{A}^{n-1} + d_2\boldsymbol{A}^{n-2} + d_3\boldsymbol{A}^{n-3} + \cdots + d_{n-2}\boldsymbol{A}^2 + d_{n-1}\boldsymbol{A} + d_n\boldsymbol{I}_n = 0$$

现在利用特征值研究的成果（Pettofrezzo，1966），称矩阵 $\boldsymbol{A}$ 的对角线元素之和为 $\boldsymbol{A}$ 的迹，且用 $\mathrm{tr}(\boldsymbol{A})$ 表示。设 $t_1 = \mathrm{tr}(\boldsymbol{A})$，$t_2 = \mathrm{tr}(\boldsymbol{A}^2)$，依此类推。可以证明，特征方程的系数可由以下方程组得到：

$$d_1 = -t_1$$

$$d_2 = -\frac{1}{2}(d_1 t_1 + t_2)$$

$$d_2 = -\frac{1}{3}(d_2 t_1 + d_1 t_2 + t_3)$$

$$\vdots$$

$$d_k = -\frac{1}{k}(d_{k-1} t_1 + d_{k-2} t_2 + \cdots + d_1 t_{k-1} + t_k)$$

$$\vdots$$

$$d_{n-1} = -\frac{1}{n-1}(d_{n-2} t_1 + d_{n-3} t_2 + \cdots + d_1 t_{n-2} + t_{n-1})$$

$$d_n = -\frac{1}{n}(d_{n-1} t_1 + d_{n-2} t_2 + \cdots + d_1 t_{n-1} + t_n)$$

上述结果可以简化，

$$\begin{aligned} d_1 &= -t_1 \\ &= -\mathrm{tr}(\boldsymbol{A}) \\ &= -\mathrm{tr}(\boldsymbol{C}_1\boldsymbol{A}) \end{aligned}$$

$$\begin{aligned} d_2 &= -\frac{1}{2}(d_1 t_1 + t_2) \\ &= -\frac{1}{2}\mathrm{tr}(d_1\boldsymbol{A} + \boldsymbol{A}^2) \\ &= -\frac{1}{2}\mathrm{tr}[(d_1\boldsymbol{I}_n + \boldsymbol{A})\boldsymbol{A}] \\ &= -\frac{1}{2}\mathrm{tr}[(d_1\boldsymbol{I}_n + \boldsymbol{C}_1\boldsymbol{A})\boldsymbol{A}] \\ &= -\frac{1}{2}\mathrm{tr}(\boldsymbol{C}_2\boldsymbol{A}) \end{aligned}$$

由于每一步的操作都一样，故可得

$$d_k = -\frac{1}{k}\mathrm{tr}(\boldsymbol{C}_{k-1}\boldsymbol{A})$$

算法到此就结束了。归纳起来，

$$[s\boldsymbol{I} - \boldsymbol{A}]^{-1} = \frac{\boldsymbol{C}(s)}{d(s)}$$

P. 272 $\boldsymbol{C}(s)$和$d(s)$用下式计算：

$$\boldsymbol{C}(s) = \boldsymbol{C}_1 s^{n-1} + \boldsymbol{C}_2 s^{n-2} + \boldsymbol{C}_3 s^{n-3} + \cdots + \boldsymbol{C}_{n-2} s^2 + \boldsymbol{C}_{n-1} s + \boldsymbol{C}_n$$

$$d(s) = s^n + d_1 s^{n-1} + d_2 s^{n-2} + d_3 s^{n-3} + \cdots + d_{n-2} s^2 + d_{n-1} s + d_n$$

式中，

$$\boldsymbol{C}_1=\boldsymbol{I}_n,\ d_1=-\mathrm{tr}(\boldsymbol{C}_1\boldsymbol{A})$$

$$\boldsymbol{C}_2=\boldsymbol{C}_1\boldsymbol{A}+d_1\boldsymbol{I}_n,\ d_2=-\frac{1}{2}\mathrm{tr}(\boldsymbol{C}_2\boldsymbol{A})$$

$$\boldsymbol{C}_3=\boldsymbol{C}_2\boldsymbol{A}+d_2\boldsymbol{I}_n,\ d_3=-\frac{1}{3}\mathrm{tr}(\boldsymbol{C}_3\boldsymbol{A})$$

$$\vdots$$

$$\boldsymbol{C}_k=\boldsymbol{C}_{k-1}\boldsymbol{A}+d_{k-1}\boldsymbol{I}_n,\ d_k=-\frac{1}{k}\mathrm{tr}(\boldsymbol{C}_k\boldsymbol{A})$$

$$\vdots$$

$$\boldsymbol{C}_n=\boldsymbol{C}_{n-1}\boldsymbol{A}+d_{n-1}\boldsymbol{I}_n,\ d_n=-\frac{1}{n}\mathrm{tr}(\boldsymbol{C}_n\boldsymbol{A})$$

$$\boldsymbol{0}=\boldsymbol{C}_n\boldsymbol{A}+d_n\boldsymbol{I}_n$$

参考文献

Pettofrezzo, A.J. (1966) *Matrices and Transformations,* Dover Publications, Inc., p. 84.

附录 E　书中使用的 MATLAB® 命令

P. 273 E.1　MATLAB® 的使用

手工计算飞行动力学和控制问题非常繁琐，需要某些辅助工具才能完成计算。个人自行编写代码求解此类问题具有非常大的优势，至少对于某些小问题而言是这样的。该手段的一个主要优势是开发特定软件包作为“黑盒子”来求解某些问题，另一优势是如果出现问题，能更好地知道从何处入手来解决问题。

某些手工求解问题方法并不实用。例如，手绘根轨迹要遵循若干条规则，且要求绘制者对复杂变量有着深刻的理解。因而只有传统的受过专业训练的飞控工程师才能知道：当反馈增益增大时，根轨迹将在复平面内以多大的角度离开初始点，又以多大的角度到达零点。

很多此类手绘方法已不受重视，我们不再依赖他们来绘制根轨迹。为此我们引入了 MATLAB®，“一类用于数值计算、可视化、互动式编程的高级语言”。虽然也有其他解决此类问题的软件包，但目前 MATLAB® 在工科院校应用最为广泛。

这里我们仅简单介绍 MATLAB®，涉及的函数在 MATLAB® 学生版中均能查到。本书并没有使用高级的专业工具箱。本节适用于没有任何 MATLAB® 基础的读者，并尽量保证用到的 MATLAB® 例子能够复现。从索引中可以查阅本节用到的 MATLAB® 例子。

P. 274 E.2　特征值和特征向量

对于一个 $n\times n$ 的矩阵 $\boldsymbol{A}$ 来说，生成特征值和特征向量的 MATLAB® 命令是 `[v,e] = eig(A)`，该命令输出一个以特征值为对角线元素的矩阵 $\boldsymbol{e}$，以及一个每一列均为对应特征向量的矩阵 $\boldsymbol{v}$。

如果希望得到一个特征值向量，则使用 `diag` 函数。若输入为一个矩阵，则 `diag` 函数输出一个以该矩阵对角项为元素的向量；若输入为一个向量，则 `diag` 函数输出一个以该向量为元素的对角矩阵。关于 `diag` 的使用参见 E.6.2。

E.3 状态空间表示

在 MATLAB® 中，动态系统的广义表示形式不仅包括之前提到的输入 $\dot{\boldsymbol{x}}=\boldsymbol{Ax}(t)+\boldsymbol{Bu}(t)$，还包括输出 $\boldsymbol{y}(t)=\boldsymbol{Cx}(t)+\boldsymbol{Du}(t)$，即

$$
\begin{aligned}
\dot{\boldsymbol{x}} &= \boldsymbol{Ax}(t)+\boldsymbol{Bu}(t) \\
\boldsymbol{y}(t) &= \boldsymbol{Cx}(t)+\boldsymbol{Du}(t)
\end{aligned}
\tag{E.1}
$$

MATLAB® 中允许矩阵 $\boldsymbol{A}$、$\boldsymbol{B}$、$\boldsymbol{C}$、$\boldsymbol{D}$ 为时变矩阵，不过我们并不需要这个特性。在输出方程中，$\boldsymbol{C}$ 通常表示对测量状态（例如转弯角度或弧度等）进行的按比例缩放或归一化处理，例如将角度转换为弧度。矩阵 $\boldsymbol{D}$ 通常全为零，但也可能不全为零，比如输出为载荷因子 g，由于 g 与升力成正比，而升降舵或平尾偏转就是改变升力的原因，因而会导致矩阵 $\boldsymbol{D}$ 中出现非零项。

在 MATLAB® 中，状态空间系统通过命令 ss(A,B,C,D)构成，其中矩阵变量需要预先定义，每一行之间用（;）分隔，也就是

$$
\boldsymbol{A}=\begin{bmatrix}1 & 2\\ 3 & 4\end{bmatrix},\quad \boldsymbol{B}=\begin{bmatrix}1\\ 2\end{bmatrix},\quad \boldsymbol{C}=\begin{bmatrix}1 & 0\\ 0 & 1\end{bmatrix},\ \boldsymbol{D}=\begin{bmatrix}0\\ 0\end{bmatrix}
$$

由以下命令生成：

```
A = [1 2; 3 4];
B = [1; 2];
C = [1 0;0 1];
D = [0; 0];
```

命令行末尾的分号用以阻止立即输出的结果。

矩阵 $\boldsymbol{C}$ 可以被定义为 C = eye(2)，也就是建立一个 2×2 的单位矩阵。

利用以下 MATLAB® 命令，可以产生一个名为 sysSS 的系统，

```
sysSS = ss(A,B,C,D)
```

命令结尾没有分号，因此 MATLAB® 将输出已经建好的系统，并在矩阵中标出行和列：

```
sysSS =
 a =
        x1 x2
   x1    1  2
   x2    3  4
 b =
        u1
   x1    1
```

P. 275

```
   x2   2
  c =
       x1  x2
   y1   1  0
   y2   0  1
  d =
       u1
   y1   0
   y2   0
Continuous-time state-space model.
```

需要注意，MATLAB® 自带的状态空间模型并非仅仅是四个矩阵。该模型实际上是动态系统的模型，可用于仿真实际系统。

E.4　传递函数表示

之前我们推导了系统 $\dot{\boldsymbol{x}}=\boldsymbol{A}\boldsymbol{x}(t)+\boldsymbol{B}\boldsymbol{u}(t)$ 的传递函数矩阵。通过定义从 $\boldsymbol{u}(s)$ 到 $\boldsymbol{x}(s)$ 的传递函数 $\boldsymbol{G}(s)$，我们能够将输出方程包含在内，从而构成从 $\boldsymbol{u}(s)$ 到 $\boldsymbol{y}(s)$ 的系统。这类传递函数矩阵为

$$\boldsymbol{x}(s)=[s\boldsymbol{I}-\boldsymbol{A}]^{-1}\boldsymbol{B}\boldsymbol{u}(s)$$

在 $\boldsymbol{y}(t)=\boldsymbol{C}\boldsymbol{x}(t)+\boldsymbol{D}\boldsymbol{u}(t)$ 中，我们假设矩阵 $\boldsymbol{C}$ 和 $\boldsymbol{D}$ 为非时变的，且有 $\boldsymbol{y}(s)=\boldsymbol{C}\boldsymbol{x}(s)+\boldsymbol{D}\boldsymbol{u}(s)$，则

$$\begin{aligned}\boldsymbol{y}(s)&=\boldsymbol{C}\boldsymbol{x}(s)+\boldsymbol{D}\boldsymbol{u}(s)\\&=\boldsymbol{C}[s\boldsymbol{I}-\boldsymbol{A}]^{-1}\boldsymbol{B}\boldsymbol{u}(s)+\boldsymbol{D}\boldsymbol{u}(s)\\&=\{\boldsymbol{C}[s\boldsymbol{I}-\boldsymbol{A}]^{-1}\boldsymbol{B}+\boldsymbol{D}\}\boldsymbol{u}(s)\end{aligned}$$

故我们定义 $\boldsymbol{G}(s)$ 为

$$\begin{aligned}\boldsymbol{G}(s)&=\{\boldsymbol{C}[s\boldsymbol{I}-\boldsymbol{A}]^{-1}\boldsymbol{B}+\boldsymbol{D}\}\\\boldsymbol{y}(s)&=\boldsymbol{G}(s)\boldsymbol{u}(s)\end{aligned}\tag{E.2}$$

P. 276　MATLAB® 以行向量的形式来表示多项式，其元素为降序排列的多项式系数。例如，多项式 s^3+2s-4 的表示为[1　0　2　-4]。如果定义两个此类多项式，如 num = [2　1　3]和 den = [1　0　2　-4]，随后用 MATLAB® 命令

```
g = tf(num,den)
```

可以建立传递函数

$$g=\frac{s^2+s+3}{s^3+2s-4}$$

一旦定义了多个传递函数，便可以组合构成上文定义的传递函数矩阵 $\boldsymbol{G}(s)$。

给定 g11 和 g21,随后利用 G=[g11; g21],可得

$$G(s)=\begin{bmatrix} g_{11}(s) \\ g_{21}(s) \end{bmatrix}$$

我们一般从状态空间模型的元素入手来描述问题。MATLAB® 可以将状态空间模型直接转化为传递函数(反之亦然)。除两个向量以外,命令 tf 也可以定义状态空间系统。也就是,给出了以上矩阵,

```
sysSS = ss(A,B,C,D);
sysTF = tf(sysSS);
```

如果不需要 sysSS,则命令可以简化为

```
sysTF = tf(ss(A,B,C,D))
```

我们给出的例子还可以说明以下几点:

第一,输入系统名字,则返回系统值,如

```
sysTF
sysTF =
From input to output…
s - 6.106e-16
1: ----------
s^2 - 5 s - 2
2 s + 1 2:
2: ----------
s^2 - 5 s- 2
```

第二,6.106e-16 是 MATLAB® 内部求解分子的有限精确表示。容易证明传递函数$\frac{x_1(s)}{u(s)}$的分子能简化为 s。MATLAB® 的计算结果在不同的电脑上可能并不相同。在某些应用中,小的非零项可能会带来某些问题。这类问题的解决办法很多,最简单的处理办法是直接用 s 代替传递函数,也就是 P.277

```
sysTF(1) = tf([1 0], [1 -5 -2])
```

E.5 根轨迹

根轨迹函数 rlocus 的首要功能是绘制系统的根轨迹,这里的系统可以是状态空间或传递函数,其次要功能是确定反馈增益向量。要牢记以下几点:

- rlocus 用于单输入单输出系统。如果定义了传递函数矩阵,则必须进一步细化矩阵中的所有元素。在 E.6.3 中给出了一些此类例子。

- rlocus 假定系统为负反馈，即当系统传递函数为负时会产生问题。利用 MATLAB®生成的传递函数中 s 的最高阶项系数可正可负，如果为负的话则要求系统采用正反馈。常用办法是通过在传递函数中增加负号来实现，例如 rlocus(−G)(改变传递函数的正负很正常，比如在飞行动力学中改变控制面极性的正负定义)。
- MATLAB®按比例自动绘制根轨迹，这会导致有些时候会使我们感兴趣的区域太小，难以辨认。利用命令 axis 可以设定坐标范围，即设置 x 轴、y 轴的最大最小值：[xmin xmax ymin ymax]。axis 的运用方法见 E. 6. 3。

与 rlocus 成对使用的命令是 rlocfind，该命令用于确定根轨迹上任意点的开环增益。使用该命令前需要绘制根轨迹图，并根据需求调整比例。随后用命令 [k, p] = rlocfind(G)来选择根并求取增益。如果选取的根稍微偏离根轨迹，MATLAB®将找到轨迹上最接近的点。需要注意，如果采用正反馈的形式，其他假设条件与 rlocfind 的命令一致。

E. 6 MATLAB®函数(m 文件)

MATLAB®需要重复完成各种任务时，通常将其分别编写在不同的文件(m 文件)中，构成函数，以方便在程序中进行调用。在复杂数据计算和处理过程中，应用 MATLAB®函数是程序的基础。

P. 278

E. 6. 1 实例：飞机

附录 A 中包含了一个 MATLAB®函数，即 m 文件，该函数执行了最基本的数学计算，以求解运动方程状态空间中的各项。同时将各项组合成为多个矩阵，并作为输出返回。

MATLAB®通过在命令行中重复函数第一行的方式来调用函数，函数可以任意命名，但不能与已有元素同名。调用语句右侧必须与函数协调一致，左侧为返回值。如果之前输出没有定义，则由此定义输出，若已定义则据此重置。

```
function [aLong,bLong,aLD,bLD] = Lin(Ref,Phys,D)
```

在测试文件中，该命令产生一个名为 suffix.m 的 m 文件，并将其置于 MATLAB®的搜索路径中(见 MATLAB®的文档)。

E. 6. 2 敏感性矩阵

下述 MATLAB®函数(m 文件)用于计算 9.4.1 节描述的敏感性矩阵。该函数没有误差检验，也不保证矩阵正确。如果要用该函数，需要增加额外的代码来保证鲁棒性。

```
function S = Sens(a)
[nrows,ncols] = size(a);
[v,e] = eig(a);
diag(e);
for i = 1:nrows;v(:,i) = v(:,i)/norm(v(:,i));end;
m = inv(v);
S = [];
for i = 1:nrows
S(i,:) = abs(v(i,:) * diag(m(:,i)));
end
for i = 1:nrows
sum = 0;for j = 1:nrows;sum = sum + S(i,j);end;S(i,:) = S(i,:)/sum;
end
```

E.6.3 应用试凑法确定根轨迹增益

在控制系统设计中,若需要采用不同的参数和增益(在运行 successive loop closures 中经常遇到),需要重复运用 rlocus 和 rlocfind 命令,这一问题可以利用编写 m 文件来实现。

以下是确定增益的 glideslope 程序实例。 P.279

```
[aLong, bLong, aLD, bLD] = A4Low;
tLong = eye(4);tLong(2,2) = 1/Ref(2);
aLong = tLong * aLong * inv(tLong);
bLong = tLong * bLong(:,1);
r2d = 180/pi;
cLong = r2d * eye(4);cLong(1,1) = 1;cLong(4,2) = - r2d;
SSLong = ss(aLong, bLong, cLong, 0);
TFLong = tf(SSLong);
figure(2);
rlocus(TFLong(1));
axis([ - .2 .05 - .2 .2])
[k_v, p_v] = rlocfind(TFLong(1));
LongInner = feedback(TFLong, k_v, 1, 1)
k_gamma = 1;
PIzero = input('Enter value for PI zero: ')
```

```
fz = tf([1/PIzero 1], [1 0]);
FL_k_vi = LongInner * k_gamma * fz;
figure(5);
rlocus(FL_k_vi(4));
axis([ - .2 .05 - .2 .2])
[k_vi, p_vi] = rlocfind(FL_k_vi(4))
TheSys = feedback(fz * k_vi * LongInner, k_gamma, 1, 4);
figure(6);
step(TheSys, 60)
```

- 第一行调用函数 A4Low,该函数是全部输入值为硬编码的 lin.m 文件。返回矩阵是纵向和侧向系统,以及控制作动器矩阵。
- 矩阵 tLong 是从 ω 到 α 的转换矩阵;见附录 A。Ref(2)是真空速,在先前定义的向量 Ref 中。矩阵是转换矩阵,可以将单位从弧度转换为度。
- bLong 的第一列变为 bLong,去掉了不起作用的升降舵项。bLong(:,1)是 bLong 的第一列元素。
- 在输出 $\boldsymbol{C}$ 矩阵后,便构造了 cLong。然后可得

$$\boldsymbol{C}_{\text{long}}=\begin{bmatrix}1 & 0 & 0 & 0\\ 0 & r^2d & 0 & 0\\ 0 & 0 & r^2d & 0\\ 0 & -r^2d & 0 & rd^2\end{bmatrix}$$

P. 280 在输出方程中,该矩阵乘以状态向量,用弧度表示角,也就是

$$\boldsymbol{x}_{\text{long}}=\begin{bmatrix}u\\ \alpha\\ q\\ \theta\end{bmatrix}$$

随后用度表示角度,输出随后化为

$$\boldsymbol{x}_{\text{long}}=\begin{bmatrix}u\\ \alpha\\ q\\ \theta-\alpha\end{bmatrix}$$

其中 $\theta-\alpha=\gamma$。

- 构造表示系统的状态空间和传递函数。需要注意在 $\boldsymbol{D}$ 矩阵中,采用数字 0 而不是零值矩阵来调用 ss。
- 绘制 TFLong(1)根轨迹,其中$\dfrac{u(s)}{\delta_{\text{T}}(s)}$。绘制根轨迹的坐标轴要靠近原点,否则短

周期根轨迹将会自动调整坐标轴的比例，导致感兴趣的部分变得太小。rlocfind 用于选取期望的根。该根轨迹如图 12.24 所示。

- 内回路采用 feedback 命令来闭合，从而产生 LongInner。最后两部分分别确定了系统输出和输入的第一项。
- 正如之前讨论的，γ 反馈增益为 $k_\gamma=1$。通过用户输入可以产生比例积分零点 (PIzero)。如图 12.30 所示，定义滤波器 fz 用于产生前向回路 FL_k_vi。绘制系统根轨迹，并选取 k_{vi}。
- Sys 是全部增益确定后的系统。图 12.31 是系统 60 s 内的阶跃输入响应。

E.7　应用和注意事项

E.7.1　矩阵

矩阵中的元素可以人工输入，行中的元素用空格隔开，行与行之间用分号或回车区分。

```
A = [1 2 3;4 5 6; 7 8 9]
A =
    1  2  3
    4  5  6
    7  8  9
```

MATLAB®构造矩阵的方式也非常有用，这使得我们可以为任意元素赋值而无须考虑其他元素。比如，A(3,3) = 1，就构造了一个 3×3 矩阵，其中元素(3,3)为 1，而其余元素皆为 0。一旦定义了一个矩阵 **A**，可以在任意位置增加内容。比如，先在 **A** 的右侧增加一个向量，然后在其底部增加一行。 P. 281

```
A = [A [1;2;3];[1 1 1 1]]
A =
    0  0  0  1
    0  0  0  2
    0  0  1  3
    1  1  1  1
```

在实例中还有某些特定矩阵，包括由 eye(3)生成的一个 3×3 的单位矩阵，以及由 rand(3,5)生成的一个 3×5 的随机矩阵。

如果表意清楚，矩阵也可以和标量混用。为使随机矩阵中随机数分布在 −1 到 1 之间可用以下命令，这里通过规定下限为 −1、变化幅度为 2 来实现。

```
B = -1 + 2 * rand(3,5)
```

```
B =
        0.6294    0.8268   - 0.4430    0.9298    0.9143
        0.8116    0.2647    0.0938   - 0.6848   - 0.0292
      - 0.7460  - 0.8049    0.9150    0.9412    0.6006
```

其中−1 自动转换为 3×5 矩阵,其中每个元素为−1。

常用的显示数据格式的命令为 format,通常 format 后面还有关键词(详细信息参考 help format)。

```
format shorte; a = 2.5
a =
   2.5000e + 00
```

E.7.2 用于生成图 10.2 和 10.3 的程序

```
t = 0:.01:3;
omega = 3.06;
282
sigma = -1.17;
d2r = pi/180;
phi_alpha = 32.9 * d2r;
phi_theta = 17.4 * d2r;
theta = .0897 * cos(omega * t + phi_theta);
alpha = .094 * cos(omega * t + phi_alpha);
figure(1);
plot(t,alpha,'-',t,theta,'- -')
theta = .0897 * cos(omega * t + phi_theta). * exp(sigma * t);
alpha = .094 * cos(omega * t + phi_alpha). * exp(sigma * t);
figure(2);
plot(t,alpha,'-',t,theta,'- -')
```

注意:

- t = 0:.01:3; 从 0 到 3 s 中的 101 个点,时间间隔 0.01 s。
- omega = 3.06; 阻尼频率。
- sigma = -1.17; 阻尼项,特征值的实部。
- d2r = pi/180;从弧度转换为度。
- phi_alpha = 32.9 * d2r;攻角相位角。
- phi_theta = 17.4 * d2r;俯仰角相位角。
- theta = .0897 * …;θ 的无阻尼运动。

- alpha = .094 * …;α 的无阻尼运动。
- figure(1);产生图 1。
- plot(t,alpha,'-',t,theta,'--');用实线画 α,用虚线画 θ。
- theta = .0897 * … * exp(sigma * t);θ 的有阻尼运动。
- alpha = .094 * … * exp(sigma * t); α 的有阻尼运动。
- figure(2);产生图 2。
- plot(t,alpha,'-',t,theta,'--');用实线画 α,用虚线画 θ。

符号列表

由于飞行动力学与飞行控制涉及多门学科领域，因此部分符号在不同的章节代表不同的含义，在必要处文中将特别说明。

希腊字母

α　攻角。一种气流角，是飞机速度向量（相对风速向量）在飞机对称面的投影与机体坐标系 x 轴（飞机纵轴）之间的夹角。

β　侧滑角。一种气流角，是飞机速度向量与飞机对称面之间的夹角。

$\boldsymbol{\omega}$、ω　黑斜体 $\boldsymbol{\omega}$ 通常表示角速度向量。标量通常带有下标，表示该向量（角速度向量）的分量。

χ　航迹方位角。用于定义从惯性坐标系到气流坐标系的 321 转动变换的三个航迹角之一。

γ　航迹倾角。用于定义从惯性坐标系到气流坐标系的 321 转动变换的三个航迹角之一。

μ　航迹滚转角。用于定义从惯性坐标系到气流坐标系的 321 转动变换的三个航迹角之一。

δ_{l}　一类广义控制作动器，产生滚转力矩 L。通常是副翼 δ_{a}。

δ_{m}　一类广义作动器，产生俯仰力矩 M，通常是升降舵 δ_{e}，或水平尾翼 δ_{HT}。

δ_{n}　一类广义控制作动器，产生偏航力矩 N。通常是方向舵 δ_{r}。

δ_{a}　副翼，右副翼机翼后缘向下且左翼后缘向上为正。

δ_{e}　升降舵，后缘向下为正。

δ_{r}　方向舵，后缘向左为正。

δ_{T}　油门杆控制。

Δ　表示相对基准条件的变化量。为避免歧义，经常省略该符号。

λ　特征值。

$\boldsymbol{\Lambda}$　系统特征值对角矩阵。

ω_{d}　振荡模态阻尼频率。

ω_{n}　振荡模态自然频率。

Ω　控制作动器容许控制集，控制作动器（或多个作动器的综合控制）须在该集合内运动或偏转。

ϕ 倾斜角。用于定义从惯性坐标系到机体坐标系的 321 转动变换的三个姿态角之一。

Φ 可达力矩子集。在 Ω 中，表示多种作动器综合控制产生的影响，该影响通常体现为绕机体轴转动的力矩。

ψ 偏航角。用于定义从惯性坐标系到机体坐标系的 321 转动变换的三个姿态角之一。

ρ 密度(大气特性参数)。

θ 俯仰角。用于定义从惯性坐标系到机体坐标系的 321 转动变换的三个姿态角之一。

ζ 振荡模态的阻尼比率。

缩略语和其他术语

$\dot{}$ 在随时间变化的变量符号上方，表示该变量对时间的微分。

$\hat{}$ 在符号上方表示无量纲量。

$\{\boldsymbol{v}_a^b\}_c$ 在坐标系 c 中，速度向量 $\boldsymbol{v}$ 相对于 b 的某一特性 a(位置、速度等)。

$\boldsymbol{f}$ 标量函数向量或向量的函数。

$\boldsymbol{F}$ 通常表示力向量。

$\boldsymbol{h}$ 通常表示角动量向量。

$\boldsymbol{M}$ 通常表示绕机体轴的转动力矩向量。

$\boldsymbol{q}$、q 黑斜体 $\boldsymbol{q}$ 通常表示系统的转换状态向量，这类状态向量服务于动态解耦。标量通常表示此类向量的分量。

$\boldsymbol{r}$、r 黑斜体 $\boldsymbol{r}$ 通常表示位置向量。标量通常带有下标，表示此类向量的分量。

$\boldsymbol{T}$ 通常表示推力向量。

$\boldsymbol{u}$ 控制作动器变量生成的向量。

$\boldsymbol{v}$、v 作为向量，常表示线速度向量。作为标量，通常带有下标，表示此类向量的分量。

$\boldsymbol{W}$ 通常表示重力向量。

$\boldsymbol{x}$ 状态向量。

$\mathcal{A}$ 展弦比。

$\mathcal{L}$ 拉普拉斯变换算子。

~ 在符号上方表示近似或近似量。

$\boldsymbol{A}$、$\boldsymbol{B}$ 运动方程的线性化矩阵，如 $\dot{\boldsymbol{x}}=\boldsymbol{A}\boldsymbol{x}+\boldsymbol{B}\boldsymbol{u}$ 中，$\boldsymbol{A}$ 是系统矩阵，$\boldsymbol{B}$ 是控制效用矩阵。

C_{x_y}　x 相对于 y 的无量纲稳定性或控制导数。它是 x_y 的非量纲形式。

comp　补偿。特定动态响应的角标。

cont　可控。特定动态响应的角标。

d(·)　无量纲微分。

$d(s)$　系统特征多项式。特征方程 $d(s)=0$ 的根是系统特征值。

d　期望状态。特定动态响应的角标。

DR　荷兰滚响应模态角标。在描述飞行品质时该角标为 d。

F_B　机体坐标系。

F_E　地球坐标系。

F_{EC}　地心坐标系。

F_H　地面坐标系。

F_I　惯性坐标系。

F_P　主轴坐标系。

F_S　稳定坐标系。

F_W　气流坐标系。

F_Z　零升机体坐标系。

$\boldsymbol{G}(s)$ 传递函数矩阵。

$\boldsymbol{g}$　重力加速度向量。$\boldsymbol{g}$ 对应的无量纲量为载荷因子 n。

$\boldsymbol{I}$　单位矩阵。

I　惯性矩，常带有角标。

j　虚数单位，$\mathrm{j}=\sqrt{-1}$，在电气工程领域 j 比 i 使用广泛。

Kine　运动学。特定动态响应的角标。

L、C、D　升力、侧力和阻力，在气流坐标系下分别沿 x、y 和 z 轴方向的力的大小。

L、M、N　分别绕三个机体轴的滚转力矩、俯仰力矩和偏航力矩。

L　升力或滚转力矩(根据上下文确定)。

LD　侧向

long　纵向。

Ma　马赫数。

m　质量。

$N_{\frac{1}{2}}$、N_2　半幅周期数或倍幅周期数。

n　载荷因子，升力与重力之比。

p_W、q_W、r_W　气流坐标系下的滚转角速度、俯仰角速度和偏航角速度。

p、q、r　机体坐标系下的滚转角速度、俯仰角速度和偏航角速度。

$\boldsymbol{P}$ 矩阵 $\boldsymbol{B}$ 的恰当维伪逆，$\boldsymbol{BPB}=\boldsymbol{B}$ 且 $\boldsymbol{PBP}=\boldsymbol{P}$。

ph 沉浮运动响应模态角标。

$q_0 \cdots q_3$ 欧拉参数。

q、$\bar{q}$ 俯仰角速度为 q，动压为 $\bar{q}$。

R 滚转模态角标。

ref 角标，参考基准。

RS 滚转-螺旋耦合响应模态的角标。

S、$\bar{c}$、b 机翼面积、翼弦、翼展

S 螺旋模态角标。

SP 短周期响应模态角标。

ss 稳态角标。

$t_{\frac{1}{2}}$、t_2 半幅周期或倍幅周期的时间，单位秒(s)。

$\boldsymbol{T}_{a,b}$ 将向量从坐标系统 b 变换到坐标系统 a 的变换矩阵。

T 振荡响应周期，单位秒(s)。

t 时间，单位秒(s)。

V_{C} 质心速度。

X、Y、Z 沿机体坐标系 x、y 和 z 轴方向力的大小 。

x、y、z 坐标轴名称，如果无角标则通常表示机体坐标轴。

8785C MIL-F-8785C 的缩写，“军用规范，有人驾驶飞机的飞行品质”。

ACTIVE 综合飞行器的先进控制技术。基于 F－15 平台的多操纵面、对称推力向量和其他新技术。

AMS 可达力矩子集，见 Φ。

ARI 副翼-方向舵连接器。通常用于减少由副翼差动引起的有害偏航。

BIUG 背景资料和用户手册，与飞行品质军用规范配套。

CAS 控制增稳系统。

CHR 库珀-哈珀等级，有时也表示为 HQR①。

Control effector 通过改变力或力矩直接影响飞机控制的装置，比如副翼或方向舵。如无特别说明，文中“控制(面)”通常表示控制作动器(control effectors)(舵面)。控制作动器正负号定义满足右手定则，大拇指沿坐标轴指向舵面产生力矩的方向，四指弯曲的方向表示舵面后缘的正向偏转方向。

Control inceptor 座舱操纵设备，直接连接舵面作动器，或通过飞行控制系统/计算机来控制舵面。正向控制连接器偏转对应着相应作动器的正向偏转，不同

①库珀-哈珀驾驶员评定等级。——译者注

于副翼-方向舵连接器(ARI)。

E　欧拉(Euler)名字的大写首字母,类似用V代表维多利亚时代　(Victorian era)。

FBW　电传飞行控制。先由飞行员控制计算机,再由计算机控制飞机。

Ganged　互相交联的机械装置,运动时保持相对位置关系,例如副翼和方向舵。

HARV　高迎角实验机。

HQR　操纵品质评级。

kn　节的单位符号,即海里/小时,1 kn=1 n mile/h。

Lat-Dir　侧向。

OBM　机载模式。在机载飞行控制计算机中贮存的飞机空气动力学数据集。

PA　动力近进。由飞行品质定义的飞行阶段之一,见11.2节。

PIO　飞行员诱发振荡。

PR　飞行员评级,有时也写为HQR。

SAS　增稳系统。

SSSLF　稳定、直线、对称、水平飞行。

SVD　奇异值分解。

TEU、TED、TEL、TER　机翼后缘上偏、下偏、左偏、右偏。用于描述控制舵面偏转。

索　引